겨울나무

겨울나무

—우리 땅에 사는 나무들의 겨울나기

Wintering of Woody Plants in Korean Peninsula

김태영·이웅·윤연순 지음

2022년 12월 19일 초판 1쇄 발행

펴낸이 한철희 | **펴낸곳** 돌베개 | **등록** 1979년 8월 25일 제406-2003-000018호
주소 (10881) 경기도 파주시 회동길 77-20 (문발동)
전화 (031) 955-5020 | **팩스** (031) 955-5050
홈페이지 www.dolbegae.co.kr | **전자우편** book@dolbegae.co.kr
블로그 blog.naver.com/imdol79 | **트위터** @dolbegae79 | **페이스북** /dolbegae

편집 유예림·김석기 | **표지디자인** 김동신·김민해 | **본문디자인** 김동신·이은정·이연경
마케팅 심찬식·고운성·김영수·한광재 | **제작·관리** 윤국중·이수민·한누리 | **인쇄·제본** 상지사 P&B

ISBN 979-11-91438-98-7 04480
978-89-7199-907-3 (세트)

책값은 뒤표지에 있습니다.

겨울나무

우리 땅에 사는 나무들의 겨울나기

김태영
이웅
윤연순

돌베개

책머리에

찰스 다윈의 『종(種)의 기원』은 다음의 만연체 문장으로 대단원의 막을 내리게 된다.

"태초에 조물주가 생명의 숨결을 불어넣은 몇몇 또는 하나의 생명체가, 이 행성이 불변의 중력 법칙에 따라 회전하는 동안 몇 가지 힘이 작용하여 그토록 단순한 시발점으로부터 지극히 아름답고도 경이로운 형태로 끝없이 펼쳐졌으며 그러한 변화가 지금도 계속 진행 중이라고 하는, 생명을 바라보는 이러한 시각에는 장엄함이 깃들어 있다."

이 유명한 문장에서 특이한 점은 저자가 책의 시작부터 초지일관 견지했던 객관적 논증 위주의 자세를 벗어나 '아름다운(beautiful)', '경이로운(wonderful)', 그리고 '장엄함(grandeur)' 같은 주관적인 표현을 과감하게 사용하고 있는 점이다. 이것을 단순한 미사여구로 치부하기 어려운 이유는 찰스 다윈이 그저 단순한 책상물림 현학자가 아니었기 때문이다. 그는 집 안에 재배 온실을 지어놓고 난초의 수분 기전을 연구했다든가, 40년 동안이나 지렁이에 관한 연구를 계속해서 죽기 직전에야 지렁이에 관한 책을 출간한 일화로도 유명하다. 하지만 지금 당장 우리를 사로잡는 질문은 이것이다. 평생 직접적인 실험과 관찰을 통하여 복잡하게 얽힌 생명의 변천 과정을 규명하는데 몰두했던 냉철한 과학자가 쓴 '장엄하다'라는 특이한 표현, 이 말의 의미를 과연 책상머리에서 한가로이 책장이나 넘기는 우리가 실감할 수 있겠는가 하는 것이다.

다윈을 사로잡았던 그 강렬한 감정에 조금이나마 공감하려면 이 위대한 거인의 발자취를 따라 우리 또한 생명의 파도가 넘실대는 진화의 강물 속으로 직접 뛰어들어가 보아야 한다고 믿는다. 짧지 않은 세월 동안 숲에서 야생식물을 관찰해 온 저자에게도 다시 한번 신발

끈을 조이고서 은밀한 생명의 신비를 찾아 기꺼이 겨울 숲으로 들어가게 만든 동기가 하나 더 생긴 셈이다.

저자가 최초로 겨울나무에 관한 책을 구상하기 시작한 것은 2011년의 일이다. 애초에 이 프로젝트의 출발점은 국내에 자생하는 낙엽수의 겨울눈(winter bud)을 총망라한 신뢰할 만한 참고서를 만드는 것이었지만, 막상 작업이 실행되는 과정에서 내용의 초점이 겨울눈의 탐구에서 겨울나무 전반의 고찰로 확장되었다.

형태적으로 목본식물의 종(種)을 식별하고자 한다면 나무의 다양한 측면을 확인할 필요가 있을 것이다. 그중에서도 특히 생식기관 또는 열매-종자의 속성이나 형태가 중요하지만, 유감스럽게도 대부분 나무는 개화기[수분기]가 그다지 길지 않으므로 관찰 시점을 놓치면 생식기관의 확인이 어려워진다. 열매나 종자도 1년 중 특정 시기에만 볼 수 있는 경우가 보통이다. 하물며 나무의 잎이나 여타 부위의 변화무쌍함은 말할 나위도 없다.

이런 이유로 목본식물을 연구하는 사람들은 나무의 눈(bud)에 각별한 관심을 보인다. 왜냐하면 목본식물의 겨울눈은 종마다 근연종과 구별되는 특색을 갖춘 경우가 많으며, 종의 특징이 상당한 일관성을 띠면서 드러나기 때문이다. 또한 겨울눈은 겨우내 관찰할 수 있으므로 생식기관이나 잎이 전혀 없는 나목을 보거나 어린나무와 마주할 때도 종을 식별하는 데 요긴한 단서가 되어준다. 요컨대 나무의 겨울눈은 목본식물의 종을 식별하는 데 있어 아주 강력한 도구라고 할 수 있다. 이 점을 입증하듯 나무의 겨우살이를 다룬 기존의 국내외 출판물은 예외 없이 겨울눈의 형태적 특징을 세세히 기술하면서 그것을 통해 식물의 종을 식별하는 데 초점을 맞추고 있다.

그렇지만 이것은 나무의 겨울눈을 어떻게 유용한 지식의 도구로 활용할 수 있는가를 실증하는 인간 본위의 실용적인 접근법일 뿐, 애초에 나무가 겨울눈이라는 조직을 생성하는 의미가 무엇인가 하는 근본적인 질문에는 답을 제시하기 어렵다. 그저 겨울눈이나 소지를 놓고 외양의 특징이나 털의 유무를 따지는 것만으로는 나무의 생태를 좀 더 깊이 이해하는 데 한계가 있다는 뜻이기도 하다. 정말로 나무의 삶을 깊이 이해하고자 한다면 무엇보다도 먼저 인간 중심적인 시각에서 벗어나 나무의 입장에 서서 생명 현상을 관찰하고 그 삶에 공감하려는 노력이 필요할 것이다. 사실 나무의 겨울눈을 세심하게 들여다보는 것이야말로 매우 중요한 출발점이라고 말하고 싶다.

이 책은 국내에 자생하는 거의 모든 낙엽수를 대상으로 하여 각각의 수종마다 일일이 정확한 겨울눈의 모습을 상세한 사진으로 소개하였다. 방대한 데이터를 수록한 만큼, 이 책이 국내에서 만날 수 있는 다양한 수목을 식별하는 데 신뢰할 수 있는 참고서가 되리라 기대하지만, 저자들은 여기에 만족하지 않고 한 걸음 더 앞으로 나아가고자 노력했다. 겨울눈의 외양뿐만 아니라 겨울눈이 시간의 흐름에 따라 어떻게 전개되는지도 기술하고자 시도한 것이 이 책의 주안점이다. 이것은 지금껏 국내외에서 출간된 유사한 성격의 겨울눈 도감에서는 찾아보기 어려운 접근법이라고 할 수 있다. 이처럼 나무의 세부 형태뿐만 아니라 생태에까지 초점을 확장함으로써 나무가 종에 따라 어떤 방식으로 생장하여 개성적인 수관을 형성하게 되는지, 또 나무의 어느 부위에 생식기관이 형성되고 그것이 어떻게 각각의 수분 전략과 결부되는지를 독자가 직관적으로 이해할 수 있도록 배려하였다.

겨울나무에 대해서 열광하는 사람은 많다. 인간으로서는 도저히 생명을 유지할 수 없는 혹한의 자연조건을 묵묵히 견디며 죽은 듯이 서 있다가, 봄이 오면 기적처럼 여린 초록 잎을 내고 화사한 꽃을 피우는 모습에서 죽음과 삶의 강렬한 대비를 느끼기 때문에 그럴지도 모르겠다. 특히 온대-한대지방에 서식하는 나무는 겨울에서 봄으로 넘어가며 변하는 모습의 대비가 워낙 극적인지라, 늘 삶과 죽음의 문제에 집착해 온 인간으로서도 큰 영감을 받게 되는 것일 수도 있겠다. 때론 의인화가 지나치다 보니 인간에게나 통용될 관념적인 가치를 스스럼없이 나무에 부여하는 예도 드물지 않다. 하지만 이런 태도는 겨울을 이겨내며 간신히 살아가는 나무를 알게 모르게 비현실적인 예찬의 대상으로 만들어버린다.

판에 박힌 겨울나무 예찬론을 들을 때마다 느끼게 되는 것이 있다. 나무에 헌정하는 화려하고 세련된 찬사 속에는 정작 진짜 나무가 보이지 않고 그저 이상적으로 미화된 관념의 나무나 나무로 가장한 인간의 이야기만 가득하다는 것이다. 사실, 나무가 겨울을 이겨내며 살아가는 이유란 것도 알고 보면 선인장이 사막에 사는 이유와 별반 다르지 않다. 그저 겨울이라는 혹독한 환경이 아직 나무를 죽이지 않았기에 계속 버티며 사는 것일 뿐이다. 만일 환경의 변화에 신속하게 대처하지 못한다면 경쟁에서 도태되어 소멸할 수밖에 없다는 것이 나무가 직면한 냉엄한 현실일 것이다. 사실 이 점이야말로 우리가 세상의 뭇 생명체와 깊은 유대감을 느끼게 되는 지점이기도 하다.

인간은 지구의 주인이 아니다. 우리가 사는 이 행성에는 생명 진화의 역사에서 아주 최근에 등장한 *Homo sapiens*(호모 사피엔스)와 비교하더라도 상대적으로 내력이 오래된 생물 종이 아주 많다. 식물도 그렇다고 할 수 있는데, 그중 나무의 종류만 헤아리더라도 지금까지 알려진 목본식물의 종 수는 수만에 이른다. 만일 우리가 인간과는 전혀 다른 맥락에서 적응하며 살아온 이 동반자들을 조금이나마 이해하고자 한다면, 무작정 의인화해서 보는 대신 각각의 생물 종이 장구한 세월의 무게를 짊어지고서 버텨온 삶의 궤적 안으로 직접 들어가 살펴보려고 노력해야 하지 않겠는가.

그런 뜻에서 이제 더는 나무의 노래를 인간이 대신 부르지 않았으면 좋겠다. 나무의 노래는 나무 스스로 부르도록 놓아두자. 역설적인 표현이지만 우리는 그저 오감의 문을 활짝 열고서 들리지 않는 침묵의 노래를 들으려고 애쓰면 될 일이다. 일단 책을 잠시 덮어두고 밖으로 나가서 살아있는 겨울나무와 직접 만나보기를 바란다. 오랜 시간 나무라는 생명체와 접하다 보면, 어느 눈 내리는 겨울 저녁에 어둡고 깊은 숲 가장자리를 지날 때 생경한 노랫소리가 들린다고 느끼게 될지도 모르겠다. 만일 스스로 그런 체험을 할 수만 있다면 그때는 생명 현상의 장엄함에 대해서 다시 한번 곱씹어보아도 좋을 것 같다.

이제 11년이라는 제법 긴 여정 끝에 겨울나무에 관한 이야기를 세상으로 내보내게 되었다. 영하의 날씨에 깊은 숲속에서 숫눈을 헤치며 나무를 찾는 일이 여간 고달프지 않았지만, 달리 보자면 그것은 생명의 역동적인 물길을 따라가는 멋진 항해였으므로 그간의 고생을 모두 상쇄하고도 남을 만한 보람이 있었다. 러디어드 키플링의 표현을 빌리자면 이 세상이란 "멋지고도 끔찍한 곳"인데, 이처럼 어지러운 세상을 살아가는 데 좋은 길잡이가 되어준 나무에 고마울 따름이다.

2022년 10월 김태영

감사의 말

이 책은 저자들이 직접 전국의 식물 자생지를 누비며 만든 책이다. 책의 규모에서 짐작할 수 있듯이, 전국 각지에 흩어져 자라는 수백 종의 목본식물을 현장에서 일일이 모니터링하기란 여간 어려운 일이 아니었다. 더구나 겨울이라는 한정된 시간 안에 동시에 수많은 야생식물의 자료를 수집하자니 그야말로 몸이 열 개라도 모자랄 판이었다. 이 어려운 작업 과정에 여러 현장 전문가와 자연 애호가들이 동참하여 필요한 정보와 자문을 제공해 주었고, 때로는 원고의 오류를 바로잡아 주기도 하였다.

제주도의 희귀수목에 대한 자료를 수집하는 데에는 오정숙 선생(지질해설사)한테 큰 도움을 받았다. 박경미 선생('겨울나무 사랑' 강사)과 현익화 박사(균학자; '겨울나무 사랑')는 내용의 확인이 필요할 때마다 흔쾌히 자문에 응해 주었다. 또한 오랫동안 저자들과 숲 탐방을 함께해 온 자연 애호가 모임의 회원들은 개별 식물종의 생태를 확인하고자 저자들이 요청할 때마다 문제를 해결하는 과정에 적극적으로 동참해 주었다. 강원도 큰 산의 나무들을 찾을 때는 (사)공감숲연구소의 오영숙 박사와 안향기 선생, 그리고 이희정 과장(모나파크 용평리조트)으로부터 전폭적인 지원을 받았다. 이지은 선생은 겨울눈 삽화를 기획하고 제작하는 데 큰 도움을 주었다.

아울러 8년 전의 어느 봄날, 그동안 책의 제1, 2 저자가 다각도로 구상해 온 책의 실행 작업에 동참해 준 장영주 선생(물향기수목원), 조아영 선생(푸른수목원), 임현옥 선생(천리포수목원) 3인의 이름도 기억하고자 한다. 그리고 저자들이 책을 완성하기까지 크나큰 도움을 받았음에도 아예 실명 공개를 사양한 이도 있음을 밝혀두고 싶다. 다시 생각해 보더라도 이분들의 도움이 없었더라면 책을 제대로 완성하기 어려웠을 것이다. 감사의 뜻을 마음 깊이 새기고자 한다.

차례

책머리에 5
감사의 말 10
식물 기재 용어 13
일러두기 24

나자식물문 PINOPHYTA

● 은행나무강 GINKGOPSIDA

은행나무과 GINKGOACEAE 28

● 소나무강 PINOPSIDA

소나무과 PINACEAE 29
측백나무과 CUPRESSACEAE 30

피자식물문 MAGNOLIOPHYTA

● 목련강 MAGNOLIOPSIDA

목련아강 MAGNOLIIDAE

목련과 MAGNOLIACEAE 34
녹나무과 LAURACEAE 39
쥐방울덩굴과 ARISTOLOCHIACEAE 44
오미자과 SCHISANDRACEAE 45
미나리아재비과 RANUNCULACEAE 47
매자나무과 BERBERIDACEAE 50
으름덩굴과 LARDIZABALACEAE 53
새모래덩굴과 MENISPERMACEAE 54

조록나무아강 HAMAMELIDAE

나도밤나무과 SABIACEAE 58
계수나무과 CERCIDIPHYLLACEAE 60
버즘나무과 PLATANACEAE 61
조록나무과 HAMAMELIDACEAE 62
두충과 EUCOMMIACEAE 63
느릅나무과 ULMACEAE 64
팽나무과 CELTIDACEAE 72
뽕나무과 MORACEAE 77
쐐기풀과 URTICACEAE 84
가래나무과 JUGLANDACEAE 85
참나무과 FAGACEAE 89
자작나무과 BETULACEAE 98

오아과아강 DILLENIIDAE

차나무과 THEACEAE 116
다래과 ACTINIDIACEAE 117
피나무과 TILIACEAE 121
벽오동과 STERCULIACEAE 125
아욱과 MALVACEAE 126
산유자나무과 FLACOURTIACEAE 128
위성류과 TAMARICACEAE 129
버드나무과 SALICACEAE 130
진달래과 ERICACEAE 146
감나무과 EBENACEAE 155
때죽나무과 STYRACACEAE 157
노린재나무과 SYMPLOCACEAE 159

장미아강 ROSIDAE

수국과 HYDRANGEACEAE 164
까치밥나무과 GROSSULARIACEAE 174
장미과 ROSACEAE 179
콩과 FABACEAE 240
보리수나무과 ELAEAGNACEAE 264
부처꽃과 LYTHRACEAE 266
팥꽃나무과 THYMELAEACEAE 267

박쥐나무과 ALANGIACEAE 272
층층나무과 CORNACEAE 273
꼬리겨우살이과 LORANTHACEAE 280
노박덩굴과 CELASTRACEAE 281
감탕나무과 AQUIFOLIACEAE 292
대극과 EUPHORBIACEAE 295
갈매나무과 RHAMNACEAE 300
포도과 VITACEAE 313
고추나무과 STAPHYLEACEAE 315
무환자나무과 SAPINDACEAE 317
칠엽수과 HIPPOCASTANACEAE 319
단풍나무과 ACERACEAE 321
옻나무과 ANACARDIACEAE 334
소태나무과 SIMAROUBACEAE 339
멀구슬나무과 MELIACEAE 341
운향과 RUTACEAE 343
두릅나무과 ARALIACEAE 351

국화아강 ASTERIDAE
지치과 BORAGINACEAE 358
마편초과 VERBENACEAE 359
꿀풀과 LAMIACEAE 366
물푸레나무과 OLEACEAE 367
현삼과 SCROPHULARIACEAE 382
능소화과 BIGNONIACEAE 383
꼭두서니과 RUBIACEAE 386
린네풀과 LINNAEACEAE 388
병꽃나무과 DIERVILLACEAE 391
인동과 CAPRIFOLIACEAE 394
산분꽃나무과 VIBURNACEAE 405
국화과 ASTERACEAE 414

● 백합강 LILIOPSIDA

백합아강 LILIIDAE
청미래덩굴과 SMILACACEAE 416

● 부록

상록수의 겨울눈 420

참고문헌 429
찾아보기 | 학명 431
찾아보기 | 국명 439

식물 기재 용어

- 가죽질(혁질)[革質, coriaceous] 두껍고 가죽 같은 느낌을 주는 형질.
- 가축분지[假軸分枝, sympodial branching] 측아(준정아)가 신장하여 줄기의 주축을 이루며 자라는 가지의 전개 방식. 단축분지에 비해서 주축이 불연속적이다.
- 각두(깍정이)[殼斗, cupule] 도토리 같은 견과류의 기부를 감싸고 있는 종지 모양의 딱딱한 받침. 총포가 변형된 기관이다.
- 강모(센털)[剛毛, bristle] 짧고 빳빳한 털.
- 거의 마주나기(아대생)[亞對生, subopposite] 잎 또는 다른 기관이 마디를 기준으로 거의 가깝게 붙어 있는 형태.
- 겨울눈(동아)[冬芽, winter bud] 관속식물의 가지 끝쪽이나 측면에 생기는 작은 돌기 같은 기관. 이듬해에 잎이나 줄기, 또는 생식기관으로 발달한다.
- 격벽[隔壁, septum] (생물학에서) 어떤 공간이나 구조물을 더 작게 분할하여 구획을 만드는 벽.
- 결각[缺刻, lobed] 잎 가장자리의 다소 모나지 않게 갈라진 부위. 대개 엽축까지 거리의 절반 이하로 갈라져 잎 형태의 연속성을 저해하지 않고, 갈라지는 깊이에 따라 천열, 중열, 심열, 전열로 나누며, 갈라지는 모양에 따라 장상열, 우열로 나누기도 한다.
- 경침[莖針, thorn] 끝이 날카롭게 변한 줄기. 측아나 정아가 변형되어 생기며, 작은 엽흔이 남는다. 예) 주엽나무의 경침
- 과병(열매자루)[果柄, fruit stalk] 열매가 달리는 줄기의 자루.
- 과병흔[果柄痕, fruit stalk scar] 나뭇가지에서 과병이 떨어진 자리에 남는 흔적.
- 과수[果穗, catkin fruit] 자성(雌性)의 이삭꽃차례나 꼬리모양꽃차례가 원래 형태를 유지한 채 성숙한 열매차례.

- 과축[果軸, rachis] 열매차례의 중심축.
- 과피(열매껍질)[果皮, pericarp] 열매의 껍질을 뜻하며, 외과피·중과피·내과피로 세분하기도 한다.
- 관목(작은키나무)[灌木, shrub] 굵고 곧은 원줄기가 두드러지게 발달하지 않고 식물체의 밑부분에서 가지를 많이 내는 나무. 흔히 키가 6m 미만으로 자라는 작은 나무를 지칭함.
- 관속흔[管束痕, bundle scar] 나무의 가지에서 잎으로 연결되었던 관다발 조직이 잎이 가지에서 떨어진 다음 엽흔 표면에 남기는 흔적.
- 교목(큰키나무)[喬木, tree] 한 개의 굵은 줄기를 갖는 키가 큰 나무. 굵은 줄기가 중심축이 되어 가지가 발달한다.
- 근맹아(움싹)[根萌芽, root sprout] 지표면 부근의 뿌리에서 발달하는 맹아. 영양생식의 한 형태로서 주변 서식지에 빠르게 퍼질 수 있는 장점이 있다.
- 기근(공기뿌리)[氣根, aerial root] 식물체의 줄기를 따라 지상부에 발달하는 뿌리. 대부분의 경우는 부정근이다. 식물종에 따라 호흡이나 지지 기능, 수분이나 영양분의 흡수 기능을 한다.
- 기름샘(유점)[油點, resinous gland] 수지(樹脂)질의 끈적끈적한 액체를 분비하는 분비샘.
- 기부[基部, basal part] 식물체에서 특정 부위의 기초가 되는 부분.
- 꼬투리(협과)[莢果, legume] 1개의 심피가 성숙하여 발달하며, 익으면 대개 2개의 열개선(봉선)을 따라 벌어지는 열매. 콩科식물의 열매를 지칭한다.
- 꽃대축(화축)[花軸, rachis] 꽃차례의 중심축.
- 꽃받침[萼, calyx] 꽃의 제일 바깥쪽에서 꽃잎을 감싸고 있는 꽃받침 조각들의 총칭. 통꽃받침과 갈래꽃받침이 있다.

- 나아(벗은눈)[裸芽, naked bud] 비늘조각(인편) 같은 별도의 보호장치로 싸여 있지 않은 눈.
- 눈자루(아병)[芽柄, bud stalk] 나무의 눈과 가지를 연결하는 부위.
- 단지(짧은가지)[短枝, spur shoot] 일부 나무에서 발달하는 마디가 매우 짧은 목질의 곁가지. 꽃이나 잎이 달린다.
- 단축분지[短縮分枝, monopodial branching] 정아가 신장하여 줄기의 주축을 이루고, 곁가지와 뚜렷하게 구별되게 자라는 가지의 생장 방식. 가축분지와 달리 주축이 보통 연속적으로 전개된다.
- 돌려나기(윤생)[輪生, whorled] 3장 이상의 잎 또는 다른 기관이 한 마디에 달리는 형태.
- 두상꽃차례(두상화서·머리모양꽃차례)[頭狀花序, head] 꽃자루가 짧거나 아예 없는 꽃이 줄기 끝에 다수가 모여 밀생하는 형태의 꽃차례.
- 마주나기(대생)[對生, opposite] 잎 또는 다른 기관이 한 마디에 2개씩 쌍을 이루어 마주나는 형태.
- 막뿌리(부정근)[不定根, adventitious root] 뿌리 이외의 기관(줄기나 잎 등)에서 생겨나는 뿌리.
- 맹아지[萌芽枝, coppice shoot] 물리적인 훼손이나 생리적인 이상 현상으로 인해 그루터기 주변의 잠아에서 빠르게 생장한 줄기.
- 모여나기(총생)[叢生, caespitose] 식물체의 기부에서 잎이나 줄기가 빽빽하게 모여 자라는 모양.
- 반상록성 [半常綠性, semi-evergreen] 본디 상록성이지만 지역적 분포 또는 환경에 따라 간혹 낙엽성의 특성이 나타나는 성질을 일컫는 형용어.
- 배주(밑씨)[胚珠, ovule] 수정 전 씨방의 미성숙한 종자.
- 배축면[背軸面, abaxial surface] 기관의 아래쪽이나 바깥쪽 면, 또는

중심축에서 멀리 떨어진 면.

- 병생부아(가로덧눈·측생부아)[竝生副芽, collateral bud] 측아의 좌·우 방향으로 곁에 나란히 붙어있는 부아.
- 복산방꽃차례[複繖房花序, compound corymb] 산방꽃차례가 2개 이상 모여 나는 꽃차례.
- 부아(덧눈)[副芽, accessory bud] 측아의 좌·우나 위·아래 방향으로 생기는 소형의 눈. 발달하는 위치에 따라 병생부아, 중생부아로 나눈다.
- 부정아[不定芽, adventitious bud] 엽액이나 가지 끝처럼 눈이 발달하는 통상적인 위치가 아닌 다른 부위(잎, 관다발, 줄기)에 발달하는 눈.
- 부착근[附着根, adhesive root] 식물체의 줄기를 다른 물체에 부착시키는 데 기여하는 길이가 짧은 부정근. 식물체의 줄기가 물체에 닿는 면에 발달한다.
- 분지절[分枝節, branching node] 나무의 가지가 전개하면서 두 개 이상의 가지로 갈라지는 마디 부분.
- 비늘눈(인아)[鱗芽, scaly bud] 비늘조각(인편)으로 싸인 눈.
- 비늘조각(인편)[鱗片, scale] 얇고 편평한 막질 조직.
- 빌로드[羽緞, veludo] 겉 표면에 곱고 짧은 털이 촘촘히 돋게 짠 부드러운 직물.
- 산방꽃차례(산방화서)[繖房花序, corymb] 무한꽃차례의 일종으로서 꽃차례의 축에 달린 가장 바깥쪽 작은꽃자루가 안쪽의 작은꽃자루보다 길게 발달하여 꽃이 수평으로 한 평면을 이루는 꽃차례.
- 산형꽃차례(산형화서·우산모양꽃차례)[傘形花序, umbel] 무한꽃차례의 일종으로서 꽃차례 축의 끝에 작은꽃자루를 갖는 다수의 꽃이 방사상으로 배열되어 우산살 모양을 하는 꽃차례.

- 생식눈[生殖芽, reproductive bud] 시간이 경과하면서 포자수(胞子穗)나 꽃 같은 생식기관으로 자라나는 눈.
- 선모(샘털)[腺毛, glandular trichome] 표피 세포가 변하여 형성된, 끝에 분비샘이나 특화된 대사물질을 저장할 수 있도록 발달한 털.
- 선점[腺點, pellucid dot] 유적(油滴)을 분비하는 샘(腺)으로서 투명하거나 반투명한 작은 점의 형태를 띠는 기관.
- 성상모(별모양털)[星狀毛, stellate trichome] 기부에서 방사상으로 많이 갈라져 형태가 별 모양을 띠는 털.
- 소교목(아교목)[小喬木, sub-tree] 원줄기가 곧고 굵게 자라는 나무 중에서 그다지 크지 않은 나무.
- 소지(일년생가지)[小枝, twig] 전년도에 생긴 눈에서 자라난 1년생 가지.
- 소포자낭수[小胞子囊穗, microsporangiate strobilus] 꽃이 없는 겉씨식물의 수기관(雄性器官). 소포자(속씨식물에서의 꽃가루)가 들어있는 주머니가 이삭처럼 달려있다.
- 수(속)[髓, pith] 뿌리나 줄기의 중심부에 있는 유조직.
- 수간[樹幹, trunk] 나무의 뿌리부터 수관까지 이어지는 중심 축.
- 수과[瘦果, achene] 열매 속에 씨앗이 1개씩 발달하는 건과의 일종. 씨앗은 씨방벽의 한 곳에만 붙어 있고, 다 익어도 씨방이 열리지 않는다.
- 수관[樹冠, crown] 나무의 상단부 또는 지상부의 가장 위쪽과 바깥쪽의 가지와 잎이 모여 형성된 모양새.
- 수지[樹脂, resin] 나무가 손상을 입었을 때 손상 부위에 분비되는 끈끈한 액체. 나무에 해가 되는 곤충이나 병원체의 침입을 막거나, 휘발성 페놀화합물 성분을 함유하여 해충의 천적을 유인하기도 한다.

- 수피[樹皮, bark] 나무줄기를 싸고 있는 가장 바깥쪽의 껍질. 형성층 바깥쪽에 위치하며 살아있는 조직과 죽은 조직을 포함하는 목질층.
- 수형[樹形, tree form] 수종이나 환경에 따른 고유의 특징을 보이는 나무의 외형. 뿌리·줄기·가지·잎이 어우러져 전체의 모양을 이루고, 높이에 따라 교목(喬木)·아교목·관목(灌木)으로 구분한다.
- 수화낭[雄花囊, male fig] 다수의 수꽃과 충영화가 밀집한 긴 화탁이 오므라들어 둥근 열매 모양으로 변형된 생식기관. 화낭(花囊; fig)은 흔히 무화과나무속(*Ficus*) 식물에 보이는 독특한 생식기관이다.
- 슬근[膝根, knee root] 나무가 습지의 수면 위로 생성하는 원뿔형의 목질 조직으로서 일부 망그로브 식물종이나 측백나무科 교목에서 볼 수 있다. 일부 망그로브 식물의 경우 슬근은 근계(根系)에 산소를 공급하고 나무를 지탱해 주는 역할을 한다고 알려져 있으나, 낙우송의 슬근이 생성되는 기전이나 기능에 대해서는 여전히 논쟁 중이다.
- 식주[食珠, Pearl body] 일부 식물이 물리적 방어기작에 의해 생성하는 광택이 나는 작은 구슬 같은 물질. 흔히 성장기의 포도과(Vitaceae) 식물을 비롯한 몇몇 식물의 줄기와 꽃차례에서 관찰할 수 있다.
- 아린(눈껍질)[芽鱗, bud scale] 나무의 눈을 싸고 있는 잎이 변형된 비늘 같은 조직.
- 아린흔[芽鱗痕, bud scale scar] 나무의 눈을 싸고 있는 아린이 떨어지면서 남긴 흔적.
- 어긋나기(호생)[互生, alternate] 식물의 잎 또는 다른 기관들이 한 마디에 1개씩 돌아가면서 어긋나는 형태. 종에 따라 아래위 잎의 전개 각도가 다르며, 일정한 규칙성을 보인다.
- 열매[果實, fruit] 속씨식물의 생식기관에서 개화기 이후 씨방(자방)

혹은 이외의 기관이 함께 성숙하여 씨앗을 싸고 있는 기관. 어느 부위가 성숙하느냐에 따라 진과(참열매)와 위과(헛열매)로 구분한다.

- 열매차례(과서)[果序, infructescence] 화서(花序)의 유형에 따라서 형성된 열매의 배열 상태.
- 엽병간탁엽[葉柄間托葉, interpetiolar stipules] 마주나는 잎의 잎자루 사이에 발달하여 줄기를 중심으로 서로 마주나는 탁엽. 흔히 꼭두서니科(Rubiaceae) 식물에서 볼 수 있다.
- 엽병내아(잎자루눈)[葉柄內芽, infrapetiolar bud] 잎자루의 밑부분에 둘러싸인 나무의 눈.
- 엽서(잎차례)[葉序, phyllotaxis] 줄기에 달린 잎의 배열 방식. 어긋나기(호생), 마주나기(대생), 돌려나기(윤생) 등이 있다.
- 엽액[葉腋, leaf axil] 줄기와 잎자루 사이에 형성된 위쪽 모서리 부위.
- 엽축[葉軸, rachis] 겹잎(복엽)에서 작은잎(소엽)이 달리는 중심축.
- 엽침[葉枕, pulvinus] 잎자루 또는 작은잎자루의 기부가 부풀어서 생긴 조직. 흔히 콩과(Fabaceae)식물들의 잎자루 혹은 작은잎자루에서 관찰할 수 있다.
- 엽침[葉針, spine] 잎이나 잎을 이루는 부위(예: 탁엽, 엽맥) 중 하나가 변형되어 생긴 끝이 날카롭고 단단한 조직. 경침과 마찬가지로 관다발 조직을 가지고 있다. 예) 아까시나무의 엽침
- 엽흔[葉痕, leaf scar] 나무의 잎이 떨어진 자리에 남는 흔적.
- 영양눈[營養芽, vegetative bud] 장차 생장을 위해 잎이나 줄기로 자라날 나무의 눈.
- 웅성 생식눈[雄性 生殖芽, male reproductive bud] 속씨식물은 수꽃 또는 수꽃차례, 겉씨식물은 소포자낭수나 웅성 종구로 성숙하는 겨울눈.

- 은아[隱芽, hidden bud]　엽흔 속이나 엽흔의 기부에 숨어 있어 겉에 드러나지 않는 눈.
- 인모[鱗毛, scaly hair]　식물의 줄기나 잎 따위의 표면을 덮어서 보호하는 잔털의 일종. 다수의 세포로 구성되어 있으며 흔히 비늘 모양을 이룬다.
- 인편상[鱗片狀, scaly]　비늘조각 처럼 생긴 모양. 비늘조각 모양.
- 자성 생식눈[雌性 生殖芽, female reproductive bud]　속씨식물은 암꽃 또는 암꽃차례, 겉씨식물은 배주나 자성 종구로 성숙하는 겨울눈.
- 잠아[潛芽, latent bud]　식물 줄기나 가지 속에 숨어서 무기한 휴면 상태로 있다가 특정 조건이 발현되어야 생장하는 눈.
- 장식화(무성화·무성꽃·중성화·중성꽃)[無性花, sterile flowers]　생식이 불가능한 불임성의 꽃.
- 재배품종[栽培品種, cultivar]　인간이 선호하는 형질이 선택적으로 발현하도록 인위적으로 유전 형질을 개량한 식물. 접붙이기나 조직배양 같은 기술을 이용하여 세대를 이어 선호하는 형질이 유지되도록 유도한다.
- 정생측아[頂生側芽, terminally lateral bud]　정아의 주위에 밀착하여 발달하는 측아.
- 정아(끝눈)[頂芽, terminal bud]　줄기 끝에 발달하는 나무의 눈.
- 종구[種毬, cone]　종구식물(conifers)에서 종자를 품고 있는 기관. 목질이거나 다육질인 중심축과 인편으로 구성되어 있다.
- 종린[種鱗, cone scale]　종구식물의 종자를 생성하는 종구 조직에서 하나 이상의 배주가 붙어 있는 각각의 인편.
- 준정아(가정아)[準頂芽(假頂芽), pseudoterminal bud]　정아의 기능을 대신하는 측아. 정아가 될 눈이 제대로 발달하지 않는 경우에 가장 가

까운 측아가 준정아로 발달하며, 준정아 옆에 남는 소지흔이 판정의 기준이 된다.

- 중생부아(세로덧눈)[重生副芽, superposed bud]　측아의 위·아래 방향으로 발달하는 부아.
- 지흔[枝痕, branch scar]　가지가 떨어지면서 남기는 흔적.
- 충영[蟲癭, insect gall]　식물체의 여러 부위에 곤충이 알을 낳거나 섭식 활동을 함으로써 해당 부위가 이상발육하여 생긴 팽대한 조직. 조직 세포는 정상적인 유사 분열을 하지 않고 무사 분열에 의하여 증식하는 경우가 많으며, 세포 내에 많은 핵이 들어 있거나 거대한 핵을 가진 것이 있다. 식물혹(plant gall)의 일종.
- 취산상 산방형[聚繖狀 繖房形, cymose corymb]　복합꽃차례의 한 종류로서 2차로 발달하는 작은꽃차례가 취산꽃차례 형태를 갖는 산방꽃차례.
- 측아[側芽, lateral bud]　나무의 가지와 잎자루가 만나는 부위에 생긴 눈.
- 코르크(코르크층)[木栓, cork]　2차 비대성장을 하는 쌍떡엽식물 또는 겉씨식물의 줄기나 뿌리의 표피 밑에 형성되는 조직의 총칭인 주피의 가장 바깥층 조직. 죽은 세포로서 세포벽은 밀랍 같은 물질인 슈베린을 함유하고 있어 물과 기체가 스며들지 못한다.
- 탁엽(턱잎)[托葉, stipule]　쌍떡잎식물의 잎자루 기부에 쌍으로 달리는 잎을 닮은 부속체.
- 탁엽흔[托葉痕, stipule scar]　탁엽이 떨어지면서 남기는 흔적.
- 포엽(포)[苞葉, bract]　잎이 축소되거나 변형되어 생기는 작은 조직. 흔히 꽃이나 꽃차례의 기부에 발달한다.
- 피목[皮目, lenticel]　목본식물의 표피에 생성되어 가스 교환을 하는

코르크질의 돌기.

- 피침[皮針, prickle]　식물의 피층이 변해서 생긴 단단하고 끝이 날카로운 가시의 일종. 몇 겹의 세포로 이루어져 있지만 관다발조직은 없다. 예) 인가목의 피침
- 핵[核, pit]　핵과의 단단한 안쪽열매껍질(내과피). 종자를 싸고 있다.
- 혼합눈[混芽, mixed bud]　장차 잎과 줄기와 더불어 생식기관으로 생장할 미성숙기관을 함께 품고 있는 나무의 눈.
- 휘묻이[取木, layerage]　식물의 가지를 휘어 끝부분을 땅속에 묻어서 뿌리를 내리게 하는 인공 번식법. 자연계에서도 번식 수단으로서 이 방식을 활용하는 야생식물도 있다.
- 흡착판[吸着板, adhesive disc]　식물체를 지지하기 위하여 다른 물체에 부착할 수 있도록 덩굴손의 끝이 흡반처럼 변형된 기관.
- 2년지[二年枝]　전년도에 생긴 아린흔을 기준으로 소지의 바로 아래쪽에 이어진 묵은 가지.

소지의 대표적인 기재 용어

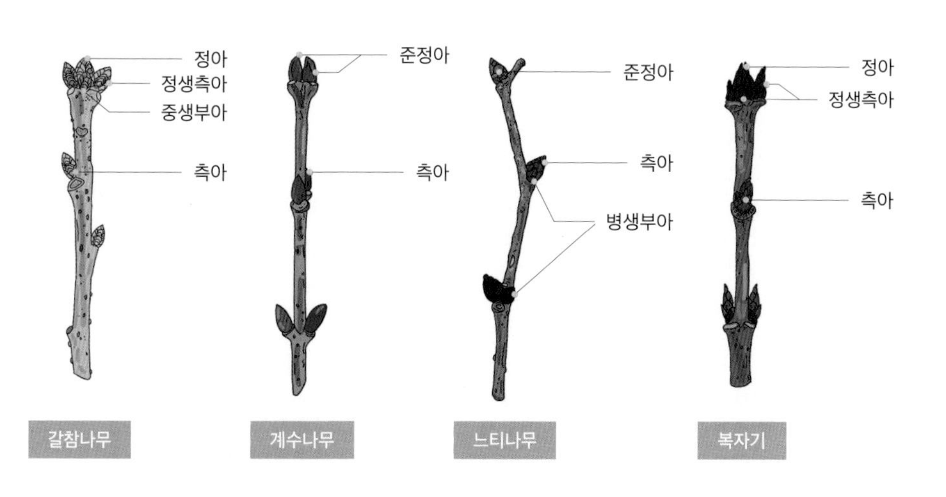

소지의 실례별 기재 용어

일러두기

책의 특징

『겨울나무』는 한반도(한국 중심)와 부속 도서에 자생하는 목본식물을 주요 대상으로 다루고 있다. 여기에 독자들이 주변에서 흔히 볼 수 있는 일부 도입식물을 더하여 총 434종의 낙엽성 목본식물을 선정하여 각각의 식물이 겨울을 나는 모습을 담은 사진과 기재문 및 분포 정보를 수록하였다. 책에 수록된 목록의 특징은 다음과 같다.

이 책은 한국 영토에 자생하는 거의 모든 낙엽성 목본식물을 다루고 있지만, 분류학적으로 볼 때 종의 실체에 대해 논란이 있는 일부 종내 분류군(Infraspecific taxa; 변종, 품종 등)은 배제함으로써 엄격하고 현실적인 한국의 자생수목 목록을 제시하고자 하였다. 자생수목이 아닌 도입 수종인 경우, 국내에서는 월동이 되지 않아 온실이나 실내에 심고 있는 나무이거나 주변에서 쉽게 접할 수 없는 외래수종은 제외하되, 이미 오래전부터 민가 주변에서 널리 식재해 왔거나 전국의 산야에 흔하게 조림되어 있어 일반인도 어렵지 않게 접할 수 있는 외래수종을 선별적으로 수록하였다(원산지 표기함).

책의 관점에서도 『겨울나무』는 겨울나무를 주제로 다룬 국내외 서적과 뚜렷한 차이점을 보인다. 기존에 출간된 '겨울나무' 관련 서적의 내용을 보면 겨울눈의 외부 형태를 묘사하는 데 초점을 맞추어 나무의 겨울눈이 식물종을 식별하는 데 얼마나 유용한 도구가 되는지를 실증하는 데 주력하고 있다. 이에 비해 『겨울나무』는 겨울눈의 정밀한 형태를 소개하는 데 그치지 않고, 한 걸음 더 나아가서 나무의 겨울눈이 어떻게 전개되며 자라는지를 집중적으로 다룸으로써 독자들이 1년 동안 나무의 생장 주기를 통괄하여 더 깊이 있게 나무의 생태를 이해할 수 있도록 배려하였다.

아울러 『겨울나무』는 자생하는 상록성 목본식물에 대한 세부 정보는 따로 다루지 않았지만, 독자들이 참고할 수 있도록 책의 부록에 국내 자생 상록수 108종의 겨울눈 사진도 별도로 소개하였다.(부록, '상록수의 겨울눈' 참조)

분류체계

전체 식물들의 분류체계를 비롯해 과(科) 안의 속(屬)과 종(種)의 배열 순서는 원칙적으로 『한국의 나무: 개정신판』(돌베개, 2018)을 따랐다. 다만 속 이하의 기재 순서를 일부 조정하여 독자들이 유사한 형태의 겨울눈을 상호 비교할 수 있도록 배려하였다.

학명과 국명

원칙적으로 『국가생물종목록 I. 식물·균류·조류·원핵생물』(National Species List of Korea. I. Plants, Fungi, Algae, Prokaryotes, 2019)을 기준으로 삼았으나, 수종의 학명은 사안에 따라 근래 발표된 논문들, 또는 서울대학교 산림과학부 식물분류학연구실의 장진성 교수 등이 제시한 학명 중 저자들이 가장 타당하다고 판단한 것을 채택하였다. 『한국의 나무: 개정신판』에서 채택했던 학명의 정명을 이 책에서 이명으로 정리한 경우(예: 댕강나무)에는, 해당 식물종 항목의 본문과 '찾아보기'에 이러한 이명 또한 명기해두었다. 한편 부록(상록수의 겨울눈)에서는 가독성을 높이기 위해 학명의 명명자명을 생략하였다. 한글 국명은 국내 문헌을 참조하여 보편적으로 통용되는 이름이면서 근연 분류군과 쉽게 대조 가능한 이름을 선택하여 사용하였다.

분포 정보

세계적인 분포는 『중국식물지』(Flora of China)를 참조하여 정리하였으며, '국내 분포' 항목은 기존의 문헌 자료와 더불어 저자들이 수십 년간 직접 자생지를 누비며 습득한 현장 데이터를 근간으로 작성하였다.

기재문

『중국식물지』 및 겨울눈과 관련된 외서 등을

참고하되, 이들 문헌에 기록되어 있지 않거나 기존 문헌의 내용 중 명백한 오류라고 저자들이 판단한 항목은 현장 데이터와 일일이 대조하여 내용을 수정·보완하였다. 아울러 해당 수종에 대한 독자들의 이해를 돕고자 때에 따라서 겨울나무의 생태적 특징, 식별 형질, 분류학적 소견 등의 참고자료도 추가로 제시하였다.

용어의 선택: 영양눈, 생식눈, 혼합눈

국내외의 기존 문헌에서는 보통 겨울눈의 기능적인 범주로서 잎을 내는 '잎눈(leaf bud)', 꽃을 피우는 '꽃눈(flower bud)', 잎과 꽃을 함께 내는 '혼합눈(mixed bud)' 같은 용어를 사용해 왔다. 이 용어들은 이듬해 발아하는 겨울눈의 향후 전개 과정을 추정하는 데 직관적으로 그 속성을 이해할 수 있는 장점이 있다. 하지만 '잎눈'은 잎을 낼 때 대개 줄기도 함께 자라고, '꽃눈'은 꽃을 피우지 않는 나자식물의 겨울눈을 지칭할 때는 사용할 수 없는 표현이라는 맹점이 있으므로 식물형태학적인 용어로 사용하기에 부정확한 측면이 있다. 따라서 『겨울나무』는 독자들에게 더욱더 과학적으로 엄밀하고 적확한 용어를 제시하고자 '잎눈'을 '영양눈(營養芽, vegetative bud)'으로, '꽃눈'을 '생식눈(生殖芽, reproductive bud)'으로 대체하여 사용하였다. 아울러 겨울눈의 속성이 영양눈이거나 생식눈, 또는 혼합눈인지는 이듬해 봄에 겨울눈이 발아한 직후의 모습이 아니라 봄철 생장기 동안 겨울눈이 어떻게 전개되는지를 기준으로 삼아 판정하였다.

용어는 될 수 있으면 우리말 표현을 사용하고자 하였으나 우리말로 풀어쓰면 의미가 모호해질 소지가 있는 용어는 부득이하게 한자식으로 표기하였고, 일부는 대조되는 용어와의 통일성을 위해 우리말 표현과 한자어를 조합하여 사용하였다.

정아와 준정아의 기재

대부분의 낙엽성 목본식물은 한 그루 내에서 정아와 준정아가 모두 발달할 수 있으며, 이 중 하나의 특징이 생장 단계에 따라 일정한 경향성을 보인다. 특히, 낙엽 덩굴성 목본식물처럼 겨우내 줄기 끝이 말라 정아가 거의 발달하지 않거나 잎이 마주나는 낙엽성 목본식물 중 주로 준정아가 발달하는 속(屬)에 한하여 특정한 경향성이 두드러지는 종이 있다면 그 특징을 기재문에 명기하였다.

참고종의 기재

본문에 수록한 식물과 비교가 필요한 종이나 근연종이 있을 경우, 이러한 '참고종'의 사진 1~2장을 같은 페이지의 하단에 배치하고 번호의 모양을 달리하여 독자들이 유사한 수종을 비교할 수 있도록 배려하였다.

사진

대표 사진의 경우, 식물이 인간의 영향을 받지 않는 자연환경에서 어떻게 생장하는지 생생하게 보여주기 위해 국내 자생식물은 극히 일부 불가피한 경우를 제외하고는 모두 한겨울에 식물의 자생지에서 직접 촬영한 사진을 수록하였다. 또한, 독자들이 겨울나무의 전형을 가늠할 수 있도록 대표 사진 아래에 개략적인 촬영 날짜를 표기했다. 또한, 겨울눈의 사진은 디테일이 정확하게 드러난 형태를 보여주기 위해 실내 촬영을 병행하였다.

크기와 척도

외국에서 도입하여 국내에 식재하는 나무의 경우, 외국 문헌을 참조하여 원산지 나무의 크기를 기준으로 삼았다. 그리고 나무의 직경은 별도의 설명이 없다면 흉고(胸高)의 직경을 가리킨다. 사진 속 모눈종이 1칸의 간격은 1㎜다.

나자
식물문
PINOPHYTA
은행나무강
GINKGOPSIDA
은행나무과 GINKGOACEAE
소나무강
PINOPSIDA
소나무과 PINACEAE
측백나무과 CUPRESSACEAE

은행나무

***Ginkgo biloba* L.**

은행나무과

GINKGOACEAE Engl.

● 분포

중국(저장성 서남부) 원산

❖국내분포 가로수, 조경수로 전국에 식재

● 형태

수형 낙엽 교목. 높이 60m, 직경 4m까지 자란다.

수피/소지 수피는 회색~밝은 회색이고, 오래되면 세로로 깊고 불규칙하게 갈라진다. 소지는 황갈색~회갈색을 띠고 다소 굵은 편이며, 표면에 털이 없다. 단지가 많이 발달하는 것이 특징이다.

겨울눈 영양눈 또는 혼합눈이다. 겨울눈은 반구형~삼각상 난형이고 황갈색 아린에 싸여있다. 아린은 겉에 털이 없다.

엽흔/관속흔 엽흔은 어긋나거나 모여나고 반원형~삼각상 타원형이며 관속흔은 대개 2개다.

● 참고

한반도에 도입된 내력이 매우 오래된 식물로서 수령이 오래된 나무는 천연기념물이나 보호수로 지정되어 있다. 고목에는 유주(乳柱, lignotuber)라고 부르는 고드름 같은 돌기가 생기기도 한다.

2016. 2. 16. 강원 원주시

❶소지의 겨울눈 ❷정아 ❸단지에 발달한 겨울눈 ❹측아 ❺엽흔/관속흔 ❻단지가 발달한 은행나무의 분지 형태 ❼혼합눈의 전개(수나무)

✲식별 포인트 겨울눈/수형/관속흔

2017. 1. 30. 경기 남양주시

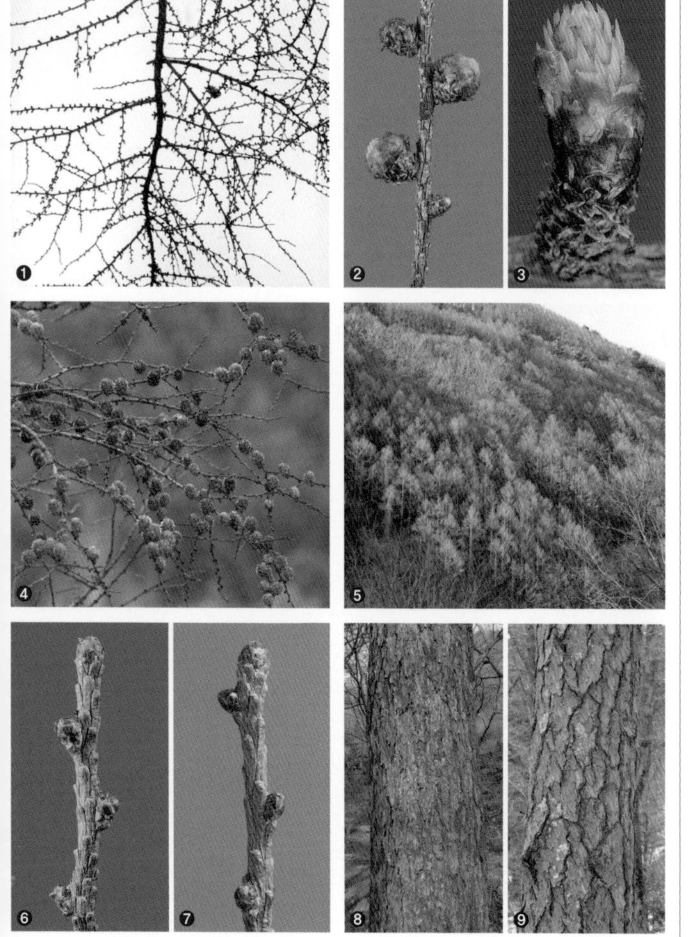

일본잎갈나무(낙엽송)

***Larix kaempferi* (Lamb.) Carrière**

소나무과
PINACEAE Spreng. ex Rudolphi

● 분포

일본(혼슈) 원산

❖국내분포 전국의 산지에 조림용으로 식재

● 형태

수형 낙엽 교목. 높이 20m, 직경 60㎝까지 자라며 수관이 원뿔형이다.

수피/소지 수피는 갈색이고 껍질이 점차 얇은 조각으로 벗겨져 떨어진다. 소지는 황색~회갈색을 띠고 단지가 생긴다.

겨울눈 영양눈이거나 웅성 생식눈(소포자낭수), 또는 혼합눈(자성 생식눈+잎)이다. 겨울눈은 난형~반구형이고 길이 7㎜ 정도이며 여러 개의 아린에 싸여있다. 아린은 적갈색~황갈색을 띤다.

엽흔/관속흔 엽흔은 어긋나거나 모여나고 반원형~역삼각형이며, 관속흔은 1개다.

● 참고

종구(種球)의 종린 끝이 바깥쪽으로 살짝 젖혀지고 종린의 개수가 40개 이상으로 더 많은 것이 잎갈나무[*Larix gmelinii* (Rupr.) Kuzen.]와의 차이점이다.

❶분지 형태(단지 발달) ❷2년지 겨울눈의 전개(초봄): 둥글게 부푼 것은 웅성 생식눈(소포자낭수), 하단은 영양눈 ❸혼합눈의 전개(자성 생식눈+잎) ❹겨울철까지 남는 종구 ❺단풍이 든 시기의 모습 ❻❼소지의 비교: 일본잎갈나무/잎갈나무 ❽❾수피의 비교: 일본잎갈나무/잎갈나무

✲식별 포인트 분포역/수형/종구(종린)

메타세쿼이아

***Metasequoia glyptostroboides* Hu & W.C.Cheng**

측백나무과
CUPRESSACEAE Gray

2021. 1. 5. 서울특별시

● 분포

중국(서남부, 양쯔강 상류) 원산

❖국내분포 가로수, 조경수로 전국에 식재

● 형태

수형 낙엽 교목. 자생지에서는 높이 50m, 직경 2.5m까지 자라며 수관은 원뿔형이다.

수피/소지 수피는 갈색~적갈색이고 세로로 얇게 갈라진다. 소지는 밝은 갈색을 띠고 표면에 털이 없다.

겨울눈 영양눈 또는 생식눈이다. 겨울눈은 끝이 뭉뚝한 난형이고 길이 3~5㎜이며 황갈색 아린에 싸여있다. 측아는 마주나거나 약간 어긋나며 가지와 거의 직각으로 달린다. 웅성 생식눈은 길게 늘어진 자루에 많은 수가 이삭처럼 달리고, 자성 생식눈은 주로 소지의 끝쪽에 1~7개가 달린다.

엽흔/관속흔 엽흔은 마주나고 원형이며, 크기가 작다. 관속흔은 뚜렷하지 않다.

● 참고

수관이 원뿔형이어서 낙우송과 비슷하게 보이지만, 잎차례가 마주나고 종구(種球)의 자루가 현저히 길며 슬근이 발달하지 않는 점이 다르다. 종구의 자루는 길이 3~7㎝다.

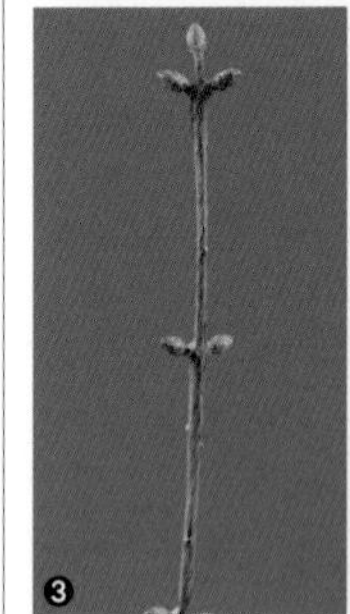

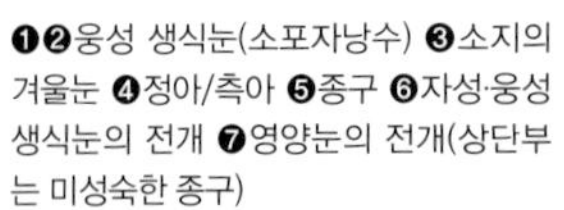

❶❷웅성 생식눈(소포자낭수) ❸소지의 겨울눈 ❹정아/측아 ❺종구 ❻자성·웅성 생식눈의 전개 ❼영양눈의 전개(상단부는 미성숙한 종구)

✲식별 포인트 겨울눈/종구(모양/자루)

낙우송
***Taxodium distichum* (L.) Rich.**

측백나무과
CUPRESSACEAE Gray

2020. 1. 3. 서울특별시

●분포

북아메리카 동남부

❖국내분포 전국에 조경수, 가로수로 식재

●형태

수형 낙엽 교목. 높이 40m, 직경 2~3m까지 자라며 수관은 원뿔형이다.

수피/소지 수피는 회색~적갈색이고 세로로 얇게 갈라져 벗겨진다. 소지는 갈색~적갈색을 띠고 표면에 털이 없다.

겨울눈 영양눈 또는 생식눈이다. 겨울눈은 반구형이고 갈색 아린에 싸여있다. 측아는 수피 속에 묻힌 것처럼 보이고 엽흔의 일부를 가리고 있다. 웅성 생식눈은 길게 늘어진 자루에 많은 수가 이삭처럼 달리고, 자성 생식눈은 주로 소지의 끝쪽에 1~여러 개가 달린다.

엽흔/관속흔 엽흔은 어긋나고 대부분 원형이며, 관속흔은 1개이거나 뚜렷하지 않다.

●참고

외관상으로 형태가 비슷한 메타세쿼이아에 비해 잎차례가 어긋나고 종구(種球)의 자루가 없거나 짧으며, 환경에 따라 나무의 주변부 지표면에 슬근(knee root)이 돌출하는 점이 다르다. 예전에는 슬근을 기근의 일종으로 생각하기도 했지만, 현재까지도 슬근의 정확한 기능에 대해서는 의견이 분분하다.

❶겨울철까지 가지에 남는 종구 ❷정아 ❸측아 ❹자성·웅성 생식눈의 전개 ❺영양눈의 전개 ❻성숙기의 종구 ❼슬근 ❽겨울 수형

✲식별 포인트 겨울눈/종구(모양/자루)/슬근

피자 식물문

MAGNOLIOPHYTA

목련강

MAGNOLIOPSIDA

목련아강

MAGNOLIIDAE

목련과 MAGNOLIACEAE

녹나무과 LAURACEAE

쥐방울덩굴과 ARISTOLOCHIACEAE

오미자과 SCHISANDRACEAE

미나리아재비과 RANUNCULACEAE

매자나무과 BERBERIDACEAE

으름덩굴과 LARDIZABALACEAE

새모래덩굴과 MENISPERMACEAE

목련
Magnolia kobus DC.

목련과
MAGNOLIACEAE Juss.

2020. 3. 13. 제주

●**분포**

일본, 한국

❖**국내분포** 제주도의 숲속에 드물게 자생. 흔히 재배품종을 조경용으로 식재

●**형태**

수형 낙엽 교목. 높이 15m까지 자란다.

수피/소지 수피는 회백색이고 표면이 매끈하며 피목이 생긴다. 소지는 굵고 녹색~녹갈색을 띠며, 간혹 단지가 발달하고 털이 없다. 아린의 흔적이 가지를 감싸듯 돌아가며 생긴다.

겨울눈 영양눈 또는 혼합눈이다. 보통 측아는 영양눈(간혹 혼합눈), 정아는 혼합눈 또는 영양눈이다. 혼합눈은 난형이고 길이 2~2.5㎝이며 황갈색 아린에 싸여있다. 아린은 겉이 누운털로 덮여있다. 영양눈은 혼합눈보다 크기가 작다.

엽흔/관속흔 엽흔은 어긋나고 V자형~누운 초승달형이며, 관속흔은 6~9개다.

●**참고**

겨울눈이 백목련과 유사하나 소지의 색이 백목련에 비해 다소 녹갈색인 경향을 보인다. 백목련과 마찬가지로 겨우내 여러 겹의 아린이 벗겨진다.

❶소지의 겨울눈 ❷정아 ❸정아의 종단면 ❹측아 ❺엽흔/관속흔 ❻혼합눈의 전개 ❼영양눈의 전개 ❽겨울 수형
✲**식별 포인트** 겨울눈/아린흔

2021. 12. 20. 경기 남양주시

백목련

Magnolia denudata **Desr.**

목련과

MAGNOLIACEAE Juss.

●분포

중국(중남부) 원산

❖국내분포 전국에 조경용으로 식재

●형태

수형 낙엽 교목. 높이 25m, 직경 1m까지 자란다.

수피/소지 수피는 진한 회색이고 매끈하지만 자라면서 불규칙하게 세로로 갈라진다. 소지는 갈색을 띠고 처음에는 누운털이 있다가 차츰 없어진다. 아린의 흔적이 가지를 감싸듯 돌아가며 생긴다.

겨울눈 영양눈 또는 혼합눈이다. 보통 측아는 영양눈(간혹 혼합눈), 정아는 혼합눈 또는 영양눈이다. 혼합눈은 난형이고 길이 2~2.5㎝이며 여러 겹의 회갈색 아린에 싸여있다. 아린은 겉이 긴 털로 덮여있다. 영양눈은 혼합눈보다 크기가 작다.

엽흔/관속흔 엽흔은 어긋나고 V자형~누운 초승달형이며, 관속흔은 6~9개다.

●참고

이른 봄 탐스러운 꽃을 풍성하게 피우므로 조경수로 인기가 많다. 겨울과 봄 사이 4~5겹의 아린이 차례대로 벗겨지면서 비로소 꽃과 잎이 드러난다.

❶소지의 겨울눈 ❷초겨울의 정아. 좌측과 중앙부의 갈색 아린은 겨우내 탈락한다. ❸정아의 종단면(꽃) ❹측아/엽흔/관속흔 ❺혼합눈의 전개 ❻겨울 수형

✲식별 포인트 겨울눈/아린흔

함박꽃나무

***Magnolia sieboldii* K.Koch**

목련과

MAGNOLIACEAE Juss.

●분포

한국, 중국(중북부), 일본(혼슈 이남)

❖국내분포 전국의 산지에 드물지 않게 자람

●형태

수형 낙엽 교목. 높이 7~10m까지 자란다.

수피/소지 수피는 회백색이고 표면이 매끈하며 돌기 같은 피목이 많이 생긴다. 소지는 굵고 회갈색을 띠며 표면에 누운털이 있다. 아린의 흔적이 가지를 감싸듯 돌아가며 생긴다.

겨울눈 영양눈 또는 혼합눈이다. 보통 측아는 영양눈(간혹 혼합눈), 정아는 혼합눈 또는 영양눈이다. 정아는 장타원형~피침형이고 끝이 뾰족하며 길이 1~1.5㎝다. 아린은 가죽질이고 자갈색을 띠며 겉에 누운털이 있다. 영양눈은 혼합눈보다 크기가 작다.

엽흔/관속흔 엽흔은 어긋나고 V자~U자형이며, 관속흔은 7~11개다.

●참고

수간의 아래쪽부터 줄기가 많이 갈라지는 경향이 있다. 토양이 건조한 환경보다는 수분이 충분한 계곡부를 선호한다.

2021. 2. 25. 강원 속초시

❶소지의 겨울눈 ❷초겨울의 정아. 잎을 단 아린은 곧 탈락한다. ❸측아 ❹엽흔/관속흔 ❺혼합눈의 전개 ❻수피 ❼겨울 수형

✲식별 포인트 겨울눈/아린흔

2020. 11. 7. 경기 포천시

일본목련

Magnolia obovata Thunb.

목련과

MAGNOLIACEAE Juss.

●분포

일본 원산

❖국내분포 경기 이남 산지. 낮은 산지에 야생화해서 자라거나 조경수로 식재.

●형태

수형 낙엽 교목. 높이 20m, 직경 1m까지 자란다.

수피/소지 수피는 회백색이고 표면이 매끈하며 원형의 피목이 있다. 소지는 굵고 회록색~회색을 띤다. 아린의 흔적이 가지를 감싸듯 돌아가며 생긴다.

겨울눈 영양눈 또는 혼합눈이다. 보통 측아는 영양눈, 정아는 혼합눈이다. 정아는 피침상 장타원형이고 길이 3~5㎝이며 여러 개의 아린에 싸여있다. 아린은 가죽질이고 녹(적)갈색을 띠며 겉에 털이 없다. 영양눈은 혼합눈보다 크기가 작다.

엽흔/관속흔 엽흔은 어긋나고 원형~신장형이며, 관속흔은 개수가 많다.

●참고

겨울눈의 아린이 가죽질이며 열매 표면에 돌기가 발달하는 점이 같은 속의 근연종들과 다르다. 근래에 전국의 산지에서 빠른 속도로 야생화하고 있다.

❶정아 ❷정아(혼합눈)의 전개(아린을 2장 벗은 모습) ❸측아 ❹엽흔/관속흔 ❺혼합눈의 전개 ❻영양눈의 전개 ❼겨울수형

✲식별 포인트 겨울눈/아린흔/열매

튤립나무 (백합나무)

***Liriodendron tulipifera* L.**

목련과
MAGNOLIACEAE Juss.

●분포

북아메리카(동남부) 원산

❖국내분포 전국에 가로수 및 조경용으로 식재

●형태

수형 낙엽 교목. 높이 40m, 직경 1.5m까지 자란다.

수피/소지 수피는 회갈색이고 세로로 얕게 갈라진다. 소지는 굵고 회록색을 띠며 털이 없다. 아린의 흔적이 가지를 감싸듯 돌아가며 생긴다.

겨울눈 영양눈 또는 혼합눈이다. 보통 측아는 영양눈(간혹 혼합눈), 정아는 혼합눈이다. 정아는 약간 납작한 타원형~장타원형이고 길이 1~1.5㎝이며 2개의 아린에 싸여있다. 아린은 녹(적)갈색을 띠고 털이 없다. 측아는 정아보다 크기가 작다.

엽흔/관속흔 엽흔은 어긋나고 원형이며, 관속흔은 10개 내외다.

●참고

1925년경 국내에 도입되었는데, 생장이 빠르고 내성이 강해 가로수나 조경수로 사용하고 있다. 튤립나무라는 국명은 학명의 종소명 *tulipifera*('튤립 꽃을 피운다'는 뜻)에서, 백합나무라는 국명은 속명 *Liriodendron*('백합나무'라는 뜻)에서 유래한다.

2021. 12. 19. 서울특별시

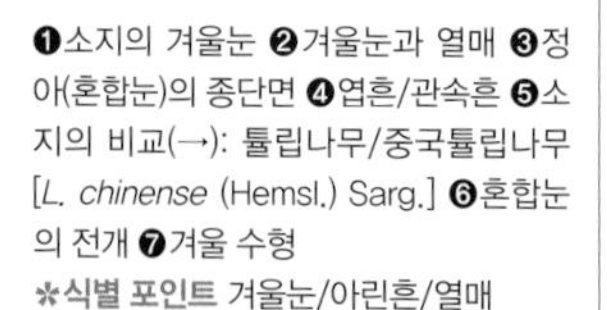

❶소지의 겨울눈 ❷겨울눈과 열매 ❸정아(혼합눈)의 종단면 ❹엽흔/관속흔 ❺소지의 비교(→): 튤립나무/중국튤립나무 [*L. chinense* (Hemsl.) Sarg.] ❻혼합눈의 전개 ❼겨울 수형

✻식별 포인트 겨울눈/아린흔/열매

2022. 1. 4. 경기 남양주시

생강나무
Lindera obtusiloba Blume

녹나무과
LAURACEAE Juss.

● 분포

중국(북부 이북), 일본(혼슈 중부 이남), 네팔, 부탄, 인도, 한국

❖국내분포 전국의 산지

● 형태

수형 낙엽 관목. 높이 3~6m까지 자란다.

수피/소지 수피는 짙은 회갈색이고 표면이 매끈하며, 둥근 피목이 생긴다. 소지는 황록색~녹자색을 띠고 표면에 털이 없다.

겨울눈 영양눈 또는 혼합눈(간혹 생식눈)이다. 혼합눈은 구형이고 직경 4~6㎜이며 2~3개의 황갈색 아린에 싸여있다. 바깥쪽 아린에는 털이 없으나 안쪽 아린에는 털이 많다. 영양눈은 타원형이며 아린에 털이 없다.

엽흔/관속흔 엽흔은 어긋나고 반원형이며, 관속흔은 1~3개다.

● 참고

이른 봄에 혼합눈의 바깥쪽 아린이 탈락하면 부드러운 털이 밀생하는 안쪽 아린에 꽃봉오리와 잎이 싸여 있는 모습을 관찰할 수 있다. 혼합눈 속의 잎은 개화 말기에 본격적으로 발달한다. 생강나무와 개화기가 비슷한 산수유나무는 겨울눈이 마주나며 눈자루(芽柄)가 있다는 특징이 있다.

❶❷소지의 겨울눈(→): 혼합눈/영양눈 ❸영양눈의 종단면 ❹혼합눈의 종단면 ❺혼합눈 ❻혼합눈(바깥쪽 아린이 떨어진 시기) ❼❽혼합눈의 전개 과정. 개화 말기에 꽃차례 속에서 잎이 자라난다. ❾영양눈의 전개 ❿수피

✲식별 포인트 겨울눈/소지(녹색)

비목나무

Lindera erythrocarpa Makino

녹나무과

LAURACEAE Juss.

● **분포**

중국(중부 이남), 일본(혼슈 이남), 한국

❖**국내분포** 경기도 이남(주로 남부) 지역의 산지

● **형태**

수형 낙엽 교목. 높이 6~15m 정도까지 자란다.

수피/소지 수피는 연한 갈색~회색이고 표면이 얇은 비늘조각처럼 일어나 세로로 불규칙하게 벗겨진다. 소지는 갈색을 띠고 피목이 있으며 처음에는 털이 있다가 차츰 없어진다.

겨울눈 영양눈 또는 생식눈이다. 생식눈은 구형이고 정아의 주위에 몇 개씩 달리고 자루가 있다. 영양눈은 장난형~타원형이고 끝이 뾰족하다. 아린은 황갈색을 띠고, 영양눈은 5~8개의 아린에 싸여있다.

엽흔/관속흔 엽흔은 어긋나고 반원형이며, 관속흔은 1개다.

● **참고**

영양눈 주위에 달리는 구형의 생식눈이 특징이다. 생식눈은 암나무보다 수나무에 더 많은 수가 발달하는 경향이 있다. 또한, 소지가 녹색을 띠는 생강나무와는 달리 비목나무의 소지는 갈색을 띤다.

2019. 12. 25. 전남 보성군

❶소지의 비교(→): 수나무/암나무 ❷정아 ❸짧은 자루 끝의 영양눈 ❹엽흔/관속흔 ❺영양눈(中)/생식눈(左右)의 전개 ❻분지 형태(어린나무)

✲**식별 포인트** 겨울눈/수피/소지(갈색)

2021. 1. 13. 전남 순천시

털조장나무

Lindera sericea (Siebold & Zucc.) Blume

녹나무과
LAURACEAE Juss.

● **분포**

일본(혼슈 일부, 시코쿠, 규슈), 한국
❖ **국내분포** 전남·북 지역(조계산, 무등산, 모악산 등)의 산지, 숲 가장자리와 계곡부에 드물게 자람

● **형태**

수형 낙엽 관목. 높이 3m 정도까지 자란다.

수피/소지 수피는 진한 녹회색~회색이고 얼룩덜룩하며 표면에 피목이 있다. 소지는 녹색~녹갈색을 띠고 표면에 처음에는 누운털이 있다가 점차 없어진다.

겨울눈 영양눈 또는 생식눈이다. 생식눈은 구형이며 정아의 주위에 몇 개씩 달리고 자루가 있다. 영양눈은 장난형~타원형이고 끝이 뾰족하다. 아린은 적갈색을 띠며 겉에 털이 있다가 차츰 없어진다. 영양눈은 5~8개의 아린에 싸여있다.

엽흔/관속흔 엽흔은 어긋나고 원형~반원형이며, 관속흔은 얕은 U자형이고 1~3개가 생긴다.

● **참고**

생강나무와 비교해서 얼룩덜룩한 녹회색 수피가 특징적이다. 국내 분포역도 전남·북 일부 지역에 한정되어 있다.

❶수나무의 정아 ❷암나무의 정아 ❸❹짧은 가지 끝의 영양눈/엽흔/관속흔 ❺측아 ❻(↓)엽흔/아린흔 ❼영양눈/생식눈의 전개

✲**식별 포인트** 겨울눈/수피/소지(녹색)

감태나무

***Lindera glauca* (Siebold & Zucc.) Blume**

녹나무과

LAURACEAE Juss.

2021. 2. 10. 경남 창녕군

●분포

중국(중부 이남), 일본(혼슈 이남), 타이완, 베트남, 한국

❖국내분포 충북 이남의 산지와 해안을 따라 강원도 및 황해도까지 분포

●형태

수형 낙엽 관목 또는 소교목. 높이 8m 정도까지 자란다.

수피/소지 수피는 연한 갈색~갈색이고 표면이 매끈하며 피목이 있다. 소지는 연한 갈색~황갈색을 띠고 처음에는 표면에 짧은 털이 있지만 차츰 떨어져서 매끈해지기도 한다.

겨울눈 영양눈 또는 혼합눈이다. 정아는 난형~장난형이고 끝이 뾰족하며 길이 1.5㎝ 정도다. 여러 개의 아린에 싸여있으며 갈색을 띠고 가장자리에 털이 있다. 측아는 정아보다 크기가 다소 작다.

엽흔/관속흔 엽흔은 어긋나고 반원형이며, 관속흔은 불분명하다. 겨우내 마른잎을 달고 있다가 이듬해 개화기에야 떨어진다.

●참고

잎이 장타원형인 뇌성목에 비해 타원형이어서 잎의 폭이 더 넓다. 또한, 혼합눈이 발달하는 점과 소지가 갈색을 띠는 것도 뇌성목과의 차이점이다.

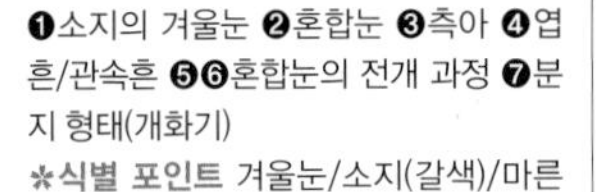

❶소지의 겨울눈 ❷혼합눈 ❸측아 ❹엽흔/관속흔 ❺❻혼합눈의 전개 과정 ❼분지 형태(개화기)

✽식별 포인트 겨울눈/소지(갈색)/마른잎

2016. 12. 8. 인천광역시 옹진군

뇌성목

Lindera angustifolia W.C.Cheng

녹나무과

LAURACEAE Juss.

●분포

중국(중부, 남부), 한국

❖**국내분포** 황해도와 서해 도서지역

●형태

수형 낙엽 관목 또는 소교목. 높이 2~8m 정도로 자란다.

수피/소지 수피는 밝은 갈색~회갈색이고 표면이 매끈하며 피목이 많이 생긴다. 소지는 녹색~황록색을 띠고 털이 없다.

겨울눈 영양눈 또는 생식눈이다. 영양눈은 장난형~타원형이다. 생식눈은 광난형이며 영양눈과 나란히 1~3개가 달린다. 겨울눈은 적갈색~황갈색 아린에 싸여있고 가장자리에 털이 있다.

엽흔/관속흔 엽흔은 어긋나고 반원형~원형이며, 관속흔은 1개다. 겨우내 마른잎을 달고 있다가 이듬해 개화기에야 떨어진다.

●참고

혼합눈이 발달하는 감태나무와는 달리 생식눈과 영양눈이 따로 발달하는 점이 특징이다. 이 특징만 놓고 보더라도 뇌성목을 감태나무의 변종으로 분류한 예전 견해는 다시 검토할 필요가 있다. 이 책에서는 뇌성목을 감태나무와 별개의 종으로 보는 견해를 따른다.

❶생식눈(左右)과 영양눈(中) ❷측아 ❸소지 끝의 정아와 부아 ❹마른잎을 단 채 월동한다. ❺수피 ❻겨울 수형

＊식별 포인트 겨울눈/소지(녹색)/마른잎

등칡

***Aristolochia manshuriensis* Kom.**

취방울덩굴과
ARISTOLOCHIACEAE Juss.

2019. 11. 24. 강원 평창군

●분포

중국(동북부), 러시아(동부), 한국
❖**국내분포** 경남(거제도, 운문산) 이북의 계곡 및 산지(숲 가장자리와 너덜지대)

●형태

수형 낙엽 덩굴성 목본. 길이 10m 정도까지 자란다.

수피/소지 수피는 회백색~황갈색이고 세로로 불규칙하고 가늘게 갈라지다가 오래되면 골이 깊어지고 코르크 조직이 생긴다. 소지는 녹색~황록색을 띠고 털이 없다. 주변의 다른 물체를 감으며 자란다.

겨울눈 영양눈 또는 혼합눈이다. 겨울눈은 엽흔의 안쪽에 발달하며 아린에 싸여있고 겉에 백색 털이 밀생한다. 중생부아가 생기기도 한다.

엽흔/관속흔 엽흔은 어긋나고 반원형~U자형이며, 관속흔은 3개다.

●참고

경남과 경기의 일부 지역에서도 볼 수 있지만 주로 강원도에서 흔히 볼 수 있다. 엽흔과 겨울눈의 형태, 그리고 녹색이 도는 줄기가 특징적이다.

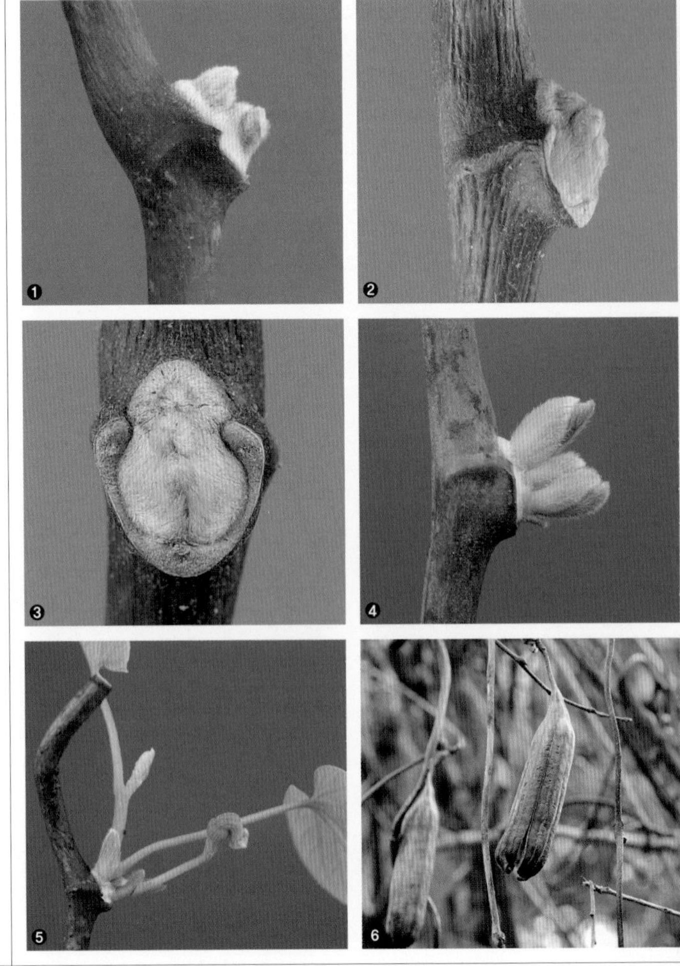

❶❷겨울눈 ❸엽흔/관속흔 ❹❺혼합눈의 전개 과정. 발달 초기에는 꽃봉오리가 위아래로 뒤집혀 나오는 점이 특이하다. ❻열매(겨울)
✲**식별 포인트** 겨울눈/수형/수피

2021. 2. 19. 강원 태백시

오미자

Schisandra chinensis **(Turcz.) Baill.**

오미자과
SCHISANDRACEAE Blume

●분포

중국(동북부), 일본(혼슈 중부 이북), 러시아(아무르, 사할린), 한국

❖국내분포 전국의 산지

●형태

수형 낙엽 덩굴성 목본. 길이 10m, 직경 3㎝ 정도까지 자란다.

수피/소지 수피는 적갈색이고 피목이 많이 발달하며 겉껍질이 얇게 벗겨진다. 소지는 밝은 갈색을 띠고 사마귀 같은 피목이 두드러져 보인다.

겨울눈 영양눈 또는 혼합눈이다. 겨울눈은 난형~장난형이고 끝이 뾰족하며 길이 3~6㎜이다. 여러 개의 아린에 싸여있고 겉은 황갈색을 띤다. 측아에 1~3개의 부아가 발달하기도 한다.

엽흔/관속흔 엽흔은 어긋나고 원형~반원형이며, 관속흔은 3~4개이지만 형태가 뚜렷하지 않은 예도 있다.

●참고

오미자(五味子)라는 국명은 열매에서 5가지 맛(단맛, 쓴맛, 신맛, 매운맛, 짠맛)이 난다 하여 유래한 이름이다. 겨울철에는 피목이 발달한 적갈색 수피가 두드러진다.

❶겨울눈 ❷부아(左右) ❸엽흔/관속흔 ❹영양눈의 전개 ❺혼합눈의 전개 ❻수피

✲**식별 포인트** 겨울눈/수피/열매

남오미자

***Kadsura japonica* (L.) Dunal**

오미자과
SCHISANDRACEAE Blume

2020. 12. 16. 제주

●분포

일본(혼슈 중부 이남), 타이완, 한국

❖**국내분포** 남해안 도서지역 및 제주도의 숲속 또는 숲 가장자리

●형태

수형 상록성 혹은 반상록 덩굴성 목본. 흔히 길이 3m 정도까지 자란다.

수피/소지 수피는 적갈색이고 표면에 코르크 조직이 발달하며 세로로 길게 갈라진다. 소지는 밝은 갈색을 띠고 피목이 있다.

겨울눈 영양눈 또는 혼합눈이다. 겨울눈은 장난형~피침형이고 끝이 뾰족하며 길이 3~7㎜이다. 여러 개의 아린에 싸여있고 겉은 황갈색을 띤다. 측아에 1~3개의 부아가 발달하기도 한다.

엽흔/관속흔 엽흔은 어긋나고 원형~반원형이며, 관속흔은 3~4개이지만 형태가 뚜렷하지 않은 예도 있다.

●참고

분류학적으로 오미자와는 속이 다른 식물이다. 기후가 온난한 곳에서는 반상록 상태로 월동하기도 한다.

❶-❸남오미자 ❹-❻흑오미자[*Schisandra repanda* (Siebold & Zucc.) Radlk.]

✻**식별 포인트** 겨울눈/수형/열매

2021. 1. 27. 경기 남양주시

자주조희풀

Clematis heracleifolia DC. var. *heracleifolia*

미나리아재비과

RANUNCULACEAE Juss.

● 분포

중국(동북부), 한국

❖국내분포 충남, 충북 이북의 산지

● 형태

수형 낙엽 관목. 높이 1~1.5m 정도까지 자란다.

수피/소지 수피는 회갈색이고 세로로 잘게 벗겨진다. 소지는 회갈색을 띠고 처음에는 털이 있지만 점차 없어진다. 표면에는 얕은 골이 있으며 식물체의 상단부는 겨울에 거의 말라 죽는다.

겨울눈 영양눈 또는 혼합눈이다. 겨울눈은 난형~장난형이고 끝이 둔하거나 뾰족하며 회갈색 아린에 싸여있다. 아린은 겉이 털로 덮여있다. 끝이 마른 소지에는 준정아가 발달하기도 하지만 대부분 소지가 말라 죽는 경우가 많고, 원줄기의 밑동 주위에는 부정아가 생긴다. 겨울눈에는 부아가 발달하기도 한다.

엽흔/관속흔 엽흔은 마주나며, 잎자루가 겨울까지 남아있거나 중간에서 끊어지는 경우가 많아서 엽흔이나 관속흔이 그다지 뚜렷하지 않다.

● 참고

국내에서는 주로 경기도 일대에 흔히 보이며, 꽃의 형태 말고는 병조희풀과 외관상으로는 뚜렷한 차이점이 없다. 겨울이 되면 한 해 동안 생장한 소지 부위가 말라 죽고, 보통 수간의 아래쪽에 발달하는 부정아에서 이듬해 새가지가 발달하는 경우가 흔하다.

❶❷겨울눈 ❸부정아 ❹열매차례(겨울) ❺-❼병조희풀[*C. heracleifolia* DC. var. *urticifolia* (Nakai ex Kitag.) U.C.La]

✲식별 포인트 수형/열매

사위질빵

Clematis apiifolia DC.

미나리아재비과
RANUNCULACEAE Juss.

2020. 1. 1. 강원 춘천시

●분포

중국(중북부), 일본, 한국

❖국내분포 전국의 산과 들

●형태

수형 낙엽 덩굴성 목본. 길이 1~8m까지 자란다.

수피/소지 수피는 갈색~회갈색이고, 세로로 불규칙하게 골이 진다. 소지는 갈색을 띠고 세로로 5~6개의 얕은 골이 있으며 털이 약간 있다. 줄기는 살짝 힘주어 당겨도 쉽게 끊어지며, 겨울에 말단부는 대부분 말라 죽는다.

겨울눈 영양눈 또는 혼합눈이다. 광난형~난형이고 끝이 둔하거나 뾰족하며 아린에 싸여있다. 아린은 겉에 털이 밀생한다.

엽흔/관속흔 엽흔은 마주나며, 잎자루가 겨울까지 남아있거나 중간에서 끊어지는 경우가 많아서 엽흔이나 관속흔은 그다지 뚜렷하지 않다.

●참고

수피만 놓고 봐서는 할미밀망과 구별이 어렵다. 할미밀망보다 수과와 열매차례의 크기가 훨씬 더 작다.

❶겨울 수형 ❷겨울눈 ❸겨울눈의 전개 ❹❺큰꽃으아리(*C. patens* C.Morren & Decne.)

✲식별 포인트 수형/열매차례

2019. 12. 28. 경기 남양주시

할미밀망

Clematis trichotoma Nakai

미나리아재비과
RANUNCULACEAE Juss.

●분포

한국(한반도 고유종)

❖국내분포 지리산 이북에 분포하며 주로 숲 가장자리에 자람

●형태

수형 낙엽 덩굴성 목본. 길이 5~7m까지 자란다.

수피/소지 수피는 연한 갈색~회갈색이고 세로로 가늘게 갈라진다. 소지는 연한 갈색을 띠고 세로로 5~8개의 얕은 골이 있으며 털이 약간 있다. 겨울에 줄기의 말단부는 대부분 말라 죽는다.

겨울눈 영양눈 또는 혼합눈이다. 난형~삼각상 난형이고 끝이 둔하거나 뾰족하며 아린에 싸여있다. 아린의 겉에는 털이 밀생한다.

엽흔/관속흔 엽흔은 마주나며, 잎자루가 겨울까지 남아 있거나 중간에서 끊어지는 경우가 많아서 엽흔이나 관속흔이 그다지 뚜렷하지 않다.

●참고

사위질빵과 비교해서 열매차례가 더 크고 과축에 열매차례가 (2~)3개씩 달리는 점이 다르다.

❶겨울눈 ❷으아리[*C. terniflora* DC. var. *mandshurica* (Rupr.) Ohwi] ❸종덩굴(*C. fusca* Turcz. var. *violacea* Maxim.) ❹개버무리(*C. serratifolia* Rehder) ❺세잎종덩굴(*C. koreana* Kom.) ❻자주종덩굴[*C. alpina* (L.) Mill. subsp. *ochotensis* (Pall.) Kuntze]

✲식별 포인트 수형/열매차례(주로 3개씩 달림)

매자나무

***Berberis koreana* Palib.**

매자나무과

BERBERIDACEAE Juss.

2022. 3. 8. 강원 평창군

●분포

한국(한반도 고유종)

❖국내분포 경기, 강원, 충북의 일부 지역에 분포하며 주로 숲과 하천의 가장자리에 자람.

●형태

수형 낙엽 관목. 높이 2m 정도까지 자라며 밑에서 가지가 갈라진다.

수피/소지 수피는 회색~회갈색이고 점차 불규칙하게 갈라진다. 소지는 적갈색~암갈색을 띠고 세로로 골이 지며 대개 길이 5~10㎜의 탁엽이 변한 가시(엽침)가 1개 난다. 흔히 단지가 발달하며, 단지에 혼합눈이 생긴다.

겨울눈 영양눈 또는 혼합눈이다. 겨울눈은 타원형~난형이고 끝이 뾰족하며 적색~적갈색 아린에 싸여 있다.

엽흔/관속흔 엽흔은 어긋나거나 모여나고 원형~반원형이며, 관속흔은 여러 개이지만 형태가 뚜렷하지 않은 예도 있다.

●참고

어린 줄기에서는 가시가 2~5개 생기기도 하고, 형태가 조류의 물갈퀴를 닮은 모양이 되기도 한다. 구형(난상 구형)의 열매 일부가 겨울철까지 남기도 한다.

❶-❸겨울눈 ❹엽침(葉針) ❺열매(겨울) ❻❼혼합눈의 전개 과정 ❽수피(붉은색 줄기는 어린 줄기) ❾군락

＊식별 포인트 열매(구형)/가시(엽침)

2020. 11. 28. 강원 홍천군

매발톱나무

***Berberis amurensis* Rupr.**

매자나무과

BERBERIDACEAE Juss.

●분포

중국(동북부), 일본, 러시아, 몽골, 한국

❖**국내분포** 제주도(한라산) 및 지리산 이북의 높은 산지

●형태

수형 낙엽 관목. 높이 3m 정도까지 자라며 밑에서부터 가지가 갈라진다.

수피/소지 수피는 회갈색이고 코르크층이 발달하며 세로로 얕게 갈라진다. 소지는 회갈색을 띠고 얕은 골이 있으며 대개 탁엽이 변한 가시(엽침)가 1~3(5)개씩 난다. 흔히 단지가 발달하며, 단지에는 혼합눈이 생긴다.

겨울눈 영양눈 또는 혼합눈이다. 겨울눈은 타원형~난형이고 길이 2~4㎜이며 밝은 갈색의 아린에 싸여 있다.

엽흔/관속흔 엽흔은 어긋나거나 모여나고 원형~반원형이며, 관속흔은 1개 또는 그 이상이다.

●참고

흔히 수간의 아래쪽부터 줄기가 많이 갈라져서 무성하게 자란다. 주로 높은 산지에서 볼 수 있는 식물이다.

❶소지의 겨울눈 ❷준정아 ❸❹측아 ❺겨울눈의 전개 ❻열매(겨울)

✲**식별 포인트** 열매(타원형)/가시(엽침)

일본매자나무

***Berberis thunbergii* DC.**

매자나무과

BERBERIDACEAE Juss.

2020. 1. 29. 경기 포천시

●분포

일본(혼슈 이남) 원산

❖**국내분포** 조경수로 전국에 식재

●형태

수형 낙엽 관목. 높이 2m까지 자라며 밑에서부터 가지가 갈라진다.

수피/소지 수피는 회색이고 오래되면 점차 불규칙하게 세로로 갈라진다. 소지는 세로로 가늘게 골이 지고 길이 7~10㎜의 탁엽이 변한 가시(엽침)가 1~3개씩 난다. 흔히 단지가 발달하고, 단지에는 혼합눈이 생긴다.

겨울눈 영양눈 또는 혼합눈이다. 겨울눈은 구형~난상 구형이고 길이 2㎜ 정도이며 적갈색 아린에 싸여 있다.

엽흔/관속흔 엽흔은 어긋나거나 모여나고 원형~반원형이며, 관속흔은 여러 개이지만 형태가 뚜렷하지 않은 예도 있다.

●참고

조경용으로 널리 사용하는 관목이다. 겨울철에도 열매를 볼 수 있으며, 당매자나무(*B. chinensis* Poir.)와 달리 열매가 산형으로 달린다.

❶소지의 겨울눈 ❷준정아/측아. 소지에는 세로로 골이 생긴다. ❸측아 ❹엽흔/관속흔 ❺열매(겨울)

✻식별 포인트 수형/열매차례(산형)/가시(엽침)

2020. 12. 28. 강원 영월군

으름덩굴

Akebia quinata (Houtt.) Decne.

으름덩굴과
LARDIZABALACEAE R.Br.

●분포

중국(산둥반도 남부), 일본(혼슈 이남), 한국

❖국내분포 황해도 이남의 산지에 흔하게 자람(전국)

●형태

수형 낙엽 덩굴성 목본. 길이 7m 정도까지 자란다.

수피/소지 수피는 갈색이고, 오래되면 세로로 불규칙하게 갈라진다. 소지는 갈색을 띠고 털이 없으며 표면에 피목이 많이 있다. 보통 단지가 발달하고, 단지에서 혼합눈이 생긴다.

겨울눈 영양눈 또는 혼합눈이다. 겨울눈은 난형~피침형이고 길이 2~3㎜이며 적갈색~갈색 아린에 싸여 있다. 흔히 병생부아가 1~4개 정도 생긴다.

엽흔/관속흔 엽흔은 어긋나고 찌그러진 반원형~광타원형이며, 관속흔은 7개다. 엽흔은 뚜렷하게 돌출한다.

●참고

갈색을 띠는 소지의 겉에 피목이 많고 병생부아가 여러 개 생기며, 엽흔이 도드라져 돌출하는 점이 특징적이다.

❶줄기 끝의 준정아/측아 ❷수피/겨울눈 ❸❹부아(副芽)/엽흔/관속흔 ❺혼합눈의 전개

✲식별 포인트 겨울눈/수형

댕댕이덩굴

***Cocculus orbiculatus* (L.) DC.**
(*Cocculus trilobus* (Thunb.) DC.)

새모래덩굴과
MENISPERMACEAE Juss.

2021. 2. 11. 강원 인제군

●분포

중국(산둥반도 이남), 일본, 타이완, 동남아시아, 한국

❖국내분포 전국의 양지바른 산지 및 초지

●형태

수형 낙엽 덩굴성 목본. 길이 3~5m로 자란다.

수피/소지 줄기는 갈색~녹(적)갈색이고 세로로 가늘게 골이 지기도 한다. 소지는 가늘고 녹색~연한 황(적)갈색을 띠며 회백색 털이 밀생한다.

겨울눈 영양눈 또는 혼합눈이다. 겨울눈은 반구형이고 길이 2㎜ 정도이며 백색 털로 덮인 아린에 싸여있다. 중생부아가 생기기도 한다.

엽흔/관속흔 엽흔은 어긋나고 (반)원형~심장형이며, 관속흔은 불분명하거나 7개 이상이다. 열매가 달렸던 과축에는 지흔이 남기도 한다.

●참고

겨울눈이 백색 털로 덮여있고, 가운데가 약간 오목한 원형의 엽흔이 줄기에서 돌출하는 모습이 특징적이다.

❶수피/겨울눈 ❷❸겨울눈/중생부아/엽흔/관속흔 ❹혼합눈의 전개 ❺영양눈의 전개 ❻열매(겨울)
*식별 포인트 겨울눈/수형

2021. 1. 27. 경기 남양주시

새모래덩굴
Menispermum dauricum DC.

새모래덩굴과
MENISPERMACEAE Juss.

●분포

중국(동북부), 일본, 러시아, 한국

❖국내분포 전국의 햇볕이 잘 드는 산지 및 초지

●형태

수형 낙엽 덩굴성 목본. 길이 1~3m로 자란다.

수피/소지 줄기는 진한 적갈색~갈색이고 털이 없으며 표면이 매끈하거나 세로줄이 생긴다. 목질의 소지는 녹색~녹(적)갈색을 띠고 털이 없다.

겨울눈 영양눈 또는 혼합눈이다. 겨울눈은 반구형~삼각형이고 줄기 표면에서 돌출하며 털이 없는 갈색 아린에 싸여있다. 간혹 중생부아가 생기기도 한다.

엽흔/관속흔 엽흔은 어긋나고 원형~심장형이며, 관속흔은 3~5개이지만 형태가 불분명한 예도 있다.

●참고

방기와 비슷해 보이지만 방기는 겨울철에 줄기의 색조가 뚜렷한 녹색을 띤다.

❶❷측아/엽흔/관속흔 ❸❹혼합눈의 전개 과정 ❺-❽방기[*Sinomenium acutum* (Thunb.) Rehder & E.H.Wilson]
✲식별 포인트 겨울눈/수형

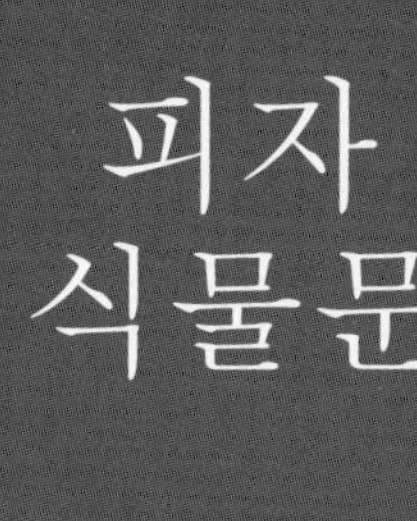

피자 식물문

MAGNOLIOPHYTA

목련강

MAGNOLIOPSIDA

조록나무아강

HAMAMELIDAE

나도밤나무과 SABIACEAE
계수나무과 CERCIDIPHYLLACEAE
버즘나무과 PLATANACEAE
조록나무과 HAMAMELIDACEAE
두충과 EUCOMMIACEAE
느릅나무과 ULMACEAE
팽나무과 CELTIDACEAE
뽕나무과 MORACEAE
쐐기풀과 URTICACEAE
가래나무과 JUGLANDACEAE
참나무과 FAGACEAE
자작나무과 BETULACEAE

나도밤나무

Meliosma myriantha **Siebold & Zucc.**

나도밤나무과
SABIACEAE Blume

● 분포

중국(동부), 일본(혼슈), 한국

❖국내분포 충남 이남 및 제주도. 해안을 따라 경기도(무의도, 대청도 등 서해안) 일대의 산지에도 간혹 자람.

● 형태

수형 낙엽 교목 또는 소교목. 높이 20m 정도까지 자란다.

수피/소지 수피는 회갈색이고 타원형의 피목이 있다. 소지는 갈색을 띠고 표면에 누운 잔털이 있다.

겨울눈 영양눈 또는 혼합눈이다. 정아는 선형~선상 피침형이고 길이 5~10㎜이며 여러 개가 한데 모여 달린다. 아린이 없고 표면은 갈색의 누운털로 덮여있다. 측아는 정아보다 크기가 작다.

엽흔/관속흔 엽흔은 어긋나고 반원형~타원형이며, 관속흔은 7~8개다.

● 참고

갈색 털로 덮이고 생김새가 독특한 겨울눈이 특징적이다.

2020. 12. 14. 전남 완도군

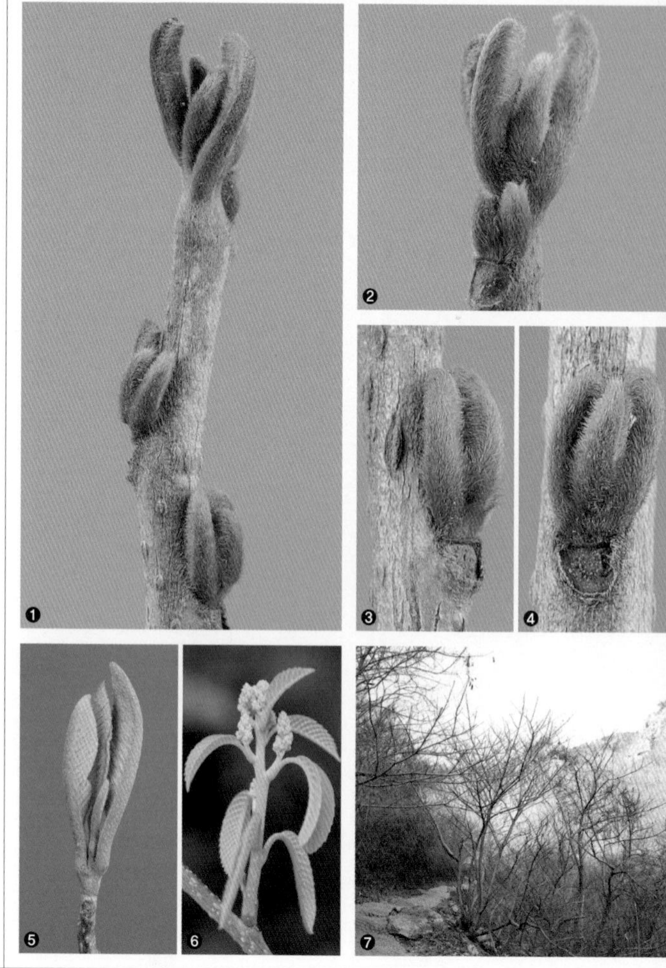

❶소지의 겨울눈 ❷정아 ❸측아 ❹엽흔/관속흔 ❺영양눈의 전개 ❻혼합눈의 전개 ❼겨울 수형

✲식별 포인트 겨울눈/수형

2021. 1. 30. 전남 보성군

합다리나무

***Meliosma oldhamii* Miq. ex Maxim.**

나도밤나무과
SABIACEAE Blume

●분포

중국(동부), 일본(혼슈, 규슈 일부), 타이완, 한국

❖국내분포 주로 전북, 경남 이남의 산지에 분포하나 해안을 따라 황해도, 경기도, 충남에도 간혹 자람

●형태

수형 낙엽 교목. 높이 15m 정도까지 자란다.

수피/소지 수피는 회갈색이고 매끈하며 타원형의 피목이 있다. 소지는 회록색~회갈색을 띠고 잔털이 약간 있으나 점차 없어지기도 한다. 소지에도 피목이 있다.

겨울눈 영양눈 또는 혼합눈이다. 겨울눈은 반구형~구형이고 여러 개가 한데 모여 달린다. 아린이 없고 표면은 갈색의 누운털로 덮여있다. 측아는 정아보다 크기가 작다.

엽흔/관속흔 엽흔은 어긋나고 반원형~원형이며, 여러 개의 관속흔이 원형에 가깝게 배열된다.

●참고

짧은 갈색 털로 덮인 구형 또는 반구형의 겨울눈이 특징적이다.

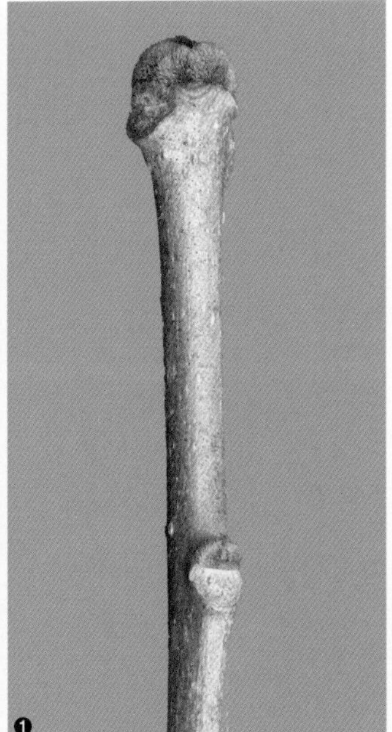
❶

❷

❸

❹

❺

❶소지의 겨울눈 ❷정아/정생측아/측아 ❸수피 ❹혼합눈의 전개 ❺겨울 수형
✻식별 포인트 겨울눈/수형

계수나무

***Cercidiphyllum japonicum* Siebold & Zucc. ex J.J.Hoffm. & J.H.Schult. bis**
(*Cercidiphyllum japonicum* Siebold & Zucc.)

계수나무과
CERCIDIPHYLLACEAE Engl.

2021. 1. 2. 인천광역시

●분포

중국(중남부), 일본 원산

❖**국내분포** 전국에 조경수로 식재

●형태

수형 낙엽 교목. 높이 30m, 직경 2m 정도까지 자란다.

수피/소지 수피는 진한 회갈색이고 세로로 얕게 갈라진다. 소지는 갈색~적갈색을 띠고 둥근꼴의 피목이 있다. 2년지부터 단지가 발달한다.

겨울눈 영양눈 또는 혼합눈이다. 겨울눈은 장난형이고 끝이 안으로 살짝 굽으며 2개의 붉은색 아린에 싸여있다. 흔히 소지 끝에는 한 쌍의 준정아가 마주 달린다.

엽흔/관속흔 엽흔은 주로 마주나고 반원형~얕은 U자형이며 가지에서 돌출한다. 관속흔은 3개다.

●참고

1과 1속 1종의 식물로서 원시적인 잔존 식물이다. 단풍 들 무렵 잎에서 달콤한 향기가 난다. 향신료로 쓰는 계피(桂皮)는 계수나무의 껍질이 아니라 녹나무속(*Cinnamomum*)에 속한 몇몇 목본식물의 껍질을 일컫는다(『한국의 나무』 참고).

❶준정아 ❷측아 ❸단지의 겨울눈 ❹엽흔/관속흔 ❺종자가 빠져나간 후의 과피 ❻영양눈의 전개 ❼수피 ❽겨울 수형

✻**식별 포인트** 겨울눈/수형/열매

2016. 3. 9. 서울특별시

양버즘나무 (플라타너스)

***Platanus occidentalis* L.**

버즘나무과

PLATANACEAE T.Lestib.

●분포

아메리카(동부) 원산

❖국내분포 전국에 가로수 및 조경수로 흔하게 식재

●형태

수형 낙엽 교목. 높이 20~40m 정도까지 자란다.

수피/소지 수피는 암갈색~갈색이고 겉이 얇은 조각으로 벗겨지면서 얼룩무늬가 생긴다. 소지는 갈색~황갈색을 띠고 털이 없으며 피목이 생긴다. 탁엽흔은 가지를 감싸듯 돌아가며 생긴다.

겨울눈 영양눈 또는 혼합눈이다. 겨울눈은 난형이고 잎자루 속에 숨어 있다가 잎이 떨어지면서 모습을 드러내는 전형적인 엽병내아다. 아린은 1개이고 적갈색~황갈색을 띠며 털이 없다.

엽흔/관속흔 엽흔은 어긋나고 원형이며 겨울눈을 에두르듯 감싼다. 관속흔은 5~7개다.

●참고

구형의 열매차례는 겨울을 지나서 이듬해 개화기까지 가지에 남는다.

❶소지의 겨울눈 ❷❸겨울눈을 감싼 잎의 탈락 과정 ❹엽흔/관속흔 ❺월동하는 열매차례 ❻혼합눈의 전개: 수꽃차례(左)/암꽃차례(右) ❼초겨울 수형

***식별 포인트** 겨울눈(엽병내아)/엽흔/수피/열매차례

히어리

Corylopsis coreana **Uyeki**

조록나무과
HAMAMELIDACEAE R.Br.

●분포

한국(한반도 고유종)

❖국내분포 강원도(망덕봉), 경기도(광덕산, 백운산), 경남, 전남의 산지

●형태

수형 낙엽 관목. 높이 2~4m까지 자란다.

수피/소지 수피는 회갈색이고 매끈하며 피목이 있다. 소지는 갈색~황갈색을 띠고 털이 없으며 피목이 생긴다.

겨울눈 영양눈 또는 혼합눈이다. 겨울눈은 난형~타원형이고 2개의 아린에 싸여있다. 아린은 갈색을 띠고 겉에 털이 없다. 흔히 혼합눈은 영양눈보다 크기가 크고, 정아 혹은 측아로 발달한다.

엽흔/관속흔 엽흔은 어긋나고 역삼각형~반원형이며, 관속흔은 3개다.

●참고

성숙한 열매는 마르면서 내부에 압력이 생겨 열매 속의 종자가 멀리 튀어나간다. 종자가 빠져나간 과피가 겨울철까지 가지에 남기도 한다.

2020. 12. 28. 전남 보성군

❶소지의 겨울눈 ❷혼합눈 ❸(→)혼합눈/영양눈 ❹❺영양눈 ❻혼합눈의 전개 ❼종자가 빠져나간 과피

✻식별 포인트 겨울눈/수형/열매

2021. 3. 2. 서울특별시

두충

***Eucommia ulmoides* Oliv.**

두충과

EUCOMMIACEAE Engl.

● **분포**

중국(중남부) 원산

❖**국내분포** 전국적으로 재배

● **형태**

수형 낙엽 교목. 높이 20m까지 자란다.

수피/소지 수피는 진한 회갈색이고 세로로 불규칙하게 골이 진다. 소지는 녹갈색을 띠고 끝에 정아가 없이 엽흔만 남아서 마치 가지가 잘린 것처럼 보이기도 한다.

겨울눈 영양눈 또는 혼합눈이다. 겨울눈은 난형이고 끝이 약간 뾰족하며 7~10개의 아린에 싸여있다. 아린은 적갈색~갈색을 띤다. 간혹 소지 끝에 준정아가 생긴다.

엽흔/관속흔 엽흔은 어긋나고 반원형이다. 관속흔은 1개이고 형태가 얕은 U자형이다.

● **참고**

암나무와 수나무가 따로 있다. 겨울눈에서 새순이 나오면 중앙부의 줄기와 잎을 둘러싸며 꽃이 달린다. 소지 끝에 엽흔만 남아 마치 가지의 끝이 잘린 것처럼 보일 때도 있다.

❶소지의 겨울눈 ❷측아 ❸엽흔/관속흔 ❹혼합눈의 전개(암나무) ❺혼합눈의 전개(수나무) ❻열매(겨울)

✲식별 포인트 관속흔/소지/열매

느릅나무

***Ulmus davidiana* Planch. ex DC. var. *japonica* (Rehder) Nakai**

느릅나무과
ULMACEAE Mirb.

●분포

중국(동북부), 일본, 러시아(아무르, 우수리), 몽골, 한국

❖국내분포 전국의 산지에 비교적 흔하게 자람

●형태

수형 낙엽 교목. 높이 15m, 직경 70㎝까지 자란다.

수피/소지 수피는 회갈색이고 껍질이 비늘처럼 일어나면서 불규칙하게 세로로 갈라진다. 소지는 갈색을 띠고 잔털이 있다. 어린 가지에 코르크 조직이 생기기도 한다.

겨울눈 영양눈 또는 생식눈이다. 생식눈은 구형~광난형이고 영양눈보다 크며, 영양눈은 난형이다. 겨울눈은 모두 여러 개의 자갈색 아린에 싸여있고 소지 끝에는 준정아가 생긴다.

엽흔/관속흔 엽흔은 어긋나고 반원형~타원형이며, 관속흔은 3개다.

●참고

가지에 코르크 조직이 발달하는 개체를 예전에는 혹느릅나무라는 품종으로 따로 구분하기도 했지만, 코르크 조직의 생성은 다른 느릅나무속(*Ulmus* spp.) 식물에도 나타나는 생태적 특성이다. 지금은 혹느릅나무를 구태여 별도의 품종으로 분류하지 않는 것이 일반적인 추세다.

2012. 3. 15. 강원 평창군

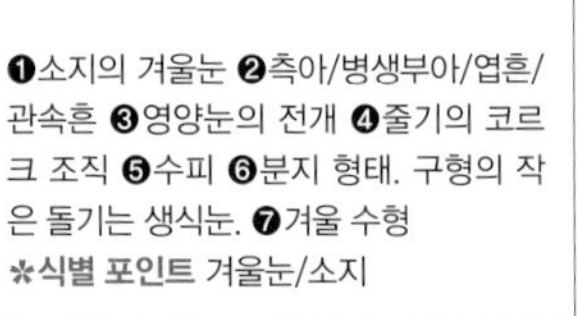

❶소지의 겨울눈 ❷측아/병생부아/엽흔/관속흔 ❸영양눈의 전개 ❹줄기의 코르크 조직 ❺수피 ❻분지 형태. 구형의 작은 돌기는 생식눈. ❼겨울 수형
✲식별 포인트 겨울눈/소지

2022. 2. 2. 서울특별시

미국느릅나무
Ulmus americana L.

느릅나무과
ULMACEAE Mirb.

●분포

북아메리카(동부)

❖국내분포 조경수로 간혹 식재

●형태

수형 낙엽 교목. 높이 30m, 직경 1.2m까지 자란다.

수피/소지 수피는 흑갈색이고 불규칙하게 세로로 갈라진다. 소지는 갈색을 띠고 털이 거의 없다.

겨울눈 영양눈 또는 생식눈이다. 생식눈은 구형~광타원형이고 영양눈보다 크며, 영양눈은 장난형~난형이다. 겨울눈은 모두 여러 개의 갈색 아린에 싸여있다. 아린은 겉에 약간의 털이 있다.

엽흔/관속흔 엽흔은 어긋나고 반원형~타원형이며, 관속흔은 4~5개다.

●참고

종종 공원이나 고궁 등지에 식재한 큰 나무를 볼 수 있다. 간혹 느릅나무로 오인하기도 하지만 미국느릅나무가 수피의 색이 더 어둡다.

❶(↓)영양눈/생식눈 ❷측아(영양눈) ❸측아 ❹엽흔/관속흔 ❺열매(겨울) ❻생식눈의 전개 ❼분지 형태 ❽겨울 수형

✻식별 포인트 겨울눈/관속흔

왕느릅나무

Ulmus macrocarpa **Hance**

느릅나무과
ULMACEAE Mirb.

2021. 1. 11. 강원 영월군

●분포

중국(중북부), 러시아, 몽골, 한국

❖국내분포 충북(단양) 이북에 분포하며 석회암지대에 흔하게 자람

●형태

수형 낙엽 교목 또는 소교목. 높이 30m까지 자란다.

수피/소지 수피는 회흑색이고 불규칙하게 갈라진다. 소지는 갈색을 띠고 털이 있다가 점차 없어지며, 표면에 피목이 드문드문 생긴다. 어린 가지에 코르크 조직이 생기기도 한다.

겨울눈 영양눈 또는 생식눈이다. 생식눈은 구형~광타원형이고 영양눈보다 크며, 영양눈은 난형이다. 겨울눈은 모두 흑갈색 아린에 싸여있다. 아린은 끝이 살짝 벌어져 있고 초기에는 털이 있다가 차츰 없어진다.

엽흔/관속흔 엽흔은 어긋나고 반원형이며, 관속흔은 3개다.

●참고

키가 30m까지 자랄 수는 있지만 국내에는 10m를 넘는 나무가 드물고, 관목상으로 자라는 나무도 흔하다. 흑갈색을 띠는 겨울눈이 특징적이다.

❶분지 형태 ❷생식눈 ❸영양눈/엽흔/관속흔 ❹소지의 겨울눈 ❺어린 가지에 발달한 코르크 조직 ❻❼영양눈의 전개 과정 ❽❾수피의 변화

✲식별 포인트 겨울눈/수피

2005. 4. 5. 강원 평창군

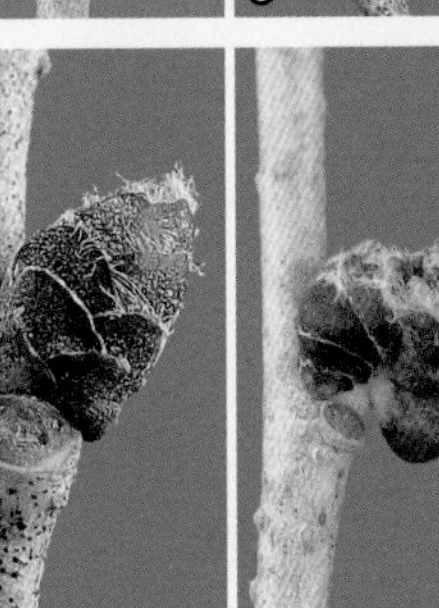

비술나무

***Ulmus pumila* L.**

느릅나무과

ULMACEAE Mirb.

●분포

중국(동북부), 러시아(아무르, 우수리), 몽골, 한국

❖국내분포 지리산 이북(주로 강원 양양 이북)의 하천 주변 및 평지

●형태

수형 낙엽 교목. 높이 20m까지 자란다.

수피/소지 수피는 회흑색이고 세로로 불규칙하게 갈라진다. 나무의 상처에서 수액이 흘러내린 자리에는 회백색 얼룩이 생긴다. 소지는 밝은 회갈색을 띠며 처음에는 털이 있다가 차츰 없어진다.

겨울눈 영양눈 또는 생식눈이다. 생식눈은 구형, 영양눈은 난형이며 모두 여러 개의 아린에 싸여있다. 아린은 자갈색을 띠고 겉에 털이 있다.

엽흔/관속흔 엽흔은 어긋나고 반원형~타원형이며, 관속흔은 3개다.

●참고

소지가 가늘고 밝은 회갈색을 띠는 점이 느릅나무와 다르다. 소지의 특징으로 말미암아 겨울철 수관이 독특한 모습을 보인다.

❶소지의 겨울눈 ❷생식눈 ❸준정아/측아(영양눈) ❹엽흔/관속흔 ❺생식눈의 전개 ❻비술나무 군락(겨울)

✲식별 포인트 겨울눈/수형/수피

난티나무

***Ulmus laciniata* (Trautv.) Mayr**

느릅나무과
ULMACEAE Mirb.

●분포

중국(중북부), 일본, 러시아(아무르, 우수리), 한국

❖국내분포 지리산 이북의 높은 산지와 울릉도, 제주도

●형태

수형 낙엽 교목. 높이 25m까지 자란다.

수피/소지 수피는 회색~회갈색이고 세로로 불규칙하게 갈라진다. 소지는 회색~회갈색을 띠고 털이 있다가 점차 없어지며, 표면에는 피목이 드문드문 생긴다.

겨울눈 영양눈 또는 생식눈이다. 생식눈은 구형이고 영양눈보다 크며, 영양눈은 난형이다. 겨울눈은 모두 진한 갈색 아린에 싸여있고 겉에 밝은 갈색 털이 약간 있다.

엽흔/관속흔 엽흔은 어긋나고 반원형이며, 관속흔은 3개다.

●참고

소지의 색이 느릅나무와 달리 회갈색이며, 수관 끝쪽의 가지가 늘어지지 않는 점이 비술나무와 다르다. 흔히 수간이 곧게 자란다.

2021. 1. 13. 강원 화천군

❶소지의 겨울눈 ❷준정아 ❸측아(영양눈)/엽흔/관속흔 ❹생식눈의 전개 ❺영양눈의 전개 ❻❼수피의 변화 ❽겨울 수형(어린나무)

✲식별 포인트 겨울눈/수피

2020. 3. 18. 서울특별시

참느릅나무
***Ulmus parvifolia* Jacq.**

느릅나무과
ULMACEAE Mirb.

●분포

중국(산둥반도 이남), 일본(혼슈 중부 이남), 타이완, 베트남, 한국

❖국내분포 경기도 이남의 숲 가장자리, 하천변 및 암석지대

●형태

수형 낙엽 교목. 높이 15m, 직경 80㎝까지 자란다.

수피/소지 수피는 회녹색~회갈색이고 껍질이 비늘 모양으로 조각조각 일어나 불규칙하게 벗겨진다. 소지는 갈색을 띠고 잔털이 있다가 차츰 없어진다.

겨울눈 영양눈 또는 생식눈이다. 생식눈은 한여름에 볼 수 있으며, 영양눈은 난형이고 끝이 뾰족하다. 겨울눈은 진한 갈색 아린에 싸여있고 겉에 약간의 털이 있다. 흔히 병생부아가 발달한다.

엽흔/관속흔 엽흔은 어긋나고 반원형이며, 관속흔은 3개다.

●참고

국내에 자생하는 느릅나무속 식물 중 유일하게 개화기가 가을이며 겨우내 열매를 단 채 월동한다. 껍질이 비늘처럼 떨어져서 알록달록해지는 수피가 특징적이다.

❶소지의 겨울눈 ❷소지 끝의 준정아/부아 ❸엽흔/관속흔 ❹영양눈의 전개 ❺열매(겨울) ❻수피 ❼겨울 수형

✲식별 포인트 겨울눈/수피/열매

시무나무

***Hemiptelea davidii* (Hance) Planch.**

느릅나무과
ULMACEAE Mirb.

●분포

중국(중남부 이북), 일본, 몽골, 한국
❖국내분포 전국의 숲 가장자리 및 하천 가장자리에 주로 분포

●형태

수형 낙엽 교목. 높이 15m, 직경 20㎝까지 자란다.

수피/소지 수피는 회색~회갈색이고 불규칙하게 세로로 잘게 갈라진다. 소지는 갈색~적갈색을 띠고 털이 있다가 차츰 없어지며 표면에 피목이 있다. 줄기에는 길이 2~10㎝의 억센 경침(莖針)이 발달한다.

겨울눈 영양눈 또는 혼합눈이다. 혼합눈은 반구형~광난형이고 영양눈보다 크며, 영양눈은 난형~광난형이고 끝이 둔하다. 겨울눈은 모두 갈색 아린에 싸여있다. 흔히 병생부아가 발달한다.

엽흔/관속흔 엽흔은 어긋나고 반원형~타원형이며, 관속흔은 3개다.

●참고

느릅나무속 식물과 달리 열매의 형태가 비대칭이고 열매의 한쪽에만 날개가 있다. 줄기에 억센 가시(경침)가 생기는 점이 눈에 띄는 특징이다.

2020. 12. 28. 강원 영월군

❶소지의 겨울눈 ❷준정아 ❸측아/엽흔/관속흔 ❹분지 형태(겨우내 열매가 남음) ❺줄기에 발달한 경침 ❻혼합눈의 전개
✲**식별 포인트** 겨울눈/가시(경침)/열매

2022. 2. 19. 전북 무주군

느티나무

Zelkova serrata **(Thunb.) Makino**

느릅나무과
ULMACEAE Mirb.

●분포

중국(중남부 이북), 일본, 타이완, 러시아, 한국

❖국내분포 전국에 분포하며 주로 산지의 계곡부에 자람

●형태

수형 낙엽 교목. 높이 35m, 직경 3m까지 자란다.

수피/소지 수피는 회백색~회갈색이고 오래되면 껍질이 비늘처럼 벗겨져 떨어지기도 한다. 소지는 갈색을 띠고 털이 없다.

겨울눈 영양눈 또는 혼합눈이다. 겨울눈은 난형이고 길이 3㎜ 전후이며 끝이 뾰족하고 여러 개의 아린에 싸여있다. 아린은 갈색을 띠고 겉에 약간의 털이 있다. 소지 끝의 눈은 준정아다.

엽흔/관속흔 엽흔은 어긋나고 반원형이며, 관속흔은 3개다.

●참고

나무의 수령과 생육환경에 따라 수피의 모습이 다양하다. 주로 산지의 계곡부에서 볼 수 있다.

❶분지 형태 ❷소지의 겨울눈 ❸측아/부아 ❹엽흔/관속흔 ❺혼합눈의 전개 ❻수피 ❼느티나무 노목
✻식별 포인트 겨울눈/수형

팽나무

***Celtis sinensis* Pers.**

팽나무과

CELTIDACEAE Link

● 분포

중국(중남부), 일본(혼슈 이남), 타이완, 베트남, 라오스, 한국

❖**국내분포** 전국에 분포하지만 주로 바닷가 및 남부지역에 자람

● 형태

수형 낙엽 교목. 높이 20m까지 자란다.

수피/소지 수피는 회백색~회갈색이고 대개 표면이 매끈하다(생육지에 따라 차이가 있음). 소지는 갈색을 띠고 털이 있다.

겨울눈 영양눈 또는 혼합눈이다. 겨울눈은 난형~삼각상 난형이고 길이 2~3㎜이며 끝이 뾰족하고 약간 납작하다. 아린은 갈색을 띠고 겉에 털이 약간 있다.

엽흔/관속흔 엽흔은 어긋나고 반원형이며, 관속흔은 3개다.

● 참고

전국적으로 분포하지만, 중부 내륙 지역에는 드물게 보인다. 겨울눈의 크기가 작아서 한겨울에는 눈에 잘 띄지 않는다.

2022. 1. 11. 제주

❶소지의 겨울눈 ❷준정아 ❸측아 ❹엽흔/관속흔 ❺수피 ❻분지 형태 ❼영양눈의 전개 ❽혼합눈의 전개

✽식별 포인트 겨울눈/열매

2021. 3. 12. 경기 가평군

풍게나무

***Celtis jessoensis* Koidz.**

팽나무과

CELTIDACEAE Link

● 분포

중국(만주), 일본, 한국

❖**국내분포** 전국적으로 비교적 드물게 분포(울릉도에는 비교적 흔함)

● 형태

수형 낙엽 교목. 높이 20~30m, 직경 60㎝까지 자란다.

수피/소지 수피는 회색~회갈색이고 매끈하며 작은 피목이 많다. 소지는 갈색~진한 갈색을 띠고 털이 거의 없다.

겨울눈 영양눈 또는 혼합눈이다. 겨울눈은 난형~장타원형이고 길이 3~7㎜이며 약간 납작하다. 아린은 여러 개이고 적갈색~갈색을 띠며 겉에 털이 없다. 측아는 가지에 밀착하듯 달린다.

엽흔/관속흔 엽흔은 어긋나고 반원형이며, 관속흔은 3개다.

● 참고

팽나무와 외양이 흡사하지만, 소지에 털이 거의 없고 겨울눈이 팽나무보다 좀 더 길쭉하다.

❶소지의 겨울눈 ❷준정아 ❸측아 ❹엽흔/관속흔 ❺혼합눈의 전개 ❻겨울 수형

*식별 포인트 겨울눈/열매

왕팽나무 (산팽나무)

***Celtis koraiensis* Nakai**

팽나무과
CELTIDACEAE Link

●분포
중국(중북부), 한국
❖국내분포 경북(달성, 대구) 이북의 산지

●형태
수형 낙엽 교목. 높이 15m까지 자란다.
수피/소지 수피는 회색~짙은 회색이고 표면이 매끈하다. 소지는 황갈색~회갈색을 띠고, 약간의 털이 있지만 점차 없어진다.
겨울눈 영양눈 또는 혼합눈이다. 겨울눈은 난형~장난형이고 길이 3~4㎜이며 끝이 뾰족하다. 아린은 여러 개이고 갈색을 띠며 겉에 털이 많다가 차츰 적어진다.
엽흔/관속흔 엽흔은 어긋나고 반원형이며, 관속흔은 3~5개다.

●참고
경기도 일대에서는 보기 어렵고, 주로 강원도 지역에서 드물지 않게 볼 수 있다.

2022. 1. 29. 강원 삼척시

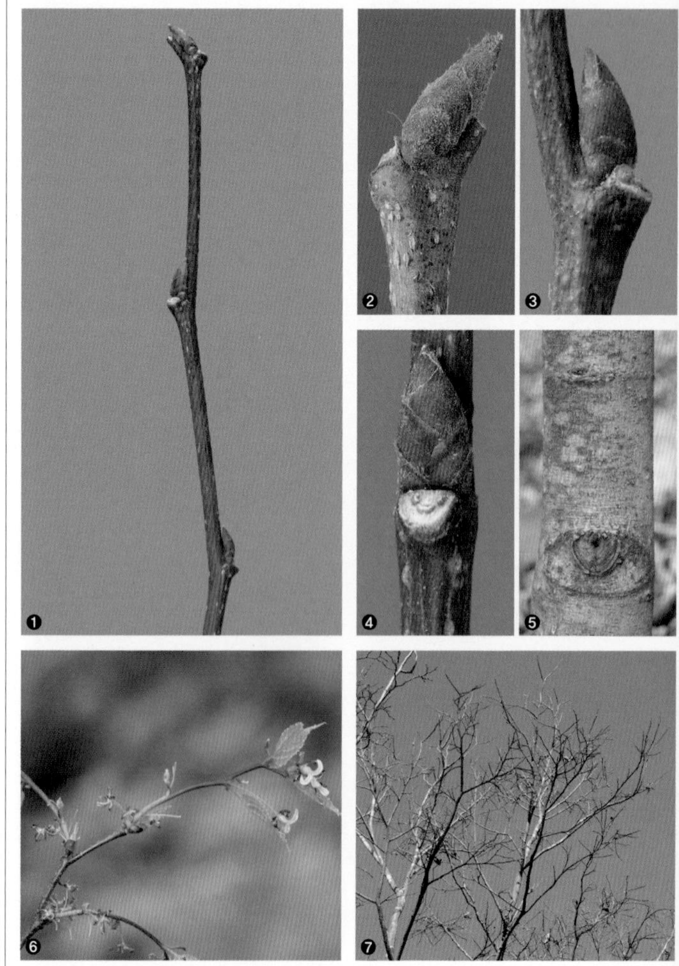

❶소지의 겨울눈 ❷준정아 ❸측아 ❹엽흔/관속흔 ❺수피 ❻혼합눈의 전개 ❼분지 형태
*식별 포인트 겨울눈/열매

2021. 1. 17. 전북 부안군

폭나무
***Celtis biondii* Pamp.**

팽나무과
CELTIDACEAE Link

●분포

중국(중남부), 일본(혼슈 이남), 타이완, 한국

❖국내분포 간혹 중부지역에도 분포하지만 주로 남부지방에 자람

●형태

수형 낙엽 교목. 높이 15m까지 자란다.

수피/소지 수피는 회색~회흑색이고 표면이 매끈하다. 소지는 황갈색~회갈색을 띠고 털이 많다.

겨울눈 영양눈 또는 혼합눈이다. 겨울눈은 난형~장타원형이고 길이 3~5㎜이며 여러 개의 아린에 싸여 있다. 아린은 진한 갈색을 띠고 겉에 털이 많다. 혼합눈은 영양눈보다 크기가 크고, 측아 옆에 병생부아가 발달하기도 한다.

엽흔/관속흔 엽흔은 어긋나고 반원형이며, 관속흔은 3개다.

●참고

팽나무와 비슷하게 보이기도 하지만, 겨울눈의 겉에 털이 밀생하는 점이 다르다.

❶소지의 겨울눈 ❷준정아 ❸엽흔/관속흔 ❹혼합눈의 전개 ❺수피 ❻분지 형태 ❼겨울 수형
✲식별 포인트 겨울눈/열매

푸조나무

***Aphananthe aspera* (Thunb.) Planch.**

팽나무과
CELTIDACEAE Link

2020. 3. 12. 제주

●분포

중국(중남부), 일본, 타이완, 한국

❖국내분포 경북(울릉도), 경남, 전남, 서·남해안 도서, 제주도

●형태

수형 낙엽 교목. 높이 25m, 직경 1.5m까지 자란다.

수피/소지 수피는 회갈색~갈색이고 매끈하며 표면에 피목이 있다. 노목은 껍질이 세로로 갈라진다. 소지는 갈색~회갈색을 띠고 표면에 억센 누운털이 있다가 차츰 없어진다.

겨울눈 영양눈 또는 혼합눈(간혹 생식눈)이다. 겨울눈은 난형~장난형이고 길이 3~7㎜이며 약간 납작하다. 아린은 여러 개이고 진한 갈색을 띠며 겉에 누운털이 있다. 흔히 겨울눈은 줄기에 밀착하듯 붙는다.

엽흔/관속흔 엽흔은 어긋나고 반원형이며, 관속흔은 3개다.

●참고

푸조나무속(*Aphananthe*) 식물은 국내에 1속 1종만 자란다. 겨울눈의 겉에 누운털이 있고 소지에도 누운털이 있는 예가 흔하다.

❶지그재그형으로 뻗는 소지와 겨울눈 ❷준정아(영양눈)와 측아(혼합눈) ❸측아 ❹부아/엽흔/관속흔 ❺❻혼합눈의 전개과정. 간혹 잎이 없는 생식눈도 섞여 있다. ❼노목의 수피

✲**식별 포인트** 겨울눈/소지/열매

2019. 12. 26. 전남 완도군

꾸지뽕나무

Maclura tricuspidata **Carrière**

뽕나무과

MORACEAE Gaudich.

●분포

중국(산둥반도 이남), 한국

❖국내분포 황해도 이남, 주로 남부 지방의 햇볕이 잘 드는 초지나 숲 가장자리

●형태

수형 낙엽 관목 또는 소교목. 높이 2~8m로 자란다.

수피/소지 수피는 회갈색이고 세로로 얕게 갈라진다. 소지는 연한 갈색~회갈색을 띠고 털이 있다가 없어지기도 한다. 종종 길이 5~20㎜의 경침(莖針)이 생기고, 단지가 발달하기도 한다.

겨울눈 영양눈 또는 혼합눈이다. 겨울눈은 반구형~구형이고 여러 개의 아린에 싸여있다. 아린은 갈색을 띠고 겉에 털이 있다. 간혹 병생부아가 발달하기도 한다.

엽흔/관속흔 엽흔은 어긋나고 반원형~타원형이며, 관속흔은 4~7개다.

●참고

가지의 억센 가시(경침)가 이 식물의 두드러진 특징이지만, 아예 가시가 발달하지 않는 나무도 간혹 있다.

❶소지의 겨울눈 ❷정아 ❸측아 ❹엽흔/관속흔 ❺❻혼합눈의 전개 과정

＊식별 포인트 겨울눈/가시(경침)

뽕나무

***Morus alba* L.**

뽕나무과
MORACEAE Gaudich.

●분포

중국(중북부 원산). 북반구 온대지역에 널리 식재

❖국내분포 전국에 식재하거나 민가 주변에 야생화되어 퍼져 있음

●형태

수형 낙엽 관목 또는 소교목. 높이 12m까지도 자라지만 보통 소교목상이다.

수피/소지 수피는 회백색~회갈색이고 세로로 갈라진다. 소지는 갈색~황갈색을 띠고 털이 거의 없으며 피목이 생긴다.

겨울눈 영양눈 또는 혼합눈(간혹 생식눈)이다. 겨울눈은 난형~광난형이고 끝이 약간 뾰족하며 갈색 아린에 싸여있다. 아린은 겉에 털이 없다.

엽흔/관속흔 엽흔은 어긋나고 원형~반원형이다. 흔히 여러 개의 관속흔이 원형~반원형으로 배열된다.

●참고

겨울철에 외형만으로는 산뽕나무와 구별하기 어렵다. 도입식물이라 주로 민가 주변에 자란다.(79쪽 참조)

2021. 3. 4. 경기 양평군

❶소지의 겨울눈 ❷준정아 ❸측아 ❹엽흔/관속흔/부아 ❺노목의 수피 ❻혼합눈의 전개 ❼겨울 수형(노목)
✲식별 포인트 겨울눈

2021. 3. 7. 경기 양평군

산뽕나무

Morus australis **Poir.**

뽕나무과

MORACEAE Gaudich.

●분포

중국, 일본, 러시아(사할린), 타이완, 네팔, 부탄, 한국

❖국내분포 전국의 산지

●형태

수형 낙엽 관목 또는 소교목. 높이 6~15m까지 자라지만 대개 관목으로 자란다.

수피/소지 수피는 회백색~회갈색(적갈색)이고 세로로 얕게 갈라진다. 소지는 밝은 갈색을 띠고 털이 거의 없으며 피목이 있다.

겨울눈 영양눈 또는 혼합눈(간혹 생식눈)이다. 겨울눈은 난형~광난형이고 끝이 약간 뾰족하며 5~7개의 아린에 싸여있다. 아린은 갈색을 띠고 겉에 털이 없다.

엽흔/관속흔 엽흔은 어긋나고 원형~반원형이다. 흔히 여러 개의 관속흔이 원형~반원형으로 배열된다.

●참고

뽕나무와 외양이 흡사하지만, 도입식물인 뽕나무와는 달리 산지에 자생한다. 수피의 색상과 갈라진 형태는 변화가 심하다.

❶소지의 겨울눈 ❷준정아 ❸측아 ❹엽흔/관속흔 ❺혼합눈의 전개 ❻겨울 수형 ❼소지와 겨울눈의 비교(→): 뽕나무/산뽕나무/몽고뽕나무/돌뽕나무

✲식별 포인트 겨울눈

돌뽕나무

***Morus cathayana* Hemsl.**

뽕나무과

MORACEAE Gaudich.

●분포

중국(중남부), 일본(혼슈 이남), 한국

❖국내분포 전남, 경기도, 경남 및 강원도 이북 해안 일대에 드물게 분포

●형태

수형 낙엽 소교목 또는 교목. 높이 4~15m까지 자란다.

수피/소지 수피는 회백색~회갈색이고 세로로 얕게 갈라진다. 소지는 갈색~적갈색을 띠고 털이 있다가 차츰 없어지며, 돌기 같은 피목이 있다.

겨울눈 영양눈 또는 혼합눈이다. 겨울눈은 난형~광난형이고 끝이 약간 뾰족하며 6~7개의 아린에 싸여 있다. 아린은 갈색을 띠고 겉에 털이 없다.

엽흔/관속흔 엽흔은 어긋나고 원형~반원형이다. 흔히 여러 개의 관속흔이 원형~반원형으로 배열된다.

●참고

겨울눈의 형태만 보면 산뽕나무와 비슷하지만 크기가 더 크고, 소지도 훨씬 더 굵다.(79쪽 참조)

2022. 1. 29. 강원 삼척시

❶소지의 겨울눈 ❷❸준정아 ❹측아 ❺엽흔/관속흔 ❻분지 형태(노목) ❼❽혼합눈의 전개 과정

✲**식별 포인트** 겨울눈/소지

2020. 3. 5. 강원 영월군

몽고뽕나무

Morus mongolica **(Bureau) C.K.Schneid.**

뽕나무과
MORACEAE Gaudich.

●분포

중국(북부 및 중부), 한국

❖국내분포 강원(영월군, 정선군, 삼척 등), 충북(단양군, 제천시) 등 주로 석회암지대에 자람

●형태

수형 낙엽 관목 또는 소교목. 높이 7.5m까지 자란다.

수피/소지 수피는 회갈색~흑갈색이고 표면이 거칠고 불규칙하게 갈라진다. 소지는 짙은 갈색을 띠고 짧은 털이 나지만 차츰 없어지며, 타원형의 피목이 생긴다.

겨울눈 영양눈 또는 혼합눈이다. 겨울눈은 난형~광난형이고 끝이 뾰족하며 5~7개의 아린에 싸여있다. 아린은 짙은 적갈색을 띠고 겉에 털이 있다가 차츰 떨어진다.

엽흔/관속흔 엽흔은 어긋나고 원형~반원형이다. 흔히 여러 개의 관속흔이 원형~반원형으로 배열된다.

●참고

산뽕나무와는 수피와 소지, 그리고 겨울눈의 색상에서 차이가 난다. 분포역도 국지적이다.(79쪽 참조)

❶소지의 겨울눈 ❷준정아 ❸측아 ❹엽흔/관속흔 ❺털이 남은 소지 ❻❼혼합눈의 전개 과정

✲식별 포인트 겨울눈/소지

꾸지나무

***Broussonetia papyrifera* (L.) L'Hér. ex Vent.**

뽕나무과
MORACEAE Gaudich.

2022. 2. 11. 강원 영월군

●분포

중국(중부 이남), 일본(재배), 말레이시아, 타이완, 타이, 한국

❖국내분포 전국의 민가 근처 숲 가장자리와 해안 근처에 야생으로 자람

●형태

수형 낙엽 소교목 또는 교목. 높이 12m까지 자라지만 주로 소교목상으로 자란다.

수피/소지 수피는 회색~회갈색이고 표면에 황갈색 피목이 발달하며 세로로 얕게 갈라진다. 소지는 갈색을 띠고 겉에 털과 피목이 있으며 끝쪽이 가늘어지며 마른다. 흔히 줄기 속은 비어있다.

겨울눈 영양눈 또는 혼합눈이다. 겨울눈은 난형~삼각상 난형이고 끝이 약간 뾰족하거나 둔하며 2~3개의 아린에 싸여있다. 아린은 갈색을 띠고 겉에 약간의 털이 있다.

엽흔/관속흔 엽흔은 어긋나고 원형~반원형이다. 흔히 여러 개의 관속흔이 원형으로 배열된다.

●참고

흔히 한지(韓紙)의 재료로 쓴다고 하는 '닥나무'는 *B.*×*kazinoki* Siebold ex Siebold & Zucc.로 보인다. 한반도 자생식물인 *B. monoica* Hance 또한 국명(향명)을 '닥나무'로 사용하기도 하지만, 혼동을 피하려면 '애기닥나무'라는 명칭을 사용하는 편이 합리적일 것 같다.

❶소지의 겨울눈 ❷소지의 말단부 ❸측아 ❹엽흔/관속흔 ❺가지의 종단면 ❻혼합눈의 전개 ❼❽애기닥나무

*식별 포인트 겨울눈/엽흔/줄기의 종단면

2020. 1. 10. 제주

천선과나무

Ficus erecta **Thunb.**

뽕나무과

MORACEAE Gaudich.

● 분포

중국(남부), 일본(혼슈 이남), 타이완, 베트남, 한국

❖국내분포 전남, 경남, 남해안 도서지역 및 제주도 바닷가와 산지

● 형태

수형 낙엽 관목 또는 소교목. 높이 2~5m 정도로 자란다.

수피/소지 수피는 회갈색이고 매끈하다. 소지는 갈색~녹갈색을 띠고 털이 있다가 차츰 없어진다. 탁엽흔은 가지를 감싸듯 돌아가며 생긴다.

겨울눈 영양눈 또는 생식눈이다. 영양눈은 원뿔형이고 끝이 뾰족하며 2~4개의 아린에 싸여있다. 아린은 녹색을 띠고 털이 없다. 생식눈은 구형이고 보통 영양눈의 기부나 줄기에 달리며 직경 2㎜ 정도로 크기가 매우 작다.

엽흔/관속흔 엽흔은 어긋나고 원형~반원형이다. 흔히 여러 개의 관속흔이 원형으로 배열된다.

● 참고

겨울철에 가지에 달린 열매처럼 생긴 기관은 열매가 아니라 수나무의 수화낭(수꽃주머니)이다. 암나무의 가지에서는 겨울눈만 볼 수 있다.

❶소지의 겨울눈 ❷정아와 측아 ❸엽흔/관속흔 ❹수나무에 달린 수화낭. 겨울철 수화낭 속에는 천선과좀벌(*Blastophaga nipponica* Grandl.)의 유충이 자란다. ❺영양눈의 전개. 기부의 작고 둥근 돌기는 미성숙한 수화낭. 우측 하단에는 월동한 수화낭이 보인다. ❻겨울 수형

✲식별 포인트 겨울눈/수형/수화낭(수나무)

좀깨잎나무

Boehmeria spicata **(Thunb.) Thunb.**

쐐기풀과
URTICACEAE Juss.

● 분포

중국, 일본(혼슈 이남), 한국

❖국내분포 전국의 하천변, 숲 가장자리 및 숲속

● 형태

수형 낙엽 반관목. 높이 0.5~2m까지 자라며 밑에서 가지가 많이 갈라진다.

수피/소지 수피는 회갈색이고 세로로 길게 종잇장처럼 벗겨진다. 소지는 적갈색을 띠고 털이 있다가 차츰 없어진다.

겨울눈 영양눈 또는 혼합눈이다. 겨울눈은 장타원형이고 길이 3~7㎜이며 적갈색 아린에 싸여있다. 아린은 겉에 털이 없다. 남부지방에서는 소지에 통상의 겨울눈이 발달하여 생육하지만, 중부지방에서는 소지가 거의 말라 죽고 밑동 부위에 부정아가 생기는 예가 흔하다. 겨울눈 곁에 부아가 발달하기도 한다.

엽흔/관속흔 엽흔은 마주나고 역삼각형이며, 관속흔은 3개다.

● 참고

겨울철에도 열매 흔적이 남는 예가 흔하다. 지면부터 줄기가 많이 갈라진다.

2021. 1. 20. 전남 순천시

❶소지의 겨울눈 ❷엽흔/관속흔 ❸❹줄기 기부의 부정아에서 자라난 새순. 새순의 기부에 이미 부정아가 형성되어 있다. ❺겨울눈의 전개. 측아 또는 부정아에서 새로 가지가 나온다. ❻부정아에서 자라난 잎 ❼군락 ❽❾비양나무[*Oreocnide frutescens* (Thunb.) Miq.]

✲**식별 포인트** 수형/줄기(목질)/열매

2022. 1. 3. 경기 가평군

가래나무

Juglans mandshurica **Maxim.**

가래나무과

JUGLANDACEAE DC. ex Perleb

●분포

중국, 일본, 타이완, 한국

❖국내분포 경북(팔공산, 주왕산) 이북의 산지 계곡부

●형태

수형 낙엽 교목. 높이 15m까지 자란다.

수피/소지 수피는 회색~어두운 회색이고 세로로 골이 진다. 소지는 갈색~황갈색을 띠고 짧은 갈색 털이 있으며 타원형의 피목이 있다.

겨울눈 영양눈이거나 생식눈(수꽃), 또는 혼합눈(암꽃차례+잎)이다. 정아는 난상 원뿔형이고, 흔히 잎과 암꽃차례로 발달하며 길이 1~1.6㎝로 대형이다. 측아는 상대적으로 크기가 작고, 난상 구형~반구형(영양눈)이거나 원주형(웅성 생식눈)이다. 겨울눈은 아린이 없으며 겉이 갈색이다. 정아의 바깥쪽에는 아린을 닮은 잎이 달리며 아린의 역할을 한다. 간혹 중생부아가 생기도 한다.

엽흔/관속흔 엽흔은 어긋나고 찌그러진 역삼각형의 형상(양, 원숭이의 머리 모양)이다. 관속흔은 여러 개가 세 군데 무리지어 배열되어 전체적으로 3개처럼 보인다.

●참고

흔히 산지의 계곡부에 잘 자란다. 어린나무는 가지가 직선으로 곧게 뻗는 모습이 두드러진다.

❶소지의 겨울눈(↓): 혼합눈/영양눈/웅성 생식눈(화살표) ❷정아 ❸정아를 싸고 있는 잎(화살표) ❹측아/중생부아 ❺엽흔/관속흔 ❻수피 ❼혼합눈의 전개 ❽분지 형태 ❾어린나무의 겨울 수형

*식별 포인트 겨울눈/엽흔

호두나무

***Juglans regia* L.**

가래나무과

JUGLANDACEAE DC. ex Perleb

●분포

중국 및 서남아시아 원산. 북반구에서 유실수로 널리 재배

❖국내분포 전국적으로 식재

●형태

수형 낙엽 교목. 높이 10~20m까지 자란다.

수피/소지 수피는 회색~진한 회갈색이고 세로로 얕게 갈라진다. 소지는 녹갈색~회갈색을 띠고 털이 없으며, 타원형의 피목이 있다.

겨울눈 영양눈이거나 생식눈(수꽃차례), 또는 혼합눈(암꽃차례+잎)이다. 정아는 난형~반구형이고, 흔히 잎과 암꽃으로 전개하며 아린에 싸여있다. 측아는 정아보다 작고 반구형(영양눈)이거나 원주형(웅성 생식눈)이다. 영양눈은 아린에 싸여있고, 생식눈에는 아린이 없다. 겨울눈은 모두 갈색~흑갈색을 띠고 중생부아가 생기기도 한다.

엽흔/관속흔 엽흔은 어긋나고 역삼각형~심장형이며, 관속흔은 여러 개가 세 군데 무리지어 배열되어 전체적으로 3개처럼 보인다.

●참고

가래나무와 달리 자생식물이 아닌 도입식물이라 주로 민가 주변에서 볼 수 있다.

2020. 1. 1. 강원 춘천시

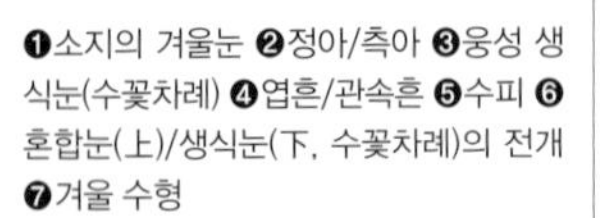

❶소지의 겨울눈 ❷정아/측아 ❸웅성 생식눈(수꽃차례) ❹엽흔/관속흔 ❺수피 ❻혼합눈(上)/생식눈(下, 수꽃차례)의 전개 ❼겨울 수형

*식별 포인트 겨울눈/엽흔

2020. 1.17. 전남 보성군

굴피나무

Platycarya strobilacea **Siebold & Zucc.**

가래나무과

JUGLANDACEAE DC. ex Perleb

●분포

중국(산둥반도 이남), 일본(혼슈 이남), 타이완, 베트남, 한국

❖국내분포 중부 이남 지역에 분포하며 도서지역 및 남부지방에 흔함

●형태

수형 낙엽 교목. 높이 5~12m, 직경 60㎝까지 자란다.

수피/소지 수피는 회색~회흑색이고 세로로 갈라진다. 소지는 갈색~황갈색을 띠고 털이 있거나 점차 없어지며 피목이 있다.

겨울눈 영양눈 또는 혼합눈이다. 겨울눈은 난형~타원형이고 10~15개의 아린에 싸여있다. 아린은 어두운 갈색을 띠고 겉에 약간의 털이 있으나 차츰 없어진다. 측아는 정아보다 작다. 보통 정아는 암꽃차례와 수꽃차례, 잎이 함께 들어있는 혼합눈이며, 측아는 영양눈이다.

엽흔/관속흔 엽흔은 어긋나고 반원형~심장형이며 가지에서 비스듬하게 파인 것처럼 보인다. 관속흔은 여러 개가 세 군데 무리를 지어 배열되어 전체적으로 3개처럼 보인다.

●참고

겨울철에도 과수(果穗)가 가지에 그대로 달려있어 식별이 그다지 어렵지 않다.

❶소지의 겨울눈 ❷정아(혼합눈)와 측아(영양눈) ❸측아 ❹엽흔/관속흔 ❺혼합눈의 전개 ❻겨울 수형

*식별 포인트 겨울눈/열매(과수)

중국굴피나무

***Pterocarya stenoptera* C.DC.**

가래나무과

JUGLANDACEAE DC. ex Perleb

2021. 2. 3. 강원 화천군

●분포

중국

❖국내분포 조경수로 전국의 낮은 산지나 도로변에 식재

●형태

수형 낙엽 교목. 높이 20~30m, 직경 1m까지 자란다.

수피/소지 수피는 적갈색~진한 회색이고 세로로 얕게 갈라진다. 소지는 갈색~황갈색을 띠고 잔털이 있다가 차츰 없어진다. 줄기 속은 격벽 형태의 수(髓)로 차있다.

겨울눈 영양눈, 생식눈(수꽃차례) 또는 혼합눈(암꽃차례+잎)이다. 정아는 장타원형이고 흔히 잎과 암꽃차례가 함께 발달하는 혼합눈이다. 측아는 정아보다 작고 영양눈 또는 생식눈(수꽃차례)이다. 겨울눈은 모두 아린이 없고, 겉이 황갈색의 짧은 털로 덮여있다. 중생부아가 생기기도 한다.

엽흔/관속흔 엽흔은 어긋나고 반원형~심장형이며, 관속흔은 여러 개가 세 군데 무리지어 배열되어 전체적으로 3개처럼 보인다.

●참고

형태가 독특한 겨울눈 말고도, 겨울철까지 열매 일부가 가지에 달려있어 식별이 어렵지 않다. 과축이 가지에 붙어있는 경우도 흔하다.(대표사진 참고)

❶소지의 겨울눈 ❷정아 ❸웅성 생식눈(수꽃차례) ❹엽흔/관속흔 ❺영양눈 ❻열매(겨울) ❼웅성 생식눈/혼합눈(암꽃차례+잎+줄기)의 전개 ❽겨울 수형

✲식별 포인트 겨울눈/소지(종단면)/열매와 자루

2015. 1. 18. 경북 울릉군

너도밤나무

***Fagus engleriana* Seem. ex Diels**
(*Fagus engleriana* Seemen)

참나무과
FAGACEAE Dumort.

●분포
중국(중남부), 한국
❖국내분포 울릉도의 산지

●형태
수형 낙엽 교목. 높이 25m까지 자란다.
수피/소지 수피는 회색~회갈색이고, 표면이 매끈하며 세로로 얕게 갈라진다. 소지는 갈색~(적)녹갈색을 띠고 털이 없다. 표면에 피목이 듬성듬성 있다.
겨울눈 영양눈 또는 혼합눈이다. 겨울눈은 피침형~장타원형이고 끝이 뾰족하며 여러 개의 아린에 싸여있다. 아린은 황갈색~갈색을 띠고 겉과 가장자리에 털이 나기도 한다.
엽흔/관속흔 엽흔은 어긋나고 반원형~얕은 U자형이며, 여러 개의 관속흔이 불규칙하게 배열된다.

●참고
광택이 나는 소지와 크고 길쭉한 겨울눈이 특징적이다. 국내에는 울릉도에서만 자생한다.

❶소지의 겨울눈 ❷혼합눈(암꽃차례+수꽃차례+잎) ❸혼합눈의 종단면 ❹(↓)측아/아린흔 ❺엽흔/관속흔 ❻분지 형태 ❼너도밤나무 숲(울릉도)
✲식별 포인트 겨울눈/열매

밤나무

Castanea crenata **Siebold & Zucc.**

참나무과
FAGACEAE Dumort.

●분포

일본, 한국

❖국내분포 주로 중부 이남 지역에 식재. 서울, 경기 지역의 산지에도 자람

●형태

수형 낙엽 교목. 높이 15m까지 자란다.

수피/소지 수피는 회갈색~회흑색이고 세로로 얕게 갈라진다. 소지는 녹갈색~적갈색을 띠고 표면에 짧은 털과 피목이 있다.

겨울눈 영양눈 또는 혼합눈이다. 겨울눈은 난형이고 여러 개의 아린에 싸여있다. 아린은 갈색~적갈색을 띠고 겉과 가장자리에 짧은 털이 있다.

엽흔/관속흔 엽흔은 어긋나고 반원형~누운 초승달형이며, 여러 개의 관속흔이 불규칙하게 배열된다.

●참고

수령과 환경에 따라 수피의 형태가 다양하다. 산지에서도 간혹 볼 수 있지만 주로 민가 주변에 흔하다.

2020. 12. 12. 강원 정선군

❶소지의 겨울눈 ❷준정아 ❸측아 ❹엽흔/관속흔 ❺밤나무혹벌(*Dryocosmus kuriphilus* Yasumatsu)이 만든 충영 ❻혼합눈의 전개 ❼겨울 수형

✲식별 포인트 겨울눈/수피/열매

2020. 12. 28. 경기 남양주시

상수리나무

Quercus acutissima Carruth.

참나무과

FAGACEAE Dumort.

●분포

중국(랴오닝성 이남), 일본, 부탄, 캄보디아, 인도(동북부), 미얀마, 베트남, 한국

❖국내분포 함남을 제외한 전국에 분포. 주로 해발고도가 낮은 산지에 자람

●형태

수형 낙엽 교목. 높이 20~25m까지 자란다.

수피/소지 수피는 회(흑)갈색~회백색이고 균일하게 세로로 갈라진다. 소지는 녹갈색~갈색을 띠고 처음에는 털이 있다가 차츰 없어지며 표면에 피목이 있다.

겨울눈 영양눈 또는 혼합눈이다. 겨울눈은 장난형이고 길이 4~8㎜이며 끝이 뾰족하다. 겨울눈은 20~30개의 아린에 싸여있고 갈색을 띠며 가장자리에 털이 있다. 가끔 소지 끝에 정생측아가 발달하기도 하고, 측아의 아래쪽에 중생부아가 생기기도 한다.

엽흔/관속흔 엽흔은 어긋나고 반원형~누운 초승달형이며, 여러 개의 관속흔이 불규칙하게 배열된다.

●참고

주로 낮은 산지에 자라고, 간혹 마른잎을 단 채 월동하는 나무도 있다.(96쪽 참조)

❶소지의 겨울눈 ❷정아/탁엽/측아/중생부아 ❸엽흔 ❹분지 형태 ❺혼합눈의 전개 ❻겨울 수형

✲식별 포인트 겨울눈/수형/수피/잎(마른잎)

굴참나무

***Quercus variabilis* Blume**

참나무과
FAGACEAE Dumort.

2021. 1. 30. 전남 담양군

●분포

중국(랴오닝성 이남), 일본(혼슈 이남), 타이완, 한국

❖국내분포 함북을 제외한 전국에 분포, 주로 해발고도가 낮은 산지에 자람.

●형태

수형 낙엽 교목. 높이 25~30m, 직경 1m까지 자란다.

수피/소지 수피는 회백색이고 코르크층이 두껍게 발달하며 표면이 세로로 깊게 갈라진다. 소지는 녹갈색~회갈색을 띠고 처음에는 털이 있다가 차츰 없어지며 표면에 피목이 있다.

겨울눈 영양눈 또는 혼합눈이다. 겨울눈은 장난형이고 길이 4~8㎜이며 끝이 뾰족하다. 겨울눈은 20~30개의 아린에 싸여있고 갈색을 띠며, 처음에는 겉에 백색 털이 많지만 나중에는 주로 아린의 가장자리를 따라 약간의 털만 남는다.

엽흔/관속흔 엽흔은 어긋나고 반원형~누운 초승달형이며, 여러 개의 관속흔이 불규칙하게 배열된다.

●참고

수피에 두툼한 코르크층이 발달하는 점이 눈에 띄는 특징이다. 메마르고 척박한 산지의 사면에 큰 군락을 이루기도 한다.(96쪽 참조)

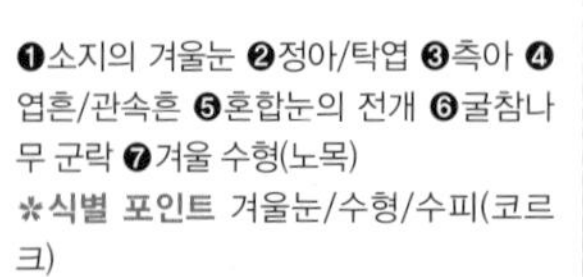

❶소지의 겨울눈 ❷정아/탁엽 ❸측아 ❹엽흔/관속흔 ❺혼합눈의 전개 ❻굴참나무 군락 ❼겨울 수형(노목)

✻식별 포인트 겨울눈/수형/수피(코르크)

2021. 1. 20. 전남 순천시

갈참나무

Quercus aliena **Blume**

참나무과

FAGACEAE Dumort.

●분포

중국(랴오닝성 이남), 일본(혼슈 이남), 한국

❖국내분포 함남을 제외한 전국에 분포. 주로 해발고도가 낮은 산지에 자람.

●형태

수형 낙엽 교목. 높이 25m, 직경 1m까지 자란다.

수피/소지 수피는 회색~흑갈색이고 불규칙하게 세로로 갈라진다. 소지는 밝은 녹갈색~회갈색을 띠고 피목이 있으며 처음에는 털이 있다가 차츰 없어진다.

겨울눈 영양눈 또는 혼합눈이다. 겨울눈은 난형~타원형이고 끝이 뾰족하며 20~30개의 아린에 싸여있다. 아린은 갈색을 띠고 가장자리에 털이 있다. 소지 끝에 정아를 중심으로 여러 개의 정생측아가 모여난다.

엽흔/관속흔 엽흔은 어긋나고 반원형이며, 여러 개의 관속흔이 불규칙하게 배열된다.

●참고

밝은 색조의 소지는 털이 없고 광택이 나므로 햇빛을 받으면 가지가 은빛으로 빛나는 것처럼 보인다.(96쪽 참조)

❶정아/정생측아 ❷측아 ❸엽흔/관속흔 ❹❺혼합눈의 전개 과정 ❻분지 형태 ❼노목의 수형

***식별 포인트** 겨울눈/잎(마른잎)/열매(각두)

졸참나무

Quercus serrata **Murray**

참나무과

FAGACEAE Dumort.

2021. 3. 9. 경기 남양주시

●분포

중국(랴오닝성 이남), 일본(홋카이도 남부 이남), 타이완, 한국

❖**국내분포** 전국에 분포. 주로 중부 이남의 해발고도가 낮은 산지에 자람

●형태

수형 낙엽 교목. 높이 25m, 직경 1m까지 자란다.

수피/소지 수피는 회색~흑백색이고 세로로 길게 갈라진다. 소지는 갈색~회갈색을 띠고 피목이 있으며 처음에는 갈색 털이 있다가 차츰 없어진다.

겨울눈 영양눈 또는 혼합눈이다. 겨울눈은 난형~장타원형이고 길이 3~6㎜이며 끝이 뾰족하다. 겨울눈은 20~30개의 아린에 싸여있고 갈색을 띠며 가장자리에 털이 있다. 소지 끝에 정아를 중심으로 여러 개의 정생측아가 모여난다.

엽흔/관속흔 엽흔은 어긋나고 반원형이며, 여러 개의 관속흔이 불규칙하게 배열된다.

●참고

신갈나무와 비교하면 소지가 훨씬 가늘고 광택이 별로 없다는 점이 다르다.(95, 96쪽 참조) 국명의 뜻과는 달리 아름드리나무로 자란다.

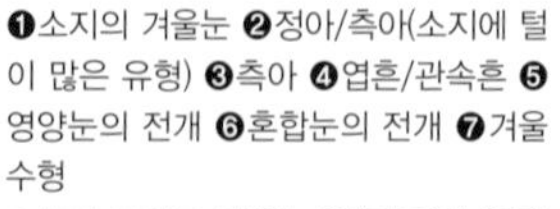

❶소지의 겨울눈 ❷정아/측아(소지에 털이 많은 유형) ❸측아 ❹엽흔/관속흔 ❺영양눈의 전개 ❻혼합눈의 전개 ❼겨울 수형

✲**식별 포인트** 겨울눈/잎(마른잎)/열매(각두)

2021. 2. 2. 강원 태백시

신갈나무

Quercus mongolica **Fisch. ex Ledeb.**

참나무과

FAGACEAE Dumort.

●분포

중국(중남부 이북), 러시아, 한국

❖국내분포 전국에 분포. 해발고도가 높은 산지에서 단순림을 이루기도 함

●형태

수형 낙엽 교목. 높이 30m, 직경 1.5m까지 자란다.

수피/소지 수피는 회색~회갈색이고 불규칙하게 세로로 얕게 갈라진다. 소지는 갈색~녹갈색을 띠고 처음에는 털이 있다가 차츰 없어지며 표면에 피목이 있다.

겨울눈 영양눈 또는 혼합눈이다. 겨울눈은 난형~장타원형이고 끝이 뾰족하며 20~30개의 아린에 싸여 있다. 아린은 갈색을 띠고 주로 아린의 가장자리를 따라 털이 있다. 측아는 정아보다 작고, 소지 끝에 정아를 중심으로 여러 개의 정생측아가 모여난다.

엽흔/관속흔 엽흔은 어긋나고 반원형이며, 여러 개의 관속흔이 불규칙하게 배열된다.

●참고

국내의 자생 참나무류 중에서는 해발고도가 가장 높은 곳에서 자라므로 높은 산지의 참나무는 대개 신갈나무로 봐도 무방하다.(96쪽 참조)

❶소지와 겨울눈의 비교(→): 신갈나무/졸참나무 ❷정아/정생측아 ❸측아 ❹엽흔/관속흔 ❺혼합눈의 전개 ❻겨울 수형

✲식별 포인트 겨울눈/잎(마른잎)/열매(각두)

떡갈나무

Quercus dentata **Thunb.**

참나무과
FAGACEAE Dumort.

2019. 12. 28. 경기 남양주시

●**분포**

중국, 일본, 타이완, 한국

❖**국내분포** 전국에 분포하며 주로 해발고도가 낮은 산지에 자람

●**형태**

수형 낙엽 교목. 높이 20m, 직경 70㎝까지 자란다.

수피/소지 수피는 회색~회(흑)갈색이고 불규칙하게 세로로 갈라진다. 소지는 갈색~회갈색을 띠고 표면에 성상모가 섞인 털이 많다. 세로로 골이 진다.

겨울눈 영양눈 또는 혼합눈이다. 겨울눈은 난형~장타원형이고 길이 4~10㎜이며 끝이 다소 뾰족하다. 겨울눈은 20~30개의 아린에 싸여 있고 갈색~적갈색을 띠며 겉에는 백색 털이 많다. 측아는 정아보다 작고, 소지 끝에 정아를 중심으로 여러 개의 정생측아가 모여난다.

엽흔/관속흔 엽흔은 어긋나고 반원형~누운 초승달형이며, 여러 개의 관속흔이 불규칙하게 배열된다.

●**참고**

소지가 곧고 갈색 털에 덮여있어 광택이 없다. 소지 표면의 털로 인해 빛 반사가 생기지 않으므로 멀리서 보면 가지가 검은 색조를 띠는 것처럼 보이며, 소지가 상대적으로 굵고 갈라지는 간격이 짧아 식별이 그다지 어렵지 않다.

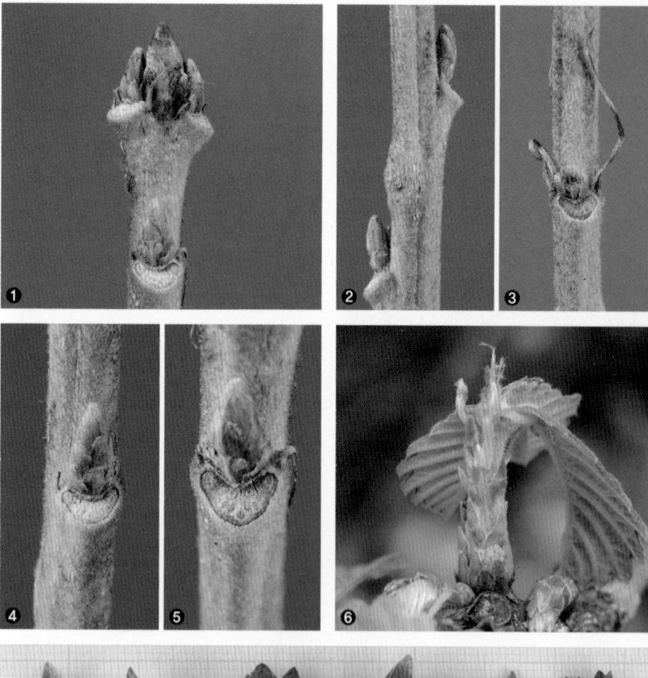

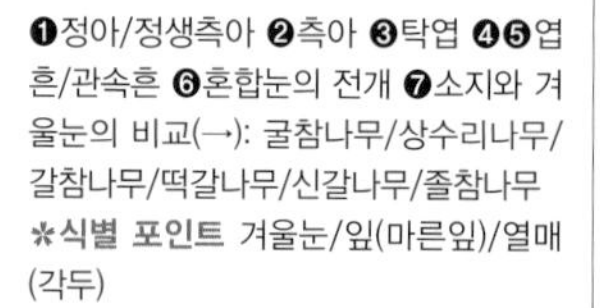

❶정아/정생측아 ❷측아 ❸탁엽 ❹❺엽흔/관속흔 ❻혼합눈의 전개 ❼소지와 겨울눈의 비교(→): 굴참나무/상수리나무/갈참나무/떡갈나무/신갈나무/졸참나무

✲**식별 포인트** 겨울눈/잎(마른잎)/열매(각두)

2021. 1. 3. 서울특별시

대왕참나무 (핀참나무)

***Quercus palustris* Münchh.**

참나무과
FAGACEAE Dumort.

● 분포

북아메리카(동부)

❖**국내분포** 전국에 가로수나 조경수로 널리 식재

● 형태

수형 낙엽 교목. 높이 25m까지 자란다.

수피/소지 수피는 회갈색이고 세로로 얕고 불규칙하게 갈라진다. 소지는 갈색~회갈색을 띠고 처음에는 털이 있다가 차츰 없어진다.

겨울눈 영양눈 또는 혼합눈이다. 겨울눈은 짧은 난형이고 길이 3~6㎜이며 끝이 약간 뾰족하다. 겨울눈은 20~30개의 아린에 싸여있다. 아린은 갈색을 띠고 끝부분에 약간의 털이 있다. 소지 끝에 정아를 중심으로 여러 개의 정생측아가 모여난다.

엽흔/관속흔 엽흔은 어긋나고 반원형이며, 여러 개의 관속흔이 불규칙하게 배열된다.

● 참고

수간 아래쪽의 묵은 가지가 지면 방향으로 비스듬하고 곧게 뻗는 특징에서 핀참나무(pin oak)라는 이름이 유래한다. 종종 마른잎을 단 채 월동하기도 한다.

❶❷정아/측아/정생측아/부아 ❸측아 ❹엽흔/관속흔 ❺혼합눈의 전개 ❻겨울 수형 ❼루브라참나무(*Q. rubra* L.)

✲식별 포인트 겨울눈/잎(마른잎)/열매(각두)

오리나무

***Alnus japonica* (Thunb.) Steud.**

자작나무과
BETULACEAE Gray

● **분포**

중국(중부~동북부), 일본, 러시아(동부), 타이완, 한국

❖**국내분포** 제주도를 제외한 전국 산야의 습한 곳

● **형태**

수형 낙엽 교목. 높이 10~20m까지 자란다.

수피/소지 수피는 회갈색~진한 갈색이고 표면이 매끈하며 점차 세로로 거칠게 갈라진다. 소지는 회갈색을 띠고 처음에는 털이 있지만 차츰 없어진다.

겨울눈 영양눈이거나 생식눈(자성 또는 웅성)이다. 영양눈은 도란형이고 아린에 싸여있다. 자성 생식눈은 타원형이고 길이 3~8㎜, 웅성 생식눈은 원주형이고 길이 1.5~4㎝이며 모두 아린이 없다. 겨울눈은 모두 적자색을 띠며 눈자루가 있다.

엽흔/관속흔 엽흔은 어긋나고 반원형이며, 관속흔은 3개다.

● **참고**

가지가 많이 구불거리고 소지가 가늘다. 겨울철에도 과수(열매)가 떨어지지 않고 가지에 달린 모습이 흔하다. 과수의 크기는 물오리나무보다 좀 더 작다.

2022. 3. 5. 경기 포천시

❶자성·웅성 생식눈 ❷자성 생식눈(암꽃차례) ❸영양눈 ❹정아(영양눈) ❺측아(영양눈) ❻분지 형태 ❼겨울눈의 전개(개화기) ❽수피 ❾오리나무 군락

✽**식별 포인트** 겨울눈/열매

2019. 12. 19. 서울특별시

물오리나무 (물갬나무, 산오리나무)

***Alnus hirsuta* (Spach) Rupr.**
(*Alnus hirsuta* Turcz. ex Rupr.)

자작나무과
BETULACEAE Gray

●분포

중국(동북부), 일본, 러시아(시베리아), 한국

❖국내분포 전국의 산지에 흔하게 자람

●형태

수형 낙엽 교목. 높이 20m, 직경 60㎝까지 자란다.

수피/소지 수피는 회흑색~회갈색이고, 어릴 때는 표면이 매끈하고 가로로 가는 피목이 있다가 오래되면 점차 세로로 거칠게 갈라진다. 소지는 회색~회갈색을 띠고 처음에는 털이 있지만 차츰 없어진다.

겨울눈 영양눈이거나 생식눈(자성 또는 웅성)이다. 영양눈은 도란형이고 아린에 싸여있다. 자성 생식눈은 타원형이고 길이 5~9㎜, 웅성 생식눈은 원주형이고 길이 1.5~4㎝이며 모두 아린이 없다. 겨울눈은 모두 적자색을 띠며 눈자루가 있다.

엽흔/관속흔 엽흔은 어긋나고 반원형~역삼각형이며, 관속흔은 3개다.

●참고

겨울철에는 적자색 겨울눈(주로 웅성 생식눈)과 가지에 달린 과수(열매차례)가 두드러져 보인다. 습지를 선호하는 오리나무와는 달리 주로 산지에 생육하고, 수피의 질감이나 과수의 크기도 오리나무와는 차이가 있다.

❶소지의 겨울눈(영양눈) ❷자성·웅성 생식눈 ❸영양눈 ❹엽흔/관속흔 ❺수피 ❻❼겨울 수형(어린나무/성목) ❽종자의 산포(겨울) ❾겨울눈의 전개(개화기 직전)
✲식별 포인트 겨울눈/열매

덤불오리나무

***Alnus alnobetula* (Ehrh.) K.Koch subsp. *fruticosa* (Rupr.) Raus**

[*Alnus alnobetula* (Ehrh.) K.Koch subsp. *mandschurica* (Callier ex C.K.Schneid.) Chery]

자작나무과
BETULACEAE Gray

●분포

중국(동북부), 러시아, 한국

❖국내분포 강원도 이북의 산지

●형태

수형 낙엽 소교목(관목) 또는 교목. 높이 4~12m, 직경 30㎝까지 자라는데, 높은 산의 능선부에서는 관목상으로 자라기도 한다.

수피/소지 수피는 짙은 회색~암갈색이고 표면이 매끈하다. 소지는 밝은 (적)갈색~회갈색을 띠고 표면에 털이 있다가 점차 없어진다.

겨울눈 영양눈이거나 웅성 생식눈, 또는 혼합눈(암꽃차례+잎)이다. 혼합눈과 영양눈은 난형~타원형이고 2~3개의 아린에 싸여있다. 웅성 생식눈은 원주형이다. 겨울눈은 모두 적자색을 띠고 표면에 점성이 있어 끈적거리며, 간혹 짧은 눈자루가 있다.

엽흔/관속흔 엽흔은 어긋나고 반원형~역삼각형이며, 관속흔은 3개다.

●참고

국내에서는 강원도의 일부 높은 산 능선부에만 자란다. 울릉도에 분포하는 나무를 두메오리나무[*Alnus alnobetula* (Ehrh.) K.Koch subsp. *maximowiczii* (Callier ex C.K. Schneid.) Chery]로 별도의 아종으로 구분하기도 하지만 최근에는 구분 없이 통합하는 추세다.

2021. 2. 22. 강원 양양군

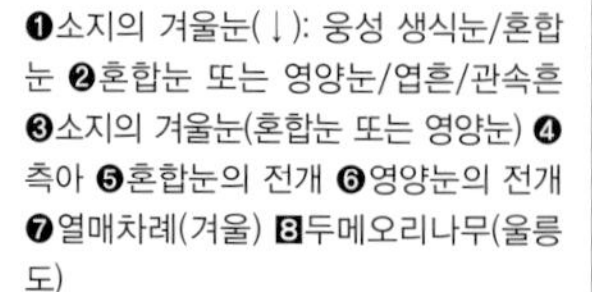

❶소지의 겨울눈(↓): 웅성 생식눈/혼합눈 ❷혼합눈 또는 영양눈/엽흔/관속흔 ❸소지의 겨울눈(혼합눈 또는 영양눈) ❹측아 ❺혼합눈의 전개 ❻영양눈의 전개 ❼열매차례(겨울) 8두메오리나무(울릉도)

✲식별 포인트 겨울눈/분포역/열매

2022. 2. 11. 제주

사방오리

Alnus firma **Siebold & Zucc.**

자작나무과
BETULACEAE Gray

●분포

일본(혼슈 이남) 원산

❖국내분포 주로 경북, 전북 이남의 산지에 사방용으로 식재

●형태

수형 낙엽 교목. 높이 8~15m, 직경 30㎝까지 자란다.

수피/소지 수피는 회갈색이고 껍질이 네모 조각처럼 갈라지다가 불규칙하게 벗겨진다. 소지는 회(녹)갈색을 띠고 털이 없으며 표면에 피목이 있다.

겨울눈 영양눈이거나 생식눈(웅성 또는 자성)이다. 영양눈과 자성 생식눈은 난형~피침형이고 길이 1~1.5㎝이며 3~4개의 아린에 싸여있고 광택이 난다. 웅성 생식눈은 원주형이고 길이 1~2㎝이며 아린이 없다.

엽흔/관속흔 엽흔은 어긋나고 반원형~역삼각형이며, 관속흔은 3개다.

●참고

겨울철에는 폭이 넓고 끝이 뭉뚝한 웅성 생식눈이 두드러진다. 국내 자생 오리나무류보다 큼직한 과수(열매차례)는 겨울철까지 가지에 남는다.

❶소지의 겨울눈(하단은 웅성 생식눈) ❷측아(영양눈 또는 자성 생식눈) ❸웅성 생식눈 ❹엽흔/관속흔 ❺자성 생식눈의 전개 ❻영양눈의 전개 ❼좀사방오리(*A. pendula* Matsum.) ❽사방오리 식재지
✲식별 포인트 겨울눈/열매

자작나무 (만주자작나무)

***Betula pendula* Roth**

자작나무과
BETULACEAE Gray

2015. 3. 5. 강원 정선군

●분포

중국(서남부~동북부), 일본(혼슈 이북), 러시아, 몽골, 유럽, 한국

❖국내분포 함남, 함북의 높은 지대. 남한에는 자생이 확인되지 않음.

●형태

수형 낙엽 교목. 높이 10~25m, 직경 20~40㎝까지 자란다.

수피/소지 수피는 백색이고 껍질이 종잇장처럼 일어난다. 소지는 갈색을 띠고 표면에 기름샘이 있으며 피목이 많고 털은 거의 없다.

겨울눈 영양눈이거나 웅성 생식눈, 또는 혼합눈(암꽃차례+잎)이다. 영양눈과 혼합눈은 장난형~장타원형이고 4~6개의 아린에 싸여있으며 갈색을 띠고 겉에 털이 거의 없다. 웅성 생식눈은 원주형이고 아린이 없으며 자갈색을 띤다.

엽흔/관속흔 엽흔은 어긋나고 반원형~역삼각형이며, 관속흔은 3개다.

●참고

광택이 나는 밝은 백색 수피가 특징적이다. 근래에 전국 각지에 식재하고 있는데, 특히 강원도에서 많이 볼 수 있다.

❶웅성 생식눈 ❷혼합눈 ❸소지의 겨울눈(혼합눈 또는 영양눈) ❹준정아 ❺측아 ❻엽흔/관속흔 ❼열매차례(겨울) ❽겨울 수형

✲식별 포인트 겨울눈/수형/수피

2022. 1. 7. 경기 가평군

거제수나무

***Betula costata* Trautv.**

자작나무과
BETULACEAE Gray

●분포

중국(동북부), 러시아, 한국

❖국내분포 지리산 이북의 높은 산지 능선 및 사면

●형태

수형 낙엽 교목. 높이 30m, 직경 1m까지 자란다.

수피/소지 수피는 연한 황(적)갈색~회갈색(회백색)이고 껍질이 여러 겹으로 얇게 벗겨진다. 소지는 적갈색~자갈색을 띠고 처음에는 털이 있다가 점차 없어진다. 표면에는 기름샘이 있고 피목이 많다.

겨울눈 영양눈이거나 웅성 생식눈, 또는 혼합눈(암꽃차례+잎)이다. 영양눈과 혼합눈은 타원형~피침형이고 4~6개의 아린에 싸여있으며 갈색을 띠고 흔히 겉에 약간의 털이 있다. 웅성 생식눈은 원주형이고 아린이 없으며 자갈색을 띤다.

엽흔/관속흔 엽흔은 어긋나고 반원형~역삼각형이며, 관속흔은 3개다.

●참고

수피는 어릴 때는 적갈색을 띠지만 오래되면 점차 회갈색(회백색)이 된다. 주로 해발고도 700~1,200m 지대에서 자라며, 사스래나무와 섞여 자라기도 한다.

❶소지의 겨울눈 ❷측아/엽흔/관속흔 ❸측아 ❹소지/겨울눈의 비교(→): 거제수나무/사스래나무 ❺수피 ❻겨울눈의 전개: 혼합눈(左)/영양눈(中)/웅성 생식눈(右) ❼겨울 수형

✲식별 포인트 겨울눈/수피

사스래나무

Betula ermanii **Cham.**

자작나무과

BETULACEAE Gray

●분포

중국(동북부), 일본(시코쿠 이북), 러시아(캄차카), 한국

❖국내분포 제주도(한라산), 지리산 이북 높은 산지의 정상 및 능선부

●형태

수형 낙엽 교목. 높이 10~20m, 직경 70㎝까지 자란다.

수피/소지 수피는 광택이 나는 회백색~(은)회색이고 여러 겹으로 얇게 가로로 벗겨진다. 소지는 적갈색~갈색을 띠고 처음에는 털이 있다가 차츰 없어진다. 표면에는 기름샘이 있고 피목이 많다.

겨울눈 영양눈이거나 웅성 생식눈, 또는 혼합눈(암꽃차례+잎)이다. 영양눈과 혼합눈은 타원형~피침형이고 길이 3~6㎜에 회갈색~갈색을 띠며 4~6개의 아린에 싸여있다. 아린은 겉에 백색 털이 많은 경우가 보통이다. 웅성 생식눈은 원주형이고 아린이 없으며 자갈색을 띤다.

엽흔/관속흔 엽흔은 어긋나고 반원형~역삼각형이며, 관속흔은 3개다.

●참고

주로 해발고도 1,000m 이상의 산지에 자란다. 겨울눈의 겉에 백색 털이 많은 점이 거제수나무와 다르다. 특히 거제수나무는 생육 환경이나 수령에 따라 수피의 색상이 다양하므로, 수피의 색상만으로 섣불리 두 종을 구별하면 곤란하다.(103쪽 참조)

2022. 1. 7. 경기 가평군

❶❷소지의 겨울눈 ❸측아/엽흔/관속흔 ❹웅성 생식눈 ❺겨울눈의 전개 ❻열매차례 ❼수피 ❽사스래나무 숲(겨울)

✲식별 포인트 겨울눈/수피

2021. 2. 20. 경기 가평군

박달나무

***Betula schmidtii* Regel**

자작나무과

BETULACEAE Gray

●분포

중국(동북부), 일본(혼슈 중부 이북), 러시아, 한국

❖국내분포 전국의 산지에 자라며 주로 해발고도 1,000m 이하에 분포

●형태

수형 낙엽 교목. 높이 30m, 직경 1m까지 자란다.

수피/소지 수피는 흑갈색~회갈색이고, 어릴 때는 표면에 광택이 나며 가로 피목이 있지만 오래되면 광택이 없어지고 껍질이 두껍게 조각조각 갈라진다. 소지는 적갈색~자갈색을 띠고 털이 거의 없으며 표면에 피목이 있다.

겨울눈 영양눈이거나 웅성 생식눈, 또는 혼합눈(암꽃차례+잎)이다. 영양눈과 혼합눈은 타원형~피침형이고 4~6개의 아린에 싸여있으며 갈색을 띠고 겉에 털이 있다가 차츰 없어진다. 웅성 생식눈은 원주형이고 아린이 없으며 자갈색을 띤다.

엽흔/관속흔 엽흔은 어긋나고 반원형~역삼각형이며, 관속흔은 3개다.

●참고

수령에 따라 수피의 형태 변화가 심하다. 개박달나무와 비교하면 과수의 모양이 원주형이고 자루도 좀 더 길다.

❶웅성 생식눈 ❷측아/엽흔/관속흔 ❸측아(털 있음) ❹겨울눈의 전개 ❺❻수피의 변화 ❼열매차례(겨울) ❽겨울 수형
*식별 포인트 겨울눈/수피/열매(자루)

개박달나무

***Betula chinensis* Maxim.**

자작나무과
BETULACEAE Gray

2020. 12. 5. 강원 강릉시

●분포

중국(중북부 이북), 한국

❖국내분포 지리산 이북의 산지 능선이나 사면의 바위지대

●형태

수형 낙엽 관목 또는 소교목. 높이 3~10m, 직경 30㎝까지 자란다.

수피/소지 수피는 회흑색이고 표면에 가로 피목이 있으며 불규칙하게 터지듯 갈라진다. 소지는 적갈색~자갈색을 띠고, 흔히 표면에 누운털과 피목이 있으나 간혹 털이 없는 개체도 있으며 단지가 발달하기도 한다.

겨울눈 영양눈이거나 웅성 생식눈, 또는 혼합눈(암꽃차례+잎)이다. 영양눈과 혼합눈은 난형~타원형이고 4~6개의 아린에 싸여있으며 갈색을 띠고 겉에 털이 많다. 웅성 생식눈은 원주형이고 아린이 없으며 자갈색을 띤다.

엽흔/관속흔 엽흔은 어긋나고 반원형~역삼각형이며, 관속흔은 3개다.

●참고

능선부에서는 주로 관목상으로 자란다. 박달나무와 비교하면 과수의 모양이 난형~구형인 점이 다르다.

❶❷소지의 겨울눈 ❸준정아 ❹엽흔/관속흔 ❺측아 ❻단지의 겨울눈 ❼겨울눈의 전개 ❽열매차례(겨울)
✽식별 포인트 겨울눈/열매(모양)

물박달나무

Betula dahurica **Pall.**

자작나무과

BETULACEAE Gray

2021. 2. 16. 경기 연천군

●분포

중국(동북부), 일본(혼슈 중부), 러시아, 한국

❖국내분포 남부 일부 지역을 제외한 전국의 산지

●형태

수형 낙엽 교목. 높이 15m, 직경 40㎝까지 자란다.

수피/소지 수피는 회백색~회색이고 껍질이 얇게 여러 겹으로 벗겨진다. 소지는 자갈색을 띠고 털이 조금 있거나 차츰 없어지며 표면에 기름샘과 피목이 있다.

겨울눈 영양눈이거나 웅성 생식눈, 또는 혼합눈(암꽃차례+잎)이다. 영양눈과 혼합눈은 장난형이고 4~6개의 아린에 싸여있으며 갈색을 띠고 겉에 털이 거의 없다. 웅성 생식눈은 원주형이고 아린이 없으며 자갈색을 띤다.

엽흔/관속흔 엽흔은 어긋나고 반원형~역삼각형이며, 관속흔은 3개다.

●참고

껍질이 조각조각 얇게 벗겨지는 수피가 특징적이다. 자작나무속(*Betula*) 식물이 어릴 때는 소지의 피목이나 겨울눈의 모양이 흡사해서 서로 구별하기가 쉽지 않다.

❶소지의 겨울눈 ❷(↓)웅성 생식눈/혼합눈 ❸준정아 ❹측아 ❺엽흔/관속흔 ❻겨울눈의 전개 ❼열매차례(겨울) ❽❾수피의 변화

✲**식별 포인트** 겨울눈/수피

개암나무 (난티잎개암나무)

***Corylus heterophylla* Fisch. ex Trautv.**

자작나무과
BETULACEAE Gray

2022. 1. 9. 강원 평창군

● 분포

중국(동북부), 일본(규슈 이북), 러시아, 한국

❖**국내분포** 전북, 경북 이북 산지의 숲 가장자리, 양지바른 곳

● 형태

수형 낙엽 관목. 높이 2~3m로 자란다.

수피/소지 수피는 갈색~회갈색이고 표면에 피목이 있으며 세로로 얕게 갈라진다. 소지는 연갈색~갈색을 띠고 표면에 털과 선모가 있다.

겨울눈 영양눈이거나 웅성 생식눈, 또는 혼합눈(암꽃차례+잎)이다. 영양눈과 혼합눈은 찌그러진 난형이고 5~10개의 아린에 싸여있다. 아린은 갈색~황갈색을 띠고 겉에 털이 약간 있다. 웅성 생식눈은 원주형이고 아린이 없으며 눈자루에 2~7개가 어긋나며 송이처럼 달린다.

엽흔/관속흔 엽흔은 어긋나고 반원형~역삼각형이며, 관속흔은 여러 개가 불규칙하게 배열된다.

● 참고

참개암나무와 비교해서 흔히 웅성 생식눈의 개수가 더 많이 생기고 자루가 뚜렷하게 보이는 점이 다르다. 혼합눈(또는 영양눈)의 아린 개수도 더 많은 편이다.

❶소지의 겨울눈 ❷웅성 생식눈 ❸측아 ❹엽흔/관속흔 ❺영양눈의 전개 ❻겨울 수형

✲식별 포인트 겨울눈/수형/소지

2021. 2. 19. 경기 가평군

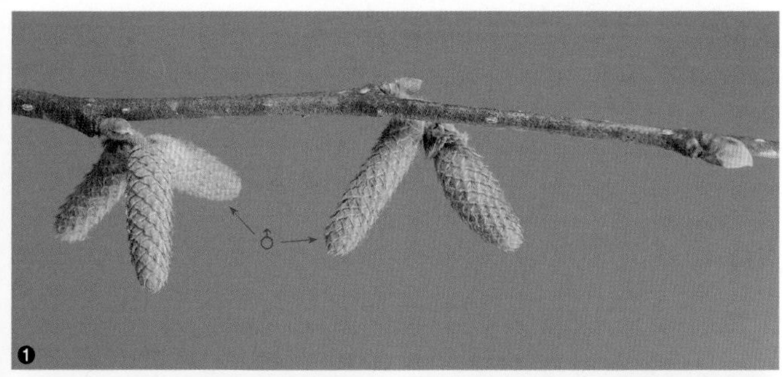

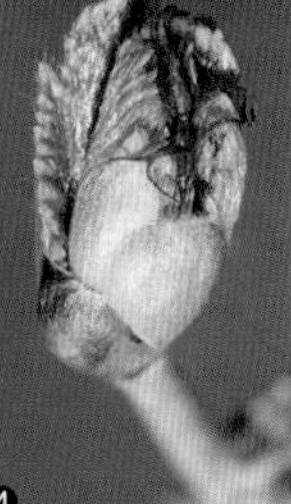

참개암나무 (병개암나무)

Corylus sieboldiana **Blume**

자작나무과
BETULACEAE Gray

● 분포

일본, 한국

❖국내분포 강원도 이남(주로 경남과 전북 이남) 산지의 양지바른 곳

● 형태

수형 낙엽 관목. 높이 2~3(4)m로 자란다.

수피/소지 수피는 회색~회갈색이고 표면에 피목이 있으며 세로로 얕게 갈라진다. 소지는 연갈색~갈색을 띠고 표면에 부드러운 누운털과 피목이 있다.

겨울눈 영양눈이거나 웅성 생식눈, 또는 혼합눈(암꽃차례+잎)이다. 영양눈과 혼합눈은 난형이고 4~6개의 아린에 싸여있다. 아린은 갈색~적갈색을 띠고 겉에 털이 있다. 웅성 생식눈은 원주형이고 아린이 없으며 눈자루에 1~3(4)개가 달린다.

엽흔/관속흔 엽흔은 어긋나고 반원형~역삼각형이며, 관속흔은 여러 개가 불규칙하게 배열된다.

● 참고

흔히 혼합눈(또는 영양눈)의 아린 개수가 개암나무보다 적고, 웅성 생식눈의 자루가 매우 짧아서 가지에서 바로 웅성 생식눈이 나온 것처럼 보이는 점이 개암나무와 다르다.

❶소지의 겨울눈 ❷준정아 ❸측아 ❹❺혼합눈의 전개 과정 ❻겨울 수형
✲식별 포인트 겨울눈/수형/소지

까치박달

***Carpinus cordata* Blume**

자작나무과

BETULACEAE Gray

●분포

중국(중북부), 일본, 러시아, 한국

❖국내분포 전국의 산지

●형태

수형 낙엽 교목. 높이 18m, 직경 60㎝까지 자란다.

수피/소지 수피는 회색~회갈색이고 표면에 마름모꼴의 피목이 있으며, 점차 피목이 길쭉해지면서 세로로 얕게 갈라진다. 소지는 연갈색~갈색을 띠고 털이 없으며 피목이 있다.

겨울눈 영양눈이거나 웅성 생식눈, 또는 혼합눈(암꽃차례+잎)이다. 겨울눈은 피침형이고 길이 7~15㎜이며 다수(20~26개)의 아린에 싸여 있다. 아린은 황갈색을 띠고 겉에 털이 없다. 혼합눈과 웅성 생식눈은 영양눈보다 아린의 개수가 더 많고 크기도 좀 더 크다. 웅성 생식눈은 다른 겨울눈보다 좀 더 통통하다.

엽흔/관속흔 엽흔은 어긋나고 반원형~선형이며, 관속흔은 여러 개(보통 5개)가 불규칙하게 배열된다.

●참고

주로 어린나무에서 겨우내 마른잎을 단 채 월동하는 모습이 보이지만 간혹 다 자란 나무에도 잎이 남는다. 피침형의 길쭉한 겨울눈과, 어린나무의 경우에는 수피의 마름모꼴 피목이 특징적이다.

2021. 2. 20. 경기 가평군

❶(↓)혼합눈/영양눈 ❷(↓)혼합눈/영양눈/웅성 생식눈 ❸-❺(→)혼합눈/웅성 생식눈/영양눈의 종단면 ❻엽흔/관속흔 ❼혼합눈(암꽃차례+잎)의 전개 ❽열매차례(겨울) ❾❿수피의 변화 ⓫잎을 단 채 월동하는 어린나무

✲식별 포인트 겨울눈/수피/열매

2021. 3. 9. 경기 남양주시

서어나무

***Carpinus laxiflora* (Siebold &Zucc.) Blume**

자작나무과
BETULACEAE Gray

●분포

일본, 한국

❖국내분포 황해도-강원도 이남의 산지

●형태

수형 낙엽 교목. 높이 15m, 직경 1m까지 자란다.

수피/소지 수피는 진한 회색~회흑색이고 표면이 매끈하며 거의 갈라지지 않는다. 소지는 (적)갈색을 띠고 표면에 피목이 있으며 약간의 털이 보이기도 한다.

겨울눈 영양눈이거나 웅성 생식눈, 또는 혼합눈(암꽃차례+잎)이다. 겨울눈은 난형~타원형이고 길이 4~8㎜이며 여러 개의 아린에 싸여있다. 아린은 적갈색~회갈색을 띠고 겉에 털이 없다. 혼합눈과 웅성 생식눈은 영양눈보다 아린의 개수가 많고 크기도 좀 더 크다.

엽흔/관속흔 엽흔은 어긋나고 반원형~선형이며, 관속흔은 3개다.

●참고

겨울철에도 가지에 열매를 달고 있는 모습이 흔하다. 열매차례에서 종자를 싸고 있는 포(과포) 양쪽에 크기가 고르지 않은 큰 톱니(거치)가 몇 개 있다.

❶소지의 겨울눈(↓): 혼합눈/웅성 생식눈 ❷준정아/측아 ❸측아/엽흔/관속흔 ❹❺혼합눈의 전개 과정 ❻분지 형태 ❼소지의 비교(→): 서어나무/개서어나무
✲식별 포인트 겨울눈/수피/열매

개서어나무

***Carpinus tschonoskii* Maxim.**

자작나무과

BETULACEAE Gray

2021. 1. 31. 경남 남해군

●분포

중국(중남부), 일본(규슈 이남), 한국

❖국내분포 경남, 전북, 전남 및 제주도 산지

●형태

수형 낙엽 교목. 높이 15m, 직경 70㎝까지 자란다.

수피/소지 수피는 회색~회갈색이고 피목이 있으며 세로로 거칠게 갈라진다. 소지는 연갈색~(흑)갈색을 띠고 표면에 피목이 있으며 털이 많다.

겨울눈 영양눈이거나 웅성 생식눈, 또는 혼합눈(암꽃차례+잎)이다. 겨울눈은 난형이고 길이 4~8㎜이며, 여러 개의 아린에 싸여있다. 아린은 적갈색을 띠고 겉에 털이 없다. 혼합눈과 웅성 생식눈은 영양눈보다 아린의 개수가 많고 크기도 더 크다.

엽흔/관속흔 엽흔은 어긋나고 반원형~선형이며, 관속흔은 3개다.

●참고

열매차례에서 종자를 싸고 있는 포(과포)의 한쪽에만 톱니(거치)가 생기는 점이 서어나무와 다르다. 수피도 흔히 서어나무보다 더 거칠게 갈라져서 표면이 그다지 매끄럽지 않다.(111쪽 참조)

❶소지의 겨울눈(↓): 혼합눈/영양눈/웅성 생식눈 ❷측아/엽흔/관속흔 ❸충영 ❹소지(털 많음) ❺측아 ❻혼합눈의 전개 ❼분지 형태

✻**식별 포인트** 겨울눈/수피/열매

2021. 2. 11. 강원 영월군

소사나무 (산서어나무)

Carpinus turczaninowii Hance

자작나무과 BETULACEAE Gray

●분포

중국(동북부), 일본(혼슈 이남), 한국
❖**국내분포** 주로 서·남해안 바닷가 산지의 능선, 강원 일부 내륙지역

●형태

수형 낙엽 관목 또는 소교목. 높이 3~10m, 직경 30㎝까지 자란다.

수피/소지 수피는 진한 회색이고 세로로 불규칙하게 갈라진다. 소지는 적갈색~회갈색을 띠고 피목이 있으며 처음엔 털이 있다가 차츰 없어진다.

겨울눈 영양눈이거나 웅성 생식눈, 또는 혼합눈(암꽃차례+잎)이다. 겨울눈은 난형이고 여러 개의 아린에 싸여있다. 아린은 적갈색을 띠고 겉에 털이 없다. 혼합눈과 웅성 생식눈은 영양눈보다 아린의 개수가 많고 크기도 더 크다.

엽흔/관속흔 엽흔은 어긋나고 반원형~선형이며, 관속흔은 3개다.

●참고

종자를 싸고 있는 포(과포) 가장자리 전체에 크기가 고르지 않은 큰 톱니(거치)가 있다. 지면에서 줄기가 여러 갈래로 갈라져 자라고 열매를 단 채 월동하는 모습이 흔하다.

❶소지의 겨울눈(↓): 혼합눈(또는 영양눈)/웅성 생식눈 ❷준정아/측아 ❸엽흔/관속흔 ❹웅성 생식눈에 생긴 충영(종단면) ❺열매차례 ❻겨울눈의 전개 ❼지면에서 줄기가 갈라져 자라는 모습
✲**식별 포인트** 겨울눈/수형/열매

새우나무

***Ostrya japonica* Sarg.**

자작나무과
BETULACEAE Gray

●분포

중국(동남부), 일본(홋카이도 중부 이남에 드물게 분포), 한국

❖국내분포 전남, 제주도의 산지에 매우 드물게 자람

●형태

수형 낙엽 교목. 높이 25m, 직경 30㎝까지 자란다.

수피/소지 수피는 암갈색~회갈색이고 껍질이 세로로 길게 종잇장처럼 갈라져 아래쪽이 일어난다. 소지는 연한 갈색~자갈색을 띠고 표면에 부드러운 누운털과 선모가 섞여 난다.

겨울눈 영양눈이거나 웅성 생식눈, 또는 혼합눈(암꽃차례+잎)이다. 영양눈과 혼합눈은 난형이고 6~10개의 아린에 싸여있다. 아린은 갈색~황갈색이고 겉에 털이 거의 없다. 웅성 생식눈은 원주형이고 아린이 없다.

엽흔/관속흔 엽흔은 어긋나고 반원형~선형이며, 관속흔은 3~7개가 불규칙하게 배열된다.

●참고

껍질이 거칠게 벗겨져 일어나는 수피가 특징적이다. 서어나무속(*Carpinus*) 식물과는 달리 주머니처럼 생긴 열매의 포(과포)가 종자를 완전히 감싼다.

2022. 1. 20. 전남 해남군

❶소지의 겨울눈 ❷(↗)혼합눈(또는 영양눈)/웅성 생식눈 ❸측아 ❹엽흔/관속흔 ❺소지의 선모 ❻수피 ❼열매차례(겨울) ❽혼합눈의 전개(암꽃차례+잎)
✲식별 포인트 겨울눈/수피/열매

피자 식물문

MAGNOLIOPHYTA

목련강

MAGNOLIOPSIDA

오아과아강

DILLENIIDAE

차나무과 THEACEAE
다래과 ACTINIDIACEAE
피나무과 TILIACEAE
벽오동과 STERCULIACEAE
아욱과 MALVACEAE
산유자나무과 FLACOURTIACEAE
위성류과 TAMARICACEAE
버드나무과 SALICACEAE
진달래과 ERICACEAE
감나무과 EBENACEAE
때죽나무과 STYRACACEAE
노린재나무과 SYMPLOCACEAE

노각나무

***Stewartia pseudocamellia* Maxim.**

차나무과
THEACEAE Mirb.

2021. 2. 2. 경남 합천군

●분포

일본(혼슈 이남), 한국

❖국내분포 주로 경북(소백산, 운문산), 전남 이남의 산지

●형태

수형 낙엽 교목. 높이 7~15m까지 자란다.

수피/소지 수피는 회갈색~갈색이고 껍질이 큰 조각으로 떨어져서 황갈색~적갈색 얼룩이 많이 생긴다. 소지는 연갈색~갈색을 띠고 털이 없다.

겨울눈 영양눈 또는 혼합눈이다. 겨울눈은 피침형~장타원형이고 길이 9~13㎜이며 끝이 뾰족하다. 적갈색~갈색을 띠는 아린에 싸여있으며, 흔히 안쪽 아린의 겉에 털이 있다. 측아는 정아보다 약간 작으며 중생부아가 생기기도 한다.

엽흔/관속흔 엽흔은 어긋나고 반원형~역삼각형이며, 관속흔은 1개다.

●참고

얼룩덜룩한 수피가 특징적이다. 가지가 지그재그형으로 뻗고 소지가 가늘다.

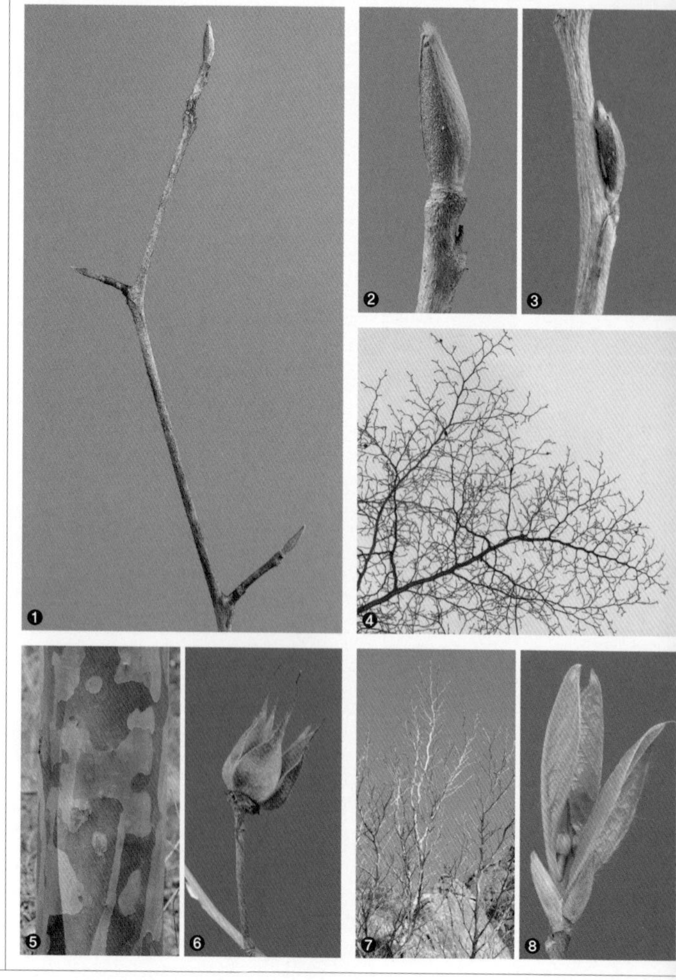

❶소지의 겨울눈 ❷정아 ❸측아 ❹분지형태 ❺수피 ❻열매(겨울) ❼관목상으로 자라는 어린나무 ❽혼합눈의 전개
✻식별 포인트 겨울눈/수피/열매

2022. 3. 24. 경기 가평군

다래

Actinidia arguta **(Siebold & Zucc.) Planch. ex Miq.**

다래과

ACTINIDIACEAE Gilg & Werderm.

●분포

중국, 일본, 타이완, 한국

❖국내분포 전국의 산지에 흔하게 자람

●형태

수형 낙엽 덩굴성 목본. 길이 10m 정도까지 자란다.

수피/소지 수피는 회갈색~(적)갈색이고 껍질이 종잇장처럼 불규칙하게 벗겨진다. 소지는 연한 갈색~갈색을 띠고 표면에 털이 없다. 줄기 속은 갈색을 띠는 격벽 형태의 수(髓)로 차 있다.

겨울눈 엽흔의 바로 위에 위치하며 엽침(葉枕) 속에 숨어있어 외관상으로 작은 홈이나 주사 자국처럼 보인다. 이른 봄에 겨울눈을 덮고 있는 표피를 뚫고 겨울눈이 드러난다.

엽흔/관속흔 엽흔은 어긋나고 줄기에서 돌출하며 표면이 움푹 들어간 원형이다. 관속흔은 1개다.

●참고

덩굴성 목본식물이며 종잇장처럼 벗겨지는 (적)갈색 수피가 특징적이다.

❶소지 ❷엽흔/관속흔/엽침(화살표) ❸겨울눈이 나오는 지점(화살표) ❹혼합눈의 전개 ❺줄기의 종단면(화살표는 겨울눈의 위치). 수(髓)의 색상은 백색→갈색으로 변한다. ❻겨울 수형

✻식별 포인트 겨울눈(은아)/소지/줄기의 종단면

쥐다래

Actinidia kolomikta **(Maxim. & Rupr.) Maxim.**

다래과

ACTINIDIACEAE Gilg & Werderm.

●분포

중국, 일본, 러시아, 한국

❖국내분포 전국(주로 지리산 이북)의 계곡 및 하천변 사면

●형태

수형 낙엽 덩굴성 목본. 길이 5m 정도로 자란다.

수피/소지 수피는 회갈색이고 불규칙하게 갈라진다. 소지는 적갈색~자갈색을 띠고 표면에 털이 없다. 줄기 속은 갈색을 띠는 격벽 형태의 수(髓)로 차 있다.

겨울눈 엽흔의 바로 위에 위치하며 줄기 속에 숨어있어 외관상 작은 구멍처럼 보이거나 작은 돌기처럼 겨울눈의 일부가 드러난다. 이른 봄에 겨울눈을 덮고 있는 표피를 뚫고 겨울눈이 드러난다.

엽흔/관속흔 엽흔은 어긋나고 줄기에서 돌출하며 표면이 움푹 들어간 원형이다. 관속흔은 1개다.

●참고

개다래와 비교해서 흔히 소지의 색조가 더 붉은 편이지만, 개다래도 간혹 소지가 적갈색을 띠는 예가 있다. 쥐다래는 소지의 종단면이 격벽이 중첩된 형태인 점이 개다래와 다르다.

2022. 3. 16. 강원 태백시

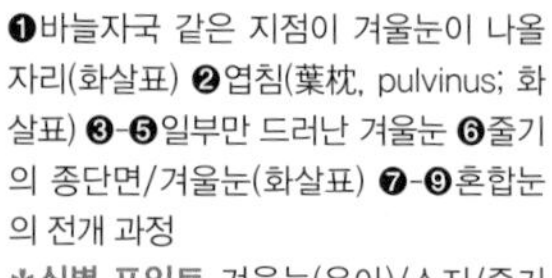

❶바늘자국 같은 지점이 겨울눈이 나올 자리(화살표) ❷엽침(葉枕, pulvinus; 화살표) ❸-❺일부만 드러난 겨울눈 ❻줄기의 종단면/겨울눈(화살표) ❼-❾혼합눈의 전개 과정

✻식별 포인트 겨울눈(은아)/소지/줄기의 종단면

2020. 3. 31. 경기 연천군

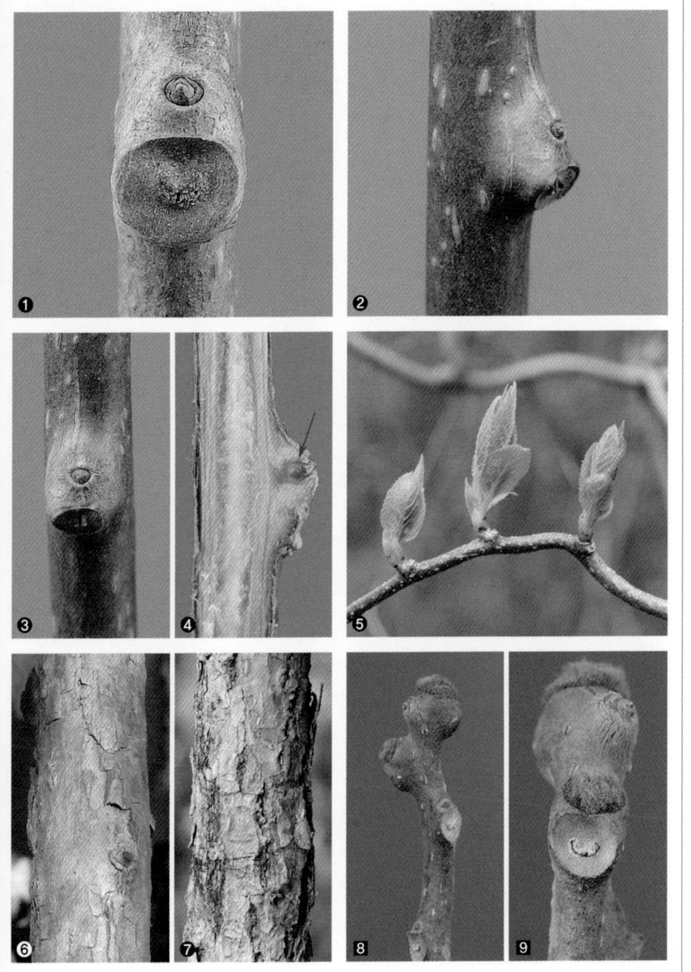

개다래

***Actinidia polygama* (Siebold & Zucc.) Planch. ex Maxim.**

다래과

ACTINIDIACEAE Gilg & Werderm.

● 분포

중국, 일본, 러시아, 한국

❖국내분포 전국(주로 지리산 이북)의 산지 계곡 및 하천변 사면. 드물게 높은 산지의 사면에도 자람.

● 형태

수형 낙엽 덩굴성 목본. 길이 10m 정도로 자란다.

수피/소지 수피는 회갈색~갈색이고 표면이 얕고 불규칙하게 갈라진다. 소지는 담갈색~적갈색을 띠고 표면에 털이 없다. 줄기 속은 백색 수(髓, pith)로 꽉 차 있다.

겨울눈 엽흔의 바로 위에 위치하며 줄기 속에 거의 숨어있어 외관상 작고 볼록한 구형의 돌기처럼 보인다. 이른 봄에 겨울눈을 덮고 있는 표피를 뚫고 겨울눈이 드러난다.

엽흔/관속흔 엽흔은 어긋나고 줄기에서 돌출하며 표면이 움푹 들어간 원형이다. 관속흔은 1개다.

● 참고

줄기 속이 다공질의 흰색 수로 꽉 차 있는 것이 국내에 자생하는 여타 다래나무속(*Actinidia*) 식물들과 다른 점이다.

❶겨울눈(정면)/엽흔/관속흔 ❷겨울눈(측면) ❸겨울눈 ❹줄기의 종단면(화살표는 겨울눈 위치) ❺겨울눈의 전개 ❻❼수피의 변화 ❽❾양다래[*A. deliciosa* (A. Chev.) C.F.Liang & A.R.Ferguson]

✻식별 포인트 겨울눈(은아)/소지/줄기의 종단면

섬다래

***Actinidia rufa* (Siebold & Zucc.) Planch. ex Miq.**

다래과
ACTINIDIACEAE Gilg & Werderm.

● **분포**

일본, 타이완, 한국

❖**국내분포** 남해 도서(거문도, 손죽도, 흑산도, 가거도, 통영 등) 및 제주도에 드물게 자람

● **형태**

수형 낙엽 덩굴성 목본. 길이 10m 이상 자란다.

수피/소지 수피는 회갈색~갈색이고 세로로 깊게 갈라진다. 소지는 갈색~적갈색을 띠고 처음에는 털이 있다가 차츰 없어진다. 줄기 속은 갈색을 띠는 격벽 형태의 수(髓)로 차 있다.

겨울눈 엽흔의 바로 위에 위치하며, 줄기 속에 거의 숨어있어 외관상 작고 볼록한 구형의 돌기처럼 보인다. 이른 봄에 겨울눈을 덮고 있는 표피를 뚫고 황갈색 털로 덮인 겨울눈이 드러난다.

엽흔/관속흔 엽흔은 어긋나고 줄기에서 돌출하며 표면이 움푹 들어간 원형이다. 관속흔은 1개다.

● **참고**

겨울철에 엽흔 위쪽에 황갈색 털로 덮인 겨울눈 일부분이 노출되는 점이 다래와 다르다.

2020. 1. 11. 제주

❶❷소지의 겨울눈 ❸❹겨울눈/엽흔/관속흔 ❺겨울눈의 전개 ❻겨울 수형
✲**식별 포인트** 겨울눈(은아)/소지/줄기의 종단면

보리자나무

Tilia miqueliana **Maxim.**

피나무과
TILIACEAE Juss.

2021. 3. 4. 경기 양평군

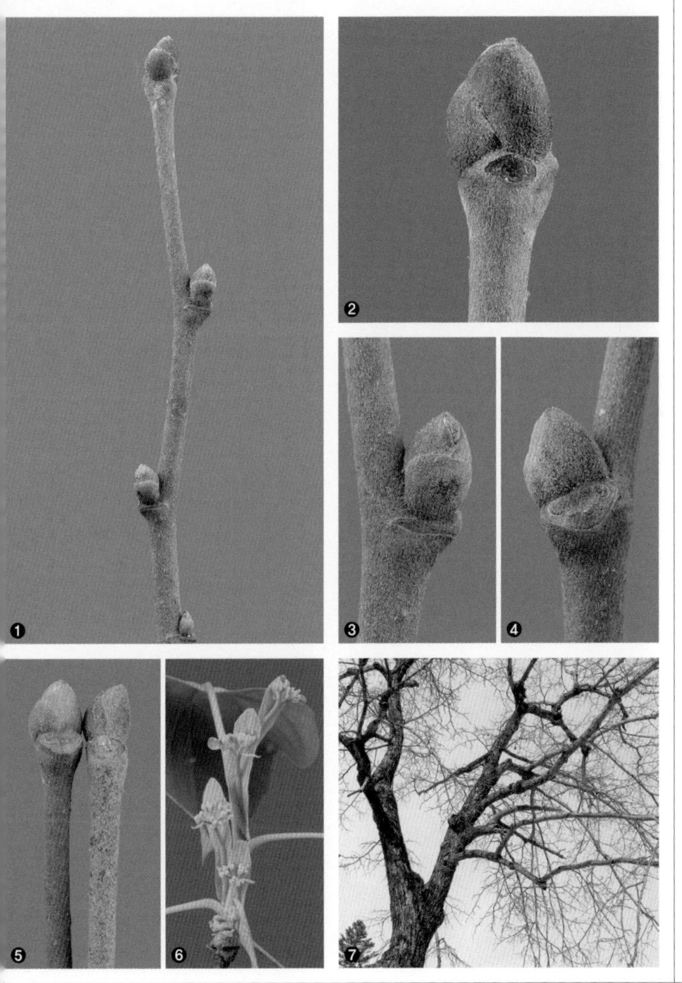

●분포

중국(남부) 원산

❖국내분포 전국의 불교 사찰, 공원에 식재

●형태

수형 수형 낙엽 교목. 높이 10m까지 자란다.

수피/소지 수피는 어두운 회색이고 오래되면 세로로 거칠게 갈라진다. 소지는 갈색 성상모로 덮여있다.

겨울눈 영양눈 또는 혼합눈이다. 겨울눈은 난형~광난형이고 2~3개의 아린에 싸여있으며 끝이 뭉뚝하다. 아린은 자갈색을 띠고 겉이 갈색 성상모로 덮여있다.

엽흔/관속흔 엽흔은 어긋나고 반원형~역삼각형이며, 관속흔은 3개 이상이다.

●참고

겨울철 수관이 찰피나무와 닮아서 구별이 쉽지 않으므로 나무가 있는 장소를 살펴야 한다. 수피는 찰피나무보다 색이 좀 더 어둡고 세로로 거칠게 갈라진다.

❶소지의 겨울눈 ❷준정아/엽흔/관속흔 ❸측아 ❹측아/엽흔/관속흔 ❺소지와 겨울눈의 비교(→): 보리자나무/찰피나무 ❻혼합눈의 전개 ❼분지 형태

✲식별 포인트 겨울눈/수피/소지

찰피나무

***Tilia mandshurica* Rupr. & Maxim.**

피나무과
TILIACEAE Juss.

2020. 1. 26. 경기 가평군

●분포

중국(산둥반도 이북), 러시아(동부), 한국

❖국내분포 제주도를 제외한 전국에 분포

●형태

수형 낙엽 교목. 높이 20m, 직경 70㎝까지 자란다.

수피/소지 수피는 진한 회색이고 어릴 때는 표면이 매끈하지만 오래되면 세로로 얕게 갈라진다. 소지는 연한 갈색을 띠고 표면이 성상모로 빽빽이 덮여있다.

겨울눈 영양눈 또는 혼합눈이다. 겨울눈은 난형~광난형이고 길이 3~9㎜이며 끝이 약간 뾰족하다. 겨울눈은 2~3개의 아린에 싸여있으며 겉에 갈색 성상모가 빽빽하게 덮여있다.

엽흔/관속흔 엽흔은 어긋나고 반원형~역삼각형이며, 관속흔은 3개 이상이다.

●참고

주로 산지의 사면이나 계곡부에 자란다. 피나무와 마찬가지로 소지가 지그재그형으로 뻗으며, 겨울눈의 크기는 피나무와 비교하면 상대적으로 크다.(121쪽 참조)

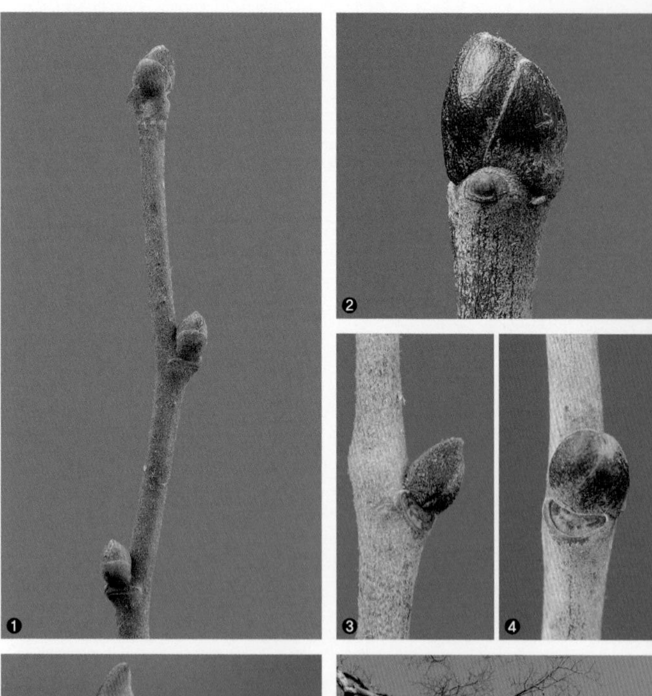

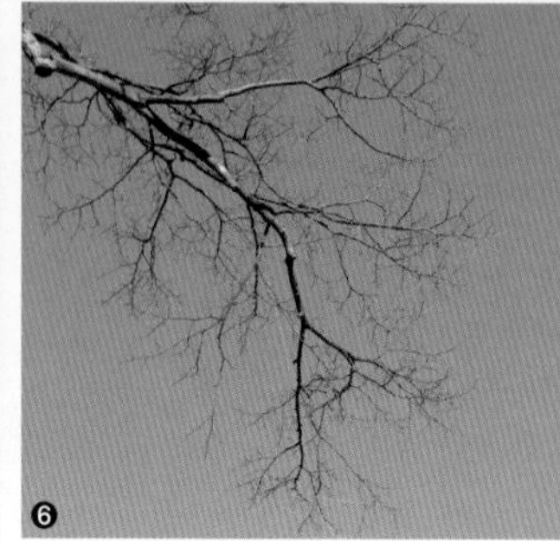

❶소지의 겨울눈 ❷준정아 ❸측아 ❹측아/엽흔/관속흔 ❺혼합눈의 전개 ❻분지 형태

✻식별 포인트 겨울눈/수피/소지

피나무

***Tilia amurensis* Rupr.**

피나무과
TILIACEAE Juss.

2021. 2. 13. 강원 평창군

●분포

중국(동북부), 러시아, 한국

❖국내분포 전국의 산지

●형태

수형 낙엽 교목. 높이 25m, 직경 1m까지 자란다.

수피/소지 수피는 회색이고 세로로 얕게 갈라지며 껍질이 종잇장처럼 일어나기도 한다. 소지는 적갈색~갈색을 띠고 피목이 있으며 털이 거의 없다.

겨울눈 영양눈 또는 혼합눈이다. 겨울눈은 난형~광난형이고 길이 3~9㎜이다. 겨울눈은 홍갈색~갈색을 띠는 2~3개의 아린에 싸여있고 흔히 털이 없으며 광택이 난다.

엽흔/관속흔 엽흔은 어긋나고 반원형~역삼각형이며, 관속흔은 3개 이상이다.

●참고

제일 바깥쪽 아린의 길이가 약간 짧고 윤기가 있는 겨울눈의 형태가 특징적이다. 소지는 지그재그형으로 뻗는다.

❶소지의 겨울눈 ❷준정아 ❸측아 ❹분지 형태 ❺열매 ❻겨울눈의 전개 ❼수피 ❽구주피나무(*T. kiusiana* Makino & Shiras.)

✻식별 포인트 겨울눈/소지

장구밤나무
(장구밥나무)

Grewia biloba **G.Don**

피나무과
TILIACEAE Juss.

●분포

중국(산둥반도 이남), 타이완, 한국

❖국내분포 주로 서·남해 바닷가와 도서지역 산지에 자라며, 남부지역의 내륙 산지에도 자람

●형태

수형 낙엽 관목. 높이 0.5~2m로 자라고 밑에서부터 가지가 많이 갈라진다.

수피/소지 수피는 회갈색~회색이고 표면에 피목이 드문드문 있으며 세로로 얕게 갈라진다. 소지는 갈색~회갈색을 띠고 표면이 갈색 성상모로 덮여있다.

겨울눈 영양눈과 혼합눈이 있지만 구별이 쉽지 않다. 겨울눈은 난형이고 갈색 털로 덮인 아린에 싸여있다. 흔히 엽흔의 가장자리에 선상 피침형의 탁엽 한 쌍이 겨울철까지 남기도 한다.

엽흔/관속흔 엽흔은 어긋나고 원형~타원형이며 가지에서 약간 돌출한다. 관속흔은 여러 개다.

●참고

피침형의 길쭉한 탁엽이 특징적이며 암나무에서는 겨울철까지 열매가 달린 모습을 볼 수 있다. 주로 서남해의 해변 지역에서 볼 수 있다.

2021. 2. 28. 충남 태안군

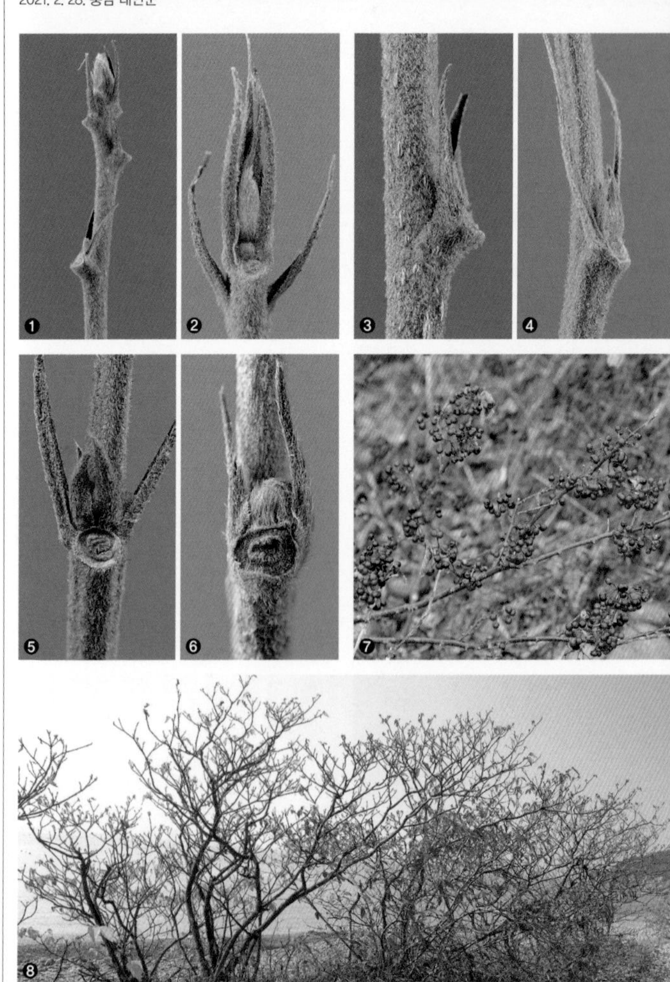

❶소지의 겨울눈 ❷정아/탁엽 ❸❹측아 ❺❻엽흔/관속흔 ❼열매(겨울) ❽겨울 수형

✲식별 포인트 겨울눈/탁엽/열매

2021. 2. 28. 충남 태안군

벽오동

Firmiana simplex (L.) W.Wight

벽오동과

STERCULIACEAE Vent.

●분포

중국, 일본(오키나와), 타이완

❖국내분포 전국의 공원이나 정원에 조경수로 식재

●형태

수형 낙엽 교목. 높이 15m까지 자란다.

수피/소지 수피는 회녹색~회색이고 세로로 얕게 갈라진다. 소지는 녹색을 띠고 표면에 털이 거의 없다.

겨울눈 영양눈 또는 혼합눈이 있으며, 보통 정아는 혼합눈, 측아는 영양눈이다. 겨울눈은 반구형이고 15개 내외의 아린에 싸여있으며 겉이 적갈색 털로 덮여있다. 측아는 정아보다 크기가 훨씬 작다.

엽흔/관속흔 엽흔은 어긋나고 원형~반원형이며, 관속흔은 여러 개가 불규칙하게 생긴다.

●참고

수피와 가지 전체가 녹색을 띠고 가지가 곧게 뻗는 점이 특징이다. 겨울철에도 열매 일부가 가지에 남는다.

❶❷소지의 겨울눈 ❸정아 ❹측아 ❺엽흔/관속흔 ❻열매차례 ❼종자 ❽수피

✲식별 포인트 겨울눈/수피와 소지(녹색)/열매

황근
***Hibiscus hamabo* Siebold & Zucc.**

아욱과
MALVACEAE Juss.

2020. 3. 12. 제주

●분포
중국(저장성), 일본(혼슈 이남), 한국
❖국내분포 제주도, 전남(청산도, 고흥)의 일부 해안에 드물게 자람

●형태
수형 낙엽 관목. 높이 1.5~3m로 자란다.
수피/소지 수피는 회백색~회갈색이고 오래되면 표면이 세로로 잘게 물결무늬처럼 갈라진다. 소지는 회갈색~회록색을 띠고 표면에 성상모와 짧은 털이 밀생한다.
겨울눈 영양눈 또는 혼합눈이 있으며, 보통 정아는 혼합눈, 측아는 영양눈이거나 혼합눈이다. 겨울눈은 약간 납작한 난형이고 1개의 아린에 싸여있으며 겉이 회백색 털로 덮여 있다. 탁엽의 흔적은 가지를 감싸듯 돌아가며 생긴다.
엽흔/관속흔 엽흔은 어긋나고 반원형~타원형이며, 관속흔은 3개 이상이다.

●참고
종자가 해류를 타고 이동하며 서식 분포를 넓히는 식물로 알려져 있어 해안 가까이 자란다. 가지와 수피가 밝은 회색을 띠고, 아래쪽부터 가지가 많이 갈라져 자란다.

❶소지의 겨울눈 ❷측아/엽흔 ❸엽흔/관속흔 ❹겨울눈의 전개(초기) ❺혼합눈의 전개 ❻영양눈의 전개 ❼열매가 떨어진 흔적 ❽열매(겨울)
✲식별 포인트 겨울눈/열매

2022. 1. 11. 제주

무궁화
Hibiscus syriacus L.

아욱과
MALVACEAE Juss.

●분포

중국 남부 원산(아열대 및 열대지역에서 다양한 재배종을 식재)

❖국내분포 전국적으로 재배품종을 널리 식재

●형태

수형 낙엽 관목. 높이 1.5~4m로 자란다.

수피/소지 수피는 회백색~진한 회색이고 표면이 불규칙하게 세로로 갈라진다. 소지는 회백색~회갈색을 띠고 표면에 성상모가 밀생한다.

겨울눈 영양눈 또는 혼합눈이 있으며, 보통 정아는 혼합눈, 측아는 영양눈이거나 혼합눈이다. 겨울눈은 반구형이고 회록색 아린에 싸여있다. 아린은 겉이 백색 털로 덮여있다. 흔히 소지 끝에 여러 개의 겨울눈이 모여나며, 겨울철까지 탁엽의 흔적이 남기도 한다.

엽흔/관속흔 엽흔은 어긋나고 반원형~신장형이다. 관속흔은 3개 이상 보이거나 뚜렷하지 않다.

●참고

전국의 공원 등지에 다양한 재배품종을 심고 있다. 식물체의 아래쪽부터 가지가 많이 갈라지며, 겨울철에도 열매의 흔적이 남는다.

❶소지의 겨울눈 ❷준정아/측아 ❸측아/탁엽/엽흔/관속흔 ❹혼합눈의 전개 ❺열매(겨울) ❻부용(*H. mutabilis* L.)
✲식별 포인트 겨울눈/수형/열매

이나무
***Idesia polycarpa* Maxim.**

산유자나무과
FLACOURTIACEAE Rich. ex DC.

●분포
중국(중남부), 일본(혼슈 이남), 타이완, 한국
❖국내분포 전라도 및 제주도의 산지

●형태
수형 낙엽 교목. 높이 10~20m까지 자란다.
수피/소지 수피는 회백색~회갈색이고 표면이 매끈하며 가로로 긴 피목이 많다. 소지는 굵고 적갈색~(녹)갈색을 띠며 표면에 털이 없고 피목이 듬성듬성 있다.
겨울눈 영양눈 또는 혼합눈이다. 겨울눈은 반구형~삼각상 난형이고 길이 5~10㎜이며 끝이 뾰족하다. 겨울눈은 7~10개의 아린에 싸여있고 적갈색~갈색을 띠며 겉에 황갈색 털이 있다. 흔히 측아는 정아보다 크기가 작다.
엽흔/관속흔 엽흔은 어긋나고 원형이며, 관속흔은 개수가 많고 형태가 뚜렷하지 않다.

●참고
수간에서 가지가 한곳에서 돌려나듯 하면서 여러 층을 이루며 전개되는 것이 특징이다. 암그루는 겨우내 붉은색 열매를 주렁주렁 달고 있기도 하다.

2018. 11. 9. 제주

❶소지의 겨울눈 ❷정아 ❸측아/엽흔/관속흔 ❹겨울눈의 전개 ❺열매(겨울) ❻분지 형태 ❼수피
✻식별 포인트 겨울눈/수형/열매

022. 1. 2. 인천광역시

위성류

Tamarix chinensis **Lour.**

위성류과

TAMARICACEAE Link

●분포

중국 원산(랴오닝성 이남의 강가 및 바닷가)

❖국내분포 전국의 공원과 정원에 간혹 식재, 서해안 매립지나 해안에 야생화하여 자람

●형태

수형 낙엽 관목 또는 소교목. 높이 3~8m로 자란다.

수피/소지 수피는 회갈색~회색이고 어릴 땐 피목이 있고 광택이 나지만 오래되면 세로로 불규칙하게 갈라진다. 소지는 적갈색~갈색을 띠고 털이 없으며 광택이 약간 난다.

겨울눈 영양눈 또는 혼합눈이다. 겨울눈은 구형~반구형이고 길이 1~2㎜이며 여러 개의 아린에 싸여있다. 아린은 갈색을 띤다. 흔히 끝이 뾰족하고 갈색을 띠는 인편상의 포가 겨울눈의 바로 아래쪽에 붙어 있어 마치 겨울눈을 감싸는 것처럼 보이며, 겨울눈 주위에 여러 개의 부아가 생기기도 한다.

엽흔/관속흔 엽흔은 어긋나고 반원형~역삼각형이며, 줄기에서 약간 돌출한다. 관속흔은 불분명하다.

●참고

수간에서 가지가 매우 가늘고 섬세하게 나오는 것이 특징이다. 갈색 인편상의 포가 겨울눈을 감싸듯 붙어 있는 모습도 특이하다.

❶소지의 겨울눈(인편상 포에 싸임) ❷❸부아 ❹지흔 ❺영양눈의 전개 ❻분지 형태 ❼겨울 수형(노목)

✲**식별 포인트** 겨울눈/수형

버드나무

***Salix pierotii* Miq.**

버드나무과
SALICACEAE Mirb.

2020. 1. 26. 강원 강릉시

●분포

중국(동북부), 일본, 러시아, 한국

❖국내분포 제주(식재)를 제외한 전국 산지의 계곡, 하천변 및 습지에 자람

●형태

수형 낙엽 교목. 높이 10~20m, 직경 80㎝까지 자란다.

수피/소지 수피는 회갈색~회색이고 세로로 갈라진다. 오래되면 백색을 띤다. 소지는 녹갈색~갈색을 띠고 처음에는 털이 있다가 차츰 없어지며 피목이 있다. 흔히 가지의 분지절(分枝節) 부위에 공 모양의 충영(insect gall)이 생긴다.

겨울눈 영양눈 또는 생식눈이다. 겨울눈은 난형이고 길이 2~5㎜이며 1개의 아린에 싸여있다. 아린은 연한 황록색~담갈색을 띠고 겉에 약간의 털이 있다. 소지에 겨울눈이 달리는 간격이 짧아서 촘촘하게 보인다.

엽흔/관속흔 엽흔은 어긋나고 V자형~선형이며, 관속흔은 3개다.

●참고

소지에 난형의 겨울눈이 촘촘하게 달리는 점이 특징이다. 간혹 수양버들이나 선버들에도 버드나무에 생기는 것과 동일한 충영이 생긴다.

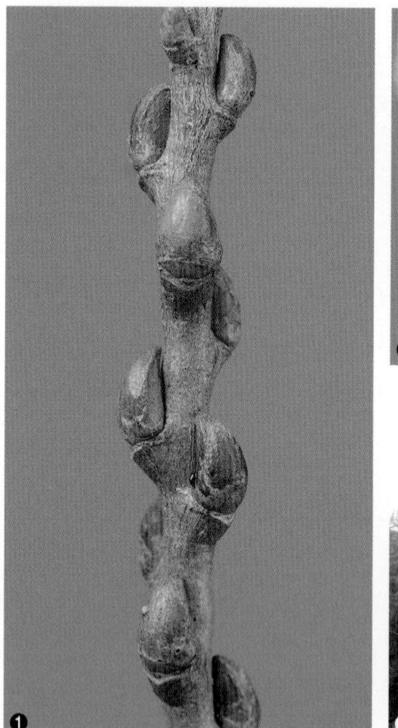

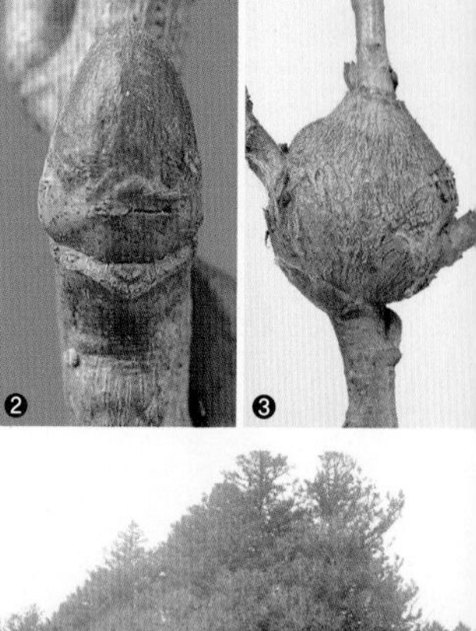

❶소지의 겨울눈 ❷측아/관속흔/엽흔 ❸충영 ❹겨울 수형 ❺버드나무 군락

＊식별 포인트 겨울눈/수형/충영

2007. 1. 29. 서울특별시

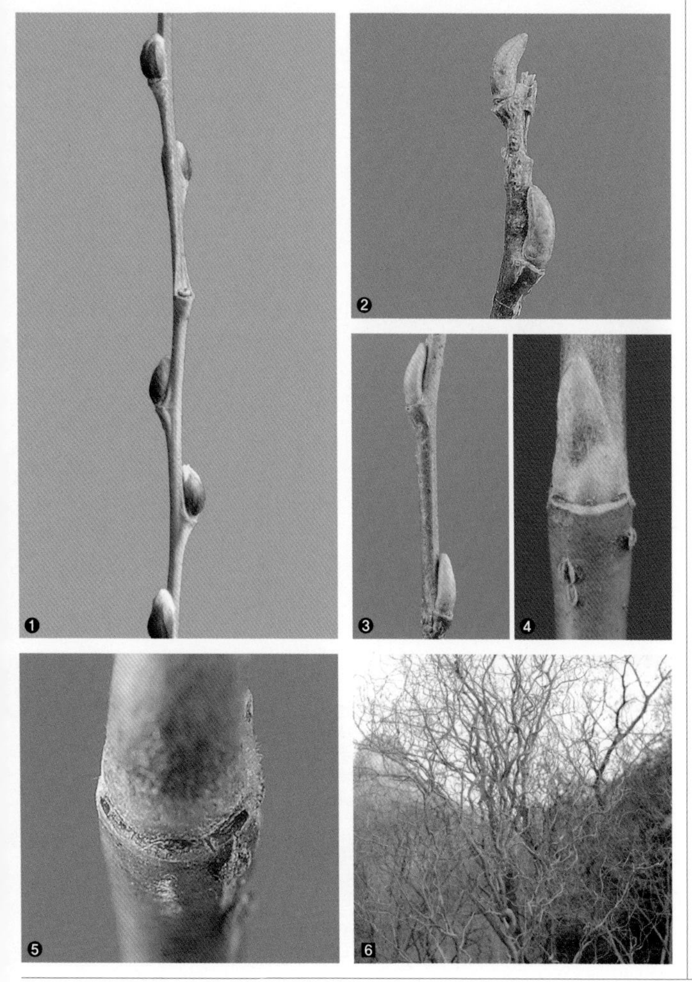

수양버들

***Salix babylonica* L.**

버드나무과
SALICACEAE Mirb.

●분포

중국 원산

❖**국내분포** 전국적으로 공원수 및 풍치수로 널리 식재

●형태

수형 낙엽 교목. 높이 18m, 직경 80㎝까지 자란다.

수피/소지 수피는 회갈색~회흑색이고 세로로 얕게 갈라진다. 소지는 연한 녹갈색~갈색을 띠고 털이 없으며, 피목이 있고 광택이 난다.

겨울눈 영양눈 또는 생식눈이다. 겨울눈은 장난형~난형이고 길이 3~6㎜이며 1개의 아린에 싸여있다. 아린은 담갈색~갈색을 띠고 겉에 털이 있다가 차츰 없어진다. 흔히 영양눈은 생식눈보다 크기가 작다.

엽흔/관속흔 엽흔은 어긋나고 V자~U자형이며, 관속흔은 3개다.

●참고

가늘고 긴 가지가 아래쪽으로 늘어지는 수형이 특징이다. 소지의 색을 근거로 능수버들과 구분하기도 하지만 애매할 때가 많다. 능수버들을 수양버들의 개체변이로 보는 견해도 있다.

❶소지의 겨울눈 ❷준정아/측아 ❸❹측아 ❺엽흔/관속흔 ❻용버들(*S. babylonica* var. *pekinensis* 'Tortuosa')
*식별 포인트 겨울눈/수형

선버들

***Salix triandra* L. subsp. *nipponica* (Franch. & Sav.) A.K.Skvortsov**

버드나무과
SALICACEAE Mirb.

●분포

중국(북부~동북부), 일본, 러시아, 한국

❖**국내분포** 제주를 제외한 전국의 하천변이나 습지

●형태

수형 낙엽 관목 또는 소교목. 높이 3~10m까지 자란다.

수피/소지 수피는 회색~암회색이고 껍질이 네모 모양으로 얇게 갈라진다. 소지는 황갈색~적갈색을 띠고 털이 없으며 피목이 있고 광택이 난다.

겨울눈 영양눈 또는 생식눈이다. 겨울눈은 피침형~장타원형이고 길이 3~8㎜이며 1개의 아린에 싸여있다. 아린은 자갈색을 띠고 겉에 털이 있으며, 특히 가지에 닿는 면에 털이 많다. 흔히 겨울눈이 약간 납작하고 아린의 표면에 골이 있어 찌그러진 것처럼 보이며, 영양눈은 생식눈보다 크기가 작다.

엽흔/관속흔 엽흔은 어긋나고 V자~U자형이며, 관속흔은 3개다.

●참고

환경에 따라서는 단독수로 크게 자라기도 한다. 아린 표면에 골이 생기는 겨울눈의 형태가 독특하다.

2020. 1. 26. 강원 영월군

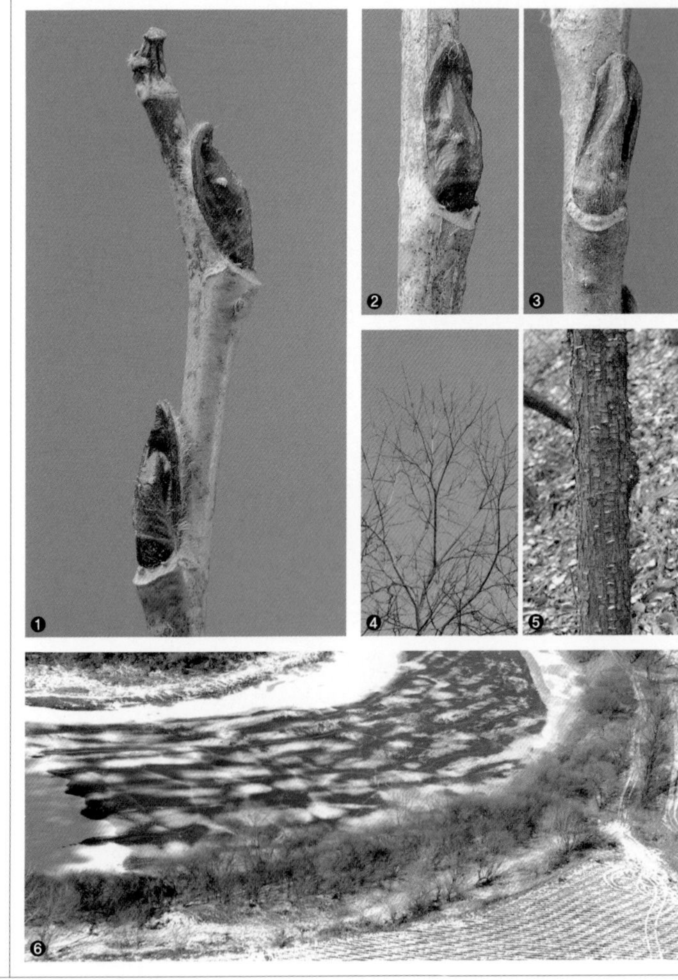

❶소지의 겨울눈 ❷측아 ❸엽흔/관속흔 ❹분지 형태 ❺수피 ❻선버들 군락
✲식별 포인트 겨울눈/수형

2022. 3. 7. 경기 양평군

갯버들

***Salix gracilistyla* Miq.**

버드나무과

SALICACEAE Mirb.

●분포

중국(헤이룽장성), 일본, 한국

❖국내분포 제주도를 제외한 전국의 하천변 및 습지, 숲 가장자리에 흔히 자람

●형태

수형 낙엽 관목. 높이 1~3m로 자란다.

수피/소지 수피는 회갈색~회색이고 불규칙하게 갈라진다. 소지는 녹갈색~적갈색을 띠고 표면에 누운털이 밀생한다.

겨울눈 영양눈 또는 생식눈이다. 겨울눈은 장난형~피침형이고 1개의 아린에 싸여있다. 아린은 갈색~담갈색을 띠고 겉에 누운털이 많다. 생식눈은 길이 1~1.7㎝로서 영양눈보다 크며 끝이 뾰족하고 살짝 휜다. 영양눈은 길이 3~6㎜ 가량이다.

엽흔/관속흔 엽흔은 어긋나고 V자형~선형이며, 관속흔은 3개다.

●참고

소지가 빌로드처럼 부드러운 털에 싸여있는 점이 키버들과 다르다. 국명의 뜻과는 달리 산지의 습한 곳에서도 드물지 않게 자란다.

❶소지의 겨울눈(↓): 영양눈/생식눈 ❷생식눈 ❸(↓)영양눈/생식눈 ❹준정아(영양눈) ❺영양눈 ❻엽흔/관속흔 ❼생식눈의 전개 ❽분지 형태

*식별 포인트 겨울눈/수형/소지(털 밀생)

키버들

***Salix koriyanagi* Kimura ex Goerz**

버드나무과
SALICACEAE Mirb.

● 분포

한국(한반도 고유종)

❖국내분포 제주를 제외한 전국의 하천, 계곡부 및 저지대 습지

● 형태

수형 낙엽 관목. 높이 2~3(5)m로 자란다.

수피/소지 수피는 회갈색~회색이고 표면이 매끈하며 피목이 드문드문 생긴다. 소지는 녹갈색~갈색을 띠고 털이 없으며 표면에 피목이 있고 광택이 난다.

겨울눈 영양눈 또는 생식눈이다. 겨울눈은 장난형~장타원형이고 길이 3~8㎜이며 1개의 아린에 싸여있다. 아린은 적갈색~자(흑)갈색을 띠고 겉에 털이 없다. 보통 영양눈은 줄기에 닿는 면이 판판하며 생식눈보다 크기가 작다.

엽흔/관속흔 엽흔은 주로 마주나고(간혹 어긋나기도 함) V자~U자형이며, 관속흔은 3개다.

● 참고

소지가 가늘고 낭창낭창하며, 털이 없고 광택이 나는 점이 특징이다. 겨울눈은 주로 마주나지만 간혹 어긋나기도 한다. 겨울철에는 (흑)갈색으로 변색된 꽃 모양의 충영을 볼 수 있다.

2021. 1. 25. 강원 태백시

❶소지의 겨울눈(생식눈) ❷(↓)영양눈/생식눈 ❸측아 ❹엽흔/관속흔 ❺생식눈의 전개 ❻충영 ❼겨울 수형
✲식별 포인트 겨울눈/수형/소지/충영

2021. 1. 9. 경북 의성군

왕버들

Salix chaenomeloides Kimura

버드나무과
SALICACEAE Mirb.

●분포

중국(서남부~중북부), 일본(혼슈 중부 이남), 한국

❖**국내분포** 강원 이남의 저지대 습지 및 강변

●형태

수형 낙엽 교목. 높이 20m, 직경 1.5m까지 자란다.

수피/소지 수피는 회갈색~회색을 띠고 세로로 불규칙하게 갈라진다. 소지는 연녹색~녹갈색을 띠고 털이 없으며 피목이 있고 광택이 난다.

겨울눈 영양눈 또는 생식눈이다. 겨울눈은 난형~장타원형이고 길이 3~8㎜이며 3~7개의 아린에 싸여 있다. 아린은 담갈색~갈색을 띤다. 준정아가 소지와 직각 방향으로 달리는 경우가 흔하고, 측아는 좌우 한쪽으로 살짝 휜다.

엽흔/관속흔 엽흔은 어긋나고 V자~U자형이며, 관속흔은 3개다.

●참고

노목은 가지가 심하게 구불거리며 뻗어서 겨울철에 개성적인 수관을 이룬다. 주로 남부지방에 천연기념물이나 보호수로 지정된 아름드리 나무가 많다.

❶소지의 겨울눈 ❷측아 ❸준정아 ❹측아/엽흔/관속흔 ❺생식눈의 전개 ❻분지 형태(노목)

✲**식별 포인트** 겨울눈/수형

분버들
***Salix rorida* Laksch.**

버드나무과
SALICACEAE Mirb.

2021. 3. 15. 강원 평창군

●분포

중국(동북부), 일본(혼슈 이북), 러시아, 한국

❖국내분포 경북(소백산) 이북의 산지 계곡 및 사면

●형태

수형 낙엽 교목. 높이 15m까지 자란다.

수피/소지 수피는 회갈색~회색이고 세로로 얕게 갈라진다. 소지는 녹갈색~적갈색을 띠고 털이 없으며, 개화기가 끝날 무렵부터 2년지에 백색 분이 생겨서 가지가 분백색을 띤다.

겨울눈 영양눈 또는 생식눈이다. 겨울눈은 난형이고 길이 3~10㎜가량이며 1개의 아린에 싸여있다. 아린은 담갈색~적갈색을 띠고 겉에 털이 없다. 아린도 간혹 백색 분으로 덮인 흔적이 보인다. 크기는 보통 웅성 생식눈>자성 생식눈>영양눈 순이며, 영양눈은 줄기에 닿는 면이 약간 판판하다.

엽흔/관속흔 엽흔은 어긋나고 V자형~선형이며, 관속흔은 3개다.

●참고

주로 강원도의 산지에서 드물지 않게 볼 수 있다. 2년지에 보이는 백색 분의 흔적이 요긴한 식별 포인트다.

❶소지의 겨울눈 ❷생식눈 ❸영양눈 ❹❺엽흔/관속흔 ❻생식눈의 비교(→): 웅성 생식눈/자성 생식눈 ❼참오글잎버들(*S. siuzevii* Seem.)

✲식별 포인트 겨울눈/2년지(분백색)

2020. 1. 16. 강원 정선군

쪽버들

***Salix cardiophylla* Trautv. & C.A.Mey.**
(*Salix maximowiczii* Kom.)

버드나무과
SALICACEAE Mirb.

●분포

중국(동북부), 일본, 러시아, 한국
❖국내분포 강원도(정선군 고한) 이북의 산지 계곡부나 사면에 드물게 자람

●형태

수형 낙엽 교목. 높이 20m, 직경 1m까지 자란다.

수피/소지 수피는 회갈색~회색이고 세로로 불규칙하게 갈라진다. 소지는 적갈색~갈색을 띠고 털이 없으며 광택이 있다.

겨울눈 영양눈 또는 혼합눈이다. 겨울눈은 피침형~난형이고 길이 2~6㎜이며 1개의 아린에 싸여있다. 아린은 적(흑)갈색을 띠고 겉에 털이 없다. 준정아는 소지와 직각 방향으로 달리는 경우가 많고, 측아는 가지에 밀착한다.

엽흔/관속흔 엽흔은 어긋나고 V자~U자형이며, 관속흔은 3개다.

●참고

소지의 적갈색이 선명하게 드러나고, 준정아가 흔히 소지와 직각 방향으로 달리는 점도 독특하다. 국내에 자생하는 여타 버드나무속(*Salix*) 식물과는 달리 혼합눈이 생기는 점도 특이하다. 국내에서는 일부 높은 산의 계곡부를 따라 분포한다.

❶소지의 겨울눈 ❷준정아 ❸측아 ❹엽흔/관속흔 ❺열매차례(겨울) ❻생식눈(上)/혼합눈(下)의 전개 ❼겨울 수형
✲식별 포인트 겨울눈

호랑버들
***Salix caprea* L.**

버드나무과
SALICACEAE Mirb.

2021. 2. 2. 경남 합천군

●분포

중국, 일본, 러시아, 한국 등 북반구에 널리 분포

❖국내분포 전국의 산지

●형태

수형 낙엽 소교목. 높이 10m, 직경 60㎝까지 자란다.

수피/소지 수피는 회색~진한 회색이고 세로로 불규칙하게 갈라진다. 소지는 녹갈색~황갈색을 띠고 털이 없으며 표면에 피목이 약간 있고 광택이 난다.

겨울눈 영양눈 또는 생식눈이다. 겨울눈은 난형~광난형이고 길이 3~6㎜이며 1개의 아린에 싸여있다. 아린은 적갈색을 띠고 겉에 털이 거의 없다. 보통 영양눈은 줄기에 닿는 면이 판판하며, 생식눈보다 크기가 작다.

엽흔/관속흔 엽흔은 어긋나고 V자~U자형이며, 관속흔은 3개다.

●참고

국내 자생 버드나무류 중 산지에서 흔하게 볼 수 있는 나무다. 소지에 털이 없고 겨울눈의 아린이 대개 적갈색을 띠는 점이 특징이다.(139쪽 참조)

❶소지의 겨울눈 ❷준정아/측아 ❸측아 ❹엽흔/관속흔 ❺생식눈의 전개 ❻영양눈의 전개 ❼겨울 수형

✲식별 포인트 겨울눈/소지

2021. 2. 20. 경기 가평군

여우버들

Salix bebbiana **Sarg.**

버드나무과

SALICACEAE Mirb.

●분포

중국(동북부), 러시아, 유럽, 아메리카, 한국 등 북반구 온대~한대에 널리 분포

❖국내분포 경북(가야산), 경기도, 강원 이북 산지 사면 및 능선

●형태

수형 낙엽 관목 또는 소교목. 높이 1~6m로 자란다.

수피/소지 수피는 회갈색~회색이고 불규칙하게 갈라진다. 소지는 녹갈색~갈색을 띠고 털이 있거나 차츰 없어진다. 표면에 피목이 약간 있고 털이 없어지면 광택이 난다.

겨울눈 영양눈 또는 생식눈이다. 겨울눈은 난형이고 길이 2~5㎜이며 1개의 아린에 싸여있다. 아린은 녹갈색~(흑)갈색을 띠고 겉에 털이 거의 없다. 흔히 영양눈은 줄기에 닿는 면이 판판하며, 생식눈보다 크기가 작다.

엽흔/관속흔 엽흔은 어긋나고 V자형~선형이며, 관속흔은 3개다.

●참고

주로 높은 산지의 사면에 자라며 호랑버들만큼은 흔치 않다. 겨울눈이 호랑버들과 비슷하게 생겼지만 아린의 색조가 좀 더 어두운 경향이 있고, 소지에 털이 약간 있는 점이 다르다.

❶소지의 겨울눈 ❷생식눈 ❸영양눈 ❹(↓)영양눈과 생식눈의 비교 ❺영양눈의 전개 ❻소지와 겨울눈의 비교(→): 여우버들/호랑버들

✲식별 포인트 겨울눈/소지

제주산버들

***Salix blinii* H.Lév.**

버드나무과
SALICACEAE Mirb.

● 분포

한국(제주도 고유종)

❖**국내분포** 제주도(한라산)의 고지대 및 계곡 상류에 매우 드물게 자람

● 형태

수형 낙엽 소관목. 높이 50㎝ 정도로 자라며 원줄기에서 가지를 많이 친다.

수피/소지 수피는 회록색~회갈색이고 표면이 불규칙하게 갈라진다. 소지는 녹갈색~적갈색을 띠고 표면에 백색 털이 많으나 탈락하기도 한다.

겨울눈 영양눈 또는 생식눈이다. 겨울눈은 난형~피침형이고 길이 2~5㎜이며 1개의 아린에 싸여있다. 아린은 적색~황갈색을 띠고 겉에 털이 있다가 차츰 없어진다. 흔히 영양눈은 줄기에 닿는 면이 판판하며 생식눈보다 크기가 작다.

엽흔/관속흔 엽흔은 어긋나고 V자형~선형이며, 관속흔은 3개다.

● 참고

제주도 고유식물로서, 자생지인 한라산에서도 보기 힘든 희귀식물이다. 흔히 지면을 덮듯이 누워 자란다.

2022. 2. 15. 제주

❶소지의 겨울눈 ❷생식눈 ❸영양눈 ❹엽흔/관속흔 ❺생식눈의 전개 ❻❼영양눈의 전개 과정 ❽수피/분지 형태
✲**식별 포인트** 겨울눈/수형

2020. 12. 12. 강원 평창군

황철나무

***Populus suaveolens* Fisch. ex Loudon**
(*Populus maximowiczii* A.Henry)

버드나무과
SALICACEAE Mirb.

●분포

중국(동북부), 일본(혼슈 이북), 러시아, 한국

❖국내분포 강원의 깊은 산 계곡부

●형태

수형 낙엽 교목. 높이 30m, 직경 1.5m까지 곧게 자란다.

수피/소지 수피는 어릴 때는 자갈색이고 매끈하면서 피목이 많지만 오래되면 회백색~회흑색으로 되고 세로로 깊게 그물망처럼 갈라진다. 소지는 담갈색을 띠고 털이 없으며 광택이 있다.

겨울눈 영양눈 또는 생식눈이다. 겨울눈은 피침형~장난형이고 길이 1.2~2㎝이며 여러 개의 아린에 싸여있다. 아린은 황갈색~연녹색을 띠고 겉에 털이 없다. 겨울눈은 속에서 수지가 배어 나와 겉이 끈적거린다.

엽흔/관속흔 엽흔은 어긋나고 V자형~누운 초승달형이며, 관속흔은 3개다.

●참고

주로 강원도의 높은 산 계곡지대에 자란다. 겨울눈이 사시나무보다 더 길쭉하고 크며, 아린의 색깔도 다르다.

❶소지의 겨울눈 ❷정아/엽흔/관속흔 ❸측아 ❹❺영양눈의 전개 과정 ❻겨울 수형

✲식별 포인트 겨울눈/수피

사시나무

***Populus tremula* L. var. *davidiana* (Dode) C.K.Schneid.**
(*Populus davidiana* Dode)

버드나무과
SALICACEAE Mirb.

●분포

중국, 러시아(동부), 몽골, 한국

❖국내분포 경남, 전남 이북의 산지 계곡부 및 사면

●형태

수형 낙엽 교목. 높이 25m, 직경 60㎝까지 곧게 자란다.

수피/소지 수피는 회색~회갈색이고 표면이 매끈하며 피목이 많고 오래되면 얕게 갈라진다. 소지는 회록색~황(적)갈색을 띠고 털이 없으며 피목이 드문드문 있고 광택이 있다.

겨울눈 영양눈 또는 생식눈이다. 겨울눈은 난형~장난형이고 길이 2~8㎜이며 여러 개의 아린에 싸여있다. 아린은 (담)갈색을 띠고 겉에 털이 없다.

엽흔/관속흔 엽흔은 어긋나고 V자형~선형이며, 관속흔은 3개다.

●참고

주로 높은 산지에 자라는 교목이다. 근연종인 은사시나무와 달리 소지와 겨울눈의 겉에 털이 없다.

2021. 2. 3. 강원 화천군

❶소지의 겨울눈 ❷정아/정생측아 ❸측아 ❹엽흔/관속흔 ❺영양눈의 전개 ❻수피

*식별 포인트 겨울눈/수피/소지

2022. 3. 28. 전북 무주군

은사시나무 (현사시나무)

***Populus* × *tomentiglandulosa* T.B.Lee**

버드나무과
SALICACEAE Mirb.

●분포

한국(한반도 고유종, 교잡종)

❖**국내분포** 전국적으로 널리 식재

●형태

수형 낙엽 교목. 높이 20m, 직경 50㎝까지 자란다.

수피/소지 수피는 회백색~진한 회색이고 표면에 마름모꼴 피목이 발달하며 오래되면 거칠고 얕게 갈라진다. 소지는 회록색~회갈색을 띠고 표면에 백색 털이 많지만 차츰 없어진다.

겨울눈 영양눈 또는 생식눈이다. 생식눈은 광난형이고 영양눈보다 크기가 더 크며, 영양눈은 난형~타원형이다. 겨울눈은 모두 여러 개의 아린에 싸여있고 갈색을 띠며 겉에 백색 털이 많다.

엽흔/관속흔 엽흔은 어긋나고 반원형~역삼각형이며, 관속흔은 3개다.

●참고

사시나무와 은백양(*Populus alba* L.) 사이의 교잡종이다. 전국의 산지에 널리 식재되어 있다.

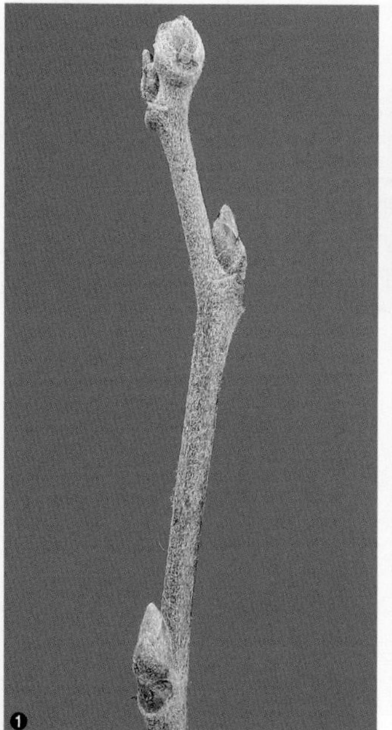
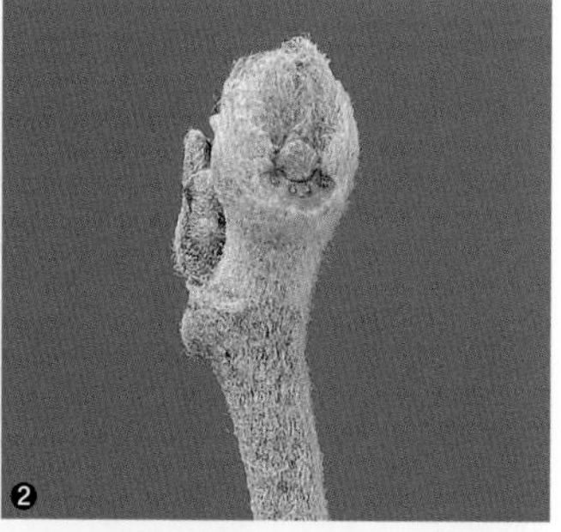
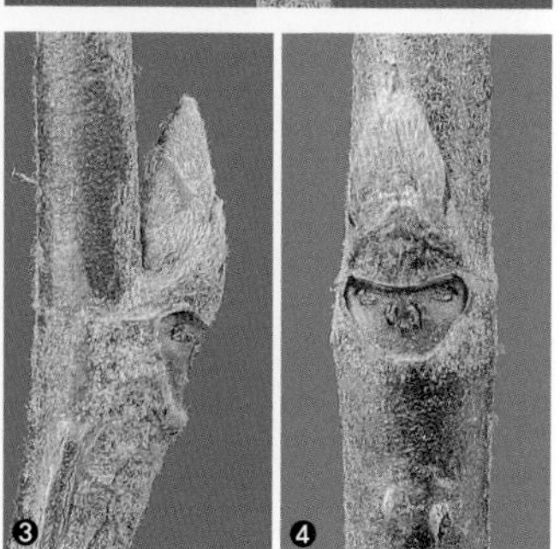

❶소지의 겨울눈 ❷정아 ❸측아 ❹엽흔/관속흔 ❺영양눈의 전개 ❻수피 ❼겨울 풍경(식재지)

✲**식별 포인트** 겨울눈/수피/소지

양버들

***Populus nigra* 'Italica'**

버드나무과
SALICACEAE Mirb.

●분포

중국(서부), 중앙아시아, 유럽

❖국내분포 전국의 하천 및 마을 주변에 식재

●형태

수형 낙엽 교목. 높이 30m, 직경 1m까지 자란다.

수피/소지 수피는 진한 회색이고 세로로 깊게 갈라진다. 소지는 황갈색~회갈색을 띠고 표면에 짧은 털이 있다가 차츰 없어지며, 피목이 있다.

겨울눈 영양눈 또는 생식눈이다. 겨울눈은 난형~피침형이고 끝이 뾰족하며 여러 개의 아린에 싸여있다. 아린은 (녹)갈색~적갈색을 띠고 겉에 털이 없다.

엽흔/관속흔 엽흔은 어긋나고 타원형~반원형이며, 관속흔은 3개다.

●참고

맹아지가 많이 나며, 수나무는 곁가지가 줄기 쪽으로 휘어져 자라므로 수관이 빗자루 모양을 이루는 점이 특징이다. 암나무는 수관이 빗자루 모양을 이루지 않는다.

2020. 12. 24. 경기 하남시

❶정아 ❷측아 ❸❹엽흔/관속흔 ❺영양눈의 전개 ❻생식눈의 전개 ❼암나무의 겨울 수형(대표 사진은 수나무)

✲식별 포인트 겨울눈/수관(빗자루 모양)

2020. 3. 5. 강원 정선군

이태리포플러 (이태리포플라)

Populus × canadensis **Moench**

버드나무과

SALICACEAE Mirb.

● **분포**

유럽

❖**국내분포** 전국 하천 및 민가 주변에 식재

● **형태**

수형 낙엽 교목. 높이 30m, 직경 1m까지 자란다.

수피/소지 수피는 진한 회색~회갈색이고 어릴 때는 매끈하다가 점차 세로로 깊게 갈라진다. 소지는 황갈색~적갈색을 띠고 털이 없으며 피목이 있다.

겨울눈 영양눈 또는 생식눈이다. 겨울눈은 피침상 난형~피침형이고 끝이 뾰족하며 여러 개의 아린에 싸여있다. 아린은 (녹)갈색~(적)갈색을 띠고 겉에 털이 없다. 겨울눈은 속에서 수지가 배어 나와 겉이 끈적거린다.

엽흔/관속흔 엽흔은 어긋나고 반원형~심장형이며, 관속흔은 3개다.

● **참고**

양버들과 미루나무(*P. deltoides* W. Bartram ex Marshall)의 잡종으로 보고 있다. 국내에서 각지의 하천변에 자라는 큰 나무의 상당수는 이태리포플러다.

❶정아 ❷측아 ❸엽흔/관속흔 ❹영양눈의 전개 ❺수피 ❻겨울 수형

*식별 포인트 겨울눈/수형

진달래

***Rhododendron mucronulatum* Turcz.**

진달래과
ERICACEAE Juss.

● 분포

중국(동북부), 일본(쓰시마섬), 러시아, 몽골, 한국

❖**국내분포** 전국의 산지

● 형태

수형 낙엽 관목. 높이 2~3m까지 자란다.

수피/소지 수피는 회색~회갈색이고 매끈하다. 소지는 갈색~회갈색을 띠고 표면에 인모가 많다.

겨울눈 영양눈 또는 생식눈이다. 겨울눈은 타원형~난형이고 여러 개의 아린에 싸여있다. 아린은 연갈색~갈색을 띠고 가장자리를 따라 털이 있다. 생식눈은 소지의 끝에 1~7개 정도가 모여 달리고, 영양눈보다 크기가 크다.

엽흔/관속흔 엽흔은 어긋나고 반원형이다. 관속흔은 1개이며 엽흔의 중앙보다 약간 위쪽에 위치한다.

● 참고

전국의 산지에 흔한 관목이다. 소지 끝에 여러 개의 통통한 생식눈이 달리는 것이 특징이다. 흔히 겨울철에도 종자가 빠져나간 과피가 가지에 남는다.

2019. 11. 20. 경기 가평군

❶생식눈(정아)/영양눈(생식눈의 기부) ❷분지 형태/과피 ❸측아/엽흔/관속흔 ❹생식눈(上)/영양눈(下)의 전개 ❺진달래 군락(겨울)

✲**식별 포인트** 겨울눈/수형/관속흔/열매(과피)

2021. 2. 19. 강원 태백시

철쭉

***Rhododendron schlippenbachii* Maxim.**

진달래과

ERICACEAE Juss.

●분포

중국(동북부), 한국

❖국내분포 전국의 산지

●형태

수형 낙엽 관목. 높이 2~5m까지 자란다.

수피/소지 수피는 (적)회색이고, 처음에는 표면이 매끈하다가 점차 얕게 갈라져 껍질이 조각조각 떨어진다. 소지는 갈색~회갈색을 띠고 표면에 털이 조금 있다가 점차 없어진다.

겨울눈 영양눈 또는 생식눈이다. 겨울눈은 타원형~난형이고 여러 개의 아린에 싸여있다. 아린은 연한 황갈색을 띠고 겉이 누운털로 덮여 있다. 생식눈은 소지의 끝에 1개가 달리며, 영양눈보다 크기가 크다.

엽흔/관속흔 엽흔은 어긋나고 반원형~역삼각형이며, 관속흔은 1개이고 흔히 엽흔의 중앙에 위치한다.

●참고

종자가 빠져나간 열매의 과피가 남은 채로 월동하는 모습이 흔하다. 가축분지 형식의 가지 전개 방식도 독특하다.

❶정아: 생식눈/영양눈(화살표) ❷엽흔/관속흔 ❸생식눈/영양눈(화살표)의 전개 ❹❺영양눈의 전개 과정 ❻종자가 빠져나간 열매(과피) ❼겨울 수형/분지 형태(가축분지)

✲식별 포인트 겨울눈/수형/관속흔/열매(과피)

참꽃나무

***Rhododendron weyrichii* Maxim.**

진달래과
ERICACEAE Juss.

2022. 1. 14. 제주

●분포

일본(혼슈 이남), 한국

❖국내분포 제주도의 숲 가장자리 및 산지 사면의 바위지대

●형태

수형 낙엽 관목 또는 소교목. 높이 2~8m까지 자란다.

수피/소지 수피는 어릴 때는 표면이 연한 적갈색이고 매끈하지만 오래되면 회갈색을 띠고 점차 껍질이 작은 조각으로 나뉘며 세로로 갈라진다. 소지는 갈색~황갈색을 띠고 표면에 털이 있지만 점차 없어진다.

겨울눈 영양눈 또는 생식눈이다. 겨울눈은 타원형~광난형이고 여러 개의 아린에 싸여있다. 아린은 적갈색을 띠고 가장자리를 따라 털이 많다. 생식눈은 소지의 끝에 1개가 달리고 길이 1.5~1.7㎝이며 영양눈보다 크기가 크다.

엽흔/관속흔 엽흔은 어긋나고 반원형~V자형이며, 관속흔은 1개다.

●참고

국내에서는 제주도에만 자생하는 식물이다. 산철쭉과 마찬가지로 곧게 뻗은 소지가 2년지에서 여러 갈래로 갈라져 나오지만, 산철쭉과는 달리 소지에 털이 적거나 거의 없다.

❶소지와 겨울눈 ❷정아(생식눈) ❸측아/엽흔/관속흔 ❹종자가 빠져나간 과피 ❺영양눈(左右)/생식눈(中)의 전개 ❻❼영양눈의 전개 과정 ❽분지 형태
✲식별 포인트 겨울눈/수형

2020. 12. 12. 강원 강릉시

산철쭉

***Rhododendron yedoense* Maxim. f. *poukhanense* (H.Lév.) Sugim. ex T.Yamaz.**
[*Rhododendron yedoense* Maxim. ex Regel f. *poukhanense* (H.Lév.) M.Sugim. ex T.Yamaz.]

진달래과
ERICACEAE Juss.

●분포

한국(한반도 고유종)

❖국내분포 황해도 및 평북 이남의 산지 능선 및 하천변

●형태

수형 낙엽성 또는 반상록 관목. 높이 1~2m로 자란다.

수피/소지 수피는 회갈색~회색이고 표면이 매끈하다. 소지는 황갈색을 띠고 표면에 갈색의 억센 누운털이 많다.

겨울눈 영양눈 또는 생식눈이다. 겨울눈은 타원형~난형이고 여러 개의 아린에 싸여있다. 아린은 갈색을 띠고 겉에 회갈색의 누운털이 밀생한다. 정아는 길이 1㎝ 정도이고 소지 끝에 1개씩 달린다. 측아는 정아보다 크기가 훨씬 작다. 정아를 싸고 있는 포엽은 상록으로 월동하기도 한다.

엽흔/관속흔 엽흔은 어긋나고 반원형~역삼각형이며, 관속흔은 1개다.

●참고

광택이 나는 갈색 털로 덮인 소지 끝의 생식눈이 특징적이다. 국명의 뜻과는 달리 산지 능선보다도 오히려 계곡이나 하천 주변에 흔하게 자란다.

❶정아 ❷분지 형태/과피 ❸❹겨울눈의 전개 과정 ❺산철쭉 군락
✲식별 포인트 겨울눈/수형

흰참꽃
(흰참꽃나무)

***Rhododendron tschonoskii* Maxim.**

진달래과
ERICACEAE Juss.

●분포

일본, 한국

❖국내분포 전북(덕유산), 전남(지리산), 경남(가야산)의 능선 및 정상부 바위지대

●형태

수형 낙엽(반상록) 관목. 높이 0.3~1m로 자란다. 줄기 아래쪽에서부터 가지가 많이 갈라진다.

수피/소지 수피는 어릴 때는 적갈색~회갈색이고 표면이 매끈하지만 오래되면 진한 회갈색~회색이 되면서 껍질이 종잇장처럼 조각조각 일어난다. 소지는 갈색~황갈색을 띠고 표면에 누운털이 많다.

겨울눈 영양눈 또는 생식눈이다. 겨울눈은 장난형~난형이고 끝이 뾰족하며 여러 개의 아린에 싸여있다. 아린은 갈색을 띠고 겉에 백색의 누운털이 밀생한다. 측아는 정아보다 크기가 훨씬 작다. 겨울눈을 싸고 있는 포엽은 상록으로 월동하기도 하며, 포엽의 겉에는 누운털이 많다.

엽흔/관속흔 엽흔은 어긋나고 반원형~역삼각형이며, 관속흔은 1개다.

●참고

국내에서는 일부 높은 산의 능선부 바위지대에 드물게 자란다. 가지가 짧은 간격으로 많이 갈라져 촘촘한 수관을 이룬다.

2021. 2. 2. 경남 합천군

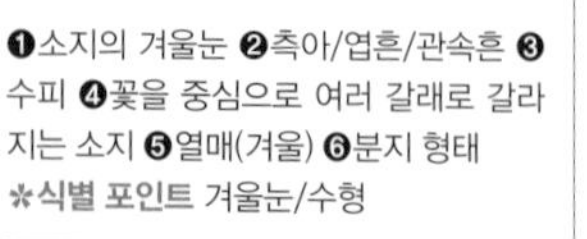

❶소지의 겨울눈 ❷측아/엽흔/관속흔 ❸수피 ❹꽃을 중심으로 여러 갈래로 갈라지는 소지 ❺열매(겨울) ❻분지 형태
✲식별 포인트 겨울눈/수형

2016. 3. 11. 제주

산매자나무

Vaccinium japonicum Miq.

진달래과

ERICACEAE Juss.

●분포

일본, 한국

❖국내분포 제주도(한라산), 산지 및 숲 가장자리

●형태

수형 낙엽 관목. 높이 0.3~1m로 자라고 가지가 많이 갈라진다.

수피/소지 수피는 진한 회갈색이고 표면이 매끈하다. 소지는 녹색~(적)녹갈색을 띠고 표면에 세로줄(또는 골)이 있으며 약간 납작하고 털이 없다.

겨울눈 영양눈 또는 혼합눈이다. 겨울눈은 장타원형~난형이고 길이 3~4㎜이며 2개의 아린에 싸여있다. 아린은 녹색~적갈색을 띠고 겉에 털이 없다.

엽흔/관속흔 엽흔은 어긋나고 반원형이며, 관속흔은 1개다.

●참고

수형이 왜소하고, 녹색 또는 (적)갈색 가지가 지그재그형으로 뻗으며 줄기 아래쪽부터 많이 갈라지므로 식별이 그다지 어렵지 않다.

❶❷소지의 겨울눈 ❸준정아 ❹측아 ❺엽흔/관속흔 ❻겨울눈의 전개 ❼혼합눈의 전개

✲식별 포인트 겨울눈/수형/소지

산앵도나무

***Vaccinium hirtum* Thunb. var. *koreanum* (Nakai) Kitam.**

진달래과
ERICACEAE Juss.

●분포

한국(한반도 고유종)

❖국내분포 제주도를 제외한 전국의 산지 능선 및 숲 가장자리

●형태

수형 낙엽 관목. 높이 0.5~1.5m로 자란다.

수피/소지 수피는 갈색이고 껍질이 불규칙하게 갈라져 떨어진다. 소지는 녹색~적갈색을 띠고 표면의 골을 따라서 털이 약간 있지만 차츰 없어진다.

겨울눈 영양눈 또는 혼합눈이다. 겨울눈은 난형~장난형이고 길이 3~4㎜이며 끝이 뾰족하고 2개의 아린에 싸여있다. 아린은 적갈색을 띠고 광택이 난다.

엽흔/관속흔 엽흔은 어긋나고 반원형~누운 초승달형이며, 관속흔은 1개이거나 형태가 불분명하다.

●참고

수형이 왜소하며, 녹색 또는 적갈색을 띠는 소지가 지그재그형으로 뻗는다.

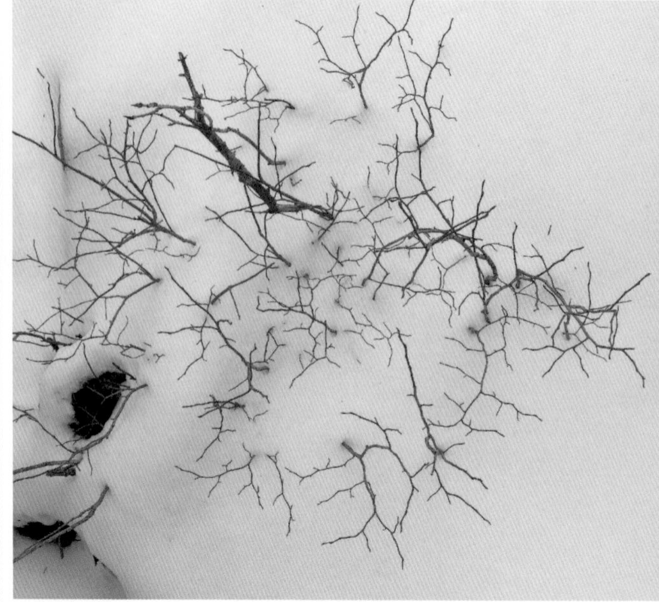

2016. 2. 28. 강원 태백시

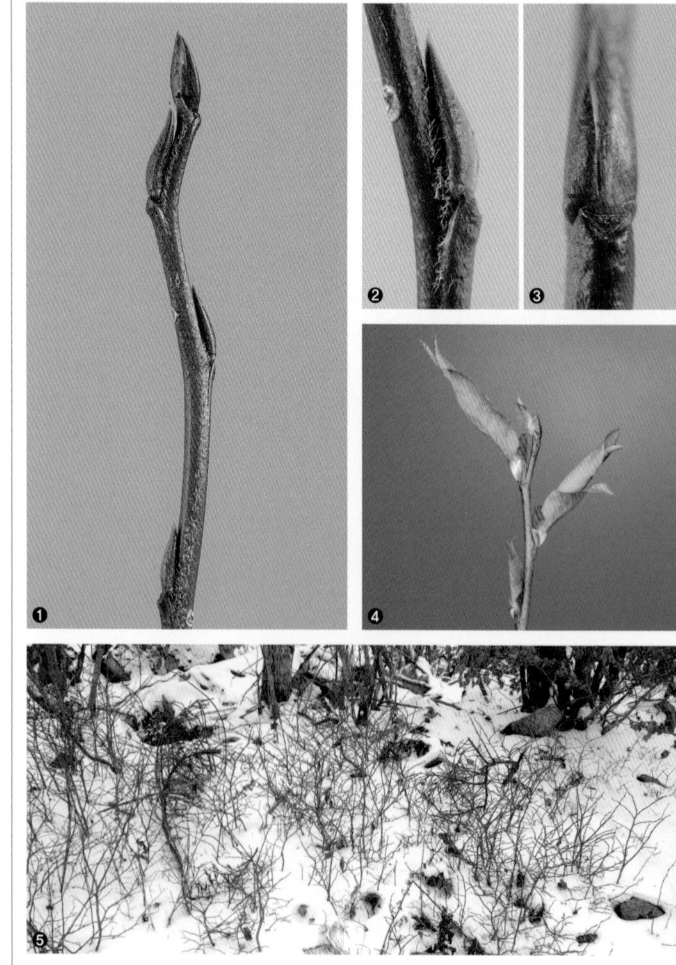

❶소지의 겨울눈 ❷측아 ❸엽흔/관속흔 ❹겨울눈의 전개 ❺겨울 수형
✲식별 포인트 겨울눈/수형/소지

2020. 1. 11. 제주

정금나무
***Vaccinium oldhamii* Miq.**

진달래과
ERICACEAE Juss.

●분포
중국(동부), 일본, 한국
❖국내분포 경북, 충북 이남, 서해안(충남, 황해도)의 산지

●형태
수형 낙엽 관목. 높이 1~3m로 자란다.
수피/소지 수피는 적갈색~회갈색이고 어릴 때는 매끈하고 광택이 있지만 오래되면 껍질이 세로로 길게 일어나며 벗겨진다. 소지는 갈색~녹갈색을 띠고 처음에는 털이 약간 있지만 차츰 없어진다.
겨울눈 영양눈 또는 혼합눈이다. 겨울눈은 난형~삼각상 난형이고 끝이 뾰족하며 6~8개의 아린에 싸여 있다. 아린은 갈색을 띤다.
엽흔/관속흔 엽흔은 어긋나고 반원형~누운 초승달형이며, 관속흔은 1개다.

●참고
붉은 색조가 돌고 껍질이 세로로 길게 벗겨지는 수피가 특징적이다. 소지는 지그재그형으로 뻗는다.

❶소지의 겨울눈 ❷준정아 ❸측아 ❹엽흔/관속흔 ❺겨울눈의 전개 ❻혼합눈의 전개 ❼수피
✲식별 포인트 겨울눈/소지

들쭉나무
***Vaccinium uliginosum* L.**

진달래과
ERICACEAE Juss.

●분포

중국(동북부), 일본(혼슈 이북), 러시아, 몽골, 유럽, 북아메리카, 한국

❖국내분포 제주도(한라산) 및 강원도(설악산) 이북의 높은 산지 바위지대

●형태

수형 낙엽 관목. 높이 0.1~1m로 자란다(높은 산 능선부에서는 높이 10~15㎝).

수피/소지 수피는 흑갈색~회갈색이고 점차 불규칙하게 갈라진다. 소지는 녹갈색~갈색을 띠고 표면에 짧은 털이 있다가 차츰 없어진다.

겨울눈 영양눈 또는 생식눈이다. 겨울눈은 난형~광난형이고 길이 2~5㎜이며 여러 개의 아린에 싸여있다. 아린은 갈색~적갈색을 띠고 겉에 털이 없다.

엽흔/관속흔 엽흔은 어긋나고 반원형이며, 관속흔은 1개다.

●참고

세계적으로 널리 분포하지만, 국내에서는 일부 높은 산에서만 국지적으로 관찰할 수 있는 희귀수목이다.

2021. 2. 22. 강원 양양군

❶소지의 겨울눈 ❷준정아/측아 ❸측아 ❹엽흔/관속흔 ❺겨울 수형
*식별 포인트 겨울눈/수형

2022. 1. 29. 강원 삼척시

고욤나무

***Diospyros lotus* L.**

감나무과
EBENACEAE Gürke

●분포

중국, 서남아시아, 유럽 남부

❖국내분포 전국의 민가 부근이나 낮은 산지에 야생화되어 퍼짐

●형태

수형 낙엽 교목. 높이 10~15m까지 자란다.

수피/소지 수피는 어릴 때는 회갈색~회색이고 표면에 돌기 같은 피목이 많지만 오래되면 흑갈색을 띠고 껍질이 불규칙하게 작은 조각으로 갈라진다. 소지는 황갈색~갈색을 띠고 표면에 피목이 드문드문 있다. 어린나무의 소지에는 털이 있으나 성목은 털이 거의 없다.

겨울눈 영양눈 또는 혼합눈이다. 겨울눈은 난형~장난형이고 길이 3~6㎜이며 4~6개의 아린에 싸여있다. 아린은 황갈색을 띠고 겉에 털이 없는 경우가 보통이다.

엽흔/관속흔 엽흔은 어긋나고 반원형이며, 관속흔은 1개이고 누운 초승달형이다.

●참고

오래되면 조각조각 갈라지는 흑갈색 수피가 특징적이다. 암나무는 가지에서 열매가 떨어지고 남은 꽃받침의 흔적을 겨울철까지 볼 수 있다.

❶소지의 겨울눈 ❷준정아/측아 ❸측아 ❹엽흔/관속흔 ❺혼합눈의 전개 ❻분지 형태(겨울까지 마른 꽃받침이 남음) ❼노목의 수피 ❽열매(겨울)
✲식별 포인트 겨울눈/관속흔/열매

감나무

***Diospyros kaki* Thunb.**

감나무과
EBENACEAE Gürke

●분포

중국(양쯔강 지역의 계곡) 원산

❖국내분포 오래전부터 전국적으로 재배

●형태

수형 낙엽 소교목 또는 교목. 높이 10~15(~25)m까지 자란다.

수피/소지 수피는 회갈색~회색이고 표면이 불규칙하게 조각조각 갈라진다. 소지는 갈색~황갈색을 띠고 털이 거의 없지만 어린나무에는 털이 있다.

겨울눈 영양눈 또는 혼합눈이다. 겨울눈은 난형~삼각상 난형이고 길이 3~6㎜이며 4~6개의 아린에 싸여있다. 아린은 황갈색을 띠고 어린나무를 제외하면 겉에 털이 거의 없는 경우가 흔하다.

엽흔/관속흔 엽흔은 어긋나고 반원형이며, 관속흔은 1개이고 누운 초승달형이다.

●참고

고욤나무와 비교해서 가지가 곧게 자라지 않고 많이 구불거리는 것이 다른 점이다. 겨울눈의 모양도 다르다.

2021. 2. 28. 충남 서산시

❶소지의 겨울눈 ❷측아 ❸❹엽흔/관속흔 ❺겨울눈의 전개 ❻수피

✲식별 포인트 겨울눈/관속흔/열매

2018. 3. 18. 충남 태안군

때죽나무

Styrax japonicus **Siebold & Zucc.**

때죽나무과

STYRACACEAE DC. & Spreng.

● **분포**

중국(산둥반도 이남), 일본, 한국

❖**국내분포** 황해도, 강원 이남의 산지

● **형태**

수형 낙엽 소교목. 높이 4~8(~10)m로 자란다.

수피/소지 수피는 회흑색이고 표면이 매끈하며 오래되면 얕게 갈라진다. 소지는 갈색~황갈색을 띠고, 표면에 성상모가 많지만 차츰 없어진다.

겨울눈 영양눈 또는 혼합눈이다. 겨울눈은 타원형~타원상 난형이고 길이 3~6㎜이며 아린이 없고 겉에 황갈색 털이 밀생한다. 흔히 중생부아가 발달한다.

엽흔/관속흔 엽흔은 어긋나고 반원형이며, 관속흔은 1개이고 엽흔의 표면에서 약간 돌출한다.

● **참고**

줄기와 가지가 흑회색을 띠며, 가지가 많이 구불거리며 자란다. 소지는 지그재그형으로 뻗는다.

❶소지의 겨울눈 ❷준정아/중생부아 ❸측아/중생부아 ❹엽흔/관속흔 ❺수피 ❻혼합눈의 전개 ❼충영 ❽분지 형태

*식별 포인트 겨울눈(중생부아)/수피/소지

쪽동백나무

Styrax obassia **Siebold & Zucc.**

때죽나무과

STYRACACEAE DC. & Spreng.

●분포

중국(동부), 일본, 한국

❖국내분포 전국의 산지

●형태

수형 낙엽 소교목 또는 교목. 높이 10~15m, 직경 20㎝까지 자란다.

수피/소지 수피는 회흑색이고 표면이 매끈하며, 점차 가늘고 얕게 갈라진다. 소지는 적갈색~갈색을 띠고 털이 없으며 껍질이 심하게 벗겨지는 예가 흔하다.

겨울눈 영양눈 또는 혼합눈이다. 겨울눈은 난형~장난형이고 길이 5~8㎜이며 아린이 없고 겉에 황갈색 털이 밀생한다. 흔히 중생부아가 1~2개 발달한다.

엽흔/관속흔 엽흔은 어긋나고 겨울눈을 에워싸며 원형으로 생긴다(엽병내아). 관속흔은 1개다.

●참고

적갈색을 띠는 소지의 껍질이 심하게 벗겨진 모습이 겨울철에 눈에 띄는 특징이다.

2017. 1. 30. 경기 남양주시

❶소지의 겨울눈 ❷-❹잎자루가 떨어지면서 겨울눈이 드러나는 과정 ❺측아/중생부아 ❻혼합눈의 전개 ❼겨울 수형

✻식별 포인트 겨울눈(중생부아)/엽흔(엽병내아)/수피/소지

2021. 2. 13. 강원 평창군

노린재나무

Symplocos sawafutagi **Nagam.**

노린재나무과
SYMPLOCACEAE Desf.

●분포

중국(북동부), 일본, 한국

❖**국내분포** 전국의 산지에 흔하게 자람

●형태

수형 낙엽 관목 또는 소교목. 높이 2~5m까지 자란다. 흔히 수관의 윗부분이 판판하다.

수피/소지 수피는 회백색~회색이고 차츰 세로로 얕게 갈라지며 껍질이 일어난다. 소지는 황갈색~회갈색을 띠고 표면에 굽은털이 있다가 차츰 떨어진다.

겨울눈 영양눈 또는 혼합눈이다. 겨울눈은 끝이 약간 뾰족한 난형~삼각상 난형이고 길이 2~5㎜이며 6~7개의 아린에 싸여있다. 아린은 황갈색~갈색을 띠고 약간의 털이 있다.

엽흔/관속흔 엽흔은 어긋나고 반원형이며, 관속흔은 선형이고 1개다.

●참고

전국의 산지에서 흔하게 만날 수 있는 식물이다. 수관의 윗부분이 눌린 것처럼 판판해지는 경우가 흔하므로 식별이 그다지 어렵지 않다.

❶소지의 겨울눈 ❷준정아 ❸측아 ❹엽흔/관속흔 ❺혼합눈(左)/영양눈(右)의 전개 ❻수피 ❼겨울 수형

✽**식별 포인트** 겨울눈/수형

섬노린재 (섬노린재나무)

***Symplocos coreana* (H.Lév.) Ohwi**

노린재나무과
SYMPLOCACEAE Desf.

2021. 2. 9. 제주

● 분포

일본, 한국

❖국내분포 제주도(한라산)의 계곡 및 숲 가장자리

● 형태

수형 낙엽 관목 또는 소교목. 높이 2~5m로 자란다. 흔히 수관의 윗부분이 판판해진다.

수피/소지 수피는 회백색이고 매끈하며 점차 세로로 얕게 갈라진다. 소지는 (담)갈색을 띠고 표면에 털이 있다가 점차 없어진다.

겨울눈 영양눈 또는 혼합눈이다. 겨울눈은 난형이고 길이 2~5㎜이며 6~7개의 아린에 싸여있다. 아린은 (담)갈색을 띠고 털이 거의 없다.

엽흔/관속흔 엽흔은 어긋나고 반원형이다. 관속흔은 선형이고 1개다.

● 참고

국내에서는 제주에만 드물게 자란다. 노린재나무와 흡사해서 겨울철에는 식별이 그다지 쉽지 않다.

❶소지의 겨울눈 ❷준정아 ❸측아 ❹측아/병생부아 ❺엽흔/관속흔 ❻영양눈과 혼합눈의 전개 ❼열매(겨울) ❽수피
*식별 포인트 겨울눈

2021. 1. 17. 전북 부안군

검노린재 (검노린재나무)

***Symplocos tanakana* Nakai**

노린재나무과
SYMPLOCACEAE Desf.

●분포

중국, 일본, 한국

❖국내분포 경남, 전남·북, 충남, 제주도의 산지

●형태

수형 낙엽 관목 또는 소교목. 높이 1.5~8m, 직경 10㎝까지 자란다.

수피/소지 수피는 갈색~회갈색이고 세로로 불규칙하게 갈라진다. 소지는 회갈색~갈색을 띠고 표면에 털이 있다가 점차 없어진다.

겨울눈 영양눈 또는 혼합눈이다. 겨울눈은 난형~삼각상 난형이고 길이 2~4㎜이며 6~7개의 아린에 싸여있다. 아린은 회갈색~갈색을 띠고 겉에 털이 거의 없다.

엽흔/관속흔 엽흔은 어긋나고 반원형이며, 가지에서 비스듬하게 돌출한다. 관속흔은 선형이고 1개다.

●참고

흔히 노린재나무보다 크게 자라며, 겨울눈이나 수피의 형태에서도 차이가 난다. 겨울철까지 가지에 약간의 열매가 남기도 한다.

❶소지의 겨울눈 ❷준정아 ❸측아 ❹엽흔/관속흔 ❺열매(겨울) ❻수피 ❼분지형태

✻식별 포인트 겨울눈/수피

피자 식물문

MAGNOLIOPHYTA

목련강

MAGNOLIOPSIDA

장미아강

ROSIDAE

수국과 HYDRANGEACEAE
까치밥나무과 GROSSULARIACEAE
장미과 ROSACEAE
콩과 FABACEAE
보리수나무과 ELAEAGNACEAE
부처꽃과 LYTHRACEAE
팥꽃나무과 THYMELAEACEAE
박쥐나무과 ALANGIACEAE
층층나무과 CORNACEAE
꼬리겨우살이과 LORANTHACEAE
노박덩굴과 CELASTRACEAE
감탕나무과 AQUIFOLIACEAE
대극과 EUPHORBIACEAE
갈매나무과 RHAMNACEAE
포도과 VITACEAE
고추나무과 STAPHYLEACEAE
무환자나무과 SAPINDACEAE
칠엽수과 HIPPOCASTANACEAE
단풍나무과 ACERACEAE
옻나무과 ANACARDIACEAE
소태나무과 SIMAROUBACEAE
멀구슬나무과 MELIACEAE
운향과 RUTACEAE
두릅나무과 ARALIACEAE

바위말발도리

Deutzia grandiflora **Bunge**

수국과

HYDRANGEACEAE Dumort.

2020. 3. 1. 경기 연천군

●분포

중국(중부 이북), 한국

❖국내분포 경기도(연천, 포천), 인천(대청도), 강원도(철원) 이북의 산지 능선 및 바위지대

●형태

수형 낙엽 관목. 높이 0.5~1(2)m로 자란다.

수피/소지 수피는 회갈색~적갈색이고 매끈하고 광택이 나며 오래되면 점차 광택이 사라지고 세로로 얕게 갈라진다. 소지는 황갈색~적갈색을 띠고 광택이 나며 표면에 성상모가 많이 있다가 차츰 없어진다.

겨울눈 영양눈 또는 혼합눈이다. 겨울눈은 장난형~피침형이고 길이 3~5mm이며 끝이 뾰족하다. 겨울눈은 여러 개의 아린에 싸여있고 갈색을 띠며 백색의 성상모가 약간 있다. 흔히 소지 끝에는 2개의 준정아가 마주 달린다. 생장의 주축이 되는 가지 끝에는 정아가 생기기도 한다.

엽흔/관속흔 엽흔은 마주나고 역삼각형~반원형이며, 관속흔은 3개다.

●참고

매화말발도리와 비교하면 열매가 소지 끝에 달리며 꽃받침이 가늘고 길다. 매화말발도리와는 달리 분포역이 국지적이어서 국내에서는 흔하게 만날 수 없는 식물이다.

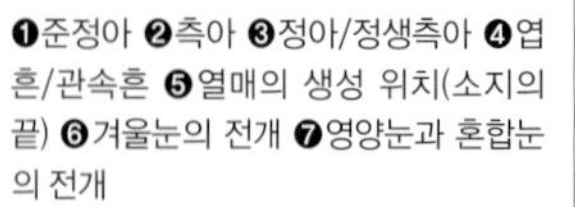

❶준정아 ❷측아 ❸정아/정생측아 ❹엽흔/관속흔 ❺열매의 생성 위치(소지의 끝) ❻겨울눈의 전개 ❼영양눈과 혼합눈의 전개

✲식별 포인트 겨울눈/수피/열매(소지)

2020. 3. 1. 경기 연천군

매화말발도리

***Deutzia uniflora* Shirai**

수국과

HYDRANGEACEAE Dumort.

● **분포**

일본(혼슈 남부), 한국

❖**국내분포** 황해도 이남의 산지 바위지대에 흔히 자람

● **형태**

수형 낙엽 관목. 높이 0.5~1(2)m로 자란다.

수피/소지 수피는 회색~회갈색이고 껍질이 세로로 길게 종잇장처럼 벗겨진다. 소지는 황갈색~갈색을 띠고 표면에 갈색의 억센 성상모가 밀생한다.

겨울눈 영양눈 또는 생식눈이다. 겨울눈은 장난형이고 길이 3~5㎜이며 끝이 뾰족하다. 겨울눈은 여러 개의 아린으로 싸여있고 갈색을 띠며 성상모가 있다. 소지 끝에는 2개의 준정아가 마주 달린다.

엽흔/관속흔 엽흔은 마주나고 역삼각형~반원형이며, 관속흔은 3개다.

● **참고**

바위말발도리와는 달리 열매가 2년지에 달리며, 열매와 꽃받침의 모양도 다르다.

❶소지의 겨울눈 ❷준정아(영양눈) ❸❹측아(생식눈 또는 영양눈) ❺엽흔/관속흔 ❻영양눈(左)/생식눈(右)의 전개 ❼영양눈의 전개(준정아)

✽식별 포인트 겨울눈/수피/열매(2년지)

꼬리말발도리
***Deutzia paniculata* Nakai**

수국과
HYDRANGEACEAE Dumort.

2021. 3. 6. 경남 양산시

● **분포**

한국(한반도 고유종)

❖**국내분포** 경북(팔공산, 청도 남산), 경남(가지산, 금정산, 단석산, 달음산, 재약산, 정족산, 천성산, 천황산, 장산)의 숲속에 드물게 자람

● **형태**

수형 낙엽 관목. 높이 1~2m로 자란다.

수피/소지 수피는 회갈색이고 표면이 매끈하다가 점차 세로로 얕게 갈라진다. 소지는 황갈색~적갈색을 띠고 표면에 성상모가 있다가 차츰 없어진다.

겨울눈 영양눈 또는 혼합눈(간혹 생식눈)이다. 겨울눈은 난형~장난형이고 끝이 뾰족하며 여러 개의 아린에 싸여있다. 아린은 황갈색~적갈색을 띠고 성상모가 있다. 소지 끝에는 2개의 준정아가 마주 달린다.

엽흔/관속흔 엽흔은 마주나고 역삼각형~반원형이며, 관속흔은 3개다.

● **참고**

경상도의 일부 산지 계곡부나 습지에 자란다. 겨울철에도 가지에 원추상의 열매차례를 달고 있으므로 식별이 어렵지 않다.

❶소지의 겨울눈 ❷정아 ❸준정아 ❹측아 ❺엽흔/관속흔 ❻열매차례(겨울) ❼혼합눈의 전개 ❽빈도리(*D. crenata* Siebold & Zucc.)의 열매차례(겨울)
✲**식별 포인트** 겨울눈/열매차례(원추상)

2020. 3. 10. 경기 연천군

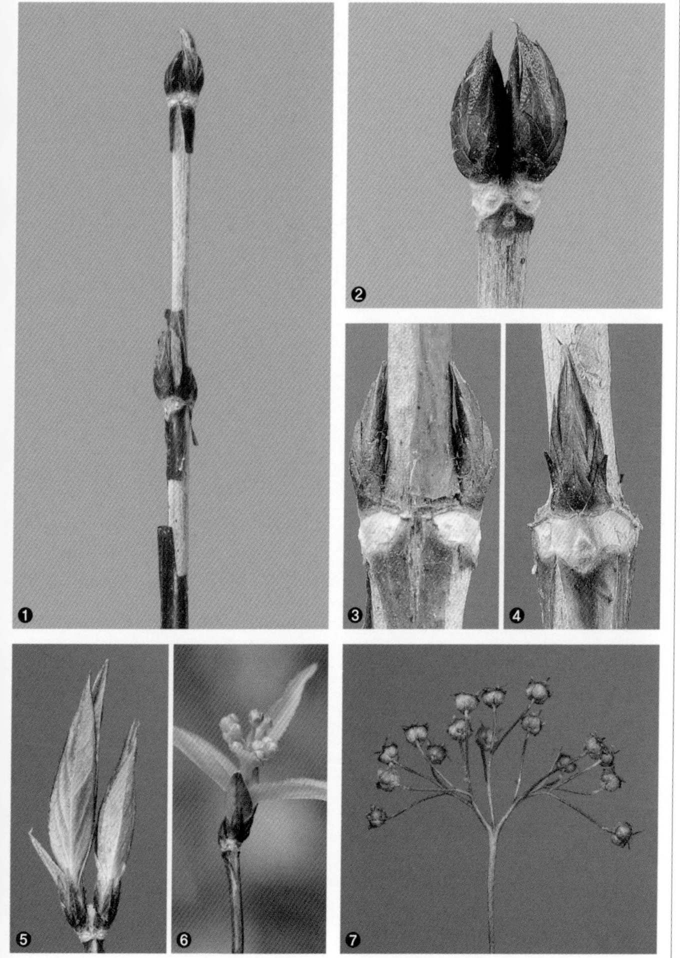

물참대

Deutzia glabrata Kom.

수국과

HYDRANGEACEAE Dumort.

● **분포**

중국(양쯔강 이북), 러시아(동부), 한국

❖**국내분포** 제주도를 제외한 전국의 건조하지 않은 산지 사면이나 계곡부

● **형태**

수형 낙엽 관목. 높이 1~3m로 자란다.

수피/소지 수피는 회갈색~담갈색이고 껍질이 불규칙하게 세로로 벗겨진다. 소지는 적갈색을 띠고 광택이 나며 털이 없고 껍질이 얇게 벗겨진다. 속은 비어있다.

겨울눈 영양눈 또는 혼합눈이다. 겨울눈은 난형~장난형이고 끝이 뾰족하며 여러 개의 아린에 싸여있다. 아린은 적(흑)갈색을 띠고 회백색의 작은 성상모가 있다. 흔히 소지 끝에는 한 쌍의 준정아가 마주 달린다.

엽흔/관속흔 엽흔은 마주나고 역삼각형~V자형이며, 관속흔은 3개다.

● **참고**

수관 전체에 붉은 색조가 돌고, 소지의 껍질이 심하게 벗겨지는 점이 특징이다.

❶소지의 겨울눈 ❷준정아 ❸측아 ❹엽흔/관속흔 ❺겨울눈의 전개 ❻혼합눈의 전개 ❼열매차례(겨울)

✲**식별 포인트** 겨울눈/수피/소지/열매/줄기의 종단면

말발도리

***Deutzia parviflora* Bunge**

수국과

HYDRANGEACEAE Dumort.

●분포

중국(양쯔강 이북), 몽골, 러시아(동부), 한국

❖국내분포 제주도를 제외한 전국의 해발고도가 낮은 산지

●형태

수형 낙엽 관목. 높이 1~2m로 자란다.

수피/소지 수피는 회갈색~회백색이고 세로로 얕게 갈라지며 껍질이 불규칙하게 벗겨진다. 소지는 갈색~회갈색을 띠고 표면이 매끈하며 겉에 성상모가 약간 생기는 경우도 있다.

겨울눈 영양눈 또는 혼합눈이다. 겨울눈은 난형~피침상 난형이고 길이 3~7㎜이며 끝이 뾰족하고 여러 개의 아린에 싸여있다. 아린은 회갈색~적(흑)갈색을 띠지만 겉에 회백색의 짧은 성상모가 밀생하여 희끗희끗하게 보인다. 흔히 소지 끝에는 한 쌍의 준정아가 마주 달린다.

엽흔/관속흔 엽흔은 마주나고 역삼각형~V자형이며, 관속흔은 3개다.

●참고

겨울눈이나 열매 형태만 보면 물참대와 닮은 점도 있지만, 물참대와는 달리 소지의 껍질이 벗겨지지 않고 겉에 성상모가 있다. 열매의 크기도 좀 더 작다.

2016. 2. 27. 전북 정읍시

❶준정아 ❷❸측아 ❹엽흔/관속흔 ❺열매차례(겨울) ❻영양눈의 전개 ❼혼합눈의 전개

✲식별 포인트 겨울눈/수피/소지/열매

2016. 2. 27. 전북 정읍시

산수국

***Hydrangea macrophylla* (Thunb.) Ser. subsp. *serrata* (Thunb.) Makino**

수국과
HYDRANGEACEAE Dumort.

●분포

일본(혼슈 이남), 한국

❖국내분포 강원도, 경기도 이남의 산지 계곡부 및 건조하지 않은 사면

●형태

수형 낙엽 관목. 높이 0.5~2m로 자란다.

수피/소지 수피는 회갈색이고 껍질이 얇게 벗겨지며 점차 조각조각 떨어진다. 소지는 황갈색~갈색을 띠고 털이 약간 있을 때도 있다.

겨울눈 영양눈 또는 혼합눈이다. 정아는 장난형이고 끝이 뾰족하며 2개의 아린에 싸여있다. 아린은 황갈색~갈색을 띠고 겉에 털이 없다. 측아는 정아보다 크기가 작다.

엽흔/관속흔 엽흔은 마주나고 반원형~심장형이며, 관속흔은 3개다.

●참고

흔히 겨울철까지 가지 끝에 장식화와 열매차례의 흔적이 온전하게 남아있기에 식별이 어렵지 않다.

❶소지의 겨울눈 ❷❸엽흔/관속흔 ❹겨울눈의 전개 ❺-❼나무수국(*H. paniculata* Siebold)

*식별 포인트 겨울눈/열매(장식화 흔적)

성널수국

***Hydrangea scandens* Maxim. subsp. *liukiuensis* (Nakai) E. M.McClint**
(*Hydrangea luteovenosa* Koidz.)

수국과
HYDRANGEACEAE Dumort.

2021. 2. 9. 제주

●분포
일본, 한국
❖국내분포 제주 한라산(해발고도 610m 전후)의 계곡부

●형태
수형 낙엽 관목. 높이 0.5~1.5m로 자란다.
수피/소지 수피는 회갈색~황갈색이고 표면이 매끈하고 피목이 약간 있으며 점차 껍질이 얇게 벗겨져 적갈색을 띤다. 소지는 적갈색을 띠고 털이 없으며 광택이 약간 있다.
겨울눈 영양눈 또는 혼합눈이다. 정아는 난형~타원형이고 길이 2~4㎜이며 2쌍(4장)의 아린에 싸여있다. 아린은 갈색을 띠고 가장자리를 따라 담갈색 털이 있다.
엽흔/관속흔 엽흔은 마주나고 반원형~역삼각형이며, 관속흔은 3개다.

●참고
제주도 한라산의 계곡부에 자란다. 산수국과 비교해서 겨울눈이 더 작다.

❶소지의 겨울눈 ❷정아 ❸측아 ❹엽흔/관속흔 ❺수피
✲식별 포인트 겨울눈/소지/열매

2022. 1. 13. 제주

등수국

***Hydrangea petiolaris* Siebold & Zucc.**

수국과

HYDRANGEACEAE Dumort.

●분포

일본, 러시아(사할린), 한국

❖국내분포 경북(울릉도)과 제주도의 산지

●형태

수형 낙엽 덩굴성 목본, 길이 10~20m다. 줄기에서 기근(aerial root)이 생겨서 바위나 나무에 식물체를 지지해가며 자란다.

수피/소지 수피는 회갈색~갈색을 띠고 껍질이 종잇장처럼 일어나며 오래되면 세로로 깊게 갈라진다. 소지는 적갈색~갈색을 띠고 털이 없다.

겨울눈 영양눈 또는 혼합눈이다. 정아는 난형~장난형이고 길이 1~1.5㎝이며 끝이 뾰족하고 2개의 아린에 싸여있다. 아린은 적갈색을 띠고 털이 없다. 측아는 정아보다 크기가 작다.

엽흔/관속흔 엽흔은 마주나고 반원형~V자형~역삼각형이며, 관속흔은 3개다.

●참고

분포역이 겹치는 바위수국과 겨울 수형이 비슷하지만, 바위수국과는 겨울철까지 남는 열매와 장식화의 모양이 다르며 겨울눈의 겉에 털이 없다.

❶정아(혼합눈) ❷기근 ❸엽흔/관속흔 ❹아린흔(화살표) ❺혼합눈의 전개 ❻열매차례/장식화(겨울) ❼겨울 수형

✲식별 포인트 겨울눈/수피/기근/열매(장식화 흔적)

바위수국

***Schizophragma hydrangeoides* Siebold & Zucc.**

수국과
HYDRANGEACEAE Dumort.

●분포

일본, 한국

❖국내분포 경북(울릉도)과 제주도의 산지

●형태

수형 낙엽 덩굴성 목본. 길이 10m 정도로 자란다. 줄기에서 기근(aerial root)이 나와서 바위나 나무에 식물체를 지지해가며 자란다.

수피/소지 수피는 회갈색~갈색이고 껍질이 세로로 갈라져서 종잇장처럼 일어난다. 소지는 적갈색~갈색을 띠고 표면에 털이 있다.

겨울눈 영양눈 또는 혼합눈이다. 정아는 장난형~광난형이고 길이 1~1.2㎝이며 6~8개의 아린에 싸여있다. 아린은 적갈색을 띠고 겉에 담갈색 털이 있다. 측아는 정아보다 크기가 작다.

엽흔/관속흔 엽흔은 마주나고 반원형~V자형~역삼각형이며, 관속흔은 3개다.

●참고

겨울 수형이 등수국과 비슷하지만, 장식화의 꽃받침열편이 1개인 점이 다르다. 또, 겨울눈을 싸고있는 아린의 개수가 더 많고 털에 덮여있는 점도 다르다.

2020. 12. 14. 제주

❶소지의 겨울눈 ❷정아 ❸측아 ❹엽흔/관속흔 ❺혼합눈의 전개 ❻영양눈의 전개 ❼열매차례/장식화 ❽겨울 수형

✲식별 포인트 겨울눈/수피/기근/열매(장식화 흔적)

2016. 2. 27. 강원 태백시

얇은잎고광나무

***Philadelphus tenuifolius* Rupr. & Maxim.**

수국과
HYDRANGEACEAE Dumort.

●분포

중국(동북부), 러시아(동부), 한국

❖국내분포 전국에 분포하며 흔히 숲 가장자리에 자람

●형태

수형 낙엽 관목. 높이 2~3m로 자란다.

수피/소지 수피는 회갈색~갈색이고 세로로 불규칙하게 갈라진다. 소지는 갈색을 띠고 털이 약간 있기도 하지만 점차 없어진다.

겨울눈 영양눈 또는 혼합눈이다. 겨울눈은 엽흔 속에 숨은 은아(隱芽)다. 회백색 엽흔에 싸인 모습은 위에서 볼 때 삼각형이며 중앙부가 약간 도드라지고 털이 없다. 봄이 완연해지면 엽흔을 뚫고 겨울눈이 전개된다.

엽흔/관속흔 엽흔은 마주나고 삼각형이며, 관속흔은 3개다.

●참고

분지 방식이 가축분지다. 측아에서 발달한 가지가 90°나 그 이상의 각도로 벌어져 양쪽으로 대칭 성장하므로(dichasium), 가지의 전개 형태가 육각형과 비슷한 꼴을 이루는 독특한 겨울 수관을 보인다.

❶소지의 정단부(겨울눈은 돌출한 엽흔 속에 있음) ❷엽흔을 뚫고 나온 준정아(3월) ❸측아 ❹엽흔을 뚫고 나온 측아(3월) ❺엽흔/관속흔 ❻겨울눈의 전개 ❼열매차례(겨울) ❽겨울 수형

✲식별 포인트 겨울눈(은아)/수관(가축분지)/관속흔

까마귀밥나무

Ribes fasciculatum **Siebold & Zucc.**

까치밥나무과
GROSSULARIACEAE DC.

2016. 2. 27. 전북 정읍시

●분포

중국(동남부), 일본(혼슈 이남), 한국
❖국내분포 주로 중부 이남의 해발 고도가 낮은 산지에 자람

●형태

수형 낙엽 관목. 높이 1~1.5m로 자란다.

수피/소지 수피는 자갈색~회색이고 껍질이 세로로 갈라지며 점차 조각조각 떨어진다. 소지는 녹갈색~갈색을 띠고 표면에 짧은 털이 있다.

겨울눈 영양눈 또는 혼합눈이다. 겨울눈은 피침형~장난형이고 끝이 뾰족하며 6~10개의 아린에 싸여있다. 아린은 갈색을 띠고 가장자리를 따라 백색 털이 있다.

엽흔/관속흔 엽흔은 어긋나고 V자형~누운 초승달형이며, 가지에서 뚜렷하게 돌출한다. 관속흔은 3개다.

●참고

기후가 온난한 곳에서는 한겨울에도 겨울눈이 발아하여 잎이 나온다. 중부지방에서는 봄에 잎이 가장 먼저 전개되는 목본식물 중 하나다. 남부지방에서 더 흔하게 볼 수 있다.

❶소지의 겨울눈 ❷정아 ❸측아 ❹엽흔/관속흔 ❺수피 ❻혼합눈의 전개 ❼열매(겨울)
✲식별 포인트 겨울눈/열매(과축)

2022. 2. 26. 강원 정선군

까치밥나무

Ribes mandshuricum **(Maxim.) Kom.**

까치밥나무과
GROSSULARIACEAE DC.

●분포

중국(동북부), 러시아(동부), 한국

❖국내분포 지리산 이북의 깊은 산지에 비교적 드물게 자람

●형태

수형 낙엽 관목. 높이 1~2m로 자란다.

수피/소지 수피는 회갈색~자갈색이고 표면에 피목이 있으며 광택이 난다. 오래되면 차츰 세로로 얕게 갈라진다. 소지는 갈색~황갈색을 띠고 표면에 털이 없고 피목이 있다. 엽흔의 양쪽에 세로줄이 생긴다.

겨울눈 영양눈 또는 혼합눈이다. 겨울눈은 피침형~장난형이고 길이 4~7㎜이며 끝이 뾰족하고 6~10개의 아린에 싸여있다. 아린은 갈색~자갈색을 띠고 털이 있다가 차츰 없어진다.

엽흔/관속흔 엽흔은 어긋나고 V자형~누운 초승달형이며, 관속흔은 3개다.

●참고

광택이 나는 소지와 뾰족한 겨울눈이 특징적이다. 주로 깊은 산중에 자란다.

❶소지의 겨울눈 ❷정아 ❸측아 ❹엽흔/관속흔 ❺혼합눈의 전개

✲식별 포인트 겨울눈/열매(과축)

꼬리까치밥나무

***Ribes komarovii* Pojark.**

까치밥나무과
GROSSULARIACEAE DC.

2021. 2. 13. 강원 평창군

●분포

중국(동북부), 러시아(동부), 한국

❖국내분포 지리산 이북의 높은 산(능선, 숲 가장자리) 및 석회암지대에 매우 드물게 자람

●형태

수형 낙엽 관목. 높이 1~3m로 자란다.

수피/소지 수피는 회갈색~회색이고 오래되면 불규칙하게 갈라져 껍질이 벗겨진다. 소지는 갈색~적갈색을 띠고 털이 약간 있거나 차츰 없어진다. 엽흔의 양쪽에 세로줄이 생긴다.

겨울눈 영양눈 또는 혼합눈이다. 겨울눈은 피침형~난형이고 길이 5㎜ 전후이며 끝이 뾰족하고 여러 개의 아린에 싸여있다. 아린은 (담)갈색을 띠고 털이 거의 없다. 겨울눈에는 아주 짧은 눈자루가 있으며 측아가 비교적 가지에 바짝 붙어서 달린다.

엽흔/관속흔 엽흔은 어긋나고 V자형~누운 초승달형이며, 가지에서 뚜렷하게 돌출한다. 엽흔 표면은 함몰된 것처럼 보인다. 관속흔은 3개다.

●참고

암나무에는 열매가 떨어지고 남은 길쭉한 과축이 겨울철까지 가지에 그대로 붙어 있는 경우가 흔하다. 국내에서는 까치밥나무나 명자순보다 훨씬 만나기 어려운 식물이다.

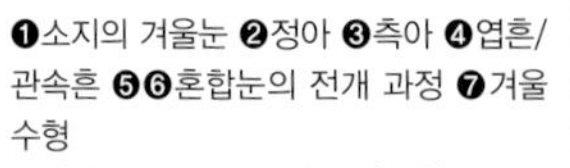

❶소지의 겨울눈 ❷정아 ❸측아 ❹엽흔/관속흔 ❺❻혼합눈의 전개 과정 ❼겨울 수형

✲식별 포인트 겨울눈/열매(과축)

2021. 2. 10. 경기 가평군

명자순

***Ribes maximowiczianum* Kom.**

까치밥나무과
GROSSULARIACEAE DC.

●분포

중국(동북부), 일본(혼슈, 시코쿠), 러시아, 한국

❖국내분포 전국의 깊은 산 및 아고산대 산지의 능선부나 계곡부에 드물게 자람

●형태

수형 낙엽 관목. 높이 0.5~1m로 자란다.

수피/소지 수피는 갈색~회갈색이고 세로로 얇게 갈라져 껍질이 벗겨진다. 소지는 갈색~밝은 갈색을 띠고 엽흔의 양쪽에서 세로줄이 생긴다. 표면에 털이 거의 없고 껍질이 잘 벗겨진다.

겨울눈 영양눈 또는 혼합눈이다. 겨울눈은 피침형이고 길이 4~6㎜이며, 끝이 뾰족하고 5~7개의 아린에 싸여있다. 아린은 (담)갈색을 띤다. 겨울눈에는 아주 짧은 눈자루가 있다.

엽흔/관속흔 엽흔은 어긋나고 누운 초승달형~선형이며, 가지에서 뚜렷하게 돌출한다. 관속흔은 3개다.

●참고

꼬리까치밥나무와 겨울 수관이 비슷하게 보이지만, 겨울눈이 좀 더 가늘고 길쭉하며 끝이 뾰족하다. 암나무는 꼬리까치밥나무보다 과축이 더 짧고 열매가 달린 흔적도 적다.

❶소지의 겨울눈 ❷정아 ❸측아 ❹엽흔/관속흔 ❺혼합눈의 전개 ❻수피
✲식별 포인트 겨울눈/열매(과축)

바늘까치밥나무

***Ribes burejense* F.Schmidt**

까치밥나무과
GROSSULARIACEAE DC.

●분포

중국(동북부), 일본, 몽골, 러시아, 한국

❖국내분포 강원(평창군) 이북의 숲 속 또는 숲 가장자리

●형태

수형 낙엽 관목. 높이 1~2m이며 줄기가 옆으로 비스듬히 기울어지거나 누워서 자란다.

수피/소지 수피는 갈색~회갈색이고 표면 전체에 침형의 목질인 날카로운 가시가 있다. 소지는 갈색~회갈색을 띠고 표면에 피침(皮針)이 밀생한다.

겨울눈 영양눈 또는 혼합눈이다. 겨울눈은 피침형~피침상 난형이고 끝이 뾰족하며 여러 개의 아린에 싸여있다. 아린은 갈색을 띠고 중앙에 1개의 맥이 있으며 털이 거의 없다.

엽흔/관속흔 엽흔은 어긋나고 반원형~선형이며, 관속흔은 3개이거나 형태가 불분명하다.

●참고

일조량이 부족한 숲속에서는 거의 결실을 하지 못한다. 줄기가 땅에 닿은 부위에서 다시 뿌리를 내리며 번식하므로 마치 덩굴 같은 군락을 이룬다.

2016. 3. 5. 강원 평창군

❶소지의 겨울눈 ❷정아 ❸측아 ❹엽흔/관속흔 ❺바늘까치밥 군락(겨울)

✲**식별 포인트** 겨울눈/가시(피침)

2021. 2. 19. 강원 태백시

조팝나무

***Spiraea prunifolia* Siebold & Zucc. f. *simpliciflora* Nakai**
(*Spiraea prunifolia* Siebold & Zucc. var. *simpliciflora* (Nakai) Nakai)

장미과
ROSACEAE Juss.

●분포

중국(중남부), 한국

❖국내분포 제주를 제외한 전국의 초지, 강변, 밭둑 및 산지의 길가

●형태

수형 낙엽 관목. 높이 1~2m까지 자란다. 뿌리에서 줄기가 모여 나와서 무성한 덤불을 이룬다.

수피/소지 수피는 회갈색이고 세로로 불규칙하게 갈라져 껍질이 벗겨진다. 소지는 갈색을 띠고 털이 있다가 차츰 없어진다.

겨울눈 영양눈 또는 생식눈이다. 생식눈은 구형이고 길이 2~4㎜, 영양눈은 난형이고 길이 1~2㎜이며, 모두 적갈색 아린에 싸여있다.

엽흔/관속흔 엽흔은 어긋나고 광타원형이며, 관속흔은 1개다.

●참고

봄철에 풍성하게 꽃을 피우는 식물이므로 겨울철에는 줄기를 따라 많은 생식눈이 달린 모습을 관찰할 수 있다.

❶소지의 겨울눈(생식눈) ❷소지의 겨울눈(영양눈) ❸생식눈/병생부아 ❹엽흔/관속흔 ❺❻생식눈의 전개 과정 ❼영양눈의 전개 ❽열매차례(겨울)
✱식별 포인트 겨울눈/수형

인가목조팝나무
***Spiraea chamaedryfolia* L.**

장미과
ROSACEAE Juss.

2021. 2. 19. 강원 태백시

●분포

중국(동북부), 일본, 몽골, 러시아(서부), 한국

❖국내분포 경남 및 전북 이북의 깊은 산중 숲속

●형태

수형 낙엽 관목. 높이 1~1.5m까지 자란다.

수피/소지 수피는 갈색~회갈색이고 피목이 드문드문 있다. 소지는 갈색을 띠고 광택이 나며 세로줄이 있다.

겨울눈 영양눈 또는 혼합눈이다. 겨울눈은 난형~장난형이고 길이 2~4㎜이며 적갈색 아린에 싸여있다. 아린은 가장자리를 따라 회갈색 털이 있다.

엽흔/관속흔 엽흔은 어긋나고 반원형이며, 관속흔은 1개다.

●참고

아린이 선명한 적갈색을 띠는 점이 여타 국내 자생 조팝나무류(*Spiraea*)와의 차이점이다.

❶소지의 겨울눈 ❷준정아/측아 ❸측아 ❹엽흔/관속흔 ❺❻혼합눈의 전개 과정 ❼열매차례(겨울)
✲식별 포인트 겨울눈

2020. 3. 5. 강원 평창군

갈기조팝나무

***Spiraea trichocarpa* Nakai**

장미과
ROSACEAE Juss.

●분포

중국(동북부), 한국

❖국내분포 충북(단양군, 제천시) 이북의 숲 가장자리(특히 석회암지대에 흔히 자람)

●형태

수형 낙엽 관목. 높이 1~2m까지 자란다.

수피/소지 수피는 갈색~회갈색이고 세로로 불규칙하게 갈라져 껍질이 벗겨진다. 소지는 갈색을 띠고 털이 없으며 여러 개의 세로줄이 발달한다.

겨울눈 영양눈 또는 혼합눈이다. 겨울눈은 난형~장난형이고 길이 1~3㎜이며 갈색을 띠는 1개의 아린에 싸여있다. 아린은 바깥면에 뚜렷하게 골이 진다. 흔히 겨울눈의 끝이 뾰족하고 소지 방향으로 살짝 굽는다.

엽흔/관속흔 엽흔은 어긋나고 반원형이며, 관속흔은 1개다.

●참고

끝이 살짝 굽은 겨울눈과 열매차례가 달린 가지가 배열된 모습이 마치 짐승의 갈기처럼 보이는 것이 주요 식별 포인트다.

❶소지의 겨울눈 ❷측아 ❸엽흔/관속흔 ❹❺혼합눈의 전개 과정 ❻열매차례(겨울)

✲식별 포인트 겨울눈/열매(달린 모습)

꼬리조팝나무

***Spiraea salicifolia* L.**

장미과

ROSACEAE Juss.

●분포

북반구의 온대 및 한대지역에 널리 분포

❖국내분포 지리산 이북의 강변, 습지 및 산지의 축축한 풀밭

●형태

수형 낙엽 관목. 높이 2m까지 자라고 줄기가 모여난다.

수피/소지 수피는 회갈색이고 광택이 나며 표면에 긴 피목이 드문드문 있다. 소지는 갈색을 띠고 털이 없으며 세로줄이 있다.

겨울눈 영양눈 또는 혼합눈이다. 겨울눈은 끝이 뾰족한 난형~장난형(피침형)이고 길이 3㎜ 내외며 갈색 아린에 싸여있다. 아린은 겉에 회백색 털이 있다. 간혹 병생부아가 발달하기도 한다.

엽흔/관속흔 엽흔은 어긋나고 반원형~광타원형이며, 관속흔은 1개다.

●참고

겨울철에도 정상부의 줄기 끝에 원추상으로 달리는 열매의 형태가 온전하게 남는다. 물기가 많은 땅에서 잘 자란다.

2021. 3. 13. 경기 오산시

❶측아 ❷측아/병생부아/엽흔/관속흔 ❸열매차례(겨울) ❹수피 ❺영양눈의 전개 ❻-❽공조팝나무(*S. cantoniensis* Lour.)

✲식별 포인트 겨울눈/열매차례(원추상)

2019. 11. 20. 경기 가평군

참조팝나무

***Spiraea fritschiana* C.K.Schneid.**

장미과

ROSACEAE Juss.

● **분포**

중국, 일본, 러시아(동부), 한국

❖**국내분포** 중부지방 이북 깊은 산의 능선, 숲 가장자리 및 계곡

● **형태**

수형 낙엽 관목. 높이 1~2m까지 자라고 뿌리에서 가지를 많이 낸다.

수피/소지 수피는 갈색~회갈색이고 피목이 드문드문 있다. 소지는 적갈색~갈색을 띠고 광택이 나며 불규칙하게 갈라져 종잇장처럼 벗겨진다.

겨울눈 영양눈 또는 혼합눈이다. 겨울눈은 난형~장난형(피침형)이고 길이 3~6㎜이며 갈색 아린에 싸여 있다. 아린은 겉에 회백색 털이 있다. 간혹 병생부아가 1~2개씩 발달한다.

엽흔/관속흔 엽흔은 어긋나고 반원형이며, 관속흔은 1개다.

● **참고**

겨울철에도 복산방상의 열매차례가 가지에 남으며, 나무의 키는 대개 1m 미만이다.

❶소지의 겨울눈 ❷❸열매차례(겨울) ❹준정아 ❺측아/병생부아/엽흔/관속흔 ❻겨울눈의 전개 ❼일본조팝나무(*S. japonica* L.f.)

✲**식별 포인트** 겨울눈/열매차례(복산방상)

아구장나무
***Spiraea pubescens* Turcz.**

장미과
ROSACEAE Juss.

●분포
중국(양쯔강 이북), 몽골, 러시아, 한국
❖국내분포 제주를 제외한 전국 산지의 바위지대 및 건조한 사면

●형태
수형 낙엽 관목. 높이 1~2m까지 자란다.
수피/소지 수피는 회색이고 피목이 드문드문 있다. 소지는 갈색을 띠고 털이 없다. 흔히 껍질이 세로로 갈라진다.
겨울눈 영양눈 또는 혼합눈이다. 겨울눈은 반구형~난형이고 길이 1~3㎜이며 담갈색 아린에 싸여있다. 아린은 가장자리를 따라 백색 털이 있다. 간혹 병생부아가 1~2개씩 발달한다.
엽흔/관속흔 엽흔은 어긋나고 반원형이며, 관속흔은 1개다.

●참고
당조팝나무와 비교하여 겨울눈이 뭉뚝한 편이다. 아린의 겉에 난 털도 훨씬 적다.

2018. 1. 13. 강원 태백시

❶소지의 겨울눈 ❷준정아 ❸엽흔/관속흔 ❹측아 ❺혼합눈의 전개 ❻수피 ❼열매차례(겨울) ❽겨울 수형
✲식별 포인트 겨울눈/열매자루(흔히 털 없음)

2021. 2. 11. 강원 영월군

당조팝나무

Spiraea chinensis **Maxim.**

장미과

ROSACEAE Juss.

●분포

중국(거의 전역), 일본(혼슈 이남), 러시아, 한국

❖국내분포 전국의 바위지대, 건조한 산지 능선, 사면(특히 석회암지대)

●형태

수형 낙엽 관목. 높이 1~2m까지 자란다.

수피/소지 수피는 회갈색~회색이고 불규칙하게 갈라져서 껍질이 벗겨진다. 소지는 갈색을 띠고 회백색 털이 있다.

겨울눈 영양눈 또는 혼합눈이다. 겨울눈은 좁은 난형~난상 피침형이고 길이 2~3㎜이며 담갈색 아린에 싸여있다. 아린은 겉에 회백색 털이 많고 끝이 뾰족하다. 간혹 병생부아가 1~2개씩 발달한다.

엽흔/관속흔 엽흔은 어긋나고 반원형이며, 관속흔은 1개다.

●참고

겨울눈뿐만 아니라 열매와 열매자루에도 털이 많이 보이는 점이 특징이다. 남부지방 일부 지역에 열매자루에 털이 있는 아구장나무도 보이지만, 당조팝나무 쪽이 털이 월등히 많다.

❶소지의 겨울눈 ❷준정아/측아 ❸측아 ❹열매차례(겨울) ❺겨울눈의 전개/충영(화살표) ❻혼합눈의 전개

*식별 포인트 겨울눈/열매와 자루(털 밀생)

산조팝나무

***Spiraea blumei* G.Don**

장미과

ROSACEAE Juss.

2020. 12. 5. 강원 강릉시

●분포

중국, 일본, 한국

❖국내분포 경북 및 전북 이북 산지의 바위지대 및 건조한 사면

●형태

수형 낙엽 관목. 높이 1~2m까지 자란다.

수피/소지 수피는 적갈색~회갈색이고 피목이 드문드문 있다. 소지는 갈색을 띠고 털이 없으며 광택이 난다.

겨울눈 영양눈 또는 혼합눈이다. 겨울눈은 좁은 난형이고 끝이 뾰족하며, 길이 2~3㎜이고 담갈색 아린에 싸여있다. 아린은 가장자리를 따라 백색 털이 있다. 간혹 병생부아 1~2개가 발달한다.

엽흔/관속흔 엽흔은 어긋나고 반원형이며, 관속흔은 1개다.

●참고

겨울철에도 가지에 산형상의 열매차례가 남는다. 열매와 열매자루에 털이 없는 것도 식별 포인트다.

❶소지의 겨울눈 ❷준정아/측아 ❸측아 ❹엽흔/관속흔 ❺겨울눈의 전개 ❻열매차례(털 없음)

***식별 포인트** 겨울눈/열매차례(산형상)/열매와 자루(털 없음)

2020. 12. 5. 강원 강릉시

산국수나무

***Physocarpus amurensis* (Maxim.) Maxim.**

장미과

ROSACEAE Juss.

●분포

중국 동북부(허베이성, 헤이룽장성), 러시아(동부), 한국

❖국내분포 강원 및 북부지방(함북)의 높은 산

●형태

수형 낙엽 관목. 높이 2~3m까지 자란다.

수피/소지 수피는 회색이고 세로로 갈라져 껍질이 벗겨진다. 소지는 갈색을 띠고 털이 없으며 광택이 난다.

겨울눈 영양눈 또는 혼합눈이다. 겨울눈은 둥근 난형이고 길이 3~5㎜이며 아린에 싸여있다. 아린은 겉에 회백색 털이 밀생한다. 갈색을 띠는 한 쌍의 탁엽이 겨울철까지 겨울눈의 기부에 남거나 탈락한다.

엽흔/관속흔 엽흔은 어긋나고 V자형~광타원형이며, 관속흔은 3개다.

●참고

남한 지역에서는 자생지가 거의 알려지지 않은 희귀식물이다. 2~3m까지 자랄 수 있다고 하지만 국내에서 발견되는 것은 대개 1m 미만이다.

❶소지의 겨울눈 ❷측아/탁엽 ❸엽흔/관속흔 ❹영양눈의 전개 ❺혼합눈의 전개

✲식별 포인트 겨울눈/탁엽/열매

나도국수나무

***Neillia uekii* Nakai**

장미과

ROSACEAE Juss.

●분포

중국(랴오닝성 동남부), 한국

❖국내분포 충북(단양군) 이북의 숲 가장자리(특히 하천변)에 자람

●형태

수형 낙엽 관목. 높이 1~2m까지 자란다.

수피/소지 수피는 회갈색이고 세로로 불규칙하게 갈라져 껍질이 벗겨진다. 소지는 갈색~적갈색을 띠고 표면에 성상모가 있다. 지그재그형으로 자란다.

겨울눈 영양눈 또는 혼합눈이다. 겨울눈은 둥근 난형이고 길이 1~3㎜이며 아린에 싸여있다. 아린은 가장자리를 따라 밝은 갈색 털이 있다. 겨울눈의 아래쪽에 중생부아가 1개씩 발달한다.

엽흔/관속흔 엽흔은 어긋나고 반원형~타원형이며, 관속흔은 3개다.

●참고

겨울철까지 열매 흔적이 남으며, 소지 표면의 성상모가 특징적이다.

2021. 1. 8. 경기 하남시

❶소지의 겨울눈 ❷측아/중생부아 ❸측아 ❹엽흔/관속흔 ❺❻혼합눈의 전개 과정 ❼열매차례(겨울)

✲식별 포인트 겨울눈/소지(성상모)/열매

2017. 1. 30. 전북 부안군

국수나무

***Stephanandra incisa* (Thunb.) Zabel**

장미과

ROSACEAE Juss.

● 분포

중국(동북부), 일본, 타이완, 한국

❖**국내분포** 전국의 산지에 흔하게 자람

● 형태

수형 낙엽 관목. 높이 1~2m까지 자란다.

수피/소지 수피는 갈색~회갈색이고 세로로 얕게 갈라진다. 소지는 담갈색~갈색을 띠고 광택이 나며 피목이 드문드문 있다. 지그재그형으로 자란다.

겨울눈 영양눈 또는 혼합눈이다. 겨울눈은 난형~장난형이고 길이 2~3㎜이며 적갈색~갈색 아린에 싸여 있다. 아린은 가장자리를 따라 갈색 털이 약간 있다. 중생부아가 1~3개 발달한다.

엽흔/관속흔 엽흔은 어긋나고 찌그러진 역삼각형~반원형이며, 관속흔은 3개다.

● 참고

전국적으로 산지의 길가를 따라서 흔히 볼 수 있는 식물이다. 지면부터 줄기가 많이 갈라져 무성하게 자란다.

❶소지의 겨울눈 ❷준정아 ❸측아 ❹측아/중생부아 ❺엽흔/관속흔 ❻영양눈의 전개 ❼혼합눈의 전개 ❽겨울 수형
✲식별 포인트 겨울눈/수형

쉬땅나무 (개쉬땅나무)

***Sorbaria sorbifolia* (L.) A.Braun**

장미과
ROSACEAE Juss.

●분포

중국(동북부), 일본, 몽골, 러시아(동부), 한국

❖국내분포 경북(청송군) 이북의 숲 가장자리 및 계곡부(주로 강원의 산지)

●형태

수형 낙엽 관목. 높이 2m까지 자란다. 다수의 줄기가 뿌리에서 모여난다.

수피/소지 수피는 적갈색~회갈색이고 돌기 같은 피목이 생긴다. 소지는 담갈색~갈색을 띠고 털이 없으며 광택이 난다.

겨울눈 영양눈 또는 혼합눈이다. 겨울눈은 난형~장난형이고 길이 2~6㎜이며 갈색 아린에 싸여있다. 아린은 털이 없다.

엽흔/관속흔 엽흔은 어긋나고 역삼각형이며, 관속흔은 3개다. 엽흔은 줄기가 비스듬하게 파인 것처럼 보인다.

●참고

한겨울에도 줄기 끝에 열매 흔적이 남는다. 겨울철에는 줄기가 지그재그형으로 뻗는 모습이 두드러진다. 열매의 겉에는 털이 많다.(191쪽 참조)

2020. 1. 16. 강원 정선군

❶소지의 겨울눈 ❷측아 ❸엽흔/관속흔 ❹겨울눈의 전개 ❺열매차례(겨울) ❻겨울 수형

*식별 포인트 겨울눈/줄기/열매(털 있음)

2021. 2. 16. 서울특별시

좀쉬땅나무

***Sorbaria kirilowii* (Regel & Tiling) Maxim.**

장미과
ROSACEAE Juss.

●분포

중국(중북부) 원산

❖국내분포 전국 민가 및 도로 주변에 간혹 식재

●형태

수형 낙엽 관목. 높이 2~3m까지 자란다.

수피/소지 수피는 회갈색~흑갈색이고 돌기 같은 피목이 생긴다. 소지는 녹갈색~담갈색을 띠고 털이 없으며 돌기처럼 생긴 피목이 드문드문 생기기도 한다.

겨울눈 영양눈 또는 혼합눈이다. 겨울눈은 구형~장난형이고 길이 2~5㎜이며 적갈색 아린에 싸여있다. 아린은 털이 없고 광택이 난다.

엽흔/관속흔 엽흔은 어긋나고 완만한 V자형이며, 관속흔은 3개다.

●참고

흔히 도심의 공원이나 도로변에 식재된 모습을 볼 수 있다. 쉬땅나무와 뒤섞어 식재하는 사례도 드물지 않다. 열매의 크기가 쉬땅나무보다 좀 더 작고 겉에 털이 거의 없다.

❶소지의 겨울눈 ❷준정아 ❸측아 ❹엽흔/관속흔 ❺열매(겨울) ❻영양눈의 전개 ❼겨울눈의 비교(→): 쉬땅나무/좀쉬땅나무

✲식별 포인트 겨울눈/열매(털 없음)

가침박달

***Exochorda serratifolia* S.Moore**

장미과
ROSACEAE Juss.

●분포

중국(베이징, 랴오닝성 일대), 한국

❖국내분포 전북, 경북, 충북, 경기, 강원, 황해도 이북의 바위지대 및 건조한 산지

●형태

수형 낙엽 관목. 높이 1~5m로 자란다.

수피/소지 수피는 회색이고 세로로 얕게 갈라진다. 소지는 갈색을 띠고 털이 없으며 피목이 드문드문 있다.

겨울눈 영양눈 또는 혼합눈이다. 겨울눈은 난형이고 적갈색~자갈색 아린에 싸여있다. 아린은 가장자리를 따라 짧은 백색 털이 있다.

엽흔/관속흔 엽흔은 어긋나고 완만한 V자~U자형이며, 관속흔은 3개다.

●참고

겨울철에도 열매가 가지에 그대로 남으므로 식별이 어렵지 않다.

2020. 12. 25. 강원 영월군

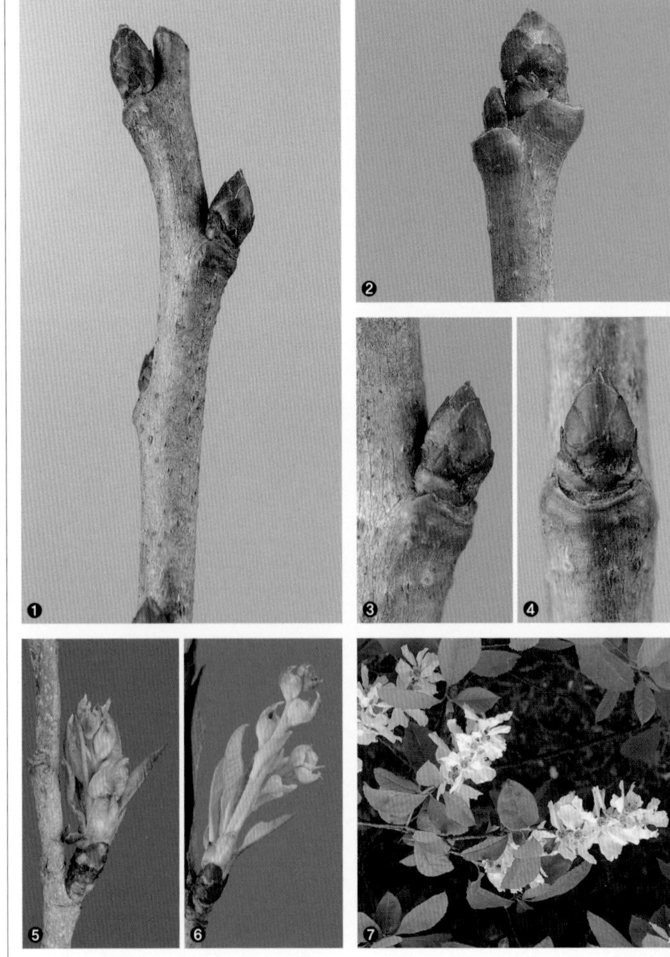

❶소지의 겨울눈 ❷준정아 ❸측아 ❹엽흔/관속흔 ❺-❼혼합눈의 전개 과정
*식별 포인트 겨울눈/열매

2017. 11. 27. 강원 삼척시

병아리꽃나무

***Rhodotypos scandens* (Thunb.) Makino**

장미과
ROSACEAE Juss.

● 분포

중국(동부~중북부), 일본(혼슈 일부 지역에 드물게 분포), 한국

❖국내분포 중부지방(경기, 황해도, 강원, 경북) 이남의 낮은 산지에 드물게 자람

● 형태

수형 낙엽 관목. 높이 1~2m로 자란다.

수피/소지 수피는 적갈색~회갈색이고 모양이 둥근 피목이 드문드문 있다. 소지는 적갈색~갈색을 띠고 털이 없으며 돌기 같은 피목이 드문드문 있다. 흔히 소지의 끝이 말라 죽는다.

겨울눈 영양눈 또는 혼합눈이다. 겨울눈은 난형~장타원형이고 길이 1~4㎜이며 황갈색~갈색 아린에 싸여있다. 아린은 가장자리를 따라 백색 털이 있다. 흔히 소지 끝에는 한 쌍의 왜소한 준정아가 발달하기도 하며, 열매 흔적이 남기도 한다.

엽흔/관속흔 엽흔은 마주나고 반원형이며, 관속흔은 3개다.

● 참고

겨울철에도 검은색 열매를 달고 있는 모습이 흔하다. 수도권의 고궁과 왕릉에서 조경수종으로 많이 활용하고 있다.

❶소지의 겨울눈(가지 끝이 마름) ❷측아 ❸준정아 ❹엽흔/관속흔 ❺열매(겨울). 4개씩 모여 달린다. ❻영양눈의 전개 ❼혼합눈의 전개 ❽겨울 수형

✲식별 포인트 겨울눈/열매(4수성)

황매화

***Kerria japonica* (L.) DC.**

장미과
ROSACEAE Juss.

2020. 12. 28. 경기 남양주시(식재)

●분포

중국(산둥반도 이남), 일본(홋카이도 남부 이남)

❖국내분포 중부 이남의 정원이나 공원에 식재

●형태

수형 낙엽 관목. 높이 1~2m까지 자라며, 줄기가 한곳에 모여 나와서 덤불을 이룬다.

수피/소지 수피는 어릴 때는 녹색을 띠지만 오래되면 회갈색으로 변하며 피목이 드문드문 있다. 소지는 녹색을 띠고 털이 없으며 세로줄이 있다. 지그재그형으로 자란다.

겨울눈 영양눈 또는 혼합눈이다. 겨울눈은 장난형이고 녹갈색~갈색 아린에 싸여있다. 아린은 가장자리를 따라 털이 있다.

엽흔/관속흔 엽흔은 어긋나고 반원형이며, 관속흔은 3개다.

●참고

겨울철에는 녹색 줄기가 두드러지게 보인다. 흔히 겹꽃 재배품종인 죽단화(*Kerria japonica* 'Pleniflora')와 뒤섞어 조경수로 식재하는 경우가 많다.

❶소지의 겨울눈 ❷측아 ❸병생부아/엽흔/관속흔 ❹열매(겨울) ❺혼합눈의 전개 ❻영양눈의 전개 ❼수피
✲식별 포인트 겨울눈/소지(녹색)

2021. 3. 13. 경기 오산시(식재)

물싸리

Potentilla fruticosa **L.**

장미과

ROSACEAE Juss.

●분포

중국(서남부~동북부), 일본(혼슈 중부 이북), 러시아(동부), 히말라야, 몽골, 한국

❖국내분포 함북, 함남의 높은 산에 자생하며, 중·남부지방에서는 정원에 식재

●형태

수형 낙엽 관목, 높이 0.3~1.5m 정도로 자란다.

수피/소지 수피는 갈색~회갈색이고 광택이 나며, 불규칙하게 갈라져 종잇장처럼 벗겨진다. 소지는 적갈색~갈색을 띠고 회백색의 긴털이 있으나 점차 탈락하며 광택이 난다.

겨울눈 영양눈 또는 혼합눈이다. 겨울눈은 난형~피침형이고 길이 5~9㎜이며 담갈색~적갈색 아린에 싸여있다. 아린 끝과 가장자리에는 회백색 털이 있다. 흔히 긴 삼각상의 탁엽이 겨울눈을 감싸고 있다.

엽흔/관속흔 엽흔은 어긋나며 겨울철에도 남아있는 탁엽에 의해 보이지 않는다.

●참고

한반도 북부지방에 분포하는 것으로 알려져 있으며, 국내에서는 수목원이나 정원에 간혹 식재한다.

❶소지의 겨울눈 ❷준정아 ❸측아 ❹탁엽과 아린의 일부를 제거한 겨울눈/엽흔 ❺겨울눈의 전개 ❻❼열매(겨울) ❽수피
✲식별 포인트 겨울눈/열매

산딸기

Rubus crataegifolius **Bunge**

장미과
ROSACEAE Juss.

●분포
중국(동북부~북부), 일본, 러시아, 한국
❖**국내분포** 전국의 산야에 흔하게 자람

●형태
수형 낙엽 관목. 높이 1~2m까지 자란다. 뿌리가 길게 뻗으며 사방으로 줄기를 내어 무성한 집단을 이룬다.
수피/소지 수피는 적갈색이고 피침이 많다. 소지는 적자색~녹색을 띠고 털이 없으며 광택이 난다. 소지에도 피침이 많이 생긴다.
겨울눈 영양눈 또는 혼합눈이다. 겨울눈은 난형이고 길이 4~8㎜이며 붉은색 아린에 싸여있다. 아린은 털이 없으며, 간혹 병생부아가 발달한다.
엽흔/관속흔 엽흔은 어긋나고 반원형~U자형이며, 관속흔은 3개다.

●참고
햇볕이 잘 드는 숲 가장자리나 들판의 길가에서 흔히 볼 수 있다. 환경이 교란된 장소에서 제일 먼저 자리잡는 식물 중 하나로서 겨울철에는 피침이 많은 적갈색 줄기가 두드러진다.

2021. 1. 2. 전북 부안군

❶❷측아 ❸엽흔/관속흔 ❹혼합눈의 전개 ❺꽃이 발달하는 위치 ❻❼수피
✲식별 포인트 겨울눈/가시(피침)

2021. 2. 9. 제주

거문딸기

Rubus trifidus **Thunb.**

장미과

ROSACEAE Juss.

●분포

일본(혼슈 남부 이남), 한국

❖**국내분포** 제주와 전남(거문도)의 바다 가까운 숲 가장자리 및 길가

●형태

수형 낙엽 관목. 높이 1~3m로 자란다.

수피/소지 수피는 적록색~녹색이고 표면이 매끈하다. 소지는 적자색~녹색을 띠고 털이 없으며 표면에 광택이 난다.

겨울눈 영양눈 또는 혼합눈이다. 겨울눈은 장난형이고 길이 5~10㎜이며 적록색~적갈색 아린에 싸여있다. 아린은 가장자리를 따라 백색 털이 약간 있다. 소지 끝에는 준정아가 발달한다.

엽흔/관속흔 엽흔은 어긋나고 V자~U자형이며, 관속흔은 3개다.

●참고

줄기에 피침이 거의 없으나 드물게 나타나기도 한다. 보통 무리지어 집단으로 자란다.

❶소지의 겨울눈 ❷준정아 ❸측아 ❹엽흔/관속흔 ❺겨울눈의 전개

✻**식별 포인트** 겨울눈/가시(거의 없음)

서양산딸기 (블랙베리)

***Rubus fruticosus* L.**

장미과
ROSACEAE Juss.

●분포

유럽 원산

❖국내분포 전국의 낮은 산지 및 저수지, 하천 주변에 야생화함

●형태

수형 낙엽 관목. 높이 1~2m이며 줄기가 곧추서거나 옆으로 퍼지며 자란다.

수피/소지 수피는 녹색~녹갈색이고 아래로 굽은 날카로운 피침이 있다. 소지는 적자색~적록색을 띠고 털이 없으며 광택이 난다. 표면에 장타원형의 피목이 드문드문 있으며, 아래쪽으로 굽은 피침이 생긴다.

겨울눈 영양눈 또는 혼합눈이다. 겨울눈은 장난형이고 길이 3~6㎜이며 적록색~적갈색 아린에 싸여있다. 아린은 끝에 백색 털이 있으며 흔히 줄기 쪽으로 살짝 굽는다. 소지 끝에는 준정아가 발달하고, 겨울눈의 기부에는 한 쌍의 탁엽이 달린 잎자루가 일부 남는 경우가 많다.

엽흔/관속흔 엽흔은 어긋나며, 잎자루 일부가 남아서 엽흔을 덮는다.

●참고

2022년 현재, 국내에서 복분자로 유통되는 과일은 대부분 서양산딸기 품종의 열매다.

❶❷서양산딸기 ❸❹수리딸기(*R. corchorifolius* L.f.) ❺❻멍덕딸기(*R. idaeus* L.) ❼❽곰딸기(*R. phoenicolasius* Maxim.)

✻식별 포인트 겨울눈/가시(피침)

2021. 3. 6. 충북 옥천군

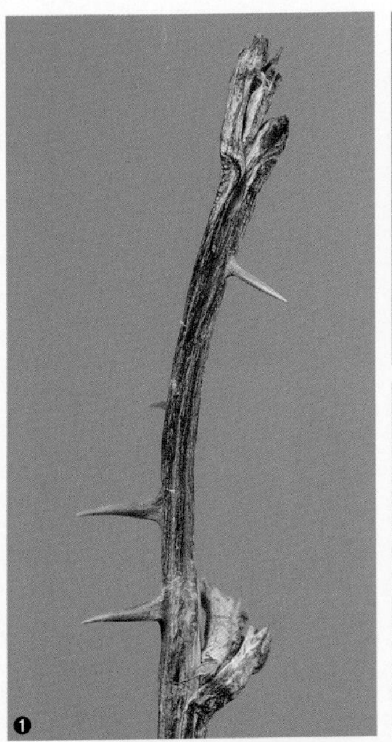

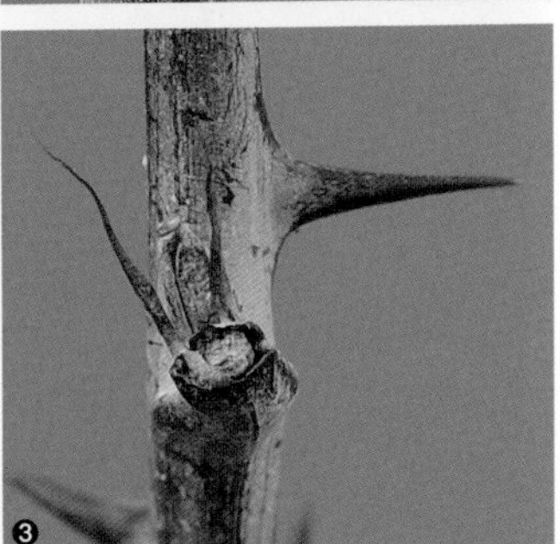

복분자딸기

***Rubus coreanus* Miq.**

장미과

ROSACEAE Juss.

●분포

중국(중북부 이남), 한국

❖국내분포 전국의 산야에 분포하지만 남부지방에 더 흔하게 자람

●형태

수형 낙엽 관목. 높이 1~3m이고 흔히 덤불을 이루어 자란다.

수피/소지 수피는 자갈색이나 흔히 백색 분으로 덮여있으며 피침이 있다. 소지는 적자색을 띠고 털이 없으며 광택이 난다. 소지의 표면도 백색 분으로 덮여있고 피침이 생긴다.

겨울눈 영양눈 또는 혼합눈이다. 겨울눈은 좁은 난형이고 길이 3~5㎜이며 적자색 아린에 싸여있다. 아린은 종종 백색 분에 덮여있다. 소지 끝에는 준정아가 발달한다.

엽흔/관속흔 엽흔은 어긋나며, 잎자루 일부가 남아서 엽흔을 덮는다.

●참고

줄기 끝이 땅에 닿으면 그 부위에서 다시 뿌리를 내며 자란다. 이러한 번식 특성과 백색 분으로 덮인 줄기로 인해 독특한 겨울 수관을 이룬다.

❶소지의 말단부 ❷측아 ❸엽흔/관속흔/탁엽 ❹혼합눈의 전개 ❺백색 분으로 덮인 줄기

✲식별 포인트 겨울눈/수관/수피와 소지(백분)/가시(피침)

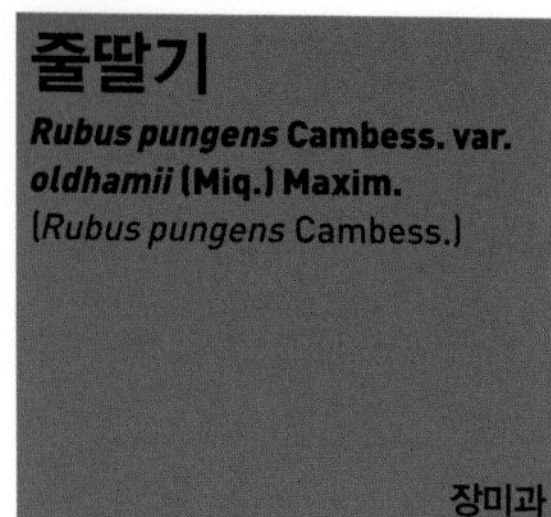

줄딸기

***Rubus pungens* Cambess. var. *oldhamii* (Miq.) Maxim.**
(*Rubus pungens* Cambess.)

장미과
ROSACEAE Juss.

●분포

중국, 일본(혼슈 이남), 타이완, 한국
❖국내분포 전국의 산야

●형태

수형 낙엽 관목. 높이 1m 전후로 자라고 줄기는 옆으로 비스듬히 뻗는다.

수피/소지 수피는 녹갈색~적갈색이고 표면에 갈고리 같은 피침이 산재한다. 소지는 적갈색~갈색을 띠고 광택이 나며 피침이 생긴다.

겨울눈 영양눈 또는 혼합눈이다. 겨울눈은 난형이고 적갈색~갈색 아린에 싸여있다. 아린은 가장자리를 따라 백색 털이 있다. 소지 끝에는 준정아가 발달한다.

엽흔/관속흔 엽흔은 어긋나며, 잎자루 일부가 남아서 엽흔을 덮는다.

●참고

줄기가 땅에 닿는 부위에서 다시 뿌리를 내어 자라는 습성 때문에 양지바른 곳에서는 큰 군락을 이루는 경우가 많다.

2016. 2. 27. 강원 태백시

❶줄기 말단부의 겨울눈 ❷준정아 ❸측아 ❹엽흔/관속흔 ❺줄딸기 군락(겨울)
✲식별 포인트 겨울눈/수형/가시(피침)

2021. 2. 9. 제주

찔레나무 (찔레꽃)

***Rosa multiflora* Thunb.**

장미과

ROSACEAE Juss.

●분포

중국(산둥반도 이남), 일본, 타이완, 한국

❖국내분포 전국의 산야

●형태

수형 낙엽 관목. 높이 2~10m까지 자란다.

수피/소지 수피는 녹갈색~회갈색이고, 피침이 있지만 오래되면 표면이 불규칙하게 갈라져 껍질이 조각처럼 벗겨지며 피침이 없어지기도 한다. 소지는 적자색~적록색을 띠고 털이 없으며 광택이 난다. 아래로 굽은 피침이 생긴다.

겨울눈 영양눈 또는 혼합눈이다. 겨울눈은 삼각형~난형이고 홍색~홍갈색 아린에 싸여있다. 아린은 겉에 털이 없다.

엽흔/관속흔 엽흔은 어긋나고 긴 선형이며, 양쪽에 엽흔 길이만 한 탁엽흔이 생긴다.

●참고

독립수로 자라기도 하고 다른 나무를 타고 반덩굴성으로 자라기도 한다.

❶소지의 겨울눈 ❷측아 ❸엽흔/관속흔 ❹겨울눈의 전개 ❺열매차례(겨울) ❻독립수의 수형

✲식별 포인트 겨울눈/가시(피침)/열매차례(원추상)

용가시나무

***Rosa maximowicziana* Regel**

장미과
ROSACEAE Juss.

● **분포**

중국(동북부), 러시아, 한국

❖**국내분포** 강원, 경기 이북의 하천가, 해안가 습지 또는 숲 가장자리

● **형태**

수형 낙엽 관목. 높이 1~2m로 자란다.

수피/소지 수피는 녹갈색이고, 피침이 있으나 점차 회갈색으로 변하고 불규칙하게 갈라져 떨어지며 피침이 없어진다. 소지는 적갈색~녹색을 띠고 털이 없으며 광택이 난다. 아래로 굽은 피침이 생긴다.

겨울눈 영양눈 또는 혼합눈이다. 겨울눈은 반구형~난형이고 길이 1~3㎜이며 홍색 아린에 싸여있다. 아린은 겉에 털이 없다.

엽흔/관속흔 엽흔은 어긋나고 긴 선형이며, 양쪽에 엽흔 길이만 한 탁엽흔이 생긴다.

● **참고**

겨울철에도 간혹 열매가 남는다. 찔레와 생김새가 흡사하지만, 습지가 아닌 지역에서는 잘 보이지 않는다.

2021. 1. 2. 경기 수원시

❶소지의 겨울눈 ❷측아 ❸엽흔/관속흔 ❹혼합눈의 전개 ❺겨울 수형

✲**식별 포인트** 겨울눈/가시(피침)/열매 차례(취산상 산방형)

2019. 12. 25. 전남 완도군

돌가시나무 (제주찔레)

Rosa lucieae **Franch. & Rochebr. ex Crép.**

장미과
ROSACEAE Juss.

●분포

중국(동북부), 일본(혼슈 이남), 타이완, 한국

❖국내분포 중부 이남의 바닷가 또는 산지의 풀밭

●형태

수형 반상록성 소관목. 가지를 많이 치고 땅 위에 길게 뻗으며 반덩굴성으로 자란다.

수피/소지 수피는 갈색~회갈색이고 처음에는 피침이 있지만 차츰 없어진다. 소지는 적갈색~녹색을 띠고, 털이 없으며 광택이 나고 아래쪽으로 굽은 피침이 생긴다.

겨울눈 영양눈 또는 혼합눈이다. 겨울눈은 반구형~난형이고 길이 1~2㎜이며 홍색 아린에 싸여있다. 아린은 겉에 털이 없다.

엽흔/관속흔 엽흔은 어긋나고 긴 선형이며, 양쪽에 엽흔 길이만 한 탁엽흔이 생긴다.

●참고

겨울 기후가 온난한 지역에서는 반상록 상태로 월동하기도 한다.

❶소지의 겨울눈 ❷소지의 말단부 ❸탁엽과 피침 ❹열매(겨울) ❺겨울 수형
✲식별 포인트 겨울눈/수형/가시(피침)

해당화

Rosa rugosa **Thunb.**

장미과
ROSACEAE Juss.

2021. 2. 28. 충남 태안군

●분포

중국(동북부 연안), 일본(홋카이도, 혼슈 일부), 러시아(동부), 북아메리카, 한국

❖국내분포 전국(주로 서해와 동해)의 바닷가

●형태

수형 낙엽 관목. 높이 1.5~2m까지 자란다.

수피/소지 수피는 회갈색~회색이고 표면에 크고 납작한 가시와 피침이 섞여 난다. 소지는 표면에 회갈색 털이 밀생하며 크고 작은 피침이 많이 생긴다.

겨울눈 영양눈 또는 혼합눈이다. 겨울눈은 난형이고 길이 1~2㎜이며 갈색~자갈색 아린에 싸여있다. 아린은 겉에 털이 없다.

엽흔/관속흔 엽흔은 어긋나고 V자~U자형이며, 관속흔은 3개다.

●참고

주로 바닷가에 자라는 식물이지만 꽃과 열매가 풍성하게 달려 정원 조경에도 많이 활용한다.

❶소지의 겨울눈 ❷준정아 ❸측아 ❹엽흔/관속흔 ❺혼합눈의 전개 ❻마른 열매(겨울)

✻식별 포인트 겨울눈/가시(피침)/열매

2020. 12. 5. 강원 강릉시

생열귀나무

Rosa davurica **Pall.**

장미과

ROSACEAE Juss.

●분포

중국(동부~동북부), 일본(혼슈 이북), 몽골(남부), 러시아(동부), 한국

❖국내분포 제주(한라산)와 강원(정선군, 홍천군, 영월군 등) 이북의 산야 및 계곡부

●형태

수형 낙엽 관목. 높이 1~2m로 자란다.

수피/소지 수피는 회갈색이고 표면에 피침이 밀생한다. 소지는 적갈색~자주색을 띠고 털이 없으며 광택이 난다. 소지에도 피침이 생긴다.

겨울눈 영양눈 또는 혼합눈이다. 겨울눈은 좁은 난형이고 길이 1~3㎜이며 붉은색 아린에 싸여있다. 아린은 겉에 털이 없다.

엽흔/관속흔 엽흔은 어긋나고 긴 선형이며, 양쪽에 엽흔 길이만 한 탁엽흔이 생긴다.

●참고

주로 차가운 물이 흐르는 계곡 주변에 자란다. 겨울까지도 구형의 마른 열매를 흔히 볼 수 있다.

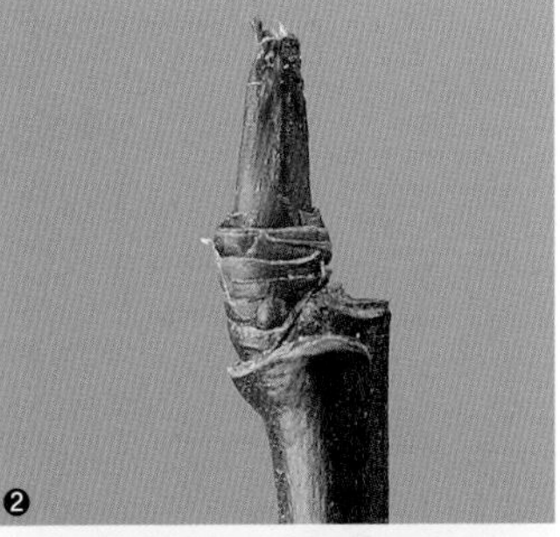

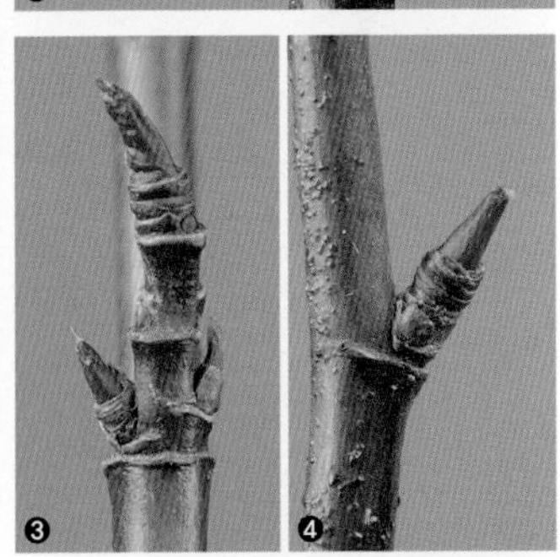

❶소지의 겨울눈 ❷준정아 ❸❹측아 ❺탁엽 ❻혼합눈의 전개

✲식별 포인트 겨울눈/가시(피침)

인가목 (민둥인가목)

Rosa acicularis **Lindl.**

장미과

ROSACEAE Juss.

2020. 12. 5. 강원 평창군

●분포

북반구 한대 및 온대지역(높은 산지)에 널리 분포

❖국내분포 지리산 이북의 높은 산지 사면 및 능선부

●형태

수형 낙엽 관목. 높이 1~3m까지 자란다.

수피/소지 수피는 녹색~회록색이고 표면에 피침과 선모가 밀생한다. 소지는 적갈색~자주색을 띠고 피침과 선모가 있다. 간혹 피침과 선모 없이 광택이 나기도 한다.

겨울눈 영양눈 또는 혼합눈이다. 겨울눈은 난형이고 길이 1~2㎜이며 홍색~자갈색 아린에 싸여있다. 아린은 겉에 털이 없다.

엽흔/관속흔 엽흔은 어긋나고 긴 선형이며, 양쪽에 엽흔 길이만 한 탁엽흔이 생긴다.

●참고

주로 높은 산지의 숲속에서 드물게 볼 수 있다. 겨울에는 피침이 밀생하는 수피의 모습이 두드러진다.

❶소지의 겨울눈 ❷준정아/측아 ❸측아 ❹엽흔/관속흔 ❺소지 표면의 피침과 선모 ❻혼합눈의 전개 ❼겨울 수형

✲식별 포인트 겨울눈/가시(피침)

020. 11. 28. 강원 평창군

흰인가목

***Rosa koreana* Kom.**

장미과

ROSACEAE Juss.

●분포

중국(동북부), 러시아(동부), 한국

❖국내분포 강원(발왕산, 설악산, 박지산), 경기(연천군) 이북의 산지 능선 및 너덜지대

●형태

수형 낙엽 관목. 높이 1~1.5m로 자란다.

수피/소지 수피는 어릴 땐 적갈색을 띠지만 오래되면 회색으로 변하며, 피침이 밀생한다. 소지는 적갈색~자갈색을 띠고 털이 없으며, 광택이 나고 곧은 피침이 생긴다.

겨울눈 영양눈 또는 혼합눈이다. 겨울눈은 난형이고 길이 1~2㎜이며 갈색~자갈색 아린에 싸여있다. 아린은 겉에 털이 없다.

엽흔/관속흔 엽흔은 어긋나고 U자형이며, 관속흔은 3개다.

●참고

높은 산지의 숲속이나 능선부에 드물게 자란다. 둥근인가목과 비교해서 피침이 좀 더 짧고 일자형으로 곧게 뻗는다.

❶소지의 겨울눈 ❷준정아 ❸측아 ❹혼합눈의 전개 ❺겨울 수형 ❻소지의 비교(→): 흰인가목/둥근인가목

✻식별 포인트 겨울눈/가시(피침)

둥근인가목

***Rosa spinosissima* L.**

장미과
ROSACEAE Juss.

●분포

중국(중부), 러시아(시베리아), 중앙아시아, 서남아시아, 유럽, 아프리카(북서부), 한국

❖국내분포 강원(정선군) 이북의 높은 산지에 매우 드물게 자람

●형태

수형 낙엽 관목. 높이 1m까지 자란다.

수피/소지 수피는 회갈색~회색이고 표면에 피침이 밀생한다. 소지는 적갈색~자갈색을 띠고 털이 없으며, 광택이 나고 위로 살짝 휜 피침이 생긴다.

겨울눈 영양눈 또는 혼합눈이다. 겨울눈은 난형이고 길이 1~3㎜이며 갈색~자갈색 아린에 싸여있다. 아린은 겉에 털이 없다.

엽흔/관속흔 엽흔은 어긋나고 역삼각형~U자형이며, 관속흔은 3개다.

●참고

흰인가목과 비교할 때 피침이 좀 더 길고 억세며 위쪽으로 살짝 휜다.(207쪽 참조) 학명의 종소명 *spinosissima*는 '가시가 매우 많다'는 의미다.

2020. 11. 28. 강원 정선군

❶소지의 겨울눈 ❷측아 ❸엽흔/관속흔 ❹영양눈의 전개 ❺혼합눈의 전개 ❻❼수피의 변화

✲**식별 포인트** 겨울눈/가시(피침)/열매

2020. 1. 29. 경기 포천시

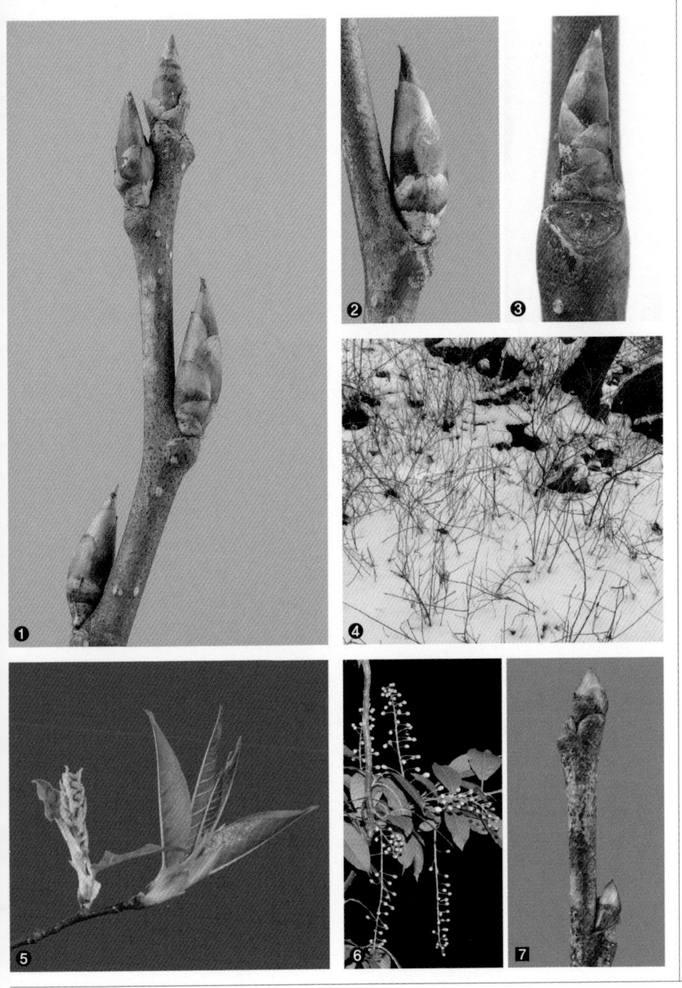

귀룽나무
***Prunus padus* L.**

장미과
ROSACEAE Juss.

●분포

중국(중부~동북부), 일본(홋카이도), 몽골, 러시아(동부), 한국

❖국내분포 지리산 이북의 산지 계곡 주변에 비교적 흔하게 자람

●형태

수형 낙엽 교목. 높이 15m까지 자란다.

수피/소지 수피는 회갈색~회색이고 피목이 발달하며, 점차 불규칙하게 세로로 갈라진다. 소지는 갈색~흑갈색을 띠고 피목이 드문드문 생기며, 광택이 난다.

겨울눈 영양눈 또는 혼합눈이다. 겨울눈은 난형~장난형이고 길이 5㎜ 전후이며 끝이 뾰족하다. 황갈색~갈색 아린에 싸여있고, 가장자리에 회갈색 털이 있지만 차츰 없어진다. 흔히 겨울눈 끝에 미세한 돌기가 발달한다.

엽흔/관속흔 엽흔은 어긋나고 반원형~광타원형이며, 관속흔은 3개다.

●참고

가지가 여러 방향으로 뻗으며 크게 자란 나무는 수관 끝쪽의 가지가 길게 늘어져, 특히 겨울철에는 버드나무를 닮은 듯한 수관을 보여준다. 큰 나무의 밑동 주변에는 근맹아(根萌芽)에서 자라난 어린 싹이 많이 보인다.

❶소지의 겨울눈 ❷측아 ❸엽흔/관속흔 ❹근맹아에서 자라난 어린싹 ❺혼합눈(左)/영양눈(右)의 전개 ❻혼합눈의 전개 ❼세로티나벚나무(*P. serotina* Ehrh.)
✻식별 포인트 겨울눈/수형

섬개벚나무

***Prunus buergeriana* Miq.**

장미과

ROSACEAE Juss.

2020. 3. 12. 제주

●분포

중국(중남부), 일본, 러시아(동부), 타이완, 부탄, 한국

❖국내분포 제주(한라산)의 해발고도 500~1,200m의 숲속이나 숲 가장자리

●형태

수형 낙엽 교목. 높이 10~15m, 직경 30㎝까지 자란다.

수피/소지 수피는 짙은 회색이고 광택이 나며, 점차 불규칙하게 갈라져 작은 조각으로 껍질이 벗겨져 떨어진다. 소지는 담갈색~갈색을 띠고 피목이 드문드문 있으며 광택이 난다. 세로로 미세한 골이 생기며, 단지가 흔하게 발달한다.

겨울눈 영양눈 또는 생식눈이다. 겨울눈은 난형~장난형이고 길이 2~5㎜이며 선명한 적색~자갈색 아린에 싸여있다. 아린은 광택이 나며 털이 없다.

엽흔/관속흔 엽흔은 어긋나고 반원형~광타원형이며, 관속흔은 3개다.

●참고

국내에서는 제주도의 한라산 일대에서만 볼 수 있다. 아린의 색상이 눈에 띄는 특징이다.

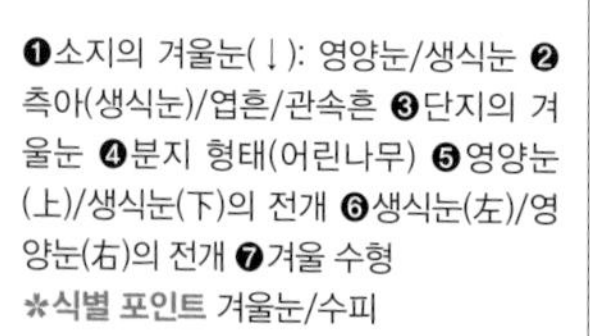

❶소지의 겨울눈(↓): 영양눈/생식눈 ❷측아(생식눈)/엽흔/관속흔 ❸단지의 겨울눈 ❹분지 형태(어린나무) ❺영양눈(上)/생식눈(下)의 전개 ❻생식눈(左)/영양눈(右)의 전개 ❼겨울 수형

✲식별 포인트 겨울눈/수피

2020. 1. 16. 강원 태백시

개벚지나무

***Prunus maackii* Rupr.**

장미과
ROSACEAE Juss.

●분포

중국(동북부), 러시아(동부), 한국

❖국내분포 전남(지리산), 강원(태백산, 오대산, 계방산 등) 이북의 산지

●형태

수형 낙엽 교목. 높이 10m까지 자란다.

수피/소지 수피는 황갈색이고 광택이 나며 가로로 긴 피목이 생긴다. 소지는 황갈색~갈색을 띠고 표면에 회갈색 털과 피목이 드문드문 있으며 광택이 난다.

겨울눈 영양눈 또는 생식눈이다. 겨울눈은 장난형이고 황갈색~갈색 아린에 싸여있다. 아린은 가장자리를 따라 회갈색 털이 있다.

엽흔/관속흔 엽흔은 어긋나고 반원형~광타원형이며, 관속흔은 3개다.

●참고

광택이 나는 황갈색 수피가 특징적이다.

❶소지의 겨울눈 ❷(→)측아(생식눈)/준정아(영양눈) ❸측아 ❹엽흔/관속흔 ❺생식눈의 전개 ❻생식눈/영양눈의 전개 ❼겨울 수형

✲식별 포인트 겨울눈/수피(광택)

산개벚지나무

Prunus maximowiczii **Rupr.**

장미과

ROSACEAE Juss.

2020. 11. 28. 강원 평창군

●분포

중국(동북부), 일본, 러시아(동부), 한국

❖국내분포 제주(한라산), 전남(지리산) 이북의 높은 산지

●형태

수형 낙엽 교목. 높이 5~15m, 직경 60㎝까지 자란다.

수피/소지 수피는 짙은 회색~회흑색이고 가로로 길고 큰 피목이 발달하며, 껍질이 종잇장처럼 얇게 벗겨진다. 소지는 갈색을 띠고 피목이 드문드문 생기며, 갈색 털이 밀생하지만 차츰 없어진다. 흔히 단지가 발달한다.

겨울눈 영양눈 또는 생식눈이다. 겨울눈은 난형~장난형이고 적갈색~갈색 아린에 싸여있다. 아린은 가장자리를 따라 회갈색 털이 있다.

엽흔/관속흔 엽흔은 어긋나고 반원형~광타원형이며, 관속흔은 3개다.

●참고

주로 높은 산의 능선부나 산지의 사면에 자란다.

❶소지의 겨울눈. 상단 중앙의 눈은 영양눈, 나머지는 생식눈이다. ❷준정아(→): 생식눈/영양눈 ❸측아 ❹엽흔/관속흔 ❺단지의 겨울눈 ❻생식눈(左)/영양눈(右)의 전개

✲식별 포인트 겨울눈/수피/소지(털)

2021. 2. 27. 강원 영월군

벚나무

***Prunus serrulata* Lindl. f. *spontanea* (E.H.Wilson) Chin S.Chang**
(*Prunus serrulata* Lindl.)

장미과
ROSACEAE Juss.

●분포

중국(중북부), 일본(혼슈 이남), 한국
❖국내분포 평북, 함남 이남의 낮은 산지에 흔히 자람

●형태

수형 낙엽 교목. 높이 15~25m까지 자란다.

수피/소지 수피는 자갈색~짙은 갈색이고 가로로 긴 피목이 발달하며 오래되면 불규칙하게 갈라진다. 소지는 담갈색을 띠고 광택이 나며 피목이 산재하고 털이 없다.

겨울눈 영양눈 또는 생식눈이다. 겨울눈은 폭이 좁은 장타원상 난형이고 길이 4~8㎜이며 적갈색 아린에 싸여있다. 아린은 광택이 나며 털이 없다.

엽흔/관속흔 엽흔은 어긋나고 반원형이며, 관속흔은 3개다.

●참고

겨울눈만으로는 유사종인 산벚나무와 구별하기 어렵다. 국내의 내륙 산지에는 벚나무와 유사한 잔털벚나무[*P. serrulata* Lindl. var. *pubescens* (Makino) Nakai]가 가장 흔하다.

❶소지의 겨울눈 ❷정아(영양눈) ❸측아/엽흔/관속흔 ❹영양눈(中)/생식눈(左右)의 전개 ❺겨울눈의 전개(개화기) ❻❼산벚나무(*P. sargentii* Rehder)
✻식별 포인트 겨울눈

올벚나무

***Prunus spachiana* (Lavallée ex Ed. Otto) Kitam. f. *ascendens* (Makino) Kitam.**

장미과

ROSACEAE Juss.

2022. 1. 13. 제주

●분포

일본(혼슈 이남), 타이완, 한국

❖**국내분포** 경남(거제도), 전남(무등산, 두륜산), 제주의 산지

●형태

수형 낙엽 교목. 높이 15~20m까지 자란다.

수피/소지 수피는 암회색~회갈색이고 광택이 나며 세로로 갈라진다. 소지는 담갈색을 띠고 광택이 나며 피목이 산재하고 털이 있다.

겨울눈 영양눈 또는 생식눈이다. 겨울눈은 폭이 좁은 난형이고 길이 4~6㎜이며 적갈색 아린에 싸여있다. 아린은 겉에 회백색 털이 많다.

엽흔/관속흔 엽흔은 어긋나고 반원형이며, 관속흔은 3개다.

●참고

재배품종인 왕벚나무처럼 아린의 겉에 털이 있지만, 왕벚나무와 달리 소지에도 털이 있고 수피의 형태에도 차이가 있다.

❶소지의 겨울눈(정아는 영양눈) ❷정아 ❸측아 ❹수피와 분지 형태 ❺겨울눈의 전개(개화기) ❻처진올벚나무(*P. spachiana* (Lavallée ex Ed. Otto) Kitam. f. *spachiana*)

✲식별 포인트 겨울눈/수피

2020. 2. 27. 전북 진안군

왕벚나무

***Prunus × yedoensis* Matsum.**

장미과

ROSACEAE Juss.

●분포

일본 원산

❖**국내분포** 전국적으로 가로수 또는 풍치수로 식재

●형태

수형 낙엽 교목. 높이 5~15m까지 자란다.

수피/소지 수피는 회색~암회색이고, 피목이 가로로 배열되며 차츰 불규칙하게 갈라진다. 소지는 담갈색~갈색을 띠고 광택이 나며 피목이 드문드문 있다.

겨울눈 영양눈 또는 생식눈이다. 겨울눈은 폭이 좁은 난형이고 길이 4~6㎜이며 황갈색~적갈색 아린에 싸여있다. 아린은 겉에 털이 있지만 간혹 없는 예도 있다.

엽흔/관속흔 엽흔은 어긋나고 반원형이며, 관속흔은 3개다.

●참고

전국적으로 가로수나 조경수로 흔하게 식재한다. 벚나무와는 달리 겨울눈의 아린에 털이 있지만, 식재된 재배품종도 경우에 따라서는 털이 없는 예가 있다.

❶소지의 겨울눈 ❷정아 ❸❹측아 ❺엽흔/관속흔 ❻생식눈의 전개 ❼분지 형태

✲**식별 포인트** 겨울눈/수피

앵도나무

Prunus tomentosa **Thunb.**

장미과
ROSACEAE Juss.

2021. 11. 16. 서울특별시

●분포

중국 원산

❖국내분포 전국에 널리 재배

●형태

수형 낙엽 관목. 높이 2~3m까지 자란다.

수피/소지 수피는 흑갈색이고 불규칙하게 갈라진다. 소지는 회갈색~적갈색을 띠고 담갈색 털이 밀생한다.

겨울눈 영양눈 또는 생식눈이다. 겨울눈은 난형이고 길이 2~4㎜이며 적갈색~갈색 아린에 싸여있다. 아린은 가장자리를 따라 갈색 털이 있다. 흔히 영양눈을 중심으로 양쪽에 생식눈이 하나씩 달리며, 겨울눈의 기부에 한 쌍의 탁엽이 남기도 한다.

엽흔/관속흔 엽흔은 어긋나고 반원형~광타원형이며, 관속흔은 3개다.

●참고

고궁이나 정원에 관상용으로 흔히 식재하는 수종이다. 오래된 가지에는 여러 개의 생식눈이 달리기도 한다.

❶소지의 겨울눈 ❷정아 ❸준정아 ❹측아 ❺생식눈(左右)/영양눈(中)/엽흔/관속흔 ❻수피 ❼생식눈의 전개 ❽생식눈과 영양눈의 전개(개화기)

*식별 포인트 겨울눈/탁엽

2020. 3. 5. 강원 평창군

복사앵도

Prunus choreiana **Nakai ex H. T.Im**

장미과
ROSACEAE Juss.

●분포

한국(한반도 고유종)

❖국내분포 평남(맹산군), 함남, 강원(삼척시, 정선군, 태백시, 평창군), 경북(봉화군) 등지의 석회암지대

●형태

수형 낙엽 관목. 높이 2~4m까지 자란다.

수피/소지 수피는 적갈색~회갈색이고 광택이 있으며 점차 껍질이 얇게 벗겨진다. 소지는 적갈색을 띠고 피목이 드문드문 있다.

겨울눈 영양눈 또는 생식눈이다. 겨울눈은 난형이고 길이 2~4㎜이며 적갈색~갈색 아린에 싸여있다. 아린은 가장자리를 따라 털이 있다. 흔히 영양눈을 중심으로 양쪽에 생식눈이 하나씩 달린다.

엽흔/관속흔 엽흔은 어긋나고 반원형~역삼각형이며, 관속흔은 3개다.

●참고

적갈색 소지는 마치 가죽 같은 질감을 가지고 있다. 분포역이 국지적인 희귀식물이다.

❶소지의 겨울눈 ❷준정아 ❸❹측아 ❺생식눈(左右)/영양눈(中) ❻소지/2년지의 생식눈 ❼영양눈의 전개 ❽생식눈/영양눈의 전개(개화기)

✲식별 포인트 겨울눈/열매(핵)

이스라지

***Prunus japonica* Thunb. var. *nakaii* (H.Lév.) Rehder**

장미과

ROSACEAE Juss.

2021. 2. 11. 강원 영월군

●분포

중국(동북부), 한국

❖**국내분포** 전국 산지의 풀밭 및 숲 가장자리

●형태

수형 낙엽 관목. 높이 1~1.5m까지 자라고 밑부분에서 가지가 많이 갈라진다.

수피/소지 수피는 회갈색~짙은 회색이고 껍질이 살짝 일어나 얇은 조각으로 벗겨지기도 한다. 소지는 적갈색~갈색을 띠고 피목이 드문드문 생기며 광택이 난다. 흔히 소지의 끝쪽은 말라 죽는다.

겨울눈 영양눈 또는 생식눈이다. 겨울눈은 난형~난상 구형이고 적갈색~갈색 아린에 싸여있다. 아린은 가장자리를 따라 담갈색 털이 약간 있다. 흔히 영양눈을 중심으로 양쪽에 생식눈이 하나씩 달린다.

엽흔/관속흔 엽흔은 어긋나고 광타원형이며, 관속흔은 3개다.

●참고

겨울철에는 소지가 아래쪽 일부만 남기고 끝이 말라버리므로 멀리서 보면 나무가 밝은 회색을 띠는 것처럼 보인다.

❶소지의 겨울눈 ❷준정아: 생식눈(左右)/영양눈(中) ❸측아 ❹엽흔/관속흔 ❺생식눈(左右)/영양눈(中)의 전개 ❻분지 형태 ❼수피

*식별 포인트 겨울눈/열매(자루)

2022. 2. 11. 제주

산옥매
***Prunus glandulosa* Thunb.**

장미과
ROSACEAE Juss.

●분포

중국(산둥반도 이남), 한국

❖국내분포 서남해 도서지역에 자생하며, 전국적으로 정원이나 공원에 식재

●형태

수형 낙엽 관목. 높이 1~1.5m까지 자라지만 국내에 자생하는 개체들은 대개 1m 미만이다. 밑부분에서 가지가 많이 갈라진다.

수피/소지 수피는 회갈색~회색이고 가로로 긴 피목이 발달하며 광택이 난다. 소지는 적갈색~갈색을 띠고 광택이 나며, 회갈색 털이 있으나 점차 탈락한다.

겨울눈 영양눈 또는 생식눈이다. 겨울눈은 난형이고 적갈색~갈색 아린에 싸여있다. 아린은 가장자리를 따라 털이 약간 있다. 흔히 영양눈을 중심으로 양쪽에 생식눈이 하나씩 달리며, 소지 끝이 마른다.

엽흔/관속흔 엽흔은 어긋나고 광타원형이며 가지에서 돌출한다. 관속흔은 3개이거나 불분명하다.

●참고

최근 조사 결과, 한반도 서남해 도서지역에 자생하는 것이 확인되었다. 해안 가까운 초지나 절벽 가에 생육하므로 재배하는 식물과 달리 대체로 식물체가 왜소하다.

❶소지의 겨울눈 ❷소지의 말단부 ❸측아 ❹영양눈(中)/생식눈(左右) ❺수피 ❻❼영양눈(中)/생식눈(左右)의 전개 과정 ❽겨울 수형

✲식별 포인트 겨울눈/열매

자도나무
***Prunus salicina* Lindl.**

장미과
ROSACEAE Juss.

2022. 2. 9. 강원 평창군

●분포
중국, 러시아, 한국
❖국내분포 강원, 경북(불명확)
●형태
수형 낙엽 소교목 또는 교목. 높이 7~9(~12)m까지 자란다.
수피/소지 수피는 자갈색~회갈색이고 가로로 긴 피목이 발달하며 점차 세로로 얕게 갈라진다. 소지는 황갈색~갈색을 띠고 피목이 드문드문 생기며 광택이 난다.
겨울눈 영양눈 또는 생식눈이다. 겨울눈은 난형이고 황갈색~갈색 아린에 싸여있다. 아린은 겉에 털이 없다. 흔히 영양눈을 중심으로 양쪽에 생식눈이 하나씩 달린다.
엽흔/관속흔 엽흔은 어긋나고 반원형~광타원형이며, 관속흔은 3개다.
●참고
강원도에서 드물게 야생 나무가 보고되지만, 주로 농가 주변에 식재된 나무를 볼 수 있다. 흔히 과실수로 심는 재배품종보다 열매의 크기가 작고 핵의 크기와 형태도 다르다. 자생지역에서는 '고야'라는 이름을 사용한다.

❶소지의 겨울눈 ❷준정아 ❸측아 ❹생식눈(左右)/영양눈(中)/엽흔/관속흔 ❺겨울눈의 전개: 영양눈(上)/생식눈(下) ❻겨울 수형
✲식별 포인트 겨울눈

2021. 2. 28. 충남 서산시

복사나무 (복숭아나무)

***Prunus persica* (L.) Batsch**
(*Prunus persica* (L.) Stokes)

장미과
ROSACEAE Juss.

●분포

중국 원산(자생지 불명확)
❖**국내분포** 전국에 널리 재배. 민가 근처 산지에 야생화되어 자람.

●형태

수형 낙엽 관목. 높이 3~8m까지 자란다.
수피/소지 수피는 회갈색~회색이고 광택이 나며, 피목이 가로로 나고 표면이 점차 불규칙하게 갈라진다. 소지는 적록색~적갈색을 띠고 털이 없으며 광택이 있다.
겨울눈 영양눈 또는 생식눈이다. 겨울눈은 난형이고 길이 4~6㎜이며 갈색~적갈색 아린에 싸여있다. 아린은 겉에 회백색 털이 밀생한다. 흔히 영양눈을 중심으로 양쪽에 생식눈이 하나씩 달린다.
엽흔/관속흔 엽흔은 어긋나고 반원형~광타원형이며, 관속흔은 3개다.

●참고

흔히 야생화하여 열매의 크기가 작아진 나무를 따로 개복숭아나무로 부르기도 하지만, 별개의 식물종은 아니다.

❶소지의 겨울눈 ❷준정아(영양눈)/측아(생식눈) ❸측아 ❹엽흔/관속흔 ❺백도(*P. persica* 'Alba')의 겨울눈 ❻겨울눈의 전개(개화기) ❼❽풀또기(*P. triloba* Lindl.)
✲**식별 포인트** 겨울눈

매실나무

***Prunus mume* (Siebold) Siebold & Zucc.**

장미과

ROSACEAE Juss.

●분포

중국(서남부) 원산

❖국내분포 전국에 널리 재배

●형태

수형 낙엽 소교목. 높이 4~10m까지 자란다.

수피/소지 수피는 암회색이고 불규칙하게 갈라진다. 소지는 녹색을 띠고 털이 없으며 광택이 난다.

겨울눈 영양눈 또는 생식눈이다. 겨울눈은 난형이고 길이 2~5㎜이며 갈색~적갈색 아린에 싸여있다. 아린은 겉에 털이 없다. 흔히 영양눈을 중심으로 양쪽에 생식눈이 하나씩 달린다.

엽흔/관속흔 엽흔은 어긋나고 반원형이며, 관속흔은 3개다.

●참고

소지가 녹색인 것이 두드러진 점이다. 유실수로 재배하거나 고궁이나 공원, 또는 사찰 등지에서 관상수로 식재하고 있다.

2021. 1. 20. 전남 순천시

❶소지의 겨울눈 ❷소지의 말단부 ❸측아 ❹생식눈(左右)/영양눈(中) ❺분지 형태. 녹색을 띠는 소지가 두드러진다.

✲식별 포인트 겨울눈/소지(녹색)

2020. 1. 1. 강원 춘천시

살구나무

***Prunus armeniaca* L.**
(*Prunus armeniaca* L. var. *ansu* Maxim.)

장미과
ROSACEAE Juss.

●분포

중국 원산

❖**국내분포** 전국에 널리 재배

●형태

수형 낙엽 소교목 또는 교목. 높이 5~12m까지 자란다.

수피/소지 수피는 회갈색~회색이고 오래되면 세로로 불규칙하게 갈라진다. 소지는 연한 적갈색~갈색을 띠고 표면에 피목이 드문드문 있다.

겨울눈 영양눈 또는 생식눈이다. 겨울눈은 난형이고 길이 2~5㎜이며 자갈색~흑갈색 아린에 싸여있다. 아린은 가장자리를 따라 회갈색 털이 있다. 흔히 영양눈을 중심으로 양쪽에 생식눈이 하나씩 달린다.

엽흔/관속흔 엽흔은 어긋나고 반원형이며, 관속흔은 3개다.

●참고

한반도 자생식물인 시베리아살구나무와 달리 살구나무는 도입식물이므로 주로 민가 주변이나 공원 등지에서 볼 수 있다.

❶소지의 겨울눈 ❷준정아 ❸측아 ❹엽흔/관속흔 ❺소지의 비교(→): 살구나무/개살구나무/시베리아살구나무 ❻수피 ❼겨울눈의 전개 ❽겨울 수형
✲식별 포인트 겨울눈/열매(핵)

개살구나무

***Prunus mandshurica* (Maxim.) Koehne**

장미과
ROSACEAE Juss.

2020. 1. 29. 경기 연천군

● **분포**

중국(동북부), 러시아(동부), 한국

❖**국내분포** 제주를 제외한 전국의 산지에 비교적 드물게 자람

● **형태**

수형 낙엽 소교목 또는 교목. 높이 5~15m 정도까지 자란다.

수피/소지 수피는 짙은 회갈색~회색이고 코르크층이 발달한다. 소지는 적색~갈색을 띠고 광택이 나며 피목이 드문드문 있다.

겨울눈 영양눈 또는 생식눈이다. 겨울눈은 난형이고 길이 2~4㎜이며 적갈색~자갈색 아린에 싸여있다. 아린의 가장자리와 끝에 회갈색 털이 있다.

엽흔/관속흔 엽흔은 어긋나고 반원형~U자형이며, 관속흔은 3개다.

● **참고**

굴참나무처럼 수피에 코르크층이 발달하지만, 굴참나무보다 골이 더 얕으므로 외관상으로 구별된다.

❶소지의 겨울눈 ❷❸준정아 ❹측아 ❺엽흔/관속흔 ❻❼수피의 변화 ❽겨울 수형

✲**식별 포인트** 겨울눈/수피(코르크)/열매(핵)

2021. 2. 11. 강원 정선군

시베리아살구나무

Prunus sibirica L.

장미과

ROSACEAE Juss.

●분포

중국(북부~동북부), 몽골, 러시아(동부), 한국

❖**국내분포** 충북 이북의 석회암지대에 주로 자람

●형태

수형 낙엽 관목 또는 소교목. 높이 2~5m까지 자란다.

수피/소지 수피는 회색~암회색이고 불규칙하게 세로로 갈라진다. 소지는 (적)갈색을 띠고 털이 없으며 표면에 피목이 드문드문 있다.

겨울눈 영양눈 또는 생식눈이다. 겨울눈은 난형이고 길이 2~4㎜이며 끝이 뾰족하고 자갈색 아린에 싸여 있다. 아린은 겉에 백색 털이 있다. 흔히 영양눈을 중심으로 양쪽에 생식눈이 하나씩 달린다.

엽흔/관속흔 엽흔은 어긋나고 반원형이며, 관속흔은 3개다.

●참고

겨울철 모습은 살구나무와 흡사하지만, 소지가 좀 더 가늘고 겨울눈의 크기도 좀 더 작다.

❶소지의 겨울눈 ❷❸준정아 ❹측아 ❺엽흔/관속흔 ❻겨울눈의 전개(개화기) ❼수피

*식별 포인트 겨울눈/열매(다소 납작, 핵)

개야광나무
***Cotoneaster integerrimus* Medik.**

장미과
ROSACEAE Juss.

2022. 1. 28. 강원 삼척시

●분포
유럽, 서아시아, 중국(중부~동북부), 러시아, 한국
❖국내분포 함북(무산군), 강원(삼척시, 영월군, 정선군) 산지의 바위지대

●형태
수형 낙엽 관목, 높이 1~3m 정도로 자란다.
수피/소지 수피는 회색이고 광택이 나며, 피목이 산재하고 불규칙하게 갈라져 껍질이 얇게 벗겨진다. 소지는 적갈색~회갈색을 띠고 피목이 산재하며, 담갈색 털이 있으나 차츰 탈락한다. 단지가 발달한다.
겨울눈 영양눈 또는 혼합눈이다. 겨울눈은 난형~삼각상 난형이며 아린에 싸여있다. 아린은 자갈색~갈색을 띠고 겉에 담갈색 털이 밀생한다.
엽흔/관속흔 엽흔은 어긋나며, V자~U자형이고, 관속흔은 3개다.

●참고
국내에서는 강원의 석회암지대에 일부 자생하는 것으로 알려진 희귀수목이다.

❶소지의 겨울눈 ❷준정아 ❸측아(2년지) ❹단지의 겨울눈 ❺엽흔/관속흔 ❻영양눈의 전개 ❼수피 ❽❾섬개야광나무(*C. multiflorus* Bunge)
✲식별 포인트 겨울눈/열매

2022. 1. 3. 경기 양평군

산사나무

Crataegus pinnatifida **Bunge**

장미과

ROSACEAE Juss.

●분포

중국(중부 이북), 러시아(동부), 한국

❖**국내분포** 전국의 산지

●형태

수형 낙엽 소교목. 높이 6m까지 자란다.

수피/소지 수피는 회갈색~회색이고 불규칙하게 갈라진다. 소지는 적갈색~회갈색을 띠고 피목이 드문드문 생기며 광택이 난다. 경침이 있고 단지가 생긴다.

겨울눈 영양눈 또는 혼합눈이다. 겨울눈은 반구형~난형이고 길이 2~4㎜이며 (밝은)갈색~회갈색 아린에 싸여있다. 아린은 겉에 털이 없다.

엽흔/관속흔 엽흔은 어긋나고 찌그러진 반원형~V자형이며, 관속흔은 3개다.

●참고

노목의 수피에는 세로로 파인 것처럼 깊은 골이 생긴다.

❶소지의 겨울눈 ❷정아 ❸측아/엽흔/관속흔 ❹경침/단지 ❺노목의 수피 ❻혼합눈의 전개 ❼영양눈의 전개 ❽겨울 수형

✲식별 포인트 겨울눈/수피/가시(경침)/열매

윤노리나무

***Photinia villosa* (Thunb.) DC.**

장미과

ROSACEAE Juss.

2021. 1. 9. 제주

● 분포

중국(산둥반도 이남), 일본, 한국

❖**국내분포** 중부 이남에도 분포하지만, 주로 남부지방의 산지에 자람

● 형태

수형 낙엽 소교목. 높이 2~5m까지 자란다.

수피/소지 수피는 회갈색~회색이고 표면이 매끈하거나 세로로 얕은 골이 생긴다. 소지는 갈색을 띠고 털이 없으며 피목이 드문드문 있다. 단지가 많이 생긴다.

겨울눈 영양눈 또는 혼합눈이다. 겨울눈은 난형~삼각상 난형이고 길이 2~4㎜이며 (적)갈색~흑갈색 아린에 싸여있다. 아린은 겉에 털이 없다.

엽흔/관속흔 엽흔은 어긋나고 찌그러진 V자형이며 가지에서 눈에 띄게 돌출한다. 엽흔의 테두리는 자갈색을 띠기도 한다. 관속흔은 3개다.

● 참고

지면에서부터 줄기가 여러 갈래로 갈라져 자라는 모습이 흔하고, 단지가 많이 발달한 모습이 눈에 띈다.

❶소지의 겨울눈 ❷단지의 겨울눈 ❸준정아 ❹측아 ❺엽흔/관속흔 ❻혼합눈의 전개 ❼영양눈의 전개 ❽겨울 수형

✲**식별 포인트** 겨울눈/열매자루(피목)

2021. 2. 13. 경남 합천군

마가목

***Sorbus commixta* Hedl.**

장미과

ROSACEAE Juss.

●분포

일본, 한국

❖국내분포 황해도 및 강원 이남의 높은 산지

●형태

수형 낙엽 소교목. 높이 6~12m까지 자란다.

수피/소지 수피는 어릴 땐 연한 갈색을 띠다가 차츰 암회색으로 변하며 껍질이 얇게 갈라진다. 표면에는 피목이 많이 발달한다. 소지는 담갈색~갈색을 띠고 피목이 드문드문 생기며, 광택이 있고 털은 없다.

겨울눈 영양눈 또는 혼합눈이다. 겨울눈은 난형~장난형이고 길이 8~18㎜이며 자갈색~자색 아린에 싸여있다. 아린은 환경에 따라 겉이 백색이나 갈색 털로 부분적으로 덮이기도 한다.

엽흔/관속흔 엽흔은 어긋나고 U자형이며, 흔히 엽흔의 테두리가 자갈색을 띤다. 관속흔은 5개다.

●참고

겨울눈의 아린에 유난히 털이 많은 유형을 간혹 당마가목으로 오인하기도 하지만, 당마가목은 아린 전체가 백색 털로 덮여있고 남한 지역에서는 자생이 확인되지 않는다.

❶소지의 겨울눈 ❷측아 ❸엽흔/관속흔 ❹혼합눈의 전개 ❺영양눈의 전개 ❻열매(겨울) ❼정아(털이 많은 유형) ❽당마가목[*S. pohuashanensis* (Hance) Hedl.]

✲식별 포인트 겨울눈/엽흔/열매

팥배나무

Sorbus alnifolia **(Siebold & Zucc.) K.Koch**

장미과
ROSACEAE Juss.

2021. 1. 3. 인천광역시

●분포

중국(중북부), 일본, 타이완, 한국

❖**국내분포** 전국의 산지

●형태

수형 낙엽 교목. 높이 20m까지 자란다.

수피/소지 수피는 회색~흑갈색이고 백색의 피목이 발달하며 차츰 세로로 얕게 갈라진다. 소지는 담갈색을 띠고 피목이 드문드문 생기며 털이 거의 없다. 단지가 생긴다.

겨울눈 영양눈 또는 혼합눈이다. 겨울눈은 난형~장난형이고 길이 4~10㎜이며 적갈색 아린에 싸여있다. 아린은 가장자리를 따라 백색 털이 있고 광택이 난다.

엽흔/관속흔 엽흔은 어긋나고 타원형~반원형이며, 흔히 엽흔의 테두리가 자갈색을 띤다. 관속흔은 3개다.

●참고

겨울철까지 열매가 떨어지지 않고 가지에 남는 경우가 흔하다.

❶소지의 겨울눈 ❷측아 ❸엽흔/관속흔 ❹단지의 겨울눈 ❺영양눈의 전개 ❻혼합눈의 전개 ❼열매(겨울)
*식별 포인트 겨울눈/엽흔/열매

2021. 1. 25. 강원 양양군

명자나무(산당화)

Chaenomeles speciosa **(Sweet) Nakai**

장미과
ROSACEAE Juss.

●분포

중국, 미얀마 원산

❖국내분포 관상용으로 전국에 널리 식재

●형태

수형 낙엽 관목. 높이 1~2m까지 자란다.

수피/소지 수피는 갈색~회갈색이고 피목이 드문드문 생기며 표면이 매끈하다. 소지는 적갈색~갈색을 띠고 표면에 피목이 있으며, 회백색 털이 있다가 차츰 없어진다. 흔히 단지가 발달하고 단지를 중심으로 생식눈이 생긴다. 간혹 경침이 생긴다.

겨울눈 영양눈 또는 생식눈이다. 영양눈은 삼각상 난형~장난형, 생식눈은 구형으로 여러 개가 모여나며, 모두 적색~갈색 아린에 싸여있다. 아린은 가장자리를 따라 황갈색 털이 있다.

엽흔/관속흔 엽흔은 어긋나고 역삼각형~V자형이며, 관속흔은 3개다.

●참고

겨울에도 가지에 마른 열매가 그대로 달리는 경우가 흔하다.

❶소지의 겨울눈 ❷정아 ❸측아/엽흔/관속흔 ❹경침 ❺열매(겨울) ❻❼생식눈의 전개 과정. 포가 둘러싸고 있다.
✻식별 포인트 겨울눈/가시(경침)/열매

모과나무

***Chaenomeles sinensis* (Thouin) Koehne**

장미과
ROSACEAE Juss.

● **분포**

중국(중남부) 원산

❖**국내분포** 전국에 널리 식재

● **형태**

수형 낙엽 소교목. 높이 5~8m까지 자란다.

수피/소지 수피는 회녹색~녹갈색이고 껍질이 조각조각 벗겨져서 얼룩덜룩한 무늬가 생긴다. 소지는 황갈색을 띠고 광택이 나며 털이 없고, 황갈색의 겉껍질이 종잇장처럼 일어나 벗겨진다.

겨울눈 영양눈 또는 혼합눈이다. 겨울눈은 난형~반구형이고 황갈색~갈색 아린에 싸여있다. 아린은 광택이 나고 겉에 털이 없다.

엽흔/관속흔 엽흔은 어긋나고 반원형이며, 관속흔은 3개다.

● **참고**

얼룩덜룩한 수피가 특징적이므로 식별하는 데 큰 어려움이 없다.

2020. 1. 3. 서울특별시

❶소지의 겨울눈 ❷정아 ❸측아/엽흔/관속흔 ❹❺혼합눈의 전개 과정 ❻수피
✲식별 포인트 겨울눈/수피/열매

2020. 2. 26. 전북 무주군

돌배나무

***Pyrus pyrifolia* (Burm.f.) Nakai**

장미과

ROSACEAE Juss.

●분포

중국(동부~남동부), 라오스, 베트남

❖국내분포 전국의 민가 주변이나 숲 가장자리

●형태

수형 낙엽 교목. 높이 7~15m까지 자란다.

수피/소지 수피는 갈색~흑갈색이고 오래되면 불규칙하게 갈라진다. 소지는 담갈색~갈색을 띠고 광택이 나며 피목이 드문드문 생긴다. 단지가 발달한다.

겨울눈 영양눈 또는 혼합눈이다. 겨울눈은 난형이고 끝이 뭉뚝하며 자갈색~흑갈색 아린에 싸여있다. 아린은 끝과 가장자리를 따라 회백색 털이 난다.

엽흔/관속흔 엽흔은 어긋나고 반원형~누운 초승달형이며, 관속흔은 3개다.

●참고

과실수로 재배하는 일본배나무의 기본종이다. 다른 배나무속(*Pyrus*) 식물들과는 달리 경침이 그다지 발달하지 않는다. 원래 국내에 자생하는 야생 식물인지는 명확하지 않다.

❶소지의 겨울눈 ❷정아/측아 ❸측아 ❹엽흔/관속흔 ❺영양눈의 전개 ❻배나무[*P. pyrifolia* (Burm.f.) Nakai var. *culta* (Makino) Nakai]

＊식별 포인트 겨울눈/열매(꽃받침 흔적 없음)

산돌배나무

***Pyrus ussuriensis* Maxim.**

장미과
ROSACEAE Juss.

2021. 2. 13. 강원 평창군

● **분포**

중국(동북부), 일본, 러시아(동부), 한국

❖**국내분포** 전국의 산지. 주로 강원도 산지의 숲에서 드물지 않게 볼 수 있음.

● **형태**

수형 낙엽 교목. 높이 15m까지 자란다.

수피/소지 수피는 회갈색이고 세로로 갈라지며 오래되면 껍질이 조각조각 떨어진다. 소지는 담갈색~회갈색을 띠고 털이 없으며 밝은색 피목이 있다. 단지가 발달하고 어린 가지에는 경침이 생긴다.

겨울눈 영양눈 또는 혼합눈이다. 겨울눈은 난형~삼각상 난형이고 길이 2~4㎜이며 끝이 뾰족하고 흑갈색 아린에 싸여있다. 아린은 겉에 털이 없다.

엽흔/관속흔 엽흔은 어긋나고 역삼각형~반원형이며, 관속흔은 3개다.

● **참고**

가지에 경침과 단지가 많이 발달하며, 겨울눈은 근연종들과 흡사하다. 수간이 곧게 자란다.

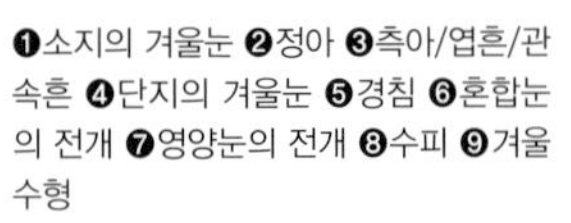

❶소지의 겨울눈 ❷정아 ❸측아/엽흔/관속흔 ❹단지의 겨울눈 ❺경침 ❻혼합눈의 전개 ❼영양눈의 전개 ❽수피 ❾겨울수형

✽**식별 포인트** 겨울눈/가시(경침)/열매(꽃받침 흔적 있음)

2011. 11. 7. 경기 수원시

콩배나무

***Pyrus calleryana* Decne. var. *fauriei* (C.K.Schneid.) Rehder**
(*Pyrus calleryana* Decne.)

장미과
ROSACEAE Juss.

● 분포

중국(산둥반도 이남), 일본, 타이완, 한국

❖**국내분포** 경기 이남(주로 전남, 전북)의 낮은 산지에 드물게 분포

● 형태

수형 낙엽 소교목. 높이 5~8m까지 자란다고 하지만, 국내에는 2m 미만의 나무가 흔하다.

수피/소지 수피는 진한 회색~흑자색이고 차츰 그물 모양으로 갈라진다. 소지는 회갈색~갈색을 띠고 밝은색의 피목이 드문드문 생기며 광택이 난다. 소지 끝에는 굵고 짧은 경침이 생기기도 하며 단지가 발달한다.

겨울눈 영양눈 또는 혼합눈이다. 겨울눈은 삼각상 난형~난형이고 적갈색~갈색 아린에 싸여있다. 아린은 겉에 털이 없다.

엽흔/관속흔 엽흔은 어긋나고 반원형이며, 관속흔은 3개다.

● 참고

주로 남부지방에 분포하지만, 해안선을 따라 중부지방에서도 간혹 볼 수 있다. 검게 변색한 작은 열매가 가지에 달린 채 월동하는 모습이 흔히 보인다.

❶소지의 겨울눈 ❷단지의 겨울눈 ❸경침 ❹열매(겨울) ❺충영 ❻혼합눈의 전개
*식별 포인트 겨울눈/가시(경침)/열매

야광나무
***Malus baccata* (L.) Borkh.**

장미과
ROSACEAE Juss.

2020. 11. 28. 강원 평창군

●분포

중국(동북부), 일본, 부탄, 네팔, 몽골, 러시아(동부), 한국

❖국내분포 지리산 이북의 산지 및 계곡부

●형태

수형 낙엽 소교목 또는 교목. 높이 6~10m까지 자란다.

수피/소지 수피는 회갈색이고, 차츰 세로로 갈라지며 껍질이 조각조각 떨어진다. 소지는 갈색을 띠고 피목이 드문드문 생기며, 광택이 나고 털이 없다. 단지가 발달한다.

겨울눈 영양눈 또는 혼합눈이다. 겨울눈은 난형이고 갈색 아린에 싸여 있다. 아린의 가장자리를 따라 회백색 털이 약간 있다.

엽흔/관속흔 엽흔은 어긋나고 반원형~역삼각형이며, 관속흔은 3개다.

●참고

수피만 놓고 보면 산돌배나무와 비슷하지만, 야광나무는 대개 경침이 발달하지 않는다. 가지에 열매가 달린 채 월동하는 모습이 흔히 보인다.

❶소지의 겨울눈 ❷정아/측아 ❸단지 ❹엽흔/관속흔 ❺혼합눈의 전개 ❻열매(겨울) ❼겨울 수형

*식별 포인트 겨울눈/열매

2020. 1. 11. 제주

아그배나무

***Malus toringo* (Siebold) de Vriese**

[*Malus sieboldii* (Regel) Rehder]

장미과

ROSACEAE Juss.

●분포

중국(중남부), 일본, 러시아(동부), 한국

❖국내분포 중부 이남의 산지(중부 지방에는 덕유산과 설악산, 서해 도서에 드물게 분포하며 제주에는 비교적 흔함)

●형태

수형 낙엽 소교목. 높이 3~6m까지 자란다.

수피/소지 수피는 회갈색이고 차츰 세로로 갈라져 조각조각 떨어진다. 소지는 황갈색~갈색을 띠고 피목이 드문드문 생기며, 광택이 나고 잔털이 약간 있다. 단지가 발달한다.

겨울눈 영양눈 또는 혼합눈이다. 겨울눈은 난형~장난형이고 적갈색~갈색 아린에 싸여있다. 아린은 겉에 털이 없다.

엽흔/관속흔 엽흔은 어긋나고 반원형~광타원형이며, 관속흔은 3개다.

●참고

가지에 열매가 달린 채 월동하는 모습이 흔히 보인다.

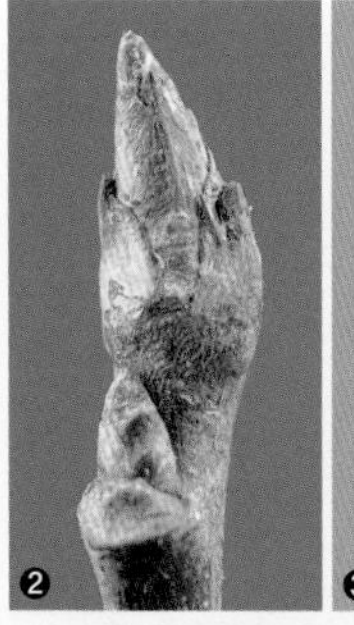

❶소지의 겨울눈 ❷정아 ❸단지의 겨울눈 ❹측아 ❺엽흔/관속흔 ❻혼합눈의 전개 ❼열매(겨울) ❽겨울 수형 ❾❿사과나무(*M. pumila* Mill.)

✲식별 포인트 겨울눈/소지(털)/열매

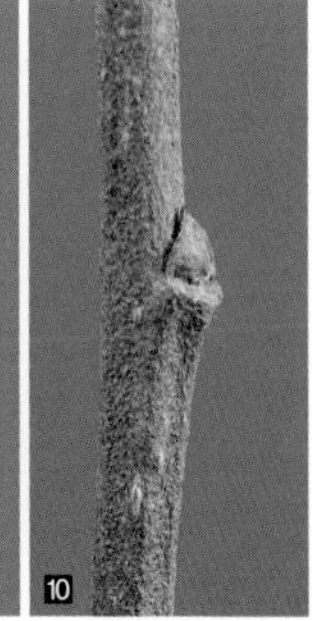

이노리나무

***Malus komarovii* (Sarg.) Rehder**

장미과

ROSACEAE Juss.

●**분포**

중국(백두산), 한국

❖**국내분포** 강원(설악산, 점봉산) 이북의 산지

●**형태**

수형 낙엽 관목. 높이 3m까지 자란다.

수피/소지 수피는 회갈색~회색이고 광택이 나며, 오래되면 세로로 불규칙하게 갈라져 조각난 껍질이 떨어진다. 소지는 적갈색~회갈색을 띠고 털이 없으며 피목이 드문드문 있다. 단지가 발달한다.

겨울눈 영양눈 또는 혼합눈이다. 겨울눈은 폭이 좁은 난형이고 길이 2~4㎜이며 적갈색~갈색 아린에 싸여있다. 아린은 가장자리를 따라 회백색 털이 있다.

엽흔/관속흔 엽흔은 어긋나고 선형~찌그러진 U자형이며, 관속흔은 3개다.

●**참고**

겨울철 눈에 덮인 가지가 휘어져 지면에 닿는 부위에서 다시 뿌리를 내는 생태적 특성(휘묻이)으로 인하여 수관이 그다지 단정하지 않고 가지가 사방으로 뻗는다.

2021. 2. 22. 강원 인제군

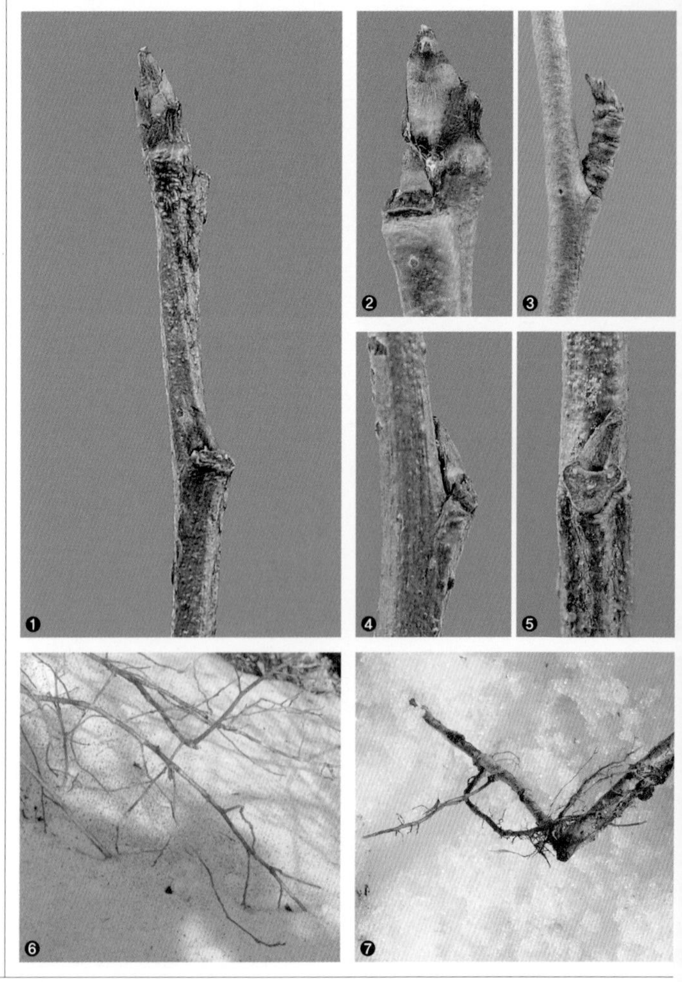

❶소지의 겨울눈 ❷정아/측아 ❸단지의 겨울눈 ❹측아 ❺엽흔/관속흔 ❻❼눈에 짓눌린 가지가 눈 속에서 뿌리를 내는 모습

✲식별 포인트 겨울눈/열매

2021. 2. 9. 제주

채진목

***Amelanchier asiatica* (Siebold & Zucc.) Endl. ex Walp.**

장미과
ROSACEAE Juss.

●분포

중국(중남부에 드물게 분포), 일본, 한국

❖**국내분포** 제주 중산간지대 계곡부에 매우 드물게 자람

●형태

수형 낙엽 소교목 또는 교목. 높이 12m까지 자란다.

수피/소지 수피는 회색~진회색이고 세로로 얕게 갈라진다. 소지는 회갈색~갈색을 띠고 털이 없으며 피목이 많다. 단지가 발달한다.

겨울눈 영양눈 또는 혼합눈이다. 겨울눈은 폭이 좁은 난형~피침형이고 길이 4~8㎜이며 적색~적갈색 아린에 싸여있다. 아린의 가장자리 사이로는 백색 털이 무성하게 삐져나온다.

엽흔/관속흔 엽흔은 어긋나고 U자형이며, 관속흔은 3개다.

●참고

길고 뾰족한 겨울눈 모양이 독특해서 식별이 어렵지 않다. 국내 자생지인 제주에서도 매우 보기 힘든 식물이다.

❶소지의 겨울눈 ❷측아 ❸엽흔/관속흔 ❹단지의 겨울눈 ❺겨울 수형 ❻혼합눈의 전개 ❼캐나다채진목[*A. canadensis* (L.) Medik.]

✻식별 포인트 겨울눈/분포역

자귀나무

Albizia julibrissin **Durazz.**

콩과

FABACEAE Juss.

2021. 1. 5. 서울특별시

●분포

북반구 열대~온대지역에 광범위하게 분포

❖국내분포 황해도~강원 이남 하천변 또는 양지바른 산지

●형태

수형 낙엽 소교목 또는 교목. 높이 4~10m까지 자란다.

수피/소지 수피는 회갈색~흑갈색이고, 피목이 촘촘하게 발달하며 점차 세로로 얕게 갈라진다. 소지는 갈색~녹갈색을 띠고 피목이 드문드문 있으며, 털이 없고 가지 끝이 지그재그형으로 굽는다.

겨울눈 영양눈 또는 혼합눈이다. 겨울눈은 반구형~원형이고 직경 1~2㎜이며 2~4개의 아린에 싸여있다. 아린은 진한 갈색을 띠고 털이 없다.

엽흔/관속흔 엽흔은 어긋나고 역삼각형이며, 관속흔은 3개다.

●참고

근연종인 왕자귀나무는 겨울눈만으로는 자귀나무와 구별하기 어렵다.

❶분지 형태. 소지 끝에 과축과 열매가 남는다. ❷❸엽흔/관속흔 ❹❺측아 ❻겨울눈의 전개 7-9왕자귀나무[*A. kalkora* (Roxb.) Prain]

✲식별 포인트 겨울눈/소지/엽흔/열매

2020. 1. 29. 서울특별시

박태기나무

Cercis chinensis **Bunge**

콩과

FABACEAE Juss.

●분포

중국(중남부)의 석회암지대 원산

❖**국내분포** 조경용으로 전국에 식재

●형태

수형 낙엽 관목. 높이 2~5m까지 자란다.

수피/소지 수피는 회백색이고 매끈하며 작은 피목이 생긴다. 소지는 갈색을 띠고 피목이 드문드문 생기며 광택이 난다.

겨울눈 영양눈 또는 생식눈이다. 영양눈은 난형, 생식눈은 난형~타원형이고 10개 이상이 한데 모여 달린다. 겨울눈은 모두 자갈색~흑갈색 아린에 싸여있고 아린의 가장자리를 따라 갈색 털이 있다.

엽흔/관속흔 엽흔은 어긋나고 반원형~찌그러진 원형이며, 관속흔은 3개다.

●참고

지면부터 여러 갈래의 줄기가 나와서 덤불 같은 수관을 이루기도 한다. 가지에 열매가 달린 채 월동하는 모습이 흔히 보인다.

❶소지의 겨울눈 ❷준정아(영양눈) ❸측아(영양눈) ❹❺측아(생식눈) ❻영양눈의 전개 ❼생식눈의 전개 ❽열매(겨울)

*식별 포인트 겨울눈/열매

실거리나무

***Caesalpinia decapetala* (Roth) Alston**

콩과

FABACEAE Juss.

2003. 2. 3. 제주

●분포

중국(남부), 일본(혼슈 이남), 인도, 동남아시아, 스리랑카, 타이완, 한국 등

❖국내분포 서남해 도서(경남, 전남, 전북, 충남) 및 제주의 산야

●형태

수형 낙엽 덩굴성 목본. 길이 4~6m까지 자라고 줄기와 가지가 길게 뻗는다.

수피/소지 수피는 갈색~회갈색이고 작은 피목이 발달하며 단단하고 날카로운 피침이 많이 생긴다. 소지는 황갈색~갈색을 띠고 돌기 모양의 피목이 발달하며 광택이 난다. 식물체 전체에 아래로 굽은 날카로운 피침이 많이 생긴다.

겨울눈 영양눈 또는 혼합눈이다. 겨울눈은 원뿔형이고 자루가 있으며 아린이 없다. 겉에는 황갈색 털이 밀생한다. 흔히 엽흔 위쪽에 겨울눈과 여러 개의 중생부아가 일렬로 난다.

엽흔/관속흔 엽흔은 어긋나고 찌그러진 역삼각형~원형이며, 관속흔은 여러 개가 불규칙하게 배열된다.

●참고

줄기에 발달하는 갈고리 같은 피침은 다른 식물을 타고 올라갈 때 식물체를 고정하는 역할을 한다.

❶겨울눈/중생부아 ❷혼합눈(또는 영양눈) ❸엽흔/관속흔 ❹겨울눈의 전개 ❺열매의 내부(겨울) ❻줄기의 피침

✲식별 포인트 겨울눈/가시(피침)/열매

2021. 3. 2. 서울특별시

주엽나무

***Gleditsia japonica* Miq.**

콩과

FABACEAE Juss.

●분포

중국, 일본(혼슈 이남), 한국

❖국내분포 전국의 낮은 지대 계곡 및 하천의 가장자리에 매우 드물게 자람

●형태

수형 낙엽 교목. 높이 20m, 직경 1m까지 자란다.

수피/소지 수피는 흑갈색~회갈색이고 사마귀 모양의 피목이 발달하며, 오래되면 세로로 갈라진다. 소지는 녹갈색~적갈색을 띠고 털이 없으며 피목이 있다. 흔히 줄기나 맹아지에 횡단면이 약간 납작한 원형인 경침이 생긴다.

겨울눈 영양눈 또는 혼합눈(간혹 생식눈)이다. 겨울눈은 엽흔 속에 숨어있거나 약간 돌출하며, 반구형이다. 아린은 적갈색~갈색을 띠고, 간혹 중생부아가 발달하기도 한다.

엽흔/관속흔 엽흔은 어긋나고 찌그러진 U자~광타원형이며, 관속흔은 3개다.

●참고

고궁이나 식물원에 식재한 나무는 드물지 않게 볼 수 있지만, 국내 자생지는 매우 드문 식물이다.

❶준정아 ❷측아 ❸❹엽흔/관속흔 ❺혼합눈의 전개 ❻줄기에 발달한 경침 ❼겨울 수형

✲식별 포인트 겨울눈/가시(경침)/열매

조각자나무

***Gleditsia sinensis* Lam.**

콩과
FABACEAE Juss.

2021. 12. 17. 경북 경주시

●분포

중국(중남부) 원산

❖국내분포 전국에 드물게 식재

●형태

수형 낙엽 교목. 높이 30m까지 자란다.

수피/소지 수피는 회갈색이고 작은 피목과 더불어 사마귀 모양의 큰 피목이 생긴다. 소지는 갈색을 띠고 털이 없으며 피목이 있고 광택이 난다. 흔히 줄기나 맹아지에 횡단면이 둥근 경침이 생긴다.

겨울눈 영양눈 또는 혼합눈(간혹 생식눈)이다. 겨울눈은 난형이고 길이 4~6㎜이며 갈색~적갈색 아린에 싸여있다. 아린 끝과 가장자리를 따라 백색 털이 있다. 흔히 준정아와 측아의 위·아래쪽에 중생부아가 1~2개 생긴다.

엽흔/관속흔 엽흔은 어긋나고 찌그러진 광타원형이거나 역삼각형~V자형이며, 관속흔은 3개다.

●참고

주엽나무처럼 줄기에 억센 경침이 발달하지만, 주엽나무와 달리 경침의 횡단면이 둥글다.

❶소지의 겨울눈 ❷측아/중생부아 ❸엽흔/관속흔 ❹영양눈의 전개 ❺경침 ❻분지 형태

✲식별 포인트 겨울눈/가시(경침)/열매

2022. 1. 7. 경기 가평군

다릅나무

Maackia amurensis **Rupr.**

콩과

FABACEAE Juss.

●분포

중국(산둥반도 이북), 일본(혼슈 이북), 러시아(동부), 한국

❖국내분포 전국의 산지

●형태

수형 낙엽 교목. 높이 7~15m, 직경 60㎝까지 자란다.

수피/소지 수피는 녹갈색~회갈색이고 광택이 나며, 오래되면 종잇장처럼 벗겨져서 세로로 둥글게 말린다. 소지는 녹갈색~회갈색을 띠고 털이 없으며 피목이 드문드문 있고 광택이 난다.

겨울눈 영양눈 또는 혼합눈이다. 겨울눈은 난형~광난형이고 길이 4~6㎜이며 녹갈색~적(흑)갈색 아린에 싸여있다. 아린은 겉과 가장자리를 따라 털이 약간 있다.

엽흔/관속흔 엽흔은 어긋나고 반원형~V자형이며, 관속흔은 3개다. 보통 엽흔이 가지에서 도드라지고 테두리가 갈색을 띠기도 한다.

●참고

녹갈색을 띠는 수피의 껍질이 일어나 세로로 둥글게 말리는 점이 특징적이다.

❶소지의 겨울눈 ❷준정아 ❸측아 ❹측아/엽흔/관속흔 ❺수피. 녹갈색을 띠며 껍질이 세로로 둥글게 말린다. ❻겨울눈의 전개 ❼분지 형태

✲식별 포인트 겨울눈/수피/열매

솔비나무

***Maackia floribunda* (Miq.) Takeda**

콩과
FABACEAE Juss.

2022. 1. 14. 제주

● 분포

일본(혼슈 이남), 한국

❖**국내분포** 제주의 해발고도 1,200m 이하 산지

● 형태

수형 낙엽 소교목 또는 교목. 높이 7~10(~15)m까지 자란다.

수피/소지 수피는 녹갈색~회갈색이고 둥근꼴의 피목이 드문드문 생기며, 오래되면 종잇장처럼 벗겨져서 세로로 둥글게 말린다. 소지는 녹갈색~회갈색을 띠고 털이 없으며, 피목이 드문드문 있고 광택이 난다.

겨울눈 영양눈 또는 혼합눈이다. 겨울눈은 난형~광난형이고 길이 3~5㎜이며 녹갈색~적(흑)갈색 아린에 싸여있다. 아린은 겉에 털이 없고 광택이 난다.

엽흔/관속흔 엽흔은 어긋나고 반원형~V자형이며, 관속흔은 3개다. 보통 엽흔이 가지에서 도드라지고 테두리가 적갈색을 띠기도 한다.

● 참고

외양만으로는 겨울철에 다릅나무와 구별하기 어렵다. 국내에서는 제주도에만 자생한다.

❶소지의 겨울눈 ❷❸준정아 ❹측아 ❺엽흔/관속흔 ❻수피(어린나무) ❼열매(겨울) ❽❾겨울눈의 전개 과정. 다릅나무보다 소엽의 개수가 더 많다.

✲식별 포인트 겨울눈/수피/열매

2021. 3. 2. 서울특별시

회화나무

***Styphnolobium japonicum* (L.) Schott**
(*Sophora japonica* L.)

콩과
FABACEAE Juss.

● **분포**

중국 원산(불명확)

❖**국내분포** 정원수 및 가로수로 전국에 식재

● **형태**

수형 낙엽 교목. 높이 25m까지 자란다.

수피/소지 수피는 회갈색~흑갈색이고 세로로 깊게 갈라진다. 소지는 녹갈색을 띠고 회백색 털이 많으며 피목이 드문드문 있다.

겨울눈 영양눈 또는 혼합눈이다. 겨울눈은 엽흔 속에 생기고 구형~반구형이며 아린은 자갈색~흑갈색을 띤다. 겨울눈이 겉에 드러나므로 은아로 볼 수 없으며, 가끔 준정아와 측아 아래쪽에 중생부아가 발달하기도 한다.

엽흔/관속흔 엽흔은 어긋나고 반원형~찌그러진 V자형이며, 관속흔은 3개다.

● **참고**

가지가 사방으로 구불구불 뻗는다. 국내에서는 고궁이나 서원 등지에서 큰 나무를 볼 수 있다.

❶소지의 겨울눈 ❷측아/엽흔/관속흔 ❸측아 ❹❺겨울눈의 전개 과정 ❻열매(겨울) ❼겨울 수형(노목)

✲**식별 포인트** 겨울눈/수피/열매

개느삼

***Sophora koreensis* Nakai**

콩과
FABACEAE Juss.

●분포

한국(한반도 고유종)

❖국내분포 강원(인제군, 춘천시, 양구군) 이북 건조한 산지의 능선부 및 풀밭

●형태

수형 낙엽 관목. 높이 0.4~1m까지 자란다. 땅속줄기가 길게 뻗는 특징이 있다.

수피/소지 수피는 적갈색이고 표면에 피목이 드문드문 있다. 소지는 짙은 갈색을 띠고 표면에 갈색 털이 밀생한다.

겨울눈 영양눈 또는 혼합눈이다. 겨울눈은 삼각형~삼각상 난형이고 길이 1~3㎜이며, 밝은 갈색 털이 밀생하는 아린에 싸여있다. 흔히 소지에 한 쌍의 탁엽과 합생한 엽침(葉枕)이 겨울눈을 가리고 있다.

엽흔/관속흔 엽흔은 어긋나고 V자~U자형이다. 관속흔은 3개이거나 1개처럼 보인다.

●참고

자생지가 매우 드문 희귀식물이다. 주로 땅속줄기를 통해 번식한다.

2020. 1. 1. 강원 화천군

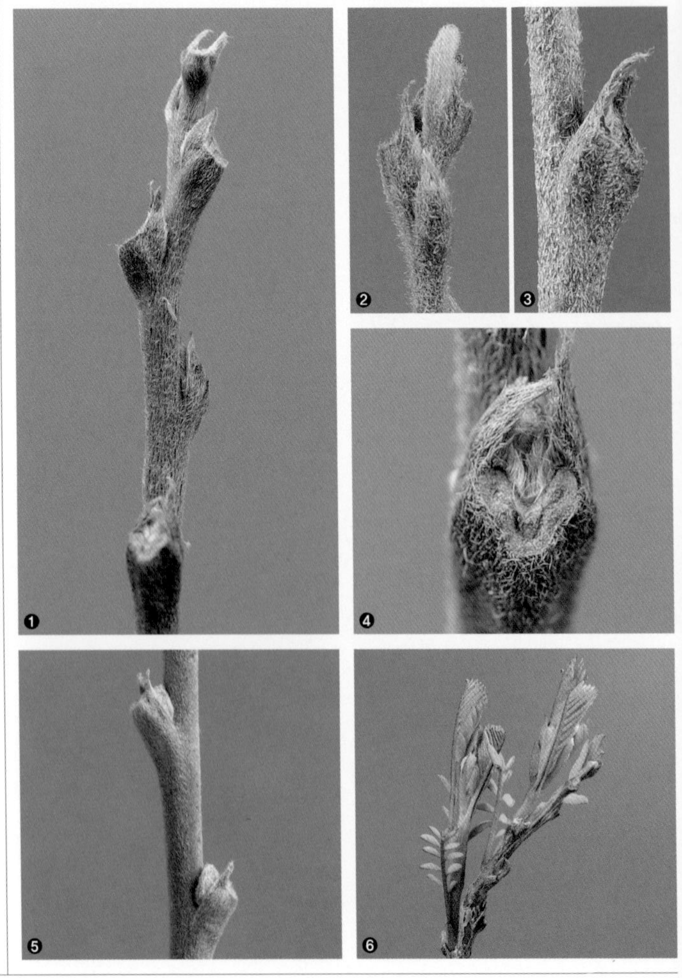

❶소지의 겨울눈 ❷소지 끝의 겨울눈. 엽침에 가려서 잘 보이지 않는다. ❸엽침 ❹엽흔/관속흔 ❺측아 ❻혼합눈의 전개

*식별 포인트 겨울눈/수형/열매

2019. 12. 29. 서울특별시

골담초

***Caragana sinica* (Buc'hoz) Rehder**

콩과
FABACEAE Juss.

●분포

중국 원산

❖국내분포 약용으로 재배하거나 관상용으로 정원에 식재

●형태

수형 낙엽 관목. 높이 2m까지 자란다.

수피/소지 수피는 회갈색~짙은 갈색이고 가로로 긴 피목이 생긴다. 소지는 갈색을 띠고 광택이 나며 표면에 세로줄이 생긴다. 종종 단지가 발달한다.

겨울눈 영양눈 또는 혼합눈이다. 겨울눈은 난형이고 끝부분이 가시처럼 뾰족하며 갈색 아린에 싸여있다. 아린은 광택이 난다. 성숙한 나무의 소지 끝과 단지에는 흔히 혼합눈이 발달하고, 간혹 끝이 뾰족한 엽축이 남기도 한다.

엽흔/관속흔 엽흔은 어긋나고 원형~광타원형이며, 관속흔은 1~3개다. 엽흔의 가장자리에는 탁엽이 변한 한 쌍의 엽침이 남는다.

●참고

정원이나 민가에 식재한다. 도입식물인지라 야생에서는 볼 수 없다.

❶소지의 겨울눈 ❷단지 ❸영양눈의 전개 ❹혼합눈의 전개 ❺수피 ❻겨울 수형

✲식별 포인트 겨울눈/수형/가시(엽침)/열매

참골담초

Caragana fruticosa **(Pall.) Besser**

콩과

FABACEAE Juss.

● 분포

중국(동북부), 러시아(동부), 한국

❖국내분포 강원(평창군, 정선군, 영월군), 황해도, 평남, 함남, 함북의 산지 바위지대 및 건조한 곳

● 형태

수형 낙엽 관목. 높이 2m까지 자란다.

수피/소지 수피는 녹갈색~회갈색이고 광택이 약간 있다. 소지는 녹갈색~담갈색을 띠고 광택이 나며 표면에 세로줄이 생긴다. 종종 단지가 발달한다.

겨울눈 영양눈 또는 혼합눈이다. 겨울눈은 난형이고 담갈색 아린에 싸여있다. 아린은 광택이 난다. 성숙한 나무의 소지 끝과 단지에는 흔히 혼합눈이 발달한다.

엽흔/관속흔 엽흔은 어긋나고 광타원형이며, 관속흔은 1~3개다. 엽흔의 가장자리에는 탁엽이 변한 한 쌍의 엽침이 남는다.

● 참고

국내에는 자생지가 많이 알려지지 않은 희귀식물이다. 가늘고 긴 엽침의 모습이 두드러진다.

2020. 3. 5. 강원 평창군

❶소지의 겨울눈 ❷❸정아/측아 ❹측아 ❺엽흔/관속흔/엽침 ❻영양눈의 전개 ❼혼합눈의 전개

✲식별 포인트 겨울눈/수형/가시(엽침)/열매

2020. 3. 5. 강원 평창군

족제비싸리
***Amorpha fruticosa* L.**

콩과
FABACEAE Juss.

●분포

북아메리카 원산

❖국내분포 전국의 숲 가장자리, 길가 및 하천 주변에 식재

●형태

수형 낙엽 관목. 높이 2~3m까지 자란다.

수피/소지 수피는 회갈색~회색이고 매끈하다. 소지는 갈색을 띠고 털이 없으며 피목이 드문드문 있다.

겨울눈 영양눈 또는 혼합눈이다. 겨울눈은 난형이고 길이 1~3㎜이며 적갈색 아린에 싸여있다. 아린은 겉에 털이 없다. 흔히 소지 끝이 마르고, 준정아나 측아의 아래쪽에 중생부아가 1~3개씩 생긴다.

엽흔/관속흔 엽흔은 어긋나고 역삼각형~광타원형이며, 관속흔은 3개이거나 불분명하다. 흔히 엽흔의 양쪽에 탁엽흔이 돌기 형태로 남는다.

●참고

겨울철에도 가지에 열매가 남으므로 식별이 어렵지 않다.

❶소지의 겨울눈 ❷엽흔/관속흔/탁엽흔 ❸❹측아/중생부아 ❺영양눈의 전개 ❻혼합눈의 전개 ❼열매(겨울) ❽겨울 수형
*식별 포인트 겨울눈/탁엽흔/열매

칡

***Pueraria montana* (Lour.) Merr. var. *lobata* (Willd.) Maesen & S.M.Almeida ex Sanjappa & Predeep**
[*Pueraria lobata* (Willd.) Ohwi]

콩과
FABACEAE Juss.

2022. 1. 27. 경기 남양주시

● 분포

중국, 일본, 서아시아, 러시아(동부), 한국

❖국내분포 전국의 산야

● 형태

수형 낙엽 덩굴성 목본. 길이 10m까지 자란다.

수피/소지 수피는 갈색~흑갈색이고 피목이 발달하며 오래되면 세로로 갈라진다. 소지는 갈색을 띠고 황갈색 긴 털이 밀생하며, 피목이 드문드문 있다.

겨울눈 영양눈 또는 혼합눈이다. 난형~광난형이고 길이 3~5㎜이며 갈색 아린에 싸여있다. 아린은 겉에 황갈색 털이 밀생한다. 흔히 소지 끝이 마르고, 준정아나 측아 양쪽에 한 쌍의 병생부아가 발달한다.

엽흔/관속흔 엽흔은 어긋나고 찌그러진 타원형이며, 종종 엽흔의 양쪽에 피침상 난형의 탁엽이 남기도 한다. 관속흔은 3개다.

● 참고

겨울철에도 종자가 빠져나간 열매가 줄기에 달린 모습이 흔하다. 덩굴은 오른쪽감기를 한다.

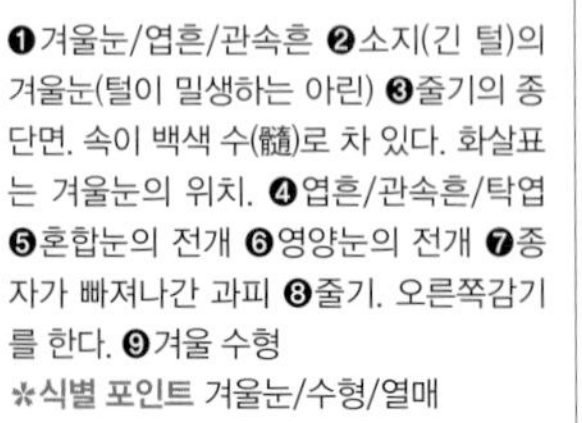

❶겨울눈/엽흔/관속흔 ❷소지(긴 털)의 겨울눈(털이 밀생하는 아린) ❸줄기의 종단면. 속이 백색 수(髓)로 차 있다. 화살표는 겨울눈의 위치. ❹엽흔/관속흔/탁엽 ❺혼합눈의 전개 ❻영양눈의 전개 ❼종자가 빠져나간 과피 ❽줄기. 오른쪽감기를 한다. ❾겨울 수형
✲식별 포인트 겨울눈/수형/열매

2021. 2. 23. 제주

낭아초

***Indigofera pseudotinctoria* Matsum.**

콩과

FABACEAE Juss.

●분포

일본, 한국

❖국내분포 경남, 경북, 전남, 전북, 제주의 바다 가까운 초지

●형태

수형 낙엽 반관목. 흔히 지표면을 기면서 자란다.

수피/소지 수피는 회갈색~회색이고 피목이 드문드문 있다. 소지는 녹색~녹갈색을 띠고 털이 없으며 광택이 난다. 흔히 5~7개의 가는 세로줄이 살짝 돌출한다.

겨울눈 영양눈 또는 혼합눈이다. 겨울눈은 난형~구형이고 길이 1~1.5㎜이며 갈색 아린에 싸여있다. 아린은 겉에 백색 털이 밀생한다. 흔히 소지의 대부분이 마르고 소지의 기부에 겨울눈이 발달한다.

엽흔/관속흔 엽흔은 어긋나고 찌그러진 반원형~광타원형이며, 관속흔은 3개다. 흔히 엽흔은 줄기에서 도드라진다.

●참고

겨울철에는 소지가 아래쪽 일부만 제외하고 대부분 말라버린다. 열매는 종자가 빠져나간 다음 나선형으로 꼬인다.

❶소지 하단의 겨울눈 ❷❸측아 ❹엽흔/관속흔 ❺혼합눈의 전개 ❻소지의 하단부에서 새로 자란 줄기 ❼-❾큰낭아초(*I. bungeana* Walp.). 소지 끝이 마르지 않고 겨울눈이 생긴다.

＊식별 포인트 겨울눈/소지(세로줄)/열매

땅비싸리

***Indigofera kirilowii* Maxim. ex Palib.**

콩과

FABACEAE Juss.

●분포

중국(동북부), 일본(쓰시마섬), 한국

❖국내분포 전남, 전북을 제외한 전국의 산지

●형태

수형 낙엽 소관목. 높이 30~100㎝로 자란다. 땅속줄기에서 많은 줄기가 나와 큰 개체군을 이루기도 한다.

수피/소지 수피는 회갈색~회색이고 세로로 얕게 갈라지며 갈라진 부위 가장자리를 따라 피목이 밀생한다. 소지는 담갈색~갈색을 띠고 털이 없으며 광택이 난다.

겨울눈 영양눈 또는 혼합눈이다. 겨울눈은 난상 구형~난형이고 갈색 아린에 싸여있다. 중부지방에서는 흔히 소지가 거의 마르고 아래쪽에만 겨울눈이 발달하며, 줄기 아래쪽에는 부정아가 생긴다. 준정아와 측아 양쪽에는 병생부아가 1~2개씩 발달하기도 한다.

엽흔/관속흔 엽흔은 어긋나고 찌그러진 반원형~광타원형이며, 관속흔은 3개다. 엽흔은 흔히 줄기에서 도드라진다.

●참고

흔히 겨울철에도 종자가 빠져나간 열매가 가지에 달려있다. 땅속줄기로 번식하여 군락을 이루는 것이 특징이다.

2022. 2. 22. 경기 의왕시

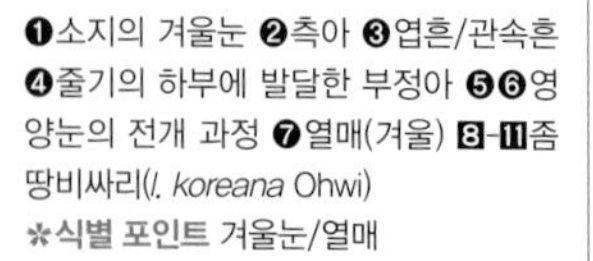

❶소지의 겨울눈 ❷측아 ❸엽흔/관속흔 ❹줄기의 하부에 발달한 부정아 ❺❻영양눈의 전개 과정 ❼열매(겨울) 8-11좀땅비싸리(*I. koreana* Ohwi)

✲식별 포인트 겨울눈/열매

된장풀

***Ohwia caudata* (Thunb.) H. Ohashi**

콩과
FABACEAE Juss.

2021. 2. 9. 제주

●분포

중국(중남부), 일본, 인도, 타이완, 인도네시아, 한국

❖국내분포 제주 산지의 길가 및 숲 가장자리

●형태

수형 낙엽 소관목 또는 반관목. 높이 1~2m까지 자라고 밑에서 가지가 많이 갈라진다.

수피/소지 수피는 녹갈색~회갈색이고 피목이 생긴다. 소지는 담갈색을 띠고 백색 털과 피목이 있으며 광택이 난다. 표면은 얕게 골이 진다.

겨울눈 영양눈 또는 혼합눈이다. 겨울눈은 장난형이고 길이 3~5㎜이며 갈색 아린에 싸여있다. 아린은 끝이 가늘고 길며, 겉에 백색 털이 약간 있다.

엽흔/관속흔 엽흔은 어긋나고 역삼각형~광타원형이며, 관속흔은 3개다. 엽흔의 양쪽에는 아린보다 긴 침형의 탁엽이 한 쌍 남는다.

●참고

겉에 굽은 털이 밀생하여 벨크로 같은 구조를 지닌 열매는 옷이나 짐승의 털에 잘 들러붙는다.

❶(↓)소지/2년지의 겨울눈 ❷2년지의 겨울눈 ❸-❺측아/탁엽/엽흔/관속흔 ❻혼합눈의 전개 ❼열매(겨울)

✲식별 포인트 겨울눈/수형/탁엽/열매

싸리

***Lespedeza bicolor* Turcz.**

콩과
FABACEAE Juss.

●분포

중국(중부 이북), 일본, 몽골, 러시아(동부), 한국

❖**국내분포** 전국의 산야

●형태

수형 낙엽 관목. 높이 1.5~3m로 자란다.

수피/소지 수피는 회색~적갈색이고 피목이 생긴다. 소지는 갈색을 띠고 표면에 약간의 털이 있다.

겨울눈 영양눈 또는 혼합눈이다. 겨울눈은 난형이고 길이 2~4㎜이며 갈색 아린에 싸여있다. 아린 끝과 가장자리에 백색의 짧은 털이 있다. 흔히 병생부아가 1~2개씩 생긴다.

엽흔/관속흔 엽흔은 어긋나고 역삼각형~반원형이며, 관속흔은 1개다. 엽흔의 가장자리에 침형 탁엽이 한 쌍 남기도 한다.

●참고

참싸리와 마찬가지로 전국적으로 흔한 식물이다. 겨울이 되면 참싸리와 마찬가지로 마른 소지가 둥글게 말리는 모습이 흔히 보인다.

2020. 1. 26. 경남 양산시

❶겨울눈 ❷측아/병생부아/엽흔/관속흔 ❸측아 ❹측아/아린 ❺소지의 기부에 발달하는 겨울눈 ❻겨울눈의 전개 ❼혼합눈의 전개

✲**식별 포인트** 겨울눈(성긴 털)

2022. 1. 22. 전남 진도군

참싸리

Lespedeza cyrtobotrya **Miq.**

콩과

FABACEAE Juss.

●분포

중국(중북부), 일본, 러시아(동부), 한국

❖국내분포 전국의 산야

●형태

수형 낙엽 관목. 높이 1~3m로 자란다.

수피/소지 수피는 회색~흑갈색이고 표면에 피목이 생긴다. 소지는 갈색을 띠고 표면에 백색의 누운털이 드문드문 난다.

겨울눈 영양눈 또는 혼합눈이다. 겨울눈은 난형이고 길이 2~4㎜이며 갈색 아린에 싸여있다. 아린은 겉에 백색의 짧은 털이 밀생한다. 흔히 병생부아가 1~2개씩 생긴다.

엽흔/관속흔 엽흔은 주로 어긋나고 역삼각형~반원형이며, 관속흔은 1개다. 엽흔의 가장자리에 침형 탁엽이 한 쌍 남기도 한다.

●참고

서식 환경이 싸리와 비슷하지만, 겨울눈의 겉이 백색 털로 덮여있는 점이 싸리와 다르다.

❶겨울눈 ❷측아(마주나기) ❸측아/병생부아/엽흔/관속흔 ❹-❻혼합눈의 전개 과정

✽식별 포인트 겨울눈(털 밀생)

조록싸리

***Lespedeza maximowiczii* C.K.Schneid.**

콩과
FABACEAE Juss.

●분포

중국(중부 일부), 일본(쓰시마섬), 한국

❖국내분포 전국의 산지

●형태

수형 낙엽 관목. 높이 1~3m까지 자란다.

수피/소지 수피는 갈색~회갈색이고 오래되면 세로로 갈라진다. 소지는 갈색을 띤다.

겨울눈 영양눈 또는 혼합눈이다. 겨울눈은 폭이 좁은 난형이고 길이 3~5㎜이며 갈색 아린에 싸여있다. 아린은 끝과 가장자리를 따라 백색의 털이 있다. 흔히 겨울눈의 끝이 뾰족하고 소지 방향으로 살짝 굽는다.

엽흔/관속흔 엽흔은 어긋나고 반원형~타원형이며, 관속흔은 1개다. 엽흔의 가장자리에 침형 탁엽이 한 쌍 남기도 한다.

●참고

국내에 자생하는 여타 싸리류(*Lespedeza*)보다 겨울눈의 형태가 폭이 좁고 긴 편이다. 싸리나 참싸리와 달리 소지가 별로 마르지 않는다.

2021. 1. 17. 전북 부안군

❶소지의 겨울눈 ❷측아/엽흔/관속흔 ❸ ❹측아/탁엽 ❺영양눈의 전개 ❻수피(노목) ❼분지 형태

✲식별 포인트 겨울눈

2022. 2. 3. 경남 양산시

해변싸리

Lespedeza maritima **Nakai**

콩과

FABACEAE Juss.

●분포

한국(한반도 고유종)

❖국내분포 경남, 경북, 전남의 바닷가 가까운 산지

●형태

수형 낙엽 관목. 높이 1~3m까지 자란다. 가지가 많이 갈라지고 보통 가지의 윗부분이 아래로 처진다.

수피/소지 수피는 갈색이며 가로줄과 털이 있다. 소지는 녹갈색을 띠고 살짝 각지며 표면에 밝은 갈색의 털이 많다.

겨울눈 영양눈 또는 혼합눈이다. 겨울눈은 난형이고 길이 1~2㎜이며 갈색 아린에 싸여있다. 아린은 겉에 백색의 짧은 털이 밀생한다. 흔히 병생부아가 1개씩 생긴다.

엽흔/관속흔 엽흔은 어긋나고 반원형이며, 관속흔은 1개다. 엽흔의 가장자리에 침형 탁엽이 한 쌍 남기도 한다.

●참고

남부지방의 해안 가까운 산지에 자란다. 겨울눈과 아린의 겉에 백색 털이 많고 열매의 표면에도 털이 많다.

❶소지의 겨울눈 ❷측아 ❸측아/병생부아 ❹혼합눈의 전개 ❺수피 ❻열매(겨울) ❼겨울 수형

✲식별 포인트 겨울눈

삼색싸리

***Lespedeza buergeri* Miq.**

콩과

FABACEAE Juss.

2022. 1. 20. 전남 해남군

●분포

중국(중부), 일본(혼슈 이남), 한국

❖국내분포 경남, 전남의 산지

●형태

수형 낙엽 관목. 높이 1~3m까지 자란다.

수피/소지 수피는 회색이고 세로로 갈라진다. 소지는 갈색을 띠고 갈색 털이 밀생하다가 차츰 떨어지며, 종종 껍질이 세로로 찢어진다.

겨울눈 영양눈 또는 혼합눈이다. 겨울눈은 난형~폭이 좁은 난형이고 길이 1~3㎜이며 갈색 아린에 싸여 있다. 아린은 끝과 가장자리를 따라 백색 털이 있다. 흔히 병생부아가 1~2개씩 생긴다.

엽흔/관속흔 엽흔은 어긋나고 반원형~타원형이며, 관속흔은 1개다. 엽흔의 가장자리에는 침형 탁엽이 한 쌍 남기도 한다.

●참고

국내에서는 남부지방에 자생하며, 꽃이 없을 때는 조록싸리로 오인하기 쉽다.

❶소지의 겨울눈 ❷측아 ❸❹측아/병생부아/엽흔/관속흔 ❺혼합눈의 전개

✲식별 포인트 겨울눈

2020. 12. 28. 강원 영월군

아까시나무

***Robinia pseudoacacia* L.**

콩과
FABACEAE Juss.

●분포

북아메리카 원산

❖국내분포 전국의 산야에 식재되어 있으며 자생하는 것처럼 자람

●형태

수형 낙엽 교목. 높이 10~25m까지 자란다.

수피/소지 수피는 황갈색~회갈색이고 세로로 그물처럼 깊게 갈라진다. 소지는 적갈색~갈색을 띠고 돌기 같은 피목이 발달하며 광택이 난다. 또한, 표면에 세로줄이 생기고 지그재그형으로 뻗는다.

겨울눈 영양눈 또는 혼합눈이다. 겨울눈은 엽흔 속에 숨어있다. 엽흔의 중앙부에 살짝 돌출한 부위가 겨울눈이 나오는 곳이다.

엽흔/관속흔 엽흔은 어긋나고 찌그러진 원형이며, 관속흔은 3개다. 흔히 엽흔의 가장자리에 탁엽이 변한 가시(엽침)가 한 쌍 생긴다.

●참고

겨울철에도 가지에 열매를 그대로 달고 있는 모습이 흔히 보인다. 탁엽이 변한 가시가 눈에 띄는 특징이다.

❶소지의 겨울눈 ❷준정아/탁엽(가시)/엽흔/관속흔 ❸측아(엽흔을 뚫고 나오는 모습) ❹겨울눈의 전개 ❺혼합눈의 전개 ❻열매(겨울) ❼분지 형태
✲식별 포인트 겨울눈/가시(엽침)/열매

등
(등나무)

***Wisteria floribunda* (Willd.) DC.**

콩과
FABACEAE Juss.

2021. 2. 1. 경남 창녕군

●분포

일본(혼슈 이남), 한국

❖**국내분포** 경남과 경북의 숲 가장자리 또는 계곡에 야생. 흔히 조경용으로 이용.

●형태

수형 낙엽 덩굴성 목본. 다른 나무를 감고 자란다.

수피/소지 수피는 회갈색이고 세로로 갈라지며 표면에 피목이 생긴다. 소지는 담갈색을 띠고 털이 없으며 광택이 난다.

겨울눈 영양눈 또는 혼합눈이다. 겨울눈은 장난형이고 길이 4~8㎜이며 갈색 아린에 싸여있다. 아린은 광택이 난다.

엽흔/관속흔 엽흔은 어긋나고 반원형~광타원형이며, 관속흔은 3개다.

●참고

겨울철에도 열매가 줄기에 달려있는 모습이 흔히 보인다. 덩굴은 왼쪽감기를 한다.

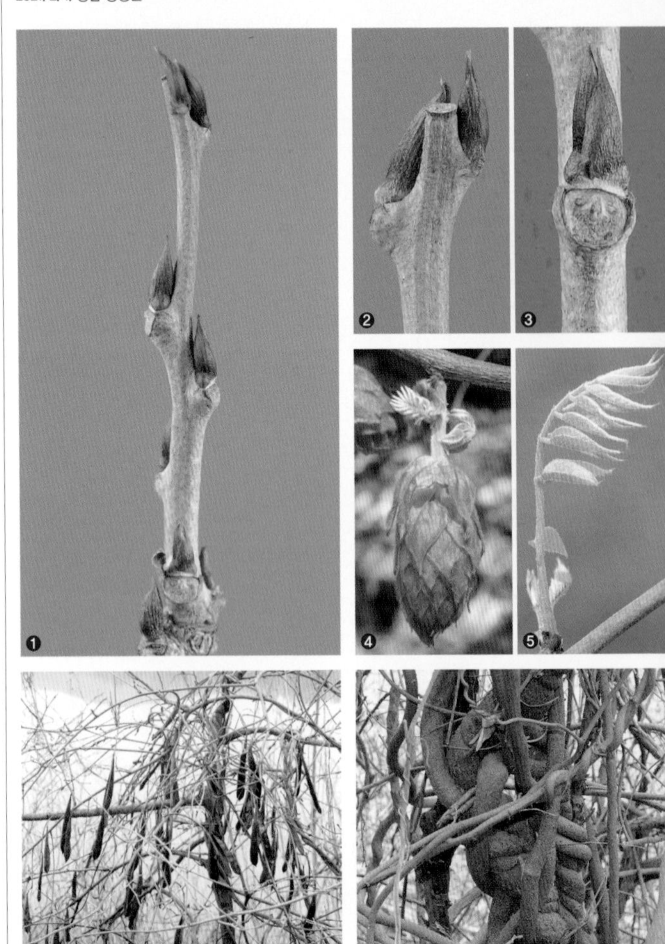

❶소지의 겨울눈 ❷준정아 ❸측아/엽흔/관속흔 ❹혼합눈의 전개 ❺영양눈의 전개 ❻종자가 빠져나간 열매 ❼수피. 덩굴은 왼쪽감기를 한다.

✻식별 포인트 겨울눈/수형/열매

애기등

***Millettia japonica* (Siebold & Zucc.) A.Gray**
(*Wisteria japonica* Siebold & Zucc.)

콩과
FABACEAE Juss.

2021. 1. 18. 전남 진도군

●분포

일본(혼슈 일부), 한국

❖국내분포 경남(거제도), 전라도(주로 서남해 도서지역)의 초지나 숲 가장자리

●형태

수형 낙엽 덩굴성 목본. 다른 나무를 감고 자란다.

수피/소지 수피는 황갈색~회갈색이고 세로로 갈라지며 표면에 피목이 생긴다. 소지는 갈색을 띠고 약간의 털이 있으며 광택이 난다.

겨울눈 영양눈 또는 혼합눈이다. 겨울눈은 난상 구형~난형이고 길이 1~3㎜이며 아린에 싸여있다. 아린은 갈색의 침 모양이고 겨울눈을 완전히 감싸지 않으며 겉에는 회백색의 털이 밀생한다. 간혹 겨울눈 아래쪽에 중생부아가 1개씩 생긴다.

엽흔/관속흔 엽흔은 어긋나고 반원형~원형이며, 관속흔은 3개다. 엽흔의 가장자리에 침상 탁엽이 한 쌍 남기도 한다.

●참고

원형에 가까운 엽흔이 줄기에서 살짝 도드라지고 겨울눈에 회백색 털이 밀생하는 점이 눈에 띄는 특징이다.

❶소지의 겨울눈 ❷겨울눈/탁엽 ❸측아/아린(털) ❹엽흔/관속흔/탁엽 ❺겨울눈의 전개 ❻혼합눈의 전개

✲식별 포인트 겨울눈/수형/열매

보리수나무

***Elaeagnus umbellata* Thunb.**

보리수나무과

ELAEAGNACEAE Juss.

2020. 2. 22. 경기 남양주시

●분포

중국(랴오닝성 이남), 일본(홋카이도 남부 이남), 한국

❖국내분포 중부 이남의 초지, 숲 가장자리 및 계곡부

●형태

수형 낙엽 관목. 높이 2~4m까지 자란다.

수피/소지 수피는 (녹)회색~회흑색이고 오래되면 세로로 길게 갈라진다. 어릴 때는 피목이 많고 밝은 녹회색을 띤다. 소지에는 표면에 은색과 갈색의 인모가 밀생한다. 흔히 경침이 발달하기도 한다.

겨울눈 영양눈 또는 혼합눈이다. 겨울눈은 난형~원형이고 길이 1~2㎜이며 아린이 없다. 겉에는 은색과 갈색의 인모가 밀생한다. 흔히 정아를 싸고 있는 겨울눈의 가장 바깥쪽 부위는 길이 5㎜ 안팎의 피침형으로 신장하여 마치 갈고리처럼 보이기도 한다.

엽흔/관속흔 엽흔은 어긋나고 반원형~광타원형이며, 관속흔은 1개다.

●참고

은색과 갈색의 인모로 뒤덮인 소지가 특징적이다.

❶소지/겨울눈의 비교: 보리수나무(左中)/뜰보리수(右) ❷정아 ❸측아 ❹엽흔/관속흔 ❺혼합눈의 전개 ❻❼수피의 변화 ❽겨울 수형

✲식별 포인트 겨울눈/인모/가시(경침)/열매

2021. 3. 6. 경남 양산시

뜰보리수

***Elaeagnus multiflora* Thunb.**

보리수나무과

ELAEAGNACEAE Juss.

●분포

일본(홋카이도 남부, 혼슈) 원산

❖국내분포 전국의 공원이나 정원에 식재

●형태

수형 낙엽 관목. 높이 2~4m까지 자란다.

수피/소지 수피는 회갈색이고 오래되면 세로로 불규칙하게 갈라져서 껍질이 벗겨진다. 소지는 적갈색을 띠며 은색과 적갈색의 인모가 밀생한다.

겨울눈 영양눈 또는 혼합눈이다. 겨울눈은 난형~타원형이고 길이 2~3㎜이며 아린이 없다. 겉에는 적갈색 인모가 밀생한다.

엽흔/관속흔 엽흔은 어긋나고 반원형~선형이며, 관속흔은 1개다.

●참고

뜰보리수는 소지에 적갈색 인모가 많이 밀생하므로 금빛이 도는 점이 보리수나무와 다르다.(264쪽 참조)

❶소지의 겨울눈 ❷정아 ❸엽흔/관속흔 ❹측아 ❺소지 정단부의 잎 ❻혼합눈의 전개

✻식별 포인트 겨울눈/인모

배롱나무

***Lagerstroemia indica* L.**

부처꽃과

LYTHRACEAE J.St.-Hil.

●**분포**

중국(남부) 원산

❖**국내분포** 가로수 및 정원수로 전국에 널리 식재

●**형태**

수형 낙엽 소교목. 높이 3~5(~7)m, 직경 30㎝까지 자란다.

수피/소지 수피는 연한 홍자색이고 껍질이 얇게 벗겨지며, 오래되면 노각나무처럼 얼룩덜룩해진다. 소지는 갈색을 띠고 표면에 4개의 세로줄이 있으며 털이 없다.

겨울눈 영양눈 또는 혼합눈이다. 겨울눈은 폭이 좁은 난형이고 길이 2~3㎜이며 끝이 뾰족하고 갈색 아린에 싸여있다. 아린은 끝에 털이 조금 있다.

엽흔/관속흔 엽흔은 어긋나고 타원형~원형이며, 줄기에서 도드라진다. 관속흔은 1개다.

●**참고**

소지가 가늘고 가지가 구불거리며, 수관이 부채꼴을 이루는 점이 눈에 띄는 특징이다. 겨울철까지 열매가 가지에 남는다.

2021. 1. 30. 전남 순천시

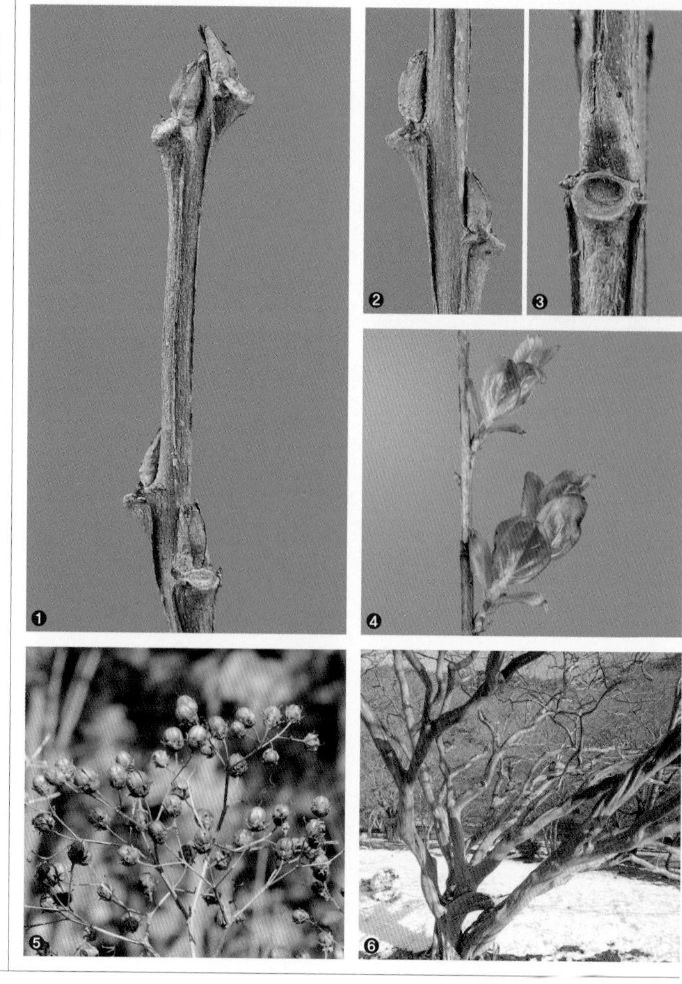

❶소지의 겨울눈 ❷측아 ❸엽흔/관속흔 ❹겨울눈의 전개 ❺열매(겨울) ❻수피

*식별 포인트 겨울눈/수형/열매

2020. 12. 5. 강원 강릉시

두메닥나무

***Daphne pseudomezereum* A.Gray var. *koreana* (Nakai) Hamaya**

(*Daphne pseudomezereum* A.Gray)

팥꽃나무과

THYMELAEACEAE Juss.

●분포

중국(동북부), 일본(혼슈 이남), 한국

❖**국내분포** 지리산 이북의 높은 산 능선이나 계곡부에 드물게 자람

●형태

수형 낙엽 소관목. 높이 0.3~1m로 자란다.

수피/소지 수피는 황갈색~회갈색이고 표면이 매끈하고 광택이 난다. 소지는 황갈색~회갈색을 띠고 털이 없으며 광택이 난다. 가지는 탄력이 있어 낭창낭창하고, 단지가 발달하기도 한다.

겨울눈 영양눈 또는 생식눈이 있으며 아린이 없다. 영양눈은 타원형~장타원형이고 길이 5~7㎜이며 연녹색을 띤다. 생식눈은 자주색을 띠는 선형이고 길이 2~4㎜이며, 영양눈 아래쪽에 3~5개가 달린다.

엽흔/관속흔 엽흔은 어긋나고 반원형~선형이며, 관속흔은 1개다.

●참고

수형이 매우 왜소하고, 줄기의 표면이 매끄러우며 광택이 나는 점이 특징이다.

❶소지의 겨울눈(화살표는 생식눈) ❷영양눈 ❸엽흔/관속흔 ❹영양눈(앞)/생식눈(뒤)의 전개 ❺영양눈의 전개

✲식별 포인트 겨울눈/수형/수피

팥꽃나무

***Daphne genkwa* Siebold & Zucc.**

팥꽃나무과
THYMELAEACEAE Juss.

●분포

중국(산둥반도 이남), 타이완, 한국

❖국내분포 전남(진도, 청산도, 해남군, 완도 등지), 전북의 산지 및 초지에 드물게 자람

●형태

수형 낙엽 관목. 높이 0.3~1m로 자라고 가지가 많이 갈라진다.

수피/소지 수피는 적갈색~암갈색이고 표면에 피목이 드문드문 있다. 소지는 자갈색~암갈색을 띠고 표면에 백색의 누운털이 있다.

겨울눈 영양눈 또는 혼합눈이다. 겨울눈은 구형~난형이며 회갈색 아린에 싸여있다. 아린은 겉에 백색털이 밀생한다. 흔히 소지 끝에 한 쌍의 준정아가 마주 달리며, 크기가 서로 다르다.

엽흔/관속흔 엽흔은 마주나고 원형이며 줄기에서 도드라진다. 관속흔은 1개다.

●참고

구형에 가까운 겨울눈의 모양이 특이하다. 겨울눈은 봄이 완연해질 때까지 벌어지지 않는다.

2021. 1. 18. 전남 진도군

❶소지의 겨울눈 ❷-❺겨울눈의 전개 과정 ❻혼합눈의 전개

✻식별 포인트 겨울눈/소지/수피

2021. 1. 31. 경남 남해군

산닥나무

***Wikstroemia trichotoma* (Thunb.) Makino**

팥꽃나무과
THYMELAEACEAE Juss.

●분포

중국(중남부), 일본(혼슈 이남), 한국 ❖**국내분포** 경기(강화도), 경남(진해구, 남해도), 전남(진도, 월출산)의 숲 가장자리 및 바위지대에 드물게 자람

●형태

수형 낙엽 관목. 높이 1~2m까지 자라고 가지가 많이 갈라진다.

수피/소지 수피는 자갈색~회갈색이고 광택이 나며, 가로로 줄 같은 피목이 생긴다. 소지는 자갈색을 띠고 털이 없으며 광택이 난다.

겨울눈 영양눈 또는 혼합눈이다. 겨울눈은 소지에서 도드라진 엽흔과 소지 사이에 숨어 있다. 겨울이 끝날 때까지 눈에 잘 띄지 않는다.

엽흔/관속흔 엽흔은 마주나고 삼각형~광타원형이며, 줄기에서 도드라진다. 관속흔은 1개다.

●참고

겨울철까지 쌀알만 한 열매의 일부가 가지에 달린 채로 남는다.

❶-❺시간의 경과에 따른 겨울눈의 전개 과정 ❻측아 ❼❽엽흔/관속흔 ❾열매(겨울) ❿수피
✲식별 포인트 겨울눈/수형/열매

거문도닥나무

***Wikstroemia ganpi* (Siebold & Zucc.) Maxim.**

팥꽃나무과
THYMELAEACEAE Juss.

●분포

일본(혼슈 이남), 타이완, 한국

❖국내분포 경남(부산시, 기장군), 전남(팔영산, 거문도)의 숲 가장자리나 초지에 드물게 자람

●형태

수형 낙엽 소관목. 높이 0.3~1.5m로 자라며, 줄기 아래쪽에서 가지가 많이 갈라진다.

수피/소지 수피는 회갈색~갈색이고 매끈하며 광택이 난다. 소지는 어릴 때 연녹색을 띠고 백색 털이 밀생하지만 점차 담갈색으로 변하고 털이 떨어진다.

겨울눈 영양눈 또는 혼합눈이고 아린이 없다. 겨울눈은 난형이고 길이 1~2㎜이며 겉에 백색 털이 밀생한다.

엽흔/관속흔 엽흔은 어긋나고 찌그러진 반원형~반원형이며, 줄기에서 도드라진다. 관속흔은 1개다.

●참고

겨울철에는 소지 대부분이 말라 죽어 일부만 남고, 소지의 아래쪽에 생긴 겨울눈에서 이듬해 새 가지가 자라는 패턴을 반복하므로 밑동에서 가지가 많이 갈라지는 수관을 이룬다.

2022. 2. 3. 부산

❶-❺겨울눈의 전개 과정 ❻혼합눈의 전개 ❼열매(겨울) ❽수피/밑동의 분지 형태

✲식별 포인트 겨울눈/수형/열매

2021. 1. 8. 제주

삼지닥나무

Edgeworthia chrysantha **Lindl.**

팥꽃나무과

THYMELAEACEAE Juss.

● 분포

중국(중남부) 원산

❖국내분포 제주 및 남부지방의 정원과 공원에 식재. 간혹 산지에 야생화하여 자라기도 함.

● 형태

수형 낙엽 관목. 높이 1~2m까지 자라고 가지가 많이 갈라진다.

수피/소지 수피는 적갈색~갈색이고 세로로 얕게 갈라지며 드문드문 피목이 생긴다. 밑동에도 엽흔의 흔적이 남는다. 소지는 녹갈색~갈색을 띠고 백색 털이 있으나 점차 없어진다. 표면은 광택이 나고 피목이 있다.

겨울눈 영양눈 또는 생식눈이다. 영양눈은 피침형이고 길이 1~2㎝, 생식눈은 두상모양이고 직경 1~2㎝ 정도다. 생식눈에는 길이 1~2㎝의 자루가 있고, 자루 끝에 5~8장 내외의 포가 있으나 성숙하면서 점차 떨어진다. 겨울눈은 모두 아린이 없으며 겉에 광택이 나는 은백색 털이 밀생한다.

엽흔/관속흔 엽흔은 어긋나고 반원형이며, 관속흔은 1개다.

● 참고

'삼지닥나무'라는 국명은 소지가 세 갈래로 갈라지는 모습에서 유래한 이름이다.

❶(→)영양눈/생식눈 ❷영양눈 ❸엽흔/관속흔 ❹겨울눈의 전개 ❺❻수피의 변화 ❼겨울 수형

✲**식별 포인트** 겨울눈/수형/수피/소지

박쥐나무

***Alangium platanifolium* (Siebold & Zucc.) Harms**

박쥐나무과
ALANGIACEAE DC.

●분포

중국, 일본, 타이완, 한국

❖국내분포 전국의 산지

●형태

수형 낙엽 관목. 높이 2~3m까지 자란다.

수피/소지 수피는 회색~회갈색이고 매끈하며 표면에 피목이 드문드문 생긴다. 소지는 (적)갈색~회갈색을 띠고 표면에 갈색 털이 있다가 차츰 없어진다.

겨울눈 영양눈 또는 혼합눈이다. 겨울눈은 난형~반구형이고 길이 2~4㎜이며, 잎자루 속에 숨어있다가 잎이 떨어지면서 모습을 드러내는 전형적인 엽병내아다. 겨울눈은 아린에 싸여있고 겉에 짙은 갈색 털이 밀생한다. 흔히 소지 끝에는 타원형의 지흔이 남으며, 준정아와 측아의 아래쪽에 중생부아가 1개씩 발달한다.

엽흔/관속흔 엽흔은 어긋나고 고리형이며 겨울눈을 에두르듯 감싼다. 관속흔은 7~9개다.

●참고

겨울눈이 잎자루 속에 숨어있는 엽병내아이므로, 엽흔이 겨울눈을 완전히 감싸듯 생긴다. 가지가 뻗는 모양이 구불구불한 것도 특징적이다.

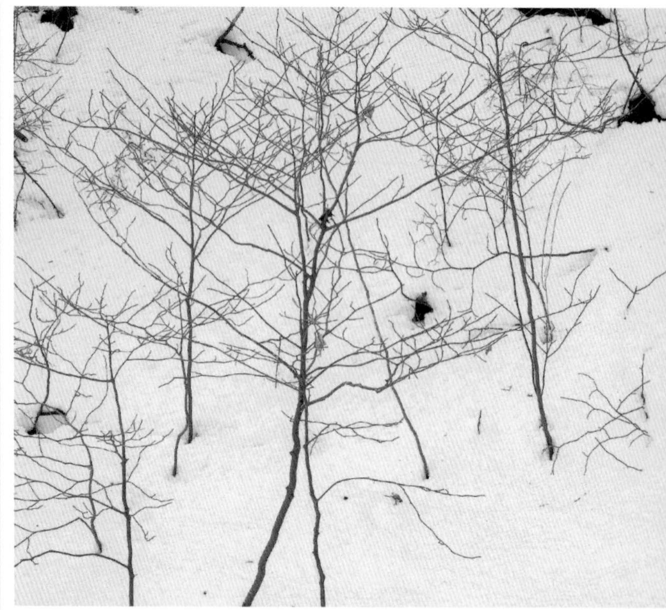

2021. 1. 21. 전북 정읍시

❶소지의 겨울눈 ❷-❹엽병내아의 출현 과정 ❺엽흔/관속흔 ❻❼측아 ❽혼합눈의 전개 ❾분지 형태

✲식별 포인트 겨울눈(엽병내아)/엽흔

2021. 2. 20. 경기 가평군

층층나무

***Cornus controversa* Hemsl.**

층층나무과

CORNACEAE Bercht. ex J.Presl.

● 분포

동북아시아 온대지역에 널리 분포

❖국내분포 전국의 산지

● 형태

수형 낙엽 교목. 높이 10~20m, 직경 50㎝까지 자란다. 가지가 수평으로 돌려나서 여러 단의 층을 이루는 독특한 수형을 이룬다.

수피/소지 수피는 회갈색~짙은 회색이고 세로로 얕게 갈라진다. 소지는 적색~적자색을 띠고 털이 없으며, 피목이 있고 광택이 난다.

겨울눈 영양눈 또는 혼합눈이다. 겨울눈은 장난형~타원형이고 길이 4~10㎜이며 적자색~흑자색 아린에 싸여있다. 아린은 광택이 나며 끝에 백색 털이 약간 있다. 정아는 보통 혼합눈으로, 잎과 꽃차례가 함께 발달한다.

엽흔/관속흔 엽흔은 어긋나고 반원형이며, 관속흔은 3개다.

● 참고

층층나무과(Cornaceae)의 국내 자생수목 중에서는 유일하게 엽흔이 어긋난다.(274쪽 참조)

❶정아 ❷측아(매우 작음)/엽흔/관속흔 ❸측아(새 가지로 자람) ❹분지절 ❺영양눈의 전개 ❻❼혼합눈의 전개 과정 ❽분지 형태/겨울눈의 전개(초봄) ❾어린나무(겨울)

＊식별 포인트 겨울눈/소지/엽흔(엽서)

흰말채나무

***Cornus alba* L.**

층층나무과

CORNACEAE Bercht. ex J.Presl.

2022. 2. 1. 서울특별시

●**분포**

중국(산둥반도 이북), 러시아, 몽골, 한국

❖**국내분포** 전국의 공원과 정원에 널리 식재

●**형태**

수형 낙엽 관목. 높이 2~3m까지 자란다.

수피/소지 수피는 적자색~회갈색이고 광택이 나며 회백색의 둥근 피목이 드문드문 있다. 소지는 적색~적자색을 띠고 회갈색 털이 있다가 점차 없어지며, 피목이 있고 광택이 난다.

겨울눈 영양눈 또는 혼합눈이다. 겨울눈은 난형이고 길이 4~6㎜이며 아린이 없다. 겨울눈의 색은 적갈색을 띠고 겉에 회갈색 털이 밀생하며, 흔히 1㎜ 안팎의 눈자루가 발달한다.

엽흔/관속흔 엽흔은 마주나고 V자형이며, 관속흔은 3개다. 흔히 엽흔의 테두리가 어두운 자갈색을 띤다.

●**참고**

겨울철에는 적자색을 띠는 수피와 가지가 두드러지게 눈에 띈다.

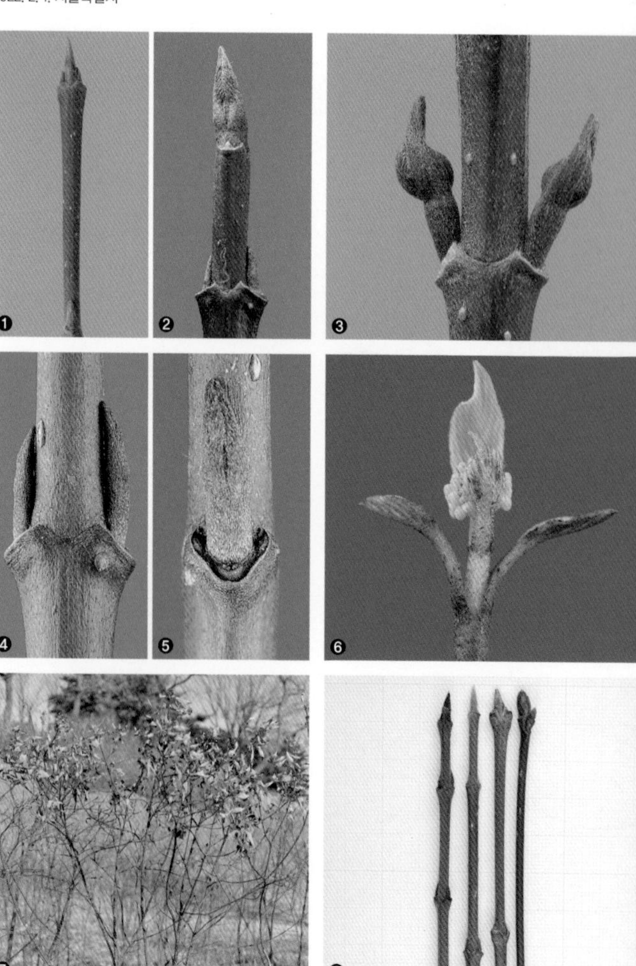

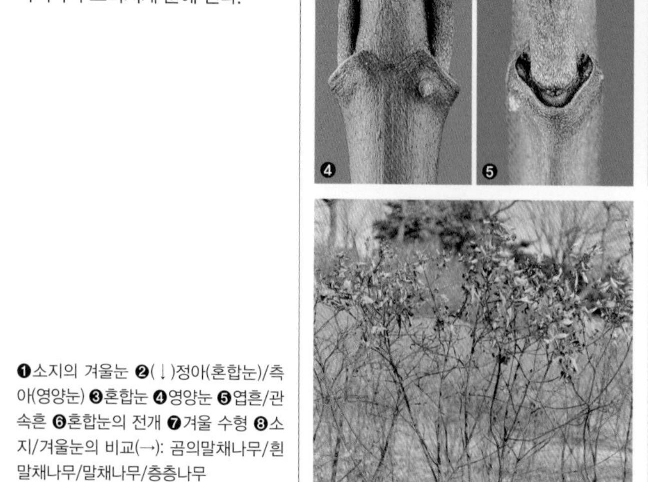

❶소지의 겨울눈 ❷(↓)정아(혼합눈)/측아(영양눈) ❸혼합눈 ❹영양눈 ❺엽흔/관속흔 ❻혼합눈의 전개 ❼겨울 수형 ❽소지/겨울눈의 비교(→): 곰의말채나무/흰말채나무/말채나무/층층나무

✽**식별 포인트** 겨울눈/수피/소지/엽흔

2020. 1. 11. 제주

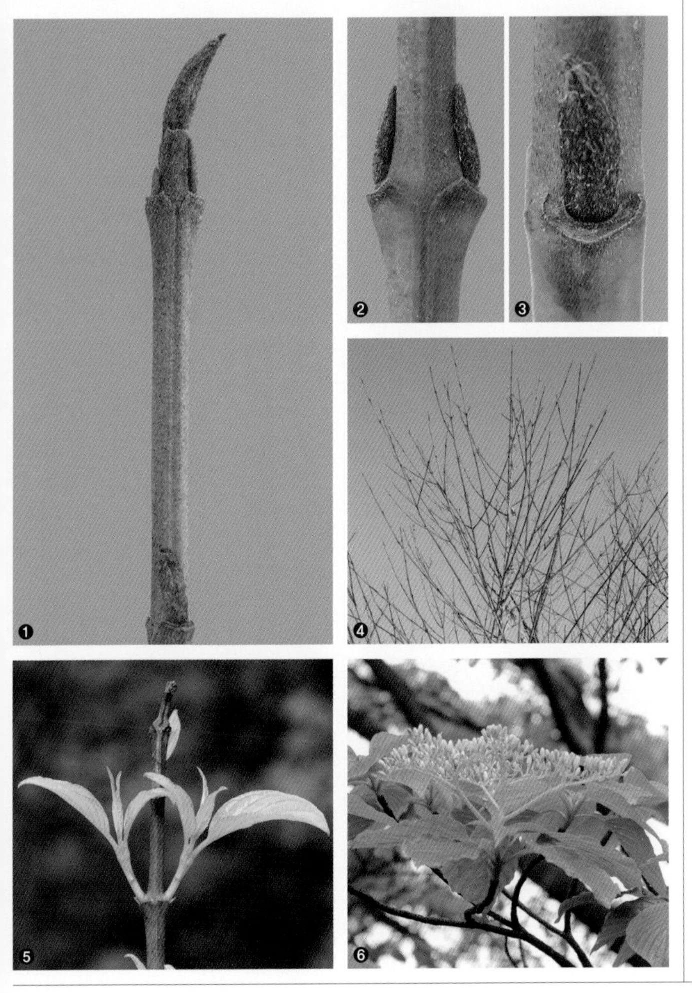

곰의말채나무

Cornus macrophylla **Wall.**

층층나무과

CORNACEAE Bercht. ex J.Presl.

● 분포

중국(산둥반도 이남), 일본(혼슈 이남), 네팔, 타이완, 인도, 파키스탄, 한국

❖**국내분포** 경북(울릉군), 제주 및 남부지방의 산지

● 형태

수형 낙엽 교목. 높이 10~15m, 직경 30㎝까지 자란다.

수피/소지 수피는 회갈색~짙은 회색이고 세로로 얕게 갈라진다. 소지는 적색~자(황)갈색을 띠고 표면에 회갈색 털이 밀생한다. 세로줄이 뚜렷하게 발달한다.

겨울눈 영양눈 또는 혼합눈이다. 겨울눈은 폭이 좁은 난형이고 길이 3~6㎜이며 아린이 없다. 겉에는 회(흑)갈색 털이 밀생한다.

엽흔/관속흔 엽흔은 마주나고 V자~완만한 V자형이며, 관속흔은 3개다. 엽흔의 테두리는 보통 어두운 자갈색을 띤다.

● 참고

말채나무보다 수피가 매끈하고 세로로 얕게 갈라진다. 소지는 말채나무와 비교하면 세로줄이 뚜렷하다.(274쪽 참조)

❶소지의 겨울눈 ❷측아 ❸엽흔/관속흔 ❹분지 형태(어린나무) ❺영양눈의 전개 ❻혼합눈의 전개

✲식별 포인트 겨울눈/수피/소지/엽흔

말채나무

***Cornus walteri* Wangerin**

층층나무과

CORNACEAE Bercht. ex J.Presl.

●분포

동북아시아 온대지역에 넓게 분포

❖국내분포 전국의 산지

●형태

수형 낙엽 교목. 높이 10~15m까지 자란다.

수피/소지 수피는 짙은 회색이고 그물 모양으로 깊게 갈라진다. 소지는 적자색을 띠고 표면에 백색 털이 산재해 있다.

겨울눈 영양눈 또는 혼합눈이다. 겨울눈은 폭이 좁은 난형이고 길이 2~5㎜이며 아린이 없다. 겉에는 갈색 털이 밀생한다.

엽흔/관속흔 엽흔은 마주나고 V자~완만한 V자형이며, 관속흔은 3개다. 흔히 엽흔의 테두리가 어두운 자갈색을 띤다.

●참고

다 자란 나무는 수피가 깊게 그물(또는 뱀의 비늘) 모양으로 갈라지는 것이 특징이다.(274쪽 참조)

2022. 2. 26. 강원 정선군

❶소지의 겨울눈 ❷정아 ❸준정아 ❹측아(영양눈) ❺엽흔/관속흔 ❻분지 형태 ❼❽수피의 변화 ❾열매(겨울) ❿겨울 수형(노목)

✽식별 포인트 겨울눈/수피/소지/엽흔

2019. 12. 19. 서울특별시

산수유나무 (산수유)

Cornus officinalis **Siebold & Zucc.**

층층나무과
CORNACEAE Bercht. ex J.Presl.

● **분포**

중국(산둥반도 이남) 원산

❖**국내분포** 중부 이남에 널리 식재

● **형태**

수형 낙엽 소교목. 높이 4~8m까지 자란다.

수피/소지 수피는 연한 갈색~회갈색이고 껍질이 얇은 조각으로 불규칙하게 벗겨져 떨어진다. 소지는 자갈색~갈색을 띠고 표면에 회백색의 누운털이 드문드문 있다.

겨울눈 영양눈 또는 혼합눈이다. 영양눈은 장난형~장타원형이고 길이 2~4㎜, 혼합눈은 구형이고 길이 4㎜ 정도다. 모두 황갈색~갈색의 아린에 싸여있고, 겉에 회백색의 누운털이 덮여있다.

엽흔/관속흔 엽흔은 마주나고 역삼각형~V자형이며, 관속흔은 3개다.

● **참고**

겨울철에도 가지에 열매가 달린 모습이 흔히 보인다. 수피가 거칠게 벗겨지는 점도 특징이다. 혼합눈 속의 잎은 개화기가 끝날 무렵에야 본격적으로 자란다.

❶소지의 겨울눈(혼합눈) ❷준정아(영양눈) ❸측아 ❹엽흔/관속흔 ❺수피 ❻혼합눈의 전개 ❼겨울 수형

✲식별 포인트 겨울눈/수피/열매

산딸나무

***Cornus kousa* F.Buerger ex Hance**

층층나무과

CORNACEAE Bercht. ex J.Presl.

2019. 12. 25. 전남 보성군

●분포

일본(혼슈 이남), 한국

❖**국내분포** 중부 이남의 산지

●형태

수형 낙엽 소교목 또는 교목. 높이 6~10m까지 자란다.

수피/소지 수피는 짙은 적갈색~회갈색이고 오래되면 불규칙하게 껍질 조각이 떨어져 얼룩덜룩해진다. 소지는 갈색을 띠고 피목이 드문드문 생기며 광택이 난다. 흔히 단지가 발달한다.

겨울눈 영양눈 또는 혼합눈이다. 영양눈은 장난형~원뿔형이고 길이 4~6㎜, 혼합눈은 난형~광난형이고 길이 4~6㎜ 정도다. 흔히 혼합눈의 끝은 급격히 뾰족해진다. 겨울눈은 모두 갈색~암갈색 아린에 싸여있고, 겉에 갈색의 짧은 털이 밀생한다.

엽흔/관속흔 엽흔은 마주나고 반원형~U자형이며, 관속흔은 3개다. 흔히 엽흔의 테두리는 자갈색을 띤다.

●참고

어두운 갈색의 겨울눈과 얼룩덜룩한 수피가 특징적이다.

❶분지 형태/혼합눈 ❷분지 형태(가축분지)/영양눈 ❸영양눈(左右)/혼합눈(中) ❹정아/정생측아 ❺단지 끝의 겨울눈(영양눈) ❻영양눈의 전개 ❼혼합눈의 전개 ❽수피

*식별 포인트 겨울눈/수피/가지(전개형태)/열매

2020. 1. 3. 서울특별시

꽃산딸나무 (서양산딸나무)

***Cornus florida* L.**

층층나무과

CORNACEAE Bercht. ex J.Presl.

●분포

미국(북동부, 중서부, 남부), 캐나다(온타리오주), 멕시코(동부) 원산

❖국내분포 정원수 및 공원수로 전국에 드물게 식재

●형태

수형 낙엽 교목. 높이 20m까지 자란다.

수피/소지 수피는 회갈색~회색이고 오래되면 불규칙하게 갈라진다. 소지는 자갈색~흑갈색을 띠고 표면이 백색 분으로 덮여있다. 흔히 단지가 발달한다.

겨울눈 영양눈 또는 혼합눈이다. 영양눈은 삼각상 난형이고 길이 3~5㎜, 혼합눈은 살짝 눌린듯한 구형이고 끝이 뾰족하며 직경 5~8㎜ 정도다. 겨울눈은 모두 연두색~자갈색 아린에 싸여있고, 겉이 백색 분으로 덮여있다.

엽흔/관속흔 엽흔은 마주나고 반원형~U자형이며, 관속흔은 3개다. 흔히 엽흔의 테두리는 자갈색을 띤다.

●참고

백색의 분으로 덮인 겨울눈의 형태가 특징적이다. 혼합눈의 잎은 꽃이 필 무렵에야 본격적으로 발달한다.

❶❷혼합눈 ❸영양눈 ❹엽흔/관속흔 ❺단지(측아/엽흔/관속흔) ❻❼혼합눈의 전개 과정 ❽겨울 수형

*식별 포인트 겨울눈/수피/열매

꼬리겨우살이

Loranthus tanakae **Franch. & Sav.**

꼬리겨우살이과
LORANTHACEAE Juss.

●분포

중국(중북부), 일본(혼슈 일부), 한국
❖국내분포 평남, 강원, 충북, 경북, 경남 산지의 낙엽활엽수에 기생

●형태

수형 반기생성 낙엽 소관목. 20~40(~100)㎝까지 자란다. 가지가 많이 갈라진다.

수피/소지 수피는 암갈색이고 광택이 난다. 소지는 갈색을 띠고 광택이 난다.

겨울눈 영양눈 또는 혼합눈이다. 겨울눈은 반구형~난형이고 길이 2㎜ 정도이며, 자갈색 아린에 싸여있다. 아린은 가장자리를 따라 회갈색 털이 있다. 흔히 소지 끝에는 한 쌍의 준정아가 마주 달리며 크기는 서로 다르다.

엽흔/관속흔 엽흔은 마주나고 반원형~U자형이며, 줄기에서 도드라진다. 관속흔은 3개다.

●참고

숙주가 되는 나무가 여러 종이지만, 국내에서는 흔히 신갈나무에 기생하는 모습이 많이 보인다. 늦가을에 결실하여 초겨울까지 노란색의 열매가 남지만, 한겨울에는 열매가 모두 떨어지고 앙상한 가지만 남는다.

2006. 10. 28. 강원 강릉시

❶소지의 겨울눈 ❷준정아 ❸엽흔/관속흔 ❹측아 ❺혼합눈의 전개 ❻겨울 수형 (사진의 숙주는 피나무)
*식별 포인트 겨울눈/수형/열매

2021. 3. 4. 경기 양평군

화살나무

***Euonymus alatus* (Thunb.) Siebold**

노박덩굴과
CELASTRACEAE R.Br.

● 분포

중국(주로 중부 이북), 일본, 러시아(동부), 한국

❖국내분포 전국 산지의 숲속에 흔하게 자람

● 형태

수형 낙엽 관목. 높이 1~4m까지 자란다.

수피/소지 수피는 회색~회갈색이고 작은 피목이 발달하며, 개체에 따라 표면이 매끈하기도 하고 요철(코르크질 날개 흔적)이 남기도 한다. 소지는 녹갈색~적갈색을 띠고 피목이 드문드문 생기며 광택이 난다. 흔히 2~4줄로 코르크질의 날개가 생긴다.

겨울눈 영양눈 또는 혼합눈이다. 겨울눈은 장난형이고 길이 3~5㎜이며 끝이 뾰족하고 5~7쌍의 아린에 싸여있다. 아린은 녹갈색~자갈색을 띠고 겉에 털이 없다.

엽흔/관속흔 엽흔은 마주나고 널찍한 반원형이며, 관속흔은 1개다(또는 불분명).

● 참고

서식환경에 따라 가지에 날개가 생기지 않는 나무를 따로 회잎나무[*E. alatus* (Thunb.) Siebold f. *ciliato-dentatus* (Franch. & Sav.) Hiyama]라는 품종으로 나누는 견해도 있지만, 구태여 따로 구분할 의미는 없을 것이다.

❶❷정아/정생측아 ❸측아/십자 형태 날개 ❹측아 ❺엽흔/관속흔 ❻혼합눈의 전개 ❼분지 형태 ❽열매(겨울) ❾조경수로 식재한 나무(흔히 가지에 날개가 많이 발달함)

✲식별 포인트 겨울눈/가지(코르크)/열매

참빗살나무

***Euonymus hamiltonianus* Wall.**

노박덩굴과

CELASTRACEAE R.Br.

2016. 1. 7. 전남 여수시

●분포

중국(중남부), 일본, 러시아(동부), 미얀마, 인도(서남부), 타이, 히말라야, 한국

❖국내분포 중부 이남 산지의 숲 가장자리, 능선 및 바위지대

●형태

수형 낙엽 소교목. 높이 3~8(~15)m까지 자란다.

수피/소지 수피는 회색~회갈색이고, 매끈하다가 오래되면 세로 방향으로 골이 져서 그물맥처럼 보인다. 소지는 적갈색~황갈색을 띠고 세로줄이 발달하며, 세로줄을 따라 회백색 털이 약간 난다.

겨울눈 영양눈 또는 혼합눈이다. 겨울눈은 난형~장타원상 난형이고 길이 3~6㎜이며 3~5쌍의 아린에 싸여있다. 아린은 홍색~자갈색을 띠고 털이 없다.

엽흔/관속흔 엽흔은 마주나고 반원형~광타원형이며, 줄기에서 도드라진다. 관속흔은 1개다.

●참고

세로줄이 있는 매끈한 소지와 오래되면 그물맥처럼 도드라지는 수피가 특징적이다.

❶소지의 겨울눈 ❷정아/엽흔/관속흔 ❸정아 ❹측아 ❺엽흔/관속흔 ❻혼합눈의 전개 ❼수피 ❽열매(겨울)

*식별 포인트 겨울눈/수피/소지/열매

2020. 12. 14. 제주

좀참빗살나무 (좁은잎참빗살나무)

***Euonymus maackii* Rupr.**

노박덩굴과
CELASTRACEAE R.Br.

●분포

중국, 일본, 러시아(동부), 한국
❖**국내분포** 전국의 숲 가장자리, 메마른 산지 및 초지.

●형태

수형 낙엽 소교목. 높이 3~5(~10)m로 자란다.

수피/소지 수피는 회갈색~회색이고 오래되면 세로로 얕게 갈라진다. 소지는 녹자색~자갈색을 띠고 세로줄이 발달하며 표면이 매끈하다.

겨울눈 영양눈 또는 혼합눈이다. 겨울눈은 난형~삼각상 난형이고 3~5쌍의 아린에 싸여있다. 아린은 홍자색~자갈색을 띤다.

엽흔/관속흔 엽흔은 마주나고 반원형~광타원형이며, 줄기에서 도드라진다. 관속흔은 1개다.

●참고

참빗살나무와 비교해서 소지가 좀 더 가는 편이고 겨울눈의 형태에도 차이가 있다.

❶소지의 겨울눈 ❷정아/정생측아 ❸정아/엽흔/관속흔 ❹측아 ❺엽흔/관속흔 ❻혼합눈의 전개 ❼열매(겨울)
✲**식별 포인트** 겨울눈/수피/소지/열매

참회나무

***Euonymus oxyphyllus* Miq.**

노박덩굴과
CELASTRACEAE R.Br.

2020. 11. 9. 경기 남양주시

●분포

중국(동북부 해안), 일본, 러시아(사할린), 한국

❖국내분포 전국의 산지

●형태

수형 낙엽 관목 또는 소교목. 높이 1~4m까지 자란다.

수피/소지 수피는 회색~회갈색이고, 표면이 매끈하지만 약간의 피목이 생기고 세로로 얕게 갈라지기도 한다. 소지는 녹갈색~담갈색을 띠고 털이 없으며, 피목이 있고 광택이 난다.

겨울눈 영양눈 또는 혼합눈이다. 겨울눈은 난상 피침형이고 길이 5~15㎜이며 3~5쌍의 아린에 싸여있다. 아린은 담갈색~자갈색을 띠고 광택이 난다.

엽흔/관속흔 엽흔은 마주나고 반원형이며, 관속흔은 1개다(또는 불분명).

●참고

회나무나 나래회나무와 비교해서 비교적 낮은 산지에 자란다. 열매의 흔적 없이는 회나무와 구별하기가 그다지 쉽지 않다.(286쪽 참조)

❶소지의 겨울눈 ❷정아 ❸측아 ❹엽흔/관속흔 ❺소지/겨울눈의 비교(→): 참회나무/회나무/나래회나무 ❻수피 ❼❽혼합눈의 전개 과정

✲**식별 포인트** 겨울눈/분포역/열매

2021. 2. 20. 경기 가평군

회나무

***Euonymus sachalinensis* (F.Schmidt) Maxim.**

노박덩굴과
CELASTRACEAE R.Br.

● 분포

중국(동북부), 일본(혼슈 이북), 러시아(사할린), 한국

❖**국내분포** 전국의 높은 산지에 비교적 드물게 자람

● 형태

수형 낙엽 관목 또는 소교목. 높이 2~3(~5)m까지 자란다.

수피/소지 수피는 회색~회갈색이고, 표면이 매끈하지만 약간의 피목이 있다. 소지는 적갈색~담갈색을 띠고 털이 없으며, 피목이 있고 광택이 난다.

겨울눈 영양눈 또는 혼합눈이다. 겨울눈은 난상 피침형이고 길이 1~2㎝이며 3~5쌍의 아린에 싸여있다. 아린은 담갈색~자갈색을 띠고 광택이 난다.

엽흔/관속흔 엽흔은 마주나고 반원형이며, 관속흔은 1개다(또는 불분명).

● 참고

겨울눈만으로는 참회나무와 구별하기 어렵지만, 흔히 참회나무보다 높은 산지에서 자란다. 겨울철까지 열매 일부가 가지에 남기도 한다.(284, 286쪽 참조)

❶소지의 겨울눈 ❷정아 ❸엽흔/관속흔 ❹❺측아 ❻혼합눈의 전개 ❼열매(겨울) ❽수피

✲식별 포인트 겨울눈/분포역/열매

나래회나무

***Euonymus macropterus* Rupr.**

노박덩굴과

CELASTRACEAE R.Br.

●분포

중국(동북부), 일본(혼슈 이북), 러시아(사할린), 한국

❖국내분포 전국의 높은 산지

●형태

수형 낙엽 관목 또는 소교목. 높이 2~3(~6)m 정도까지 자란다.

수피/소지 수피는 회색~회갈색이고, 표면이 매끈한 편이지만 큼직한 피목이 생기고 세로로 얕게 갈라진다. 소지는 녹갈색~담갈색을 띠고 털이 없으며, 피목이 있고 광택이 난다.

겨울눈 영양눈 또는 혼합눈이다. 겨울눈은 난상 피침형이고 길이 1~2.5㎝이며 6~9쌍의 아린에 싸여있다. 아린은 담갈색~자갈색을 띠고 광택이 난다. 정아가 측아보다 크고, 측아는 소지 방향으로 살짝 구부러지기도 한다.

엽흔/관속흔 엽흔은 마주나고 반원형이며, 관속흔은 1개다(또는 불분명).

●참고

겨울철에도 일부 열매가 가지에 남는다. 분포역이 겹치는 회나무와 비교하면 열매 표면의 날개가 훨씬 더 길고, 측아보다 정아의 크기가 훨씬 크다. 정아는 혼합눈 또는 영양눈이다.(284쪽 참조)

2021. 2. 20. 경기 가평군

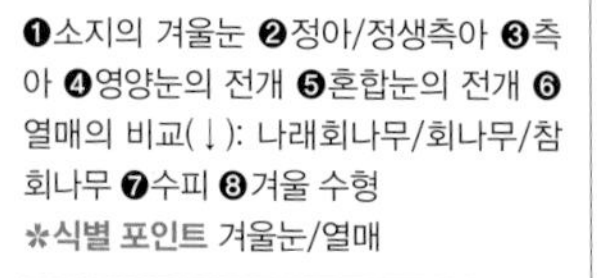

❶소지의 겨울눈 ❷정아/정생측아 ❸측아 ❹영양눈의 전개 ❺혼합눈의 전개 ❻열매의 비교(↓): 나래회나무/회나무/참회나무 ❼수피 ❽겨울 수형

＊식별 포인트 겨울눈/열매

2021. 2. 13. 강원 평창군

회목나무

***Euonymus verrucosus* Scop. var. *pauciflorus* (Maxim.) Regel**
(*Euonymus verrucosus* Scop.)

노박덩굴과
CELASTRACEAE R.Br.

●분포

중국(북부~동북부), 러시아(동부~서부), 한국

❖국내분포 전국 높은 산지의 사면 및 능선부

●형태

수형 낙엽 관목. 높이 3m까지 자란다.

수피/소지 수피는 회색~암회색이고 오래되면 불규칙하게 갈라진다. 소지는 녹색~회(적)녹색을 띠고 표면에 사마귀 같은 돌기와 피목이 드문드문 생긴다.

겨울눈 영양눈 또는 혼합눈이다. 겨울눈은 난형이고 길이 2~5㎜이며 2~4쌍의 아린에 싸여있다. 아린은 녹갈색~자갈색을 띠고 겉에 털이 없다.

엽흔/관속흔 엽흔은 마주나고 반원형~광타원형이며, 관속흔은 1개다.

●참고

큼직한 돌기와 피목이 발달하는 소지가 식별 포인트다. 가지는 직각에 가까운 각도로 분지한다.

❶❷정아/정생측아 ❸측아 ❹정아 ❺엽흔/관속흔 ❻분지 형태 ❼겨울눈의 전개 ❽혼합눈의 전개 ❾수피

✲식별 포인트 겨울눈/소지(돌기/피목)

푼지나무

***Celastrus flagellaris* Rupr.**

노박덩굴과

CELASTRACEAE R.Br.

2021. 2. 1. 경남 창녕군

●분포

중국(동북부), 일본(혼슈 이남), 러시아(아무르), 한국

❖**국내분포** 전국의 낮은 산지

●형태

수형 낙엽 덩굴성 목본. 길이 10m 이상으로 자란다. 다른 나무 또는 바위를 타고 자란다.

수피/소지 수피는 회갈색~회색이고 얇게 갈라져 종잇장처럼 벗겨진다. 소지는 갈색~암갈색을 띠고 털이 없으며 피목이 드문드문 있다. 줄기에는 기근이 발달해 주변의 다른 물체나 나무를 타고 뻗어간다.

겨울눈 영양눈 또는 혼합눈이다. 겨울눈은 반구형이고 직경 1~2㎜이며 갈색~암갈색 아린에 싸여있다. 흔히 바깥쪽 아린 2~3장이 아래쪽으로 굽은 가시 모양이 된다.

엽흔/관속흔 엽흔은 어긋나고 반원형~광타원형이며, 관속흔은 1개다.

●참고

노박덩굴과 비교해서 가시처럼 날카롭게 변한 바깥쪽 아린의 형태가 뚜렷하다. 겨울철에 마른 과피의 색이 유백색을 띠는 점도 다르다.

❶겨울눈/엽흔/관속흔 ❷혼합눈의 전개 ❸겨울눈의 비교(→): 푼지나무/노박덩굴/털노박덩굴 ❹열매(겨울) ❺기근 ❻노목의 수피 ❼겨울 수형

✲식별 포인트 겨울눈/수형/기근/열매(과피)

2020. 1. 1. 강원 태백시

노박덩굴

***Celastrus orbiculatus* Thunb.**

노박덩굴과

CELASTRACEAE R.Br.

●분포

중국, 일본, 러시아(아무르), 한국

❖**국내분포** 전국의 산야에 흔하게 자람

●형태

수형 낙엽 덩굴성 목본. 다른 나무 또는 바위를 감고 길게 자란다.

수피/소지 수피는 회색이고 얕게 갈라진다. 소지는 담갈색을 띠고 털이 없으며 피목이 있고 광택이 난다. 줄기 속은 백색 수(髓)로 차 있다.

겨울눈 영양눈 또는 혼합눈(간혹 생식눈)이다. 겨울눈은 반구형~삼각상 구형이고 직경 2~3㎜이며 황갈색 아린에 싸여있다. 흔히 바깥쪽 아린 2~3장의 끝부분이 가시처럼 살짝 뾰족해진다.

엽흔/관속흔 엽흔은 어긋나고 반원형~원형이며, 관속흔은 1개다.

●참고

흔히 겨울철에도 열매 흔적이 남아 있다. 털노박덩굴과 비교하면 줄기 속이 백색 수로 차 있는 점이 다르다.(288쪽 참조)

❶소지의 겨울눈 ❷준정아/엽흔/관속흔 ❸측아 ❹영양눈의 전개 ❺줄기의 종단면 ❻열매/과축(털 없음) ❼❽겨울 수형

✲**식별 포인트** 겨울눈/수형/열매/줄기의 종단면

털노박덩굴

***Celastrus stephanotifolius* (Makino) Makino**

노박덩굴과
CELASTRACEAE R.Br.

●**분포**

일본(혼슈 남부 이남), 한국

❖**국내분포** 제주를 제외한 전국의 산지에 비교적 드물게 자람

●**형태**

수형 낙엽 덩굴성 목본. 다른 나무를 감고 길게 자란다.

수피/소지 수피는 회갈색~회색이고 오래되면 세로로 불규칙하고 얕게 갈라진다. 소지는 담갈색을 띠고 털이 없으며, 피목이 있고 광택이 난다. 줄기 속은 비어있다.

겨울눈 영양눈 또는 혼합눈이다. 겨울눈은 삼각상 구형이고 상하로 약간 납작하며, 길이 2~3㎜이고 황갈색 아린에 싸여있다. 푼지나무나 노박덩굴과 달리 바깥쪽 아린의 끝부분이 가시처럼 뾰족해지지 않는다.

엽흔/관속흔 엽흔은 어긋나고 반원형~원형이며, 관속흔은 1개다.

●**참고**

노박덩굴만큼 흔하지는 않지만 분포역이 노박덩굴과 겹치기도 한다. 열매자루에 잔털이 있고 줄기 속이 비어있는 점이 노박덩굴과 다르다. 겨울눈의 형태도 좀 더 납작하다. (288쪽 참조)

2019. 12. 25. 전남 보성군

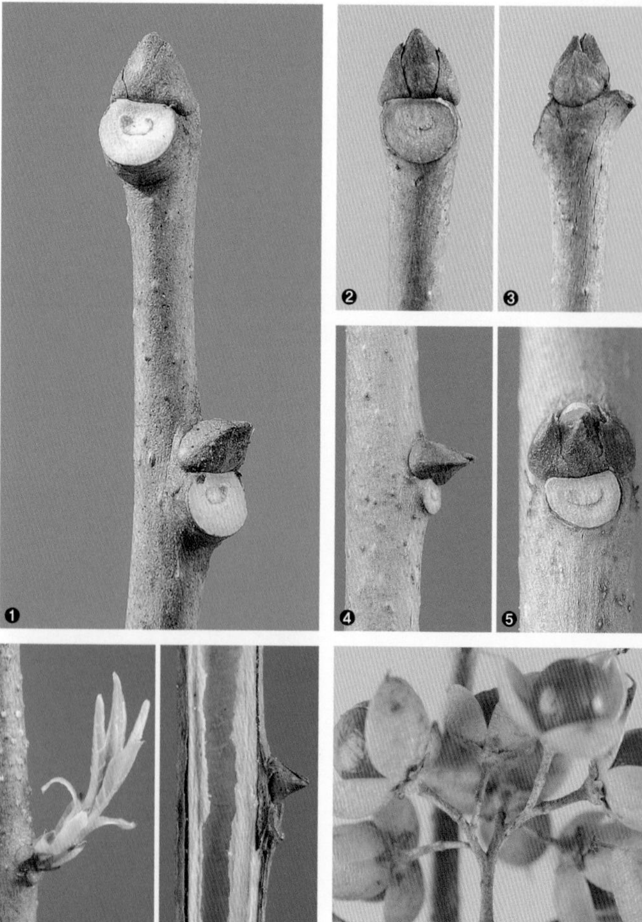

❶소지의 겨울눈 ❷❸준정아/ ❹측아 ❺측아/엽흔/관속흔 ❻혼합눈의 전개 ❼줄기의 종단면(비어 있음) ❽열매/과축(털 있음)

✲**식별 포인트** 겨울눈/수형/열매/줄기의 종단면

2016. 2. 13. 강원 태백시

미역줄나무

***Tripterygium regelii* Sprague & Takeda**

노박덩굴과
CELASTRACEAE R.Br.

●분포

중국(만주), 일본(혼슈 이남), 러시아(아무르), 한국

❖국내분포 전국의 산지에 비교적 흔하게 자람

●형태

수형 낙엽 덩굴성 목본. 다른 나무를 감고 올라가기도 하지만 흔히 덤불 형태로 자란다.

수피/소지 수피는 회색이고 오래되면 세로로 불규칙하게 갈라진다. 소지는 황갈색~적갈색을 띠고 피목이 있으며 줄기를 따라 세로줄이 생긴다.

겨울눈 영양눈 또는 혼합눈이다. 겨울눈은 삼각형이고 길이 2~3㎜이며 2~3쌍의 아린에 싸여있다. 아린은 갈색을 띤다. 측아는 끝이 위로 살짝 휘기도 한다.

엽흔/관속흔 엽흔은 어긋나고 반원형이며, 관속흔은 1개다. 잎자루의 기부가 일부 남아서 관속흔이 도드라진 것처럼 보인다.

●참고

피목이 많은 적갈색의 소지가 특징적이다. 열매가 떨어지고 난 뒤에도 원추상의 과축이 겨울철까지 남는다.

❶소지의 겨울눈 ❷측아 ❸엽흔/관속흔 ❹❺겨울눈의 전개 과정 ❻겨울철까지 남는 과축 ❼❽수피의 변화

✲식별 포인트 겨울눈/소지(피목)/열매

대팻집나무

***Ilex macropoda* Miq.**

감탕나무과

AQUIFOLIACEAE Bercht. & J.Presl.

●분포

중국(중남부), 일본, 한국

❖국내분포 경북(팔공산) 및 충북(월악산) 이남의 산지

●형태

수형 낙엽 교목. 높이 15m, 직경 60㎝까지 자란다.

수피/소지 수피는 회색~짙은 회색 바탕에 회백색 얼룩이 생기고 피목이 드문드문 있다. 소지는 담갈색~갈색을 띠고 털이 없으며, 피목이 있고 광택이 난다. 단지가 많이 발달한다.

겨울눈 영양눈 또는 혼합눈이다. 겨울눈은 반구형이고 길이 1~3㎜이며 담갈색~갈색 아린에 싸여있다. 아린은 겉에 털이 없다.

엽흔/관속흔 엽흔은 어긋나고 반원형~타원형이며, 관속흔은 1개다.

●참고

소지가 가늘고 광택이 나며 단지가 많이 발달하는 점이 특징이다.

2022. 2. 19. 전북 무주군

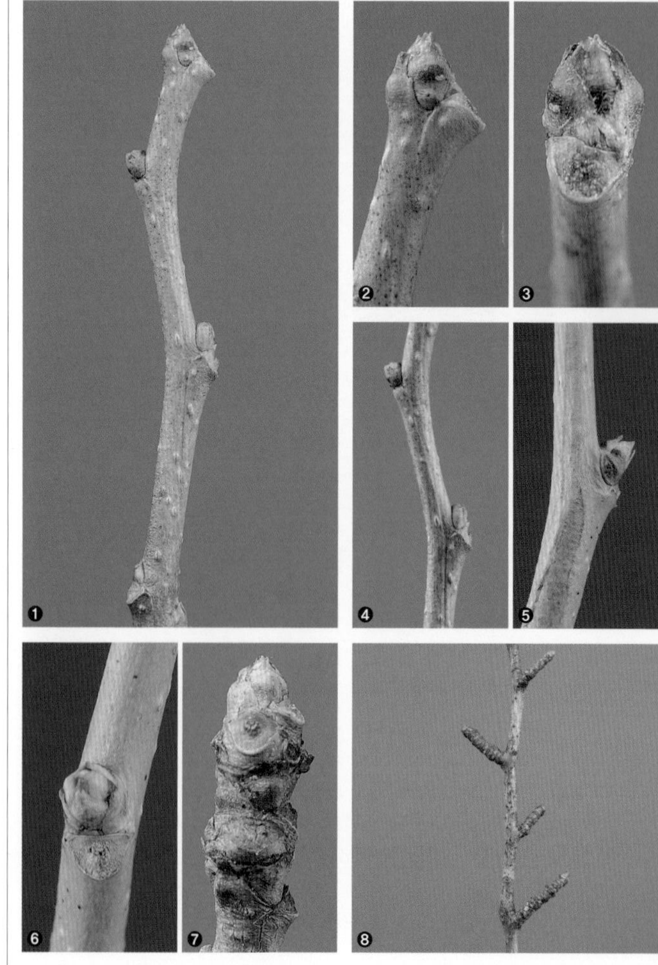

❶소지의 겨울눈 ❷❸준정아 ❹❺측아
❻엽흔/관속흔 ❼❽단지의 겨울눈
*식별 포인트 겨울눈/단지/열매

2022. 3. 17. 경기 포천시

낙상홍

***Ilex serrata* Thunb.**

감탕나무과

AQUIFOLIACEAE Bercht. & J.Presl.

●분포

일본(혼슈 이남의 산지 습지) 원산

❖국내분포 조경수와 공원수로 전국에 식재

●형태

수형 낙엽 관목. 높이 2~3m까지 자란다.

수피/소지 수피는 회색~회갈색이고 매끈하며 작은 피목이 드문드문 있다. 소지는 담갈색~갈색을 띠고 갈색의 짧은 털이 있으며, 피목이 있고 광택이 난다.

겨울눈 영양눈 또는 혼합눈(간혹 생식눈)이다. 겨울눈은 약간 길쭉한 반구형이고 길이 1~2㎜이며 갈색 아린에 싸여있다. 아린은 겉에 회백색 털이 있다. 흔히 아래쪽에 중생부아가 1개씩 생긴다.

엽흔/관속흔 엽흔은 어긋나고 반원형이며, 관속흔은 1개이고 누운 초승달 모양이다.

●참고

겨울철에도 마른 열매가 가지에 달린 모습이 흔히 보인다.

❶소지의 겨울눈 ❷측아/중생부아 ❸엽흔/관속흔 ❹소지의 비교(→): 낙상홍/미국낙상홍 ❺생식눈의 전개 ❻❼혼합눈의 전개 과정(화살표는 꽃의 위치) ❽열매(겨울) ❾수피

*식별 포인트 겨울눈/소지(털)/열매

미국낙상홍

***Ilex verticillata* (L.) A. Gray**

감탕나무과

AQUIFOLIACEAE Bercht. & J.Presl.

●분포

북아메리카(동부) 원산

❖국내분포 전국 각지에 조경수와 공원수로 식재

●형태

수형 낙엽 관목. 높이 1~5m까지 자란다.

수피/소지 수피는 (녹)암회색이고 표면에 피목이 생긴다. 소지는 자갈색~갈색을 띠고 피목이 드문드문 있다.

겨울눈 영양눈 또는 혼합눈이다. 겨울눈은 반구형이고 길이 1~2㎜이며 갈색 아린에 싸여있다. 아린은 겉에 회백색 털이 조금 있다.

엽흔/관속흔 엽흔은 어긋나고 반원형이며, 관속흔은 1개이고 누운 초승달 모양이다.

●참고

낙상홍과는 소지의 색깔이 다르고 소지에 털이 없으며 열매의 크기도 좀 더 크다.(293쪽 참조)

2021. 2. 20. 서울특별시

❶소지의 겨울눈 ❷측아 ❸엽흔/관속흔 ❹열매(겨울) ❺혼합눈의 전개 ❻❼수피의 변화 ❽겨울 수형

✲식별 포인트 겨울눈/열매

2022. 2. 11. 제주

예덕나무

***Mallotus japonicus* (L.f.) Müll. Arg.**

대극과
EUPHORBIACEAE Juss.

●분포

중국(저장성 일부), 일본(혼슈 이남), 타이완, 한국

❖국내분포 서남해안 및 도서(경남, 전남, 전북, 충남) 및 제주의 산지

●형태

수형 낙엽 관목. 높이 2~6m까지 자란다.

수피/소지 수피는 회갈색~회색이고 세로로 얕게 갈라진다. 소지는 갈색을 띠고 표면에 담갈색 성상모가 밀생하며, 세로줄이 생긴다.

겨울눈 영양눈 또는 혼합눈이다. 정아는 난형이고 길이 7~10㎜, 측아는 반구형~구형이고 직경 1~3㎜다. 겨울눈은 아린이 없으며 겉에 담갈색~황갈색 털이 밀생한다.

엽흔/관속흔 엽흔은 어긋나고 역삼각형~(타)원형이며, 관속흔은 10개 이상이다.

●참고

수관의 상단부가 판판하고 수피가 밝은 회색을 띠는 특징은 겨울철에 잘 드러난다. 담쟁이덩굴과 마찬가지로 새잎에는 식주(pearl body)가 생기기도 한다.

❶소지의 겨울눈 ❷측아/엽흔/관속흔 ❸측아 ❹엽흔/관속흔 ❺❻겨울눈의 전개 과정. 신엽은 붉은색을 띤다. ❼분지 형태
✲식별 포인트 겨울눈/수형/수피/열매

광대싸리

Flueggea suffruticosa **(Pall.) Baill.**

대극과
EUPHORBIACEAE Juss.

2021. 4. 2. 경기 남양주시

● 분포

동아시아에 광범위하게 분포

❖국내분포 전국의 산야에 흔하게 자람

● 형태

수형 낙엽 관목. 높이 1~3(~5)m까지 자란다. 가지가 많이 갈라지며 가지의 일부는 끝이 아래로 처진다.

수피/소지 수피는 회색~회갈색이고 오래되면 표면이 불규칙하게 조각조각 갈라진다. 소지는 황갈색~갈색을 띠고 털이 없으며, 피목이 있고 광택이 난다. 흔히 소지의 말단부가 말라 죽는다.

겨울눈 영양눈 또는 혼합눈이다. 겨울눈은 반구형~뭉뚝한 삼각형이고 길이 1㎜ 내외이며 자갈색 아린에 싸여있다. 아린은 털이 없다. 겨울눈은 가지에 밀착하듯 생긴다.

엽흔/관속흔 엽흔은 어긋나고 반원형이며, 관속흔은 1개다.

● 참고

말라죽은 소지가 떨어지지 않고 나무에 그대로 남으므로 겨울철에는 밝은 회백색의 선이 뒤엉킨 독특한 수관을 이룬다.

❶겨울눈 ❷엽흔/관속흔 ❸소지의 기부에 생기는 겨울눈 ❹영양눈의 전개 ❺열매(겨울) ❻겨울 수형

✻식별 포인트 겨울눈/수형/열매

2021. 2. 9. 제주

오구나무 (조구나무)

Triadica sebifera (L.) Small

대극과
EUPHORBIACEAE Juss.

●분포

중국, 베트남 원산

❖국내분포 전남, 충남, 제주에 드물게 식재

●형태

수형 낙엽 교목. 높이 15m, 직경 35㎝까지 자란다.

수피/소지 수피는 처음에는 짙은 녹색이고 매끈하다가 오래되면 세로로 거칠게 갈라진다. 소지는 녹갈색~갈색을 띠고 피목이 드문드문 생기며 광택이 난다. 흔히 소지의 끝부분이 말라 죽는다.

겨울눈 영양눈 또는 혼합눈이다. 겨울눈은 반구형~광난형이고 길이 1~2㎜이며 갈색 아린에 싸여있다. 겨울눈은 가지에 밀착하듯 생긴다.

엽흔/관속흔 엽흔은 어긋나고 반원형~광타원형이며, 관속흔은 3개다.

●참고

겨울철에도 열매가 떨어지지 않고 가지에 일부 남는다. 주로 식물원에서 볼 수 있다.

❶측아 ❷엽흔/관속흔 ❸말라 죽은 소지의 말단부 ❹수피 ❺겨울눈의 전개 ❻열매(겨울) ❼겨울 수형 ❽유동[*Vernicia fordii* (Hemsl.) Airy Shaw.]

✲식별 포인트 겨울눈/수피/열매

사람주나무

***Neoshirakia japonica* (Siebold & Zucc.) Esser**

대극과

EUPHORBIACEAE Juss.

●분포

중국, 일본, 한국

❖국내분포 내륙에서는 경북(운문산), 전북 이남의 숲속이나 계곡에 주로 자라고, 해안을 따라 강원(설악산)과 경기(백령도)에서도 자람

●형태

수형 낙엽 소교목. 높이 4~6(~8)m까지 자란다.

수피/소지 수피는 회백색이고 광택이 나며 세로로 가늘게 갈라진다. 소지는 담갈색을 띠고 광택이 나며 피목이 드문드문 있다. 흔히 세로줄이 생긴다.

겨울눈 영양눈 또는 혼합눈이다. 겨울눈은 삼각형이고 길이 2~7㎜이며 2개의 아린에 싸여있다. 아린은 담갈색을 띠고 털이 없다.

엽흔/관속흔 엽흔은 어긋나고 역삼각형 또는 반원형이며, 관속흔은 3개다.

●참고

겨울철에는 밝은 회백색 수피가 두드러지게 드러나며, 겨울눈과 엽흔이 이어진 생김새가 마치 고깔모자를 쓴 사람의 얼굴을 연상시키기도 한다.

2019. 12. 25. 강원 양양군

❶소지의 겨울눈 ❷준정아 ❸측아/엽흔/관속흔 ❹혼합눈의 전개 ❺종자가 빠져나간 과피 ❻수피

*식별 포인트 겨울눈/수피/열매

2021. 1. 18. 전남 진도군

조도만두나무

***Glochidion chodoense* J.S.Lee & H.T.Im**

대극과
EUPHORBIACEAE Juss.

●분포

한국(한반도 고유종)

❖국내분포 전남(조도, 상조도, 관사도, 진도)의 밭둑, 풀밭 및 숲 가장자리

●형태

수형 낙엽 관목 또는 소교목. 높이 2~3(~5)m까지 자라고, 드물게 5m 이상 자라기도 한다.

수피/소지 수피는 회색~회갈색이고 불규칙하게 갈라진다. 소지는 적갈색~갈색을 띠고 표면에 회갈색 털이 밀생한다. 흔히 소지의 말단부가 말라 죽는다.

겨울눈 영양눈 또는 혼합눈이다. 겨울눈은 반구형~난형이고 갈색~자갈색 아린에 싸여있다. 아린은 겉에 회갈색의 누운털이 있다.

엽흔/관속흔 엽흔은 어긋나고 찌그러진 광타원형이다. 관속흔은 불분명하며, 흔히 엽흔 양쪽에 한 쌍의 탁엽이 남는다.

●참고

말라 죽은 소지가 나무에 그대로 남으므로 겨울철에 독특한 수관을 보여준다. 겨울에도 열매가 일부 남아있는 모습을 볼 수 있다. 열매의 모양이 만두를 닮았고[조도만두나무속(*Glochidion*)의 특징] 조도에서 처음 발견되었다 하여 '조도만두나무'라는 국명이 붙었다.

❶2년지와 소지 ❷소지의 기부에 생긴 겨울눈 ❸열매(겨울) ❹❺혼합눈의 전개 과정 ❻겨울 수형(소교목 형태)
✲**식별 포인트** 겨울눈/수형/열매

묏대추나무

***Ziziphus jujuba* Mill. var. *spinosa* (Bunge) Hu ex H.F.Chow**

갈매나무과
RHAMNACEAE Juss.

●분포

중국(북부), 한국

❖국내분포 전국 건조한 산지(주로 충북, 강원의 석회암지대 및 경남, 경북의 이암지대)의 바위지대 및 초지

●형태

수형 낙엽 관목 또는 소교목. 높이 2~4(~10)m까지 자란다.

수피/소지 수피는 회색~암갈색이고 세로로 거칠게 갈라진다. 소지는 갈색을 띠고 털이 없으며, 피목이 있고 광택이 난다. 간혹 회백색 얼룩이 생긴다.

겨울눈 영양눈 또는 혼합눈이다. 겨울눈은 반구형이고 직경 2~3㎜이며 아린에 싸여있다. 아린은 진한 갈색을 띠고 겉에 갈색 털이 있다. 보통 겨울눈 기부에 탁엽이 변한 날카로운 엽침이 1(~2)개 있다.

엽흔/관속흔 엽흔은 어긋나고 반원형이며, 관속흔은 1개다.

●참고

과실수로 재배하는 대추나무의 야생종이다. 대추나무에 비해 날카롭고 긴 엽침이 특징이다.

2021. 1. 10. 경북 의성군

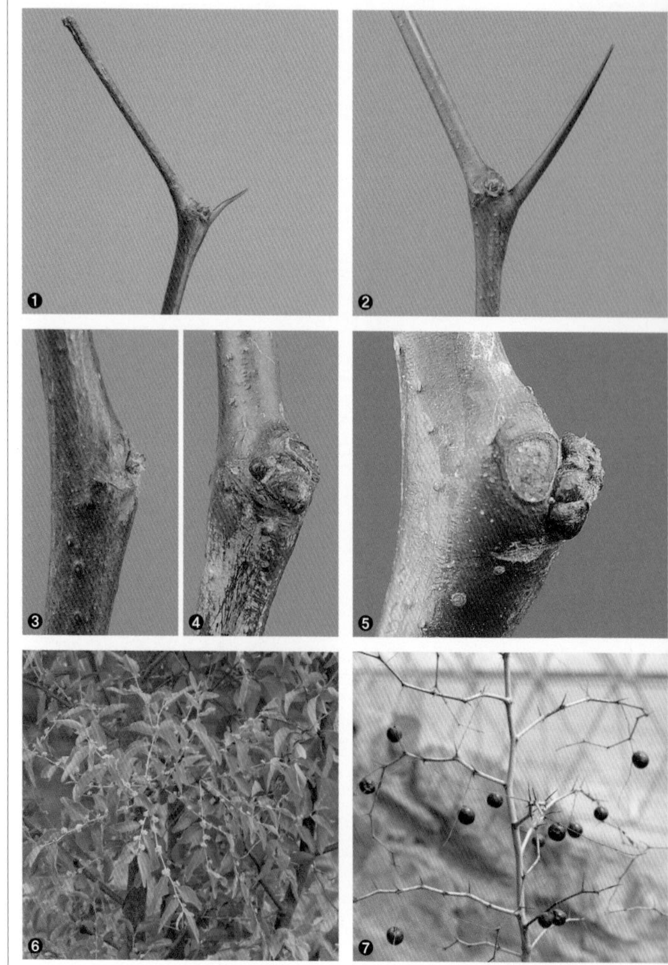

❶소지의 겨울눈 ❷엽침 ❸-❺겨울눈/엽흔/관속흔 ❻혼합눈의 전개 ❼구형의 열매(겨울)

✲식별 포인트 겨울눈/가시(엽침)/열매

2019. 10. 11. 제주

갯대추나무

***Paliurus ramosissimus* (Lour.) Poir.**

갈매나무과

RHAMNACEAE Juss.

●분포

중국(중남부), 일본(혼슈 이남), 타이완, 한국

❖국내분포 제주 바닷가의 습지나 해안 주변에 매우 드물게 자람

●형태

수형 낙엽 관목 또는 소교목. 높이 2~3(~6)m까지 자라고 가지를 무성하게 친다.

수피/소지 수피는 회색이고 표면이 매끈하며 큼직한 피목과 예리한 엽침이 드문드문 생긴다. 소지는 적갈색~갈색을 띠고 피목이 드문드문 생기며, 회백색의 털이 있다가 차츰 없어진다.

겨울눈 영양눈 또는 혼합눈이다. 겨울눈은 반구형이고 황갈색~자갈색 아린에 싸여있다. 아린은 황갈색 털이 있다. 소지 끝에는 준정아가 발달한다.

엽흔/관속흔 엽흔은 어긋나고 찌그러진 광타원형이며, 관속흔은 3개다. 흔히 엽흔 양쪽에 한 쌍의 가시(엽침)가 생긴다.

●참고

겨울철에는 억센 가시투성이의 수형이 확연하게 나타난다. 해안 지역의 각종 개발사업으로 인해 자생지의 존속이 위협받고 있는 식물이다.

❶소지의 겨울눈 ❷소지의 말단부 ❸엽흔/관속흔 ❹겨울 수형 ❺열매

＊식별 포인트 겨울눈/수형/가시(엽침)/열매

헛개나무

***Hovenia dulcis* Thunb.**

갈매나무과
RHAMNACEAE Juss.

2020. 12. 14. 제주

●분포

중국(산둥반도 이남), 일본(혼슈 이남), 타이, 한국

❖국내분포 황해도 및 경기 이남의 산지

●형태

수형 낙엽 교목. 높이 15m, 직경 1m까지 자란다.

수피/소지 수피는 흑갈색이고 세로로 갈라지며 오래되면 껍질이 조각조각 일어난다. 소지는 갈색을 띠고 털이 없으며 피목이 드문드문 있다.

겨울눈 영양눈 또는 혼합눈이다. 겨울눈은 난형이고 길이 2~4㎜이며 흑갈색 아린에 싸여있다. 아린은 겉에 담갈색 털이 밀생한다. 종종 겨울눈의 기부에 중생부아가 1개씩 발달한다.

엽흔/관속흔 엽흔은 어긋나고 완만한 V자형이며, 관속흔은 3개다. 과병흔은 원형이다.

●참고

익은 열매가 한꺼번에 떨어지지 않으므로 한겨울에도 가지에 열매가 달린 모습을 볼 수 있지만, 열매가 전혀 열리지 않는 해도 있다.

❶소지의 겨울눈 ❷측아/중생부아/엽흔/관속흔 ❸과병흔/측아/엽흔/관속흔 ❹겨울눈의 전개 ❺수피 ❻열매(겨울) ❼열매를 단 채 월동하는 모습

✽식별 포인트 겨울눈/수피/과병

2010. 12. 23. 전남 완도군

상동나무

***Sageretia thea* (Osbeck) M. C.Johnst.**

갈매나무과
RHAMNACEAE Juss.

●분포

중국(중부 이남), 일본(시코쿠 이남 일부), 타이완, 베트남, 인도, 타이, 한국

❖국내분포 제주와 남해안(전남)의 바닷가 및 인근 산지, 연안 도서

●형태

수형 낙엽 또는 반상록 관목. 보통 높이 2m까지 자라지만, 드물게 다른 나무를 타고 올라가며 훨씬 높이 자라기도 한다.

수피/소지 수피는 회색~회갈색이고 표면이 매끈하다. 소지는 회갈색~갈색을 띠고 회백색 털이 밀생하며, 가지 끝에는 흔히 경침이 발달한다.

겨울눈 영양눈 또는 혼합눈이다. 겨울눈은 타원형이고 황갈색~갈색 아린에 싸여있다. 아린은 가장자리를 따라 회백색 털이 많다. 겨울철 소지의 끝부분에 총상으로 달리는 작은 돌기들은 미성숙한 열매다.

엽흔/관속흔 엽흔은 어긋나고 반원형~광타원형이며, 관속흔은 1개다.

●참고

늦가을에 꽃을 피우므로 겨울철에는 미성숙한 열매를 볼 수 있다. 서식환경이 좋고 온난한 곳에서는 황록색 잎을 단 채로 월동하기도 한다.

❶2년지와 소지의 겨울눈 ❷❸측아 ❹엽흔/관속흔 ❺미성숙한 열매(겨울) ❻겨울눈의 전개 ❼분지 형태
✲식별 포인트 겨울눈/수형/열매

까마귀베개

***Rhamnella franguloides* (Maxim.) Weberb.**

갈매나무과
RHAMNACEAE Juss.

2021. 2. 9. 제주

●분포

중국(중남부), 일본(혼슈 이남), 한국
❖**국내분포** 주로 제주, 전남, 전북, 충남(안면도) 등지의 숲 가장자리에 자람

●형태

수형 낙엽 소교목. 높이 5~8m까지 자란다.
수피/소지 수피는 흑갈색~회갈색이고 표면이 매끈하며 피목이 생긴다. 소지는 녹색~회갈색을 띠고 털이 없으며, 묵은 가지에는 피목이 많이 생긴다.
겨울눈 영양눈 또는 혼합눈이다. 겨울눈은 삼각형~삼각상 구형이고 갈색~회갈색 아린에 싸여있다. 아린은 가장자리를 따라 회갈색 털이 있고, 흔히 바깥쪽 아린 한 쌍은 피침상으로 길고 뾰족하게 발달한다.
엽흔/관속흔 엽흔은 어긋나고 반원형~광타원형이며, 관속흔은 3개다.

●참고

소지가 지그재그형으로 뻗는 점과 겨울눈의 생김새가 식별 포인트다.

❶❷소지의 겨울눈 ❸측아 ❹엽흔/관속흔 ❺겨울눈의 전개 ❻혼합눈의 전개 ❼❽수피의 변화
*식별 포인트 겨울눈/소지/열매

2021. 1. 9. 충북 괴산군

망개나무

***Berchemia berchemiifolia* (Makino) Koidz.**

갈매나무과
RHAMNACEAE Juss.

●분포

중국, 일본(혼슈 이남에 드물게 자생), 한국

❖국내분포 충북(월악산, 군자산, 속리산), 경북(군위군, 주왕산, 보현산, 내연산) 등의 계곡부 및 산지 사면에 드물게 자람

●형태

수형 낙엽 교목. 높이 12m, 직경 30(~100)㎝까지 자란다.

수피/소지 수피는 회색~회갈색이고 세로로 깊게 골이 생겨서 그물망처럼 보인다. 소지는 자갈색~갈색을 띠고 털이 없으며, 피목이 있고 광택이 난다.

겨울눈 영양눈 또는 혼합눈이다. 겨울눈은 삼각형~삼각상 구형이고 자갈색~갈색 아린에 싸여있다. 아린은 광택이 나고, 흔히 바깥쪽의 아린 한 쌍이 삼각상으로 뾰족하게 발달한다.

엽흔/관속흔 엽흔은 어긋나고[간혹 마주나는 것처럼 보임(아대생)] 반원형~광타원형이며, 관속흔은 3개다.

●참고

까마귀베개와 마찬가지로 소지가 지그재그형으로 뻗는다. 그물처럼 골이 지는 밝은 회색의 수피와 겨울눈의 생김새가 특징이다.

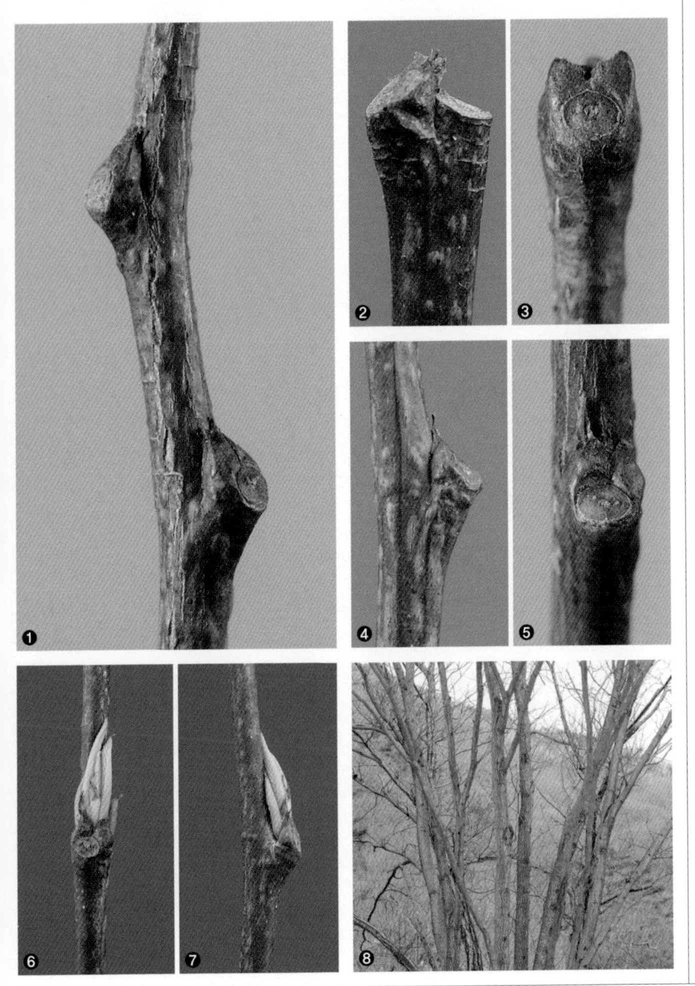

❶소지의 겨울눈 ❷❸준정아 ❹측아 ❺엽흔/관속흔 ❻❼겨울눈의 전개 과정 ❽수피

*식별 포인트 겨울눈/수피/소지/열매

먹넌출

***Berchemia floribunda* (Wall.) Brongn.**

갈매나무과
RHAMNACEAE Juss.

2021. 2. 28. 충남 태안군

●분포

중국(중남부), 일본(홋카이도 이남), 네팔, 베트남, 부탄, 인도, 타이, 한국

❖국내분포 충남(안면도)의 산지에 드물게 자람.

●형태

수형 낙엽 덩굴성 목본. 다른 나무를 타고 길이 5~7m로 자란다.

수피/소지 수피는 녹갈색~자갈색이고 매끈하지만 오래되면 세로로 불규칙하게 갈라진다. 소지는 녹갈색~자갈색을 띠고 털이 없으며 표면이 매끈하다.

겨울눈 영양눈 또는 혼합눈이다. 겨울눈은 난형이고 길이 2~4㎜이며 1개의 흑갈색 아린에 싸여있다. 겨울눈은 줄기에 밀착하고 줄기 끝의 준정아는 갈고리처럼 휘어진다.

엽흔/관속흔 엽흔은 어긋나고 반원형~광타원형이며, 관속흔은 3개다.

●참고

국내에서는 안면도에서만 볼 수 있는 희귀식물이다. 녹색이 도는 줄기와 줄기에 밀착하는 겨울눈이 특징이다.

❶소지의 겨울눈 ❷준정아 ❸측아 ❹측아(아린 탈락) ❺엽흔/관속흔 ❻❼수피의 변화 ❽겨울 수형

✲식별 포인트 겨울눈/수형/소지/열매

2021. 1. 30. 전남 여수시

산황나무

***Rhamnus crenata* Siebold & Zucc.**

갈매나무과
RHAMNACEAE Juss.

●분포

중국(중남부), 일본(혼슈 이남), 타이완, 라오스, 베트남, 캄보디아, 타이, 한국

❖국내분포 전남 일부 지역의 산지에 매우 드물게 자람

●형태

수형 낙엽 관목. 높이 2~4m까지 자란다.

수피/소지 수피는 (적)회갈색~회색이고 세로로 얕게 갈라진다. 소지는 적갈색~갈색을 띠고 회백색~갈색 털이 있으며 피목이 드문드문 있다.

겨울눈 영양눈 또는 혼합눈이다. 소지 끝의 준정아는 난형이고 길이 3~5㎜, 측아는 반구형~구형이고 길이 1~3㎜다. 겨울눈은 아린이 없으며 겉에 담갈색~황갈색 털이 밀생한다. 겨울눈의 기부에는 한 쌍의 탁엽이 남기도 한다.

엽흔/관속흔 엽흔은 어긋나고 반원형~광타원형이며, 관속흔은 3개다.

●참고

겨울눈의 겉에 갈색 털이 밀생하는 것이 식별 포인트다. 국내에 자생하는 갈매나무속(*Rhamnus*) 식물 중에서 유일하게 겨울눈이 나아다.

❶소지의 겨울눈 ❷2년지의 표면에 많은 사마귀 같은 돌기 ❸준정아 ❹❺측아 ❻엽흔/관속흔/과병흔 ❼혼합눈의 전개 ❽❾수피의 변화

*식별 포인트 겨울눈/탁엽/열매

갈매나무

***Rhamnus davurica* Pall.**
(*Rhamnus davurica* Pall. var. *nipponica* Makino)

갈매나무과
RHAMNACEAE Juss.

2020. 11. 28. 강원 평창군

●분포

중국(동북부~북부), 러시아(동부), 몽골, 한국

❖국내분포 중부지방에서는 주로 높은 산 능선

●형태

수형 낙엽 소교목. 흔히 높이 3~4m까지 자란다.

수피/소지 수피는 회색~회흑색이고 오래되면 껍질이 많이 벗겨진다. 소지는 갈색~회갈색을 띠고 털이 없으며, 표면에 피목이 있고 광택이 난다. 흔히 소지 끝에는 정아가 생기지만, 간혹 정아 대신 굵은 경침이나 준정아가 생기기도 한다. 단지가 많이 발달한다.

겨울눈 영양눈 또는 혼합눈이다. 겨울눈은 장난형이고 길이 3~6㎜이며 갈색~자갈색 아린에 싸여있다. 아린은 가장자리를 따라 짧은 털이 있다.

엽흔/관속흔 엽흔은 마주나거나 거의 마주나고(아대생) 반원형이며, 관속흔은 3개다.

●참고

흔히 낮은 산지에 자라는 참갈매나무에 비해서 갈매나무는 주로 아고산대의 능선에 자라고 소지 끝에 주로 정아가 발달하는 점이 다르다.

❶소지의 겨울눈 ❷정아 ❸준정아 ❹경침 ❺측아 ❻엽흔/관속흔 ❼열매자루 ❽수피 ❾영양눈의 전개 ❿혼합눈의 전개
✲식별 포인트 겨울눈/굵은 가시(경침)

참갈매나무

Rhamnus utilis **Decne.**
(*Rhamnus ussuriensis* J.J.Vassil.)

갈매나무과
RHAMNACEAE Juss.

2021. 2. 11. 강원 영월군

●분포

중국(동북부), 일본(혼슈 이북), 러시아(동부), 몽골, 한국

❖국내분포 지리산 이북의 숲 가장자리, 산지 능선 및 계곡부

●형태

수형 낙엽 관목. 높이 2~4m까지 자란다.

수피/소지 수피는 회색~암회색이고 껍질이 불규칙하게 갈라진다. 소지는 갈색~회갈색을 띠고 털이 없으며, 표면에 피목이 있고 광택이 난다. 회갈색 껍질은 종잇장처럼 벗겨지기도 한다. 흔히 소지 끝에는 정아 대신 길고 뾰족한 경침이 주로 생기고 단지가 발달한다.

겨울눈 영양눈 또는 혼합눈이다. 겨울눈은 장난형이고 길이 2~4㎜이며 황갈색~갈색 아린에 싸여있다. 아린은 겉에 백색 털이 조금 있다. 흔히 겨울눈 기부에 한 쌍의 탁엽이 남는다.

엽흔/관속흔 엽흔은 마주나거나 거의 마주나지만(아대생) 간혹 어긋나기도 하며, 반원형~광타원형이다. 관속흔은 3~7개다.

●참고

소지 엽흔의 배열 형태가 주로 어긋나기(호생)를 하는 짝자래나무와는 달리 주로 마주나거나(대생) 또는 거의 마주난다(아대생)는 주장도 있지만, 신빙성이 있다고 보기는 어렵다. 열매가 있을 때는 과육의 색깔(녹황색)과 자극적인 냄새가 식별의 단서가 된다.

❶소지의 겨울눈 ❷경침/준정아 ❸측아(호생) ❹엽흔/관속흔/탁엽 ❺❻혼합눈의 전개 과정 ❼겨울 수형

✲식별 포인트 겨울눈/엽흔(엽서)/가시(경침)/열매(핵)

짝자래나무

Rhamnus yoshinoi **Makino**

갈매나무과
RHAMNACEAE Juss.

2021. 2. 11. 강원 영월군

●분포

중국(동북부), 일본(혼슈 중부 이남), 한국

❖국내분포 제주를 제외한 전국의 산지

●형태

수형 낙엽 관목. 높이 2~3m까지 자란다.

수피/소지 수피는 회갈색~황갈색이고 피목이 생긴다. 소지는 회갈색~갈색을 띠고 털이 없으며, 피목이 있고 광택이 난다. 흔히 소지 끝에는 정아 대신 가는 경침이 생기며 단지가 발달한다.

겨울눈 영양눈 또는 혼합눈이다. 겨울눈은 장난형이고 길이 2~4㎜이며 갈색~암갈색 아린에 싸여있다. 아린은 겉에 백색 털이 조금 있다. 흔히 겨울눈의 기부에 한 쌍의 탁엽이 남는다.

엽흔/관속흔 엽흔은 어긋나거나 마주나고 반원형~광타원형이며, 관속흔은 3개다.

●참고

겨울의 수관은 참갈매나무와 뚜렷한 차이가 없다. 소지의 엽흔이 어긋나기를 하는 모습이 흔하지만, 종종 거의 마주나는(아대생) 형태를 보이기도 한다. 열매가 남아있을 때는 과육의 색깔(자주색)이 참갈매나무와 구별하는 식별의 단서가 될 수 있다.

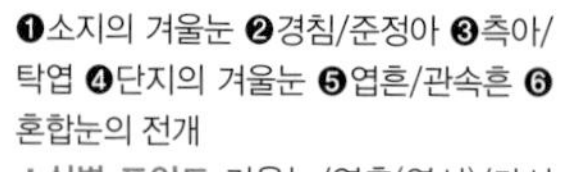

❶소지의 겨울눈 ❷경침/준정아 ❸측아/탁엽 ❹단지의 겨울눈 ❺엽흔/관속흔 ❻혼합눈의 전개

*식별 포인트 겨울눈/엽흔(엽서)/가시(경침)/열매(핵)

2020. 12. 5. 강원 강릉시

돌갈매나무

***Rhamnus parvifolia* Bunge**

갈매나무과

RHAMNACEAE Juss.

●분포

중국(중북부), 타이완, 러시아(동부), 한국

❖국내분포 함남, 평남의 산지에 자라며, 강원 및 경북의 석회암지대에 드물게 자람

●형태

수형 낙엽 관목. 높이 1.5~2m까지 자란다.

수피/소지 수피는 회갈색이고 광택이 나며 오래되면 껍질이 종잇장처럼 벗겨진다. 소지는 갈색을 띠고 털이 없으며 광택이 난다. 흔히 소지 끝에는 경침이 생기며 단지가 발달한다.

겨울눈 영양눈 또는 혼합눈이다. 겨울눈은 난형이고 길이 2~3㎜이며 갈색 아린에 싸여있다. 아린은 가장자리를 따라 짧은 털이 있다.

엽흔/관속흔 엽흔은 어긋나거나(호생) 거의 마주나고(아대생) 반원형~광타원형이며, 가지에서 돌출한다. 관속흔은 3개다.

●참고

짝자래나무와 비교해 돌갈매나무는 주로 석회암지대 산지의 능선에 자란다.

❶소지의 겨울눈 ❷❸준정아 ❹❺측아(호생/아대생) ❻❼엽흔/관속흔 ❽혼합눈의 전개 ❾단지/겨울눈의 전개

✲식별 포인트 겨울눈/수피/엽흔(엽서)/가시(경침)

좀갈매나무

***Rhamnus taquetii* (H. Lév.) H. Lév.**

갈매나무과
RHAMNACEAE Juss.

●분포

한국(제주 고유종)

❖국내분포 제주(한라산) 해발고도 1,000m 이상의 숲 가장자리 및 초지

●형태

수형 낙엽 관목. 높이 1m 전후로 자란다.

수피/소지 수피는 회갈색~회흑색이고 매끈하며 광택이 약간 나지만 오래되면 껍질이 벗겨진다. 소지는 담갈색~갈색을 띠고 털이 없으며, 피목이 있고 광택이 난다. 흔히 소지 끝에는 경침이 생기며 단지가 발달한다.

겨울눈 영양눈 또는 혼합눈이다. 겨울눈은 난형~장난형이고 길이 2~3㎜이며 황갈색~갈색 아린에 싸여 있다. 아린은 겉에 털이 있다. 흔히 겨울눈의 기부에 한 쌍의 탁엽이 남는다.

엽흔/관속흔 엽흔은 어긋나거나 거의 마주나고 반원형~광타원형이며, 관속흔은 3~7개다.

●참고

자생지가 한라산에 국한된 한라산 고유종으로 알려져 있지만, 크기를 제외한 식물체의 각부 형태는 돌갈매나무와 유사한 점이 많다.

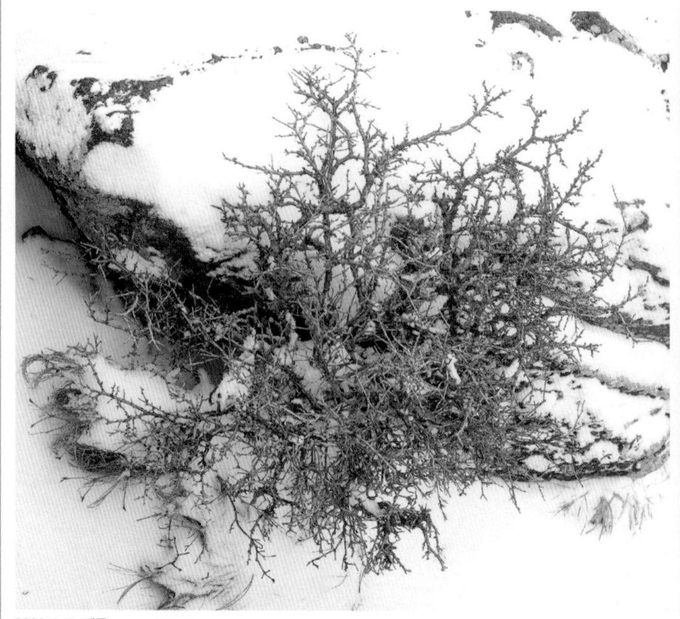

2020. 1. 11. 제주

❶소지의 겨울눈 ❷경침/준정아 ❸엽흔/관속흔 ❹단지 ❺❻혼합눈의 전개 과정

✲식별 포인트 겨울눈/가시(경침)

왕머루

***Vitis amurensis* Rupr.**

포도과

VITACEAE Juss.

2020. 2. 29. 강원 영월군

●분포

중국(산둥반도 이남), 일본(혼슈 이남), 타이완, 네팔, 인도, 동남아시아, 한국

❖국내분포 전국의 산야

●형태

수형 낙엽 덩굴성 목본. 다른 나무를 타고 길이 10m 이상 자란다.

수피/소지 수피는 갈색~회갈색이고 얕게 갈라지며 껍질이 종잇장처럼 일어난다. 소지는 갈색을 띠고 털이 없으며 피목이 있고 광택이 난다. 여러 개의 세로줄이 있다.

겨울눈 영양눈 또는 혼합눈이다. 겨울눈은 삼각상 난형이고 길이 2~3㎜이며 갈색 아린에 싸여있다. 보통 겨울눈의 맞은편에는 덩굴손이 있다.

엽흔/관속흔 엽흔은 어긋나고 반원형~타원형이며, 여러 개의 관속흔이 모여 1개처럼 보인다.

●참고

포도속(*Vitis*)의 식물은 덩굴성이며, 흔히 줄기를 기준으로 겨울눈의 반대편에 덩굴손이 생긴다. 겨울눈만으로는 종을 구별하기 어렵다.

❶❷겨울눈/엽흔/관속흔 ❸겨울눈의 전개 4새머루(*V. flexuosa* Thunb.) 5-7개머루[*Ampelopsis glandulosa* (Wall.) Momiy. var. *heterophylla* (Thunb.) Momiy.]

✽**식별 포인트** 겨울눈/수형/열매

담쟁이덩굴

***Parthenocissus tricuspidata* (Siebold & Zucc.) Planch.**

포도과
VITACEAE Juss.

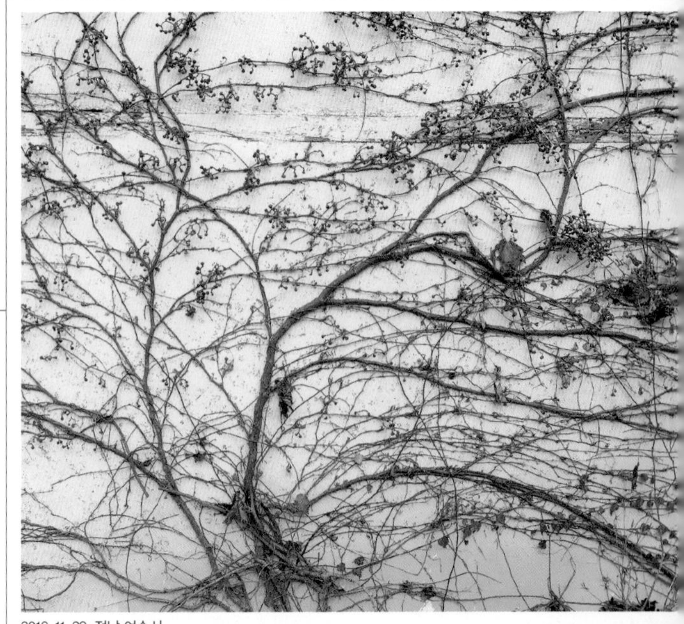

2016. 11. 29. 전남 여수시

●분포

중국(동부~동북부), 일본, 러시아(동부), 한국

❖국내분포 전국의 산지

●형태

수형 낙엽 덩굴성 목본. 부근의 나무나 바위를 타고 길이 10m 이상 자란다.

수피/소지 수피는 짙은 갈색~회갈색이고 세로로 불규칙하게 갈라지며 껍질이 종잇장처럼 일어난다. 소지는 적갈색~갈색을 띠고 털이 없으며 피목이 있고 광택이 난다. 단지가 발달한다.

겨울눈 영양눈 또는 혼합눈이다. 겨울눈은 반구형이고 직경 1~2㎜이며 갈색 아린에 싸여있다. 보통 겨울눈의 반대편에 부착근이 발달한다.

엽흔/관속흔 엽흔은 어긋나고 원형~타원형이며, 관속흔은 보통 9개 내외다.

●참고

묵은 줄기에서는 기근의 일종인 부착근이 발달해 흡착판과 더불어 식물체를 고정하는 역할을 한다. 새잎이 전개되는 시기에는 잎의 여러 부위에 식주(pearl body)가 생긴다.

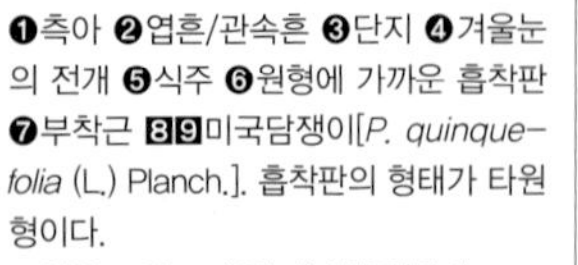

❶측아 ❷엽흔/관속흔 ❸단지 ❹겨울눈의 전개 ❺식주 ❻원형에 가까운 흡착판 ❼부착근 ❽❾미국담쟁이[*P. quinquefolia* (L.) Planch.]. 흡착판의 형태가 타원형이다.

✲식별 포인트 겨울눈/부착근/열매

2022. 1. 13. 제주

말오줌때

***Euscaphis japonica* (Thunb.) Kanitz**

고추나무과
STAPHYLEACEAE Martinov

●분포

중국, 일본(혼슈 이남), 타이완, 베트남, 한국

❖**국내분포** 제주 및 서남해(경남, 전남, 전북, 충남) 도서지역

●형태

수형 낙엽 관목 또는 소교목. 높이 3~8m까지 자란다.

수피/소지 수피는 회갈색이고 매끈하며 오래되면 세로로 얕게 갈라진다. 소지는 적갈색~갈색을 띠고 털이 없으며, 피목이 드문드문 생기고 광택이 난다.

겨울눈 영양눈 또는 혼합눈이다. 겨울눈은 난형~광난형이고 길이 1~4㎜이며 2~4개의 아린에 싸여있다. 아린은 적자색을 띤다. 흔히 소지 끝에는 크기가 비대칭인 한 쌍의 준정아가 마주 달리고, 생장 축이 되는 가지 끝에는 정아가 달린다.

엽흔/관속흔 엽흔은 마주나고 반원형이며, 관속흔은 9개가 원형으로 배열된다.

●참고

소지의 끝에 생기는 준정아의 형태가 특징적이다. 겨울철까지 열매가 가지에 남기도 한다.

❶소지의 겨울눈(정아/정생측아) ❷준정아 ❸측아 ❹엽흔/관속흔 ❺❻수피의 변화 ❼열매(겨울) ❽겨울눈의 전개
✲식별 포인트 겨울눈/열매

고추나무

***Staphylea bumalda* DC.**

고추나무과

STAPHYLEACEAE Martinov

2020. 3. 1. 경기 연천군

●분포

중국(중부~동북부), 일본, 한국

❖국내분포 전국의 산지

●형태

수형 낙엽 관목. 높이 2~3(~5)m까지 자란다.

수피/소지 수피는 진한 적색~회갈색이고 세로로 얕게 갈라진다. 소지는 적갈색~갈색을 띠고 털이 없으며 피목이 있고 광택이 난다. 흔히 소지의 말단부는 말라 죽는다.

겨울눈 영양눈 또는 혼합눈이다. 겨울눈은 난형이고 길이 2~3㎜이며 1개의 아린에 싸여있다. 아린은 갈색~자갈색을 띠며 중앙부에 세로줄이 도드라진다. 흔히 소지 끝에는 크기가 다른 한 쌍의 준정아가 마주 달린다.

엽흔/관속흔 엽흔은 마주나고 반원형~찌그러진 반원형이며, 관속흔은 3~5개다.

●참고

겨울철에는 소지의 대부분이 말라 죽는다. 말오줌때처럼 소지의 끝에 2개의 준정아가 생기는 모습이 흔히 보인다.

❶소지의 겨울눈 ❷❸준정아 ❹엽흔/관속흔 ❺측아 ❻엽흔/관속흔 ❼혼합눈의 전개 ❽영양눈의 전개 ❾열매(겨울) ❿수피

✲식별 포인트 겨울눈/열매

2022. 1. 13. 제주

무환자나무

***Sapindus mukorossi* Gaertn.**
(*Sapindus saponaria* L.)

무환자나무과
SAPINDACEAE Juss.

●분포

중국(중남부), 미얀마, 베트남, 인도네시아, 타이, 일본(불명확), 한국

❖국내분포 제주(주로 일부 곶자왈지대), 경북~전북 이남의 사찰 및 민가 주변에 식재

●형태

수형 낙엽 교목. 높이 15(~20)m, 직경 50㎝까지 자란다.

수피/소지 수피는 회갈색~회색이고 표면에 작은 피목이 많이 생긴다. 소지는 담갈색~갈색을 띠고 피목이 많이 생기며 광택이 약간 있다.

겨울눈 영양눈 또는 혼합눈이다. 겨울눈은 반구형이고 갈색 아린에 싸여있다. 흔히 중생부아가 1개씩 발달한다.

엽흔/관속흔 엽흔은 어긋나고 심장형~역삼각형이며, 관속흔은 여러 개가 세 군데 무리지어 배열되어 전체적으로 3개처럼 보인다.

●참고

열매의 형태가 독특하다. 열매는 한꺼번에 떨어지지 않고 가지에 달린 채로 월동한다.

1

2

3

4

5

6

7

❶소지의 겨울눈 ❷측아/엽흔/관속흔 ❸❹겨울눈의 전개 ❺열매(겨울) ❻수피 ❼겨울 수형
✲식별 포인트 겨울눈/열매

모감주나무

***Koelreuteria paniculata* Laxm.**

무환자나무과
SAPINDACEAE Juss.

●분포

중국(서남부, 동부), 일본(혼슈 일부), 한국

❖국내분포 황해도, 강원 이남의 해안가, 강변 및 인근 산지

●형태

수형 낙엽 소교목. 높이 3~6m까지 자란다.

수피/소지 수피는 회갈색~회흑색이고 오래되면 세로로 불규칙하게 갈라진다. 소지는 적갈색~갈색을 띠고 피목이 드문드문 생기며 광택이 난다.

겨울눈 영양눈 또는 혼합눈이다. 겨울눈은 난형이고 한 쌍의 아린에 싸여있다. 아린은 갈색을 띠고 가장자리를 따라 회갈색 털이 있다. 소지의 끝에는 준정아가 발달한다.

엽흔/관속흔 엽흔은 어긋나고 심장형~역삼각형이며, 가지에서 돌출해서 세로로 비스듬하게 생긴다. 관속흔은 7~여러 개다.

●참고

엽흔이 가지에서 돌출하고, 겨울눈의 아린은 2장이 서로 마주보며 붙은 모양이다. 겨울철까지 가지에 열매가 남는다.

2021. 1. 19. 전남 완도군

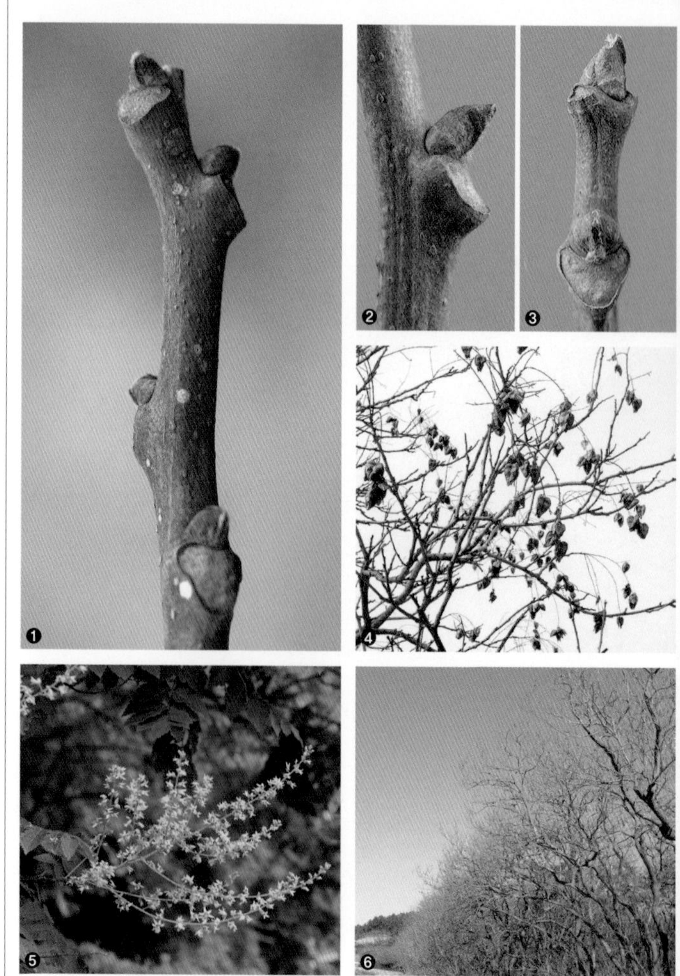

❶소지의 겨울눈 ❷측아 ❸준정아/측아/엽흔/관속흔 ❹열매(겨울) ❺혼합눈의 전개 ❻모감주나무 군락(겨울)

*식별 포인트 겨울눈/열매

2020. 1. 3. 서울특별시

칠엽수
Aesculus turbinata **Blume**

칠엽수과
HIPPOCASTANACEAE A. Rich.

●분포

일본(홋카이도 남부 이남) 원산

❖국내분포 가로수 및 공원수로 전국에 식재

●형태

수형 낙엽 교목. 높이 20~30m, 직경 2m까지 자란다.

수피/소지 수피는 회갈색~흑갈색이고 세로로 얕게 갈라진다. 소지는 담갈색~갈색을 띠고 털이 없으며, 피목이 있고 광택이 난다.

겨울눈 영양눈 또는 혼합눈이다. 겨울눈은 장난형이며 정아는 길이 2.5㎝ 정도, 측아는 길이 5~15㎜이다. 겨울눈은 녹갈색~자갈색 아린에 싸여있고, 속에서 수지가 배어 나와 겉이 끈적거린다.

엽흔/관속흔 엽흔은 마주나고 대체로 역삼각형이며, 관속흔은 흔히 5~7(~14)개다.

●참고

겨울철에는 줄기에서 가지가 많이 갈라져서 가지가 길고 곧게 뻗은 모습이 두드러지게 드러난다. 가시칠엽수와 마찬가지로 엽흔의 형태와 관속흔의 개수가 일정하지 않다.

❶정아 ❷정아의 종단면 ❸❹측아/엽흔/관속흔 ❺영양눈의 전개 ❻❼혼합눈의 전개 과정 ❽❾소지의 비교(→): 칠엽수/가시칠엽수 ❿겨울 수형
✲식별 포인트 겨울눈/열매

가시칠엽수 (마로니에)

***Aesculus hippocastanum* L.**

칠엽수과
HIPPOCASTANACEAE A. Rich.

● **분포**

유럽 동남부(알바니아, 불가리아, 그리스, 슬로베니아, 마케도니아) 원산

❖**국내분포** 가로수 및 공원수로 전국에 간혹 식재

● **형태**

수형 낙엽 교목. 높이 30m, 직경 2m까지 자란다.

수피/소지 수피는 회갈색~흑갈색이고 노목이 되면 껍질이 작은 조각으로 갈라져서 떨어진다. 소지는 자갈색~갈색을 띠고 털이 없으며, 피목이 있고 광택이 난다.

겨울눈 영양눈 또는 혼합눈이다. 겨울눈은 장난형이며 정아는 길이 2.5㎝ 정도, 측아는 길이 5~15㎜이다. 겨울눈은 자갈색 아린에 싸여있고, 속에서 수지가 배어 나와 겉이 약간 끈적거린다.

엽흔/관속흔 엽흔은 마주나고 대개 반원형에 가까우며, 관속흔은 흔히 5~7개다.

● **참고**

칠엽수와 달리 열매 표면에 가시 같은 돌기가 많이 발달한다. 간혹 가지에 달린 채 남은 열매나 과피를 겨울철까지 볼 수 있다.(319쪽 참조)

2007. 3. 13. 서울특별시

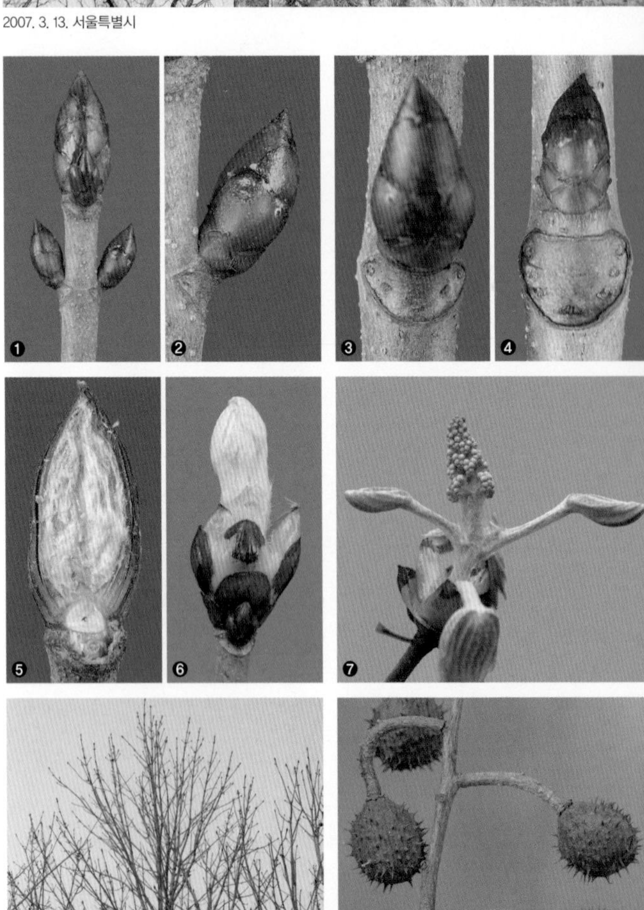

❶소지의 겨울눈 ❷측아 ❸❹엽흔/관속흔(개수가 일정하지 않음) ❺정아의 종단면 ❻❼혼합눈의 전개 과정 ❽분지 형태(어린나무) ❾열매차례(겨울)

✲**식별 포인트** 겨울눈/열매

2020. 1. 11. 제주

단풍나무

***Acer palmatum* Thunb.**

단풍나무과
ACERACEAE Juss.

●분포

일본(혼슈 이남), 한국

❖국내분포 경남, 경북(청도군 남산), 전남, 전북, 제주의 산지

●형태

수형 낙엽 교목. 높이 10~15m까지 자란다.

수피/소지 수피는 연한 회갈색~회색이고 세로로 얕게 갈라진다. 소지는 녹색~자갈색을 띠고 털이 없으며 광택이 난다.

겨울눈 영양눈 또는 혼합눈이다. 겨울눈은 난형이고 길이 1~2㎜이며 선명한 적자색 아린에 싸여있다. 아린은 기부에 갈색 털이 줄지어 난다. 소지 끝에는 흔히 한 쌍의 준정아가 마주 달리고, 간혹 과축이 남는다.

엽흔/관속흔 엽흔은 마주나고 V자~U자형이며, 관속흔은 3개다.

●참고

겨울눈의 아린 색깔이 당단풍나무보다 더 선명한 붉은색을 띠는 편이다.

❶소지의 겨울눈 ❷분지 형태(가축분지) ❸준정아 ❹측아 ❺혼합눈의 전개 ❻겨울눈의 비교(→): 단풍나무/당단풍나무 ❼겨울 수형

*식별 포인트 겨울눈/분포역/열매

당단풍나무

***Acer pseudosieboldianum* (Pax) Kom.**

단풍나무과
ACERACEAE Juss.

2021. 2. 22. 강원 양양군

●분포

중국(동북부), 러시아(동부), 한국

❖**국내분포** 전국의 산지

●형태

수형 낙엽 소교목. 높이 8m까지 자란다.

수피/소지 수피는 회갈색~회색이고 세로로 얕게 갈라진다. 소지는 적자색~자갈색을 띠고 털이 없으며 광택이 난다.

겨울눈 영양눈 또는 혼합눈이다. 겨울눈은 난형이고 길이 1~2㎜이며 갈색~적갈색 아린에 싸여있다. 아린은 기부에 갈색 털이 줄지어 난다. 흔히 소지 끝에는 한 쌍의 준정아가 마주 달리고, 가끔 과축이 남는다.

엽흔/관속흔 엽흔은 마주나고 V자~U자형이며, 관속흔은 3개다.

●참고

단풍나무와 비교하면 소지와 겨울눈 아린의 붉은색이 그다지 선명하지 않다.(321쪽 참조) 전국적으로 분포하는 점도 남부 수종인 단풍나무와 다르다.

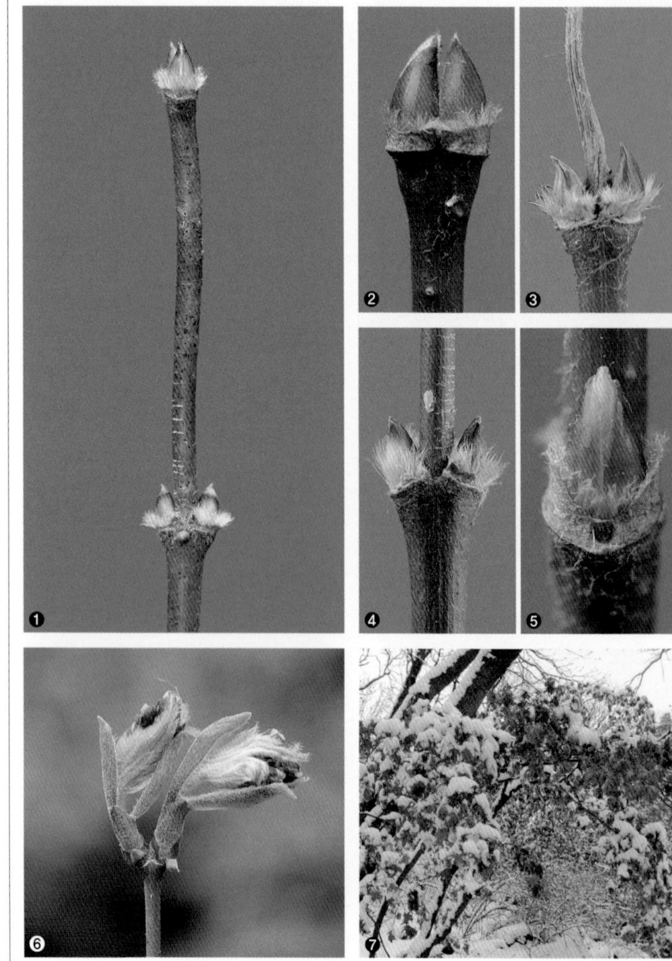

❶소지의 겨울눈 ❷준정아 ❸과축/준정아 ❹측아 ❺엽흔/관속흔 ❻혼합눈의 전개 ❼마른잎을 단 채 월동하는 모습

✲**식별 포인트** 겨울눈/분포역/열매

2022. 1. 7. 경기 가평군

고로쇠나무

***Acer pictum* Thunb. var. *mono* (Maxim.) Maxim. ex Franch.**

단풍나무과
ACERACEAE Juss.

●분포

중국(남부를 제외한 전 지역), 일본(혼슈 이북), 한국

❖국내분포 전국의 산지

●형태

수형 낙엽 교목. 높이 20m까지 자란다. 높은 산의 능선에서는 소교목상 또는 관목상으로 자라기도 한다.

수피/소지 수피는 회색이고 세로로 얇게 갈라진다. 소지는 갈색을 띠고 털이 없으며 피목이 드문드문 있다.

겨울눈 영양눈 또는 혼합눈이다. 겨울눈은 난형~타원형이고 길이 3~5㎜이며 흑갈색 아린에 싸여있다. 아린은 5~8(6~10)개이며 가장자리를 따라 백색 털이 있다. 흔히 정생측아가 발달하고, 열매가 달린 가지에는 준정아가 생긴다.

엽흔/관속흔 엽흔은 마주나고 V자형이며, 관속흔은 3개다.

●참고

주로 계곡 주변에 잘 자라고, 겨울눈의 흑갈색 아린이 특징적이다.

❶소지의 겨울눈 ❷정아/정생측아 ❸준정아 ❹엽흔/관속흔 ❺혼합눈의 전개 ❻영양눈의 전개 ❼❽분지 형태(→): 어린나무/노목 ❾겨울 수형 ❿군락의 모습. 담갈색을 띠는 고로쇠나무가 물길을 따라 밀집해 있다.

✲식별 포인트 겨울눈/열매

부게꽃나무

***Acer ukurunduense* Trautv. & C.A.Mey.**

단풍나무과
ACERACEAE Juss.

● 분포

중국(동북부), 일본(혼슈 이북), 러시아(동부), 한국

❖국내분포 지리산 이북 높은 산지의 능선 및 정상부

● 형태

수형 낙엽 소교목 또는 교목. 높이 4~8(~15)m까지 자란다.

수피/소지 수피는 회갈색~회색이고 광택이 나며 껍질이 세로로 벗겨져 종잇장처럼 일어난다. 소지는 적색~적자색을 띠고 회갈색의 털이 있으나 점차 없어지며, 표면에 피목이 있고 광택이 난다.

겨울눈 영양눈 또는 혼합눈이다. 겨울눈은 폭이 좁은 난형~난형이고 적색~적자색 아린에 싸여있다. 아린은 2~3개이고 겉에 회(담)갈색 털이 밀생한다. 흔히 정생측아가 발달한다.

엽흔/관속흔 엽흔은 마주나고 V자형이며, 관속흔은 3개다.

● 참고

복자기처럼 껍질이 종잇장처럼 일어나는 수피가 특징적이다. 암나무에는 열매 흔적이 남는다.

2020. 1. 16. 강원 태백시

❶소지의 겨울눈 ❷정아/정생측아 ❸❹측아 ❺❻엽흔/관속흔 ❼혼합눈의 전개 ❽열매(겨울) ❾수피 ❿겨울 수형

✲식별 포인트 겨울눈/수피/열매

2021. 3. 15. 강원 평창군

산겨릅나무

Acer tegmentosum **Maxim.**

단풍나무과

ACERACEAE Juss.

● **분포**

중국(동북부), 러시아(동부), 한국

❖**국내분포** 지리산 이북의 산지에 비교적 드물게 자람

● **형태**

수형 낙엽 교목. 높이 15m까지 자란다.

수피/소지 수피는 녹색~회갈색이고 매끈하며, 어릴 때는 가로로 긴 피목이 있고 세로로 짙은 회색 줄무늬가 생긴다. 소지는 녹색~황록색을 띠고 털이 없으며 광택이 난다.

겨울눈 영양눈 또는 혼합눈이다. 겨울눈은 장난형~장타원형이고 녹색~황(적)록색 아린에 싸여있다. 아린은 2개이고 서로 마주보며 붙은 모양(섭합상, 鑷合狀)이다. 눈자루가 생기고, 흔히 정생측아가 발달한다.

엽흔/관속흔 엽흔은 마주나고 V자형~누운 초승달형이며, 관속흔은 3~7개다.

● **참고**

어릴 때는 수피와 줄기에 녹색이 많이 돌지만 자라면서 밝은 회갈색을 띠게 된다. 자루가 있는 독특한 형태의 겨울눈이 특징적이다.

❶정아/정생측아 ❷짧은 가지 끝의 겨울눈 ❸엽흔/관속흔 ❹과병흔/엽흔/관속흔 ❺겨울눈의 전개 ❻혼합눈의 전개 ❼❽수피의 변화 ❾겨울 수형

✻식별 포인트 겨울눈/수피/열매

시닥나무

***Acer komarovii* Pojark.**

단풍나무과
ACERACEAE Juss.

2021. 2. 13. 강원 태백시

●분포

중국(동북부), 러시아(동부), 한국

❖국내분포 주로 지리산 이북의 높은 산지(전남 백운산에도 분포)

●형태

수형 낙엽 소교목. 높이 4~8(~10)m까지 자란다.

수피/소지 수피는 회색~회갈색이고 오래되면 불규칙하게 갈라진다. 소지는 적자색~자갈색을 띠고 털이 없으며 광택이 난다.

겨울눈 영양눈 또는 혼합눈이다. 겨울눈은 장난형이고 길이 3~5㎜이며 적자색~자갈색 아린에 싸여있다. 아린은 2개이고 서로 마주보며 붙은 모양(섭합상, 鑷合狀)이다. 흔히 눈자루가 생기고, 정생측아가 발달한다.

엽흔/관속흔 엽흔은 마주나고 V자~U자형이며, 관속흔은 3개다.

●참고

소지와 아린은 대개 선명한 적자색을 띤다. 겨울눈에 눈자루가 있는 점도 식별 포인트다.

❶소지의 겨울눈 ❷준정아 ❸❹정아/정생측아 ❺측아 ❻엽흔/관속흔 ❼혼합눈의 전개 ❽영양눈의 전개 ❾겨울 수형
*식별 포인트 겨울눈/소지/열매

2021. 2. 13. 강원 태백시

청시닥나무

Acer barbinerve Maxim.

단풍나무과

ACERACEAE Juss.

●분포

중국(동북부), 러시아(동부), 한국

❖**국내분포** 지리산 이북 높은 산지의 능선 및 정상부

●형태

수형 낙엽 소교목. 높이 3~7(~10)m까지 자라지만, 국내에는 관목상으로 자라는 나무가 흔하다.

수피/소지 수피는 어릴 땐 녹색을 띠지만 노목이 되면서 점차 녹색빛이 옅어진다. 소지는 황적색~자갈색을 띠고 회갈색 털이 밀생하다 차츰 없어진다.

겨울눈 영양눈 또는 혼합눈이다. 수나무에는 간혹 생식눈도 생긴다. 겨울눈은 장난형이고 길이 3~5㎜이며 황갈색~적갈색 아린에 싸여있다. 아린은 2~4개다.

엽흔/관속흔 엽흔은 마주나고 V자형이며, 관속흔은 3개다.

●참고

어릴 때는 가지에 녹색이 돌다가 오래되면 점차 황적색으로 변한다.

❶소지의 겨울눈 ❷❸정아/정생측아 ❹측아 ❺엽흔/관속흔 ❻겨울눈의 전개 ❼겨울 수형

✲식별 포인트 겨울눈/소지/열매

복자기

***Acer triflorum* Kom.**

단풍나무과
ACERACEAE Juss.

2020. 1. 29. 경기 남양주시

●분포

중국(동북부), 한국

❖국내분포 중부 이북의 산지

●형태

수형 낙엽 교목. 높이 15~20m까지 자란다.

수피/소지 수피는 (황)갈색~회갈색이고 세로로 껍질이 거칠게 갈라져 일어난다. 소지는 갈색을 띠고 털이 없으며, 피목이 산재하고 광택이 난다.

겨울눈 영양눈 또는 혼합눈이다. 겨울눈은 폭이 좁은 난형이고 길이 2~5㎜이며 자갈색 아린에 싸여있다. 아린은 11~15개이고 겉에 (회)갈색 털이 있다. 종종 정생측아가 발달하고, 간혹 정생부아가 생기기도 한다.

엽흔/관속흔 엽흔은 마주나고 V자형이며, 관속흔은 3개다.

●참고

단풍이 아름다워서 조경수로 많이 활용하는 식물이다. 흔히 암나무는 겨울철까지 가지에 열매가 남는다.

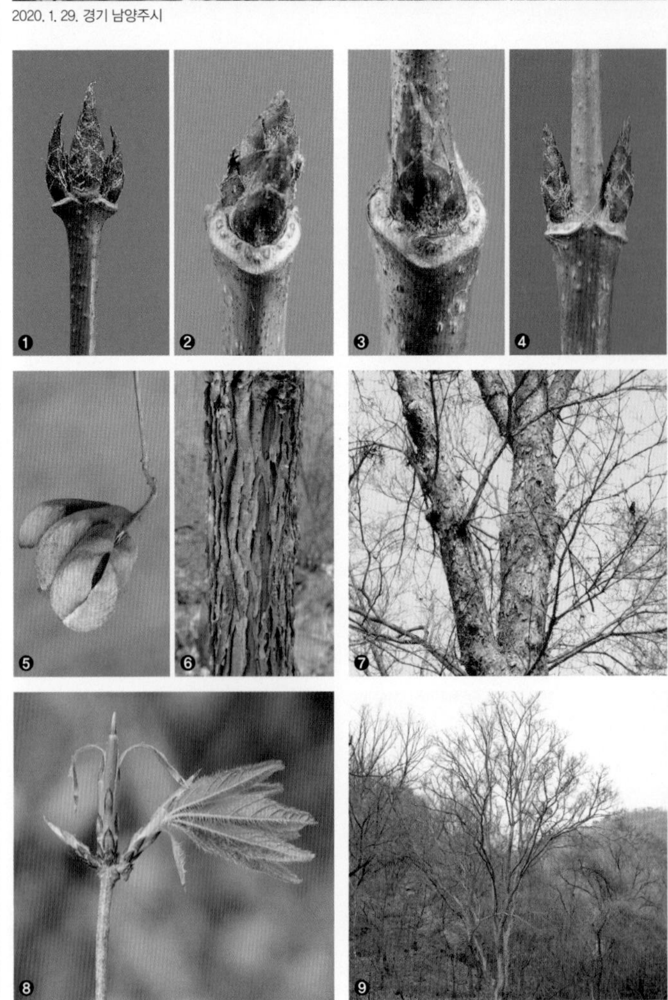

❶정아/정생측아 ❷❸엽흔/관속흔 ❹측아 ❺열매(겨울) ❻수피(어린나무) ❼수피(성목) ❽겨울눈의 전개 ❾겨울 수형

✻식별 포인트 겨울눈/수피/열매

2021. 2. 20. 경기 가평군

복장나무

***Acer mandshuricum* Maxim.**

단풍나무과

ACERACEAE Juss.

●분포

중국(동북부), 러시아(동부), 한국

❖국내분포 주로 지리산 이북의 높은 산지

●형태

수형 낙엽 교목. 높이 10~15(~30)m까지 자란다.

수피/소지 수피는 회색~회갈색이고 세로로 얕게 갈라진다. 소지는 갈색을 띠고 털이 없으며 피목이 드문드문 있고 광택이 난다.

겨울눈 영양눈 또는 혼합눈이다. 겨울눈은 폭이 좁은 난형이고 길이 3~6㎜이며 갈색 아린에 싸여있다. 아린은 11~15개이고 끝이 뾰족하며 겉에 털이 없다. 종종 정생측아가 발달한다.

엽흔/관속흔 엽흔은 마주나고 V자형이며, 관속흔은 3개다.

●참고

주로 깊은 산속에서 만날 수 있는 식물이다. 복자기와 비교하면 수피가 매끈하고 열매의 기부에 털이 없는 점이 다르다. 정아는 정생측아보다 크기가 훨씬 크다.

❶소지의 겨울눈 ❷정아/정생측아 ❸정아/측아 ❹준정아 ❺측아 ❻엽흔/관속흔 ❼겨울눈의 전개 ❽❾수피의 변화

✲식별 포인트 겨울눈/수피/열매

네군도단풍

***Acer negundo* L.**

단풍나무과
ACERACEAE Juss.

●분포

북아메리카 원산

❖국내분포 공원수 및 가로수로 전국에 식재

●형태

수형 낙엽 교목. 높이 15~20m, 직경 1m까지 자란다.

수피/소지 수피는 황갈색~회갈색이고 세로로 길게 갈라진다. 소지는 적록색~적갈색을 띠고 백색 분으로 덮여있다가 차츰 백분이 없어지며, 표면에 피목이 있고 광택이 난다. 보통 소지에는 털이 없으나 간혹 어린나무에 털이 남아있을 때도 있다.

겨울눈 영양눈 또는 혼합눈(간혹 생식눈)이다. 정아는 삼각상 난형~난형이고, 측아는 삼각상 구형~구형이며 길이 2~4㎜다. 겨울눈은 적갈색~자갈색 아린에 싸여있고 광택이 나는 백색~담갈색의 짧은 털이 밀생하지만, 개체에 따라 차이가 있다. 아린은 2~3개다.

엽흔/관속흔 엽흔은 마주나고 양쪽 끝이 긴 V자형이며, 관속흔은 3개다.

●참고

소지가 백색 분으로 덮여있어 흰빛으로 보이는 점이 특징이다. 암나무에는 겨울철까지 열매가 오랫동안 남는다.

2021. 1. 10. 경북 의성군

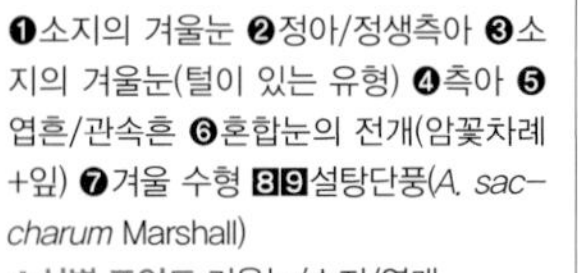

❶소지의 겨울눈 ❷정아/정생측아 ❸소지의 겨울눈(털이 있는 유형) ❹측아 ❺엽흔/관속흔 ❻혼합눈의 전개(암꽃차례+잎) ❼겨울 수형 ❽❾설탕단풍(*A. saccharum* Marshall)

*식별 포인트 겨울눈/소지/열매

2020. 1. 1. 인천광역시

신나무

***Acer tataricum* L. subsp. *ginnala* (Maxim.) Wesm.**

단풍나무과
ACERACEAE Juss.

●분포

중국(중북부), 일본, 러시아(동부), 몽골, 한국

❖**국내분포** 전국 저지대의 습한 곳

●형태

수형 낙엽 소교목. 높이 5~8m까지 자란다.

수피/소지 수피는 회갈색~회색이고 매끈하지만 오래되면 세로로 갈라진다. 소지는 갈색을 띠고 털이 없으며 피목이 드문드문 있다.

겨울눈 영양눈 또는 혼합눈이다. 겨울눈은 난형~반구형이고 길이 1~2㎜이며 갈색~적갈색 아린에 싸여 있다. 아린은 5~10개이고, 소지 끝에는 종종 한 쌍의 준정아가 마주 달린다.

엽흔/관속흔 엽흔은 마주나고 V자~U자형이며, 관속흔은 3개다.

●참고

겨울철까지 마른 열매가 가지에 그대로 남으므로 식별이 그다지 어렵지 않다.

❶소지의 겨울눈 ❷준정아 ❸측아 ❹엽흔/관속흔 ❺열매(겨울) ❻겨울 수형
*식별 포인트 겨울눈/수형/열매

중국단풍

***Acer buergerianum* Miq.**

단풍나무과
ACERACEAE Juss.

●분포

중국, 타이완 원산

❖국내분포 가로수 및 공원수로 전국에 식재

●형태

수형 낙엽 교목. 높이 20m까지 자란다.

수피/소지 수피는 회갈색~회색이고 불규칙하게 껍질이 벗겨져 얼룩무늬가 생긴다. 소지는 갈색을 띠고 털이 없으며 피목이 드문드문 있다.

겨울눈 영양눈 또는 혼합눈이다. 겨울눈은 난형이고 길이 2~4㎜이며 갈색 아린에 싸여있다. 아린은 4~8개이고, 가장자리를 따라 황갈색 털이 있다. 가장 바깥쪽의 아린은 끝이 잘린 것처럼 보이고, 흔히 바깥쪽으로 살짝 벌어진다.

엽흔/관속흔 엽흔은 마주나고 V자형이며, 관속흔은 3개다.

●참고

거칠게 벗겨지는 수피가 특징적이다. 국내에서는 조경수나 가로수로 식재하고 있다.

2021. 1. 9. 경북 의성군

❶소지의 겨울눈 ❷정아/측아 ❸엽흔/관속흔 ❹혼합눈의 전개 ❺열매(겨울) ❻겨울 수형

✲식별 포인트 겨울눈/수피/열매

2021. 2. 28. 충남 태안군

은단풍나무

Acer saccharinum L.

단풍나무과

ACERACEAE Juss.

● 분포

북아메리카 원산

❖국내분포 공원수 및 가로수로 전국에 식재

● 형태

수형 낙엽 교목. 높이 25m까지 자란다.

수피/소지 수피는 어릴 땐 밝은 회색이고 매끈하지만, 오래되면 어두운 갈색을 띠고 껍질이 긴 조각으로 갈라져서 세로로 벗겨진다. 소지는 황갈색~적갈색을 띠고 광택이 나며 피목이 드문드문 있다.

겨울눈 영양눈 또는 생식눈이다. 영양눈은 난형이고 길이 3~5㎜이며, 생식눈은 구형이고 길이 2~3㎜이며 여러 개가 모여 달린다. 겨울눈은 적갈색~자갈색 아린에 싸여있다. 아린은 4~7개이고, 가장자리를 따라 황갈색 털이 있다.

엽흔/관속흔 엽흔은 마주나고 V자형이며, 관속흔은 3개다.

● 참고

가지가 가늘고 길어서 아래쪽으로 처지므로 겨울철의 수형이 마치 버드나무를 연상시킨다.

❶소지의 겨울눈 ❷정아/정생측아/엽흔/관속흔 ❸측아 ❹엽흔/관속흔 ❺생식눈 ❻생식눈의 전개 ❼영양눈의 전개(화살표) ❽개화기의 모습(초봄)

✲식별 포인트 겨울눈/수형/열매

붉나무

***Rhus chinensis* Mill.**
(*Rhus javanica* L.)

옻나무과
ANACARDIACEAE R.Br.

2020. 3. 1. 경기 연천군

● 분포

중국, 일본, 타이완, 동남아시아(북부), 한국

❖국내분포 전국의 해발고도가 낮은 산야

● 형태

수형 낙엽 소교목. 높이 5~10m까지 자란다.

수피/소지 수피는 회색~회갈색이고 표면에 작은 피목이 생긴다. 소지는 갈색을 띠고 털이 없으며 피목이 드문드문 있다.

겨울눈 영양눈 또는 혼합눈이다. 겨울눈은 반구형이고 직경 2~5㎜이며 황갈색 털이 밀생하는 아린에 싸여있다. 흔히 소지 끝에는 위로 돌출한 지흔이 있거나 과축이 남으며, 그 옆에 준정아가 발달한다.

엽흔/관속흔 엽흔은 어긋나고 원형~양쪽 끝이 긴 V자(또는 U자)형이며, 관속흔은 10개 이상이고 돌출해 있다.

● 참고

가지가 곧게 뻗는다. 겨울철에는 수나무의 소지 끝에 꽃자루가 떨어지지 않고 남아있기도 한다. 암나무는 겨울철까지 열매 흔적이 남는다.

❶소지의 겨울눈 ❷측아 ❸엽흔/관속흔 ❹❺겨울눈의 전개 과정 ❻충영(오배자) ❼열매(겨울) ❽암나무의 겨울 수형(대표 사진은 수나무)
✲식별 포인트 겨울눈/열매

2021. 2. 19. 강원 태백시

개옻나무

***Toxicodendron trichocarpum* (Miq.) Kuntze**

옻나무과
ANACARDIACEAE R.Br.

●분포

중국(중남부), 일본, 러시아(사할린), 한국

❖국내분포 전국의 산야

●형태

수형 낙엽 관목 또는 소교목. 높이 3~7m 정도까지 자란다.

수피/소지 수피는 회백색~회갈색이고 세로로 얕게 갈라져 갈색의 골이 생긴다. 소지는 담갈색~갈색을 띠고 피목이 드문드문 생기며, 표면에 황갈색 털이 있다가 차츰 없어진다.

겨울눈 영양눈과 혼합눈이 있다. 정아는 삼각형, 측아는 반구형이고 아린이 없다. 겉에는 광택이 나는 황갈색~갈색 털이 밀생한다. 흔히 정아는 혼합눈이다.

엽흔/관속흔 엽흔은 어긋나고 찌그러진 역삼각형이며, 관속흔은 10개 이상이다.

●참고

정아와 측아의 크기 차이가 크다. 암나무에는 겨울철까지 열매 흔적이 남는다.

❶❷소지의 겨울눈 ❸❹정아/측아/엽흔/관속흔 ❺측아 ❻❼혼합눈의 전개 과정 ❽열매(겨울)
*식별 포인트 겨울눈/열매

산검양옻나무

Toxicodendron sylvestre
(Siebold & Zucc.) Kuntze

옻나무과
ANACARDIACEAE R.Br.

2016. 1. 7. 전남 여수시

●분포

중국(중남부), 일본(혼슈 이남), 타이완, 한국

❖국내분포 제주, 경남, 전남의 산지(숲 가장자리)에 흔하게 자라며, 충청도와 경기도 및 황해도에도 간혹 분포

●형태

수형 낙엽 소교목. 높이 4~7(~10)m까지 자란다.

수피/소지 수피는 회갈색~회색이고 표면에 적갈색의 피목이 뚜렷하며, 어릴 때는 표면이 매끈하다가 오래되면 세로로 거칠게 갈라진다. 소지는 담갈색~갈색을 띠고 피목이 드문드문 생기며, 표면에 황갈색 털이 있다가 차츰 없어진다.

겨울눈 영양눈과 혼합눈이 있다. 정아는 삼각형~장난형, 측아는 반구형~난형이고 아린이 없다. 겉에는 광택이 나는 황갈색~갈색 털이 밀생한다. 정아는 대개 혼합눈이다.

엽흔/관속흔 엽흔은 어긋나고 찌그러진 역삼각형이며, 관속흔은 10개 이상이다.

●참고

주로 남부지방의 숲 가장자리에 자란다. 암나무에는 겨울철까지 열매가 남는다.

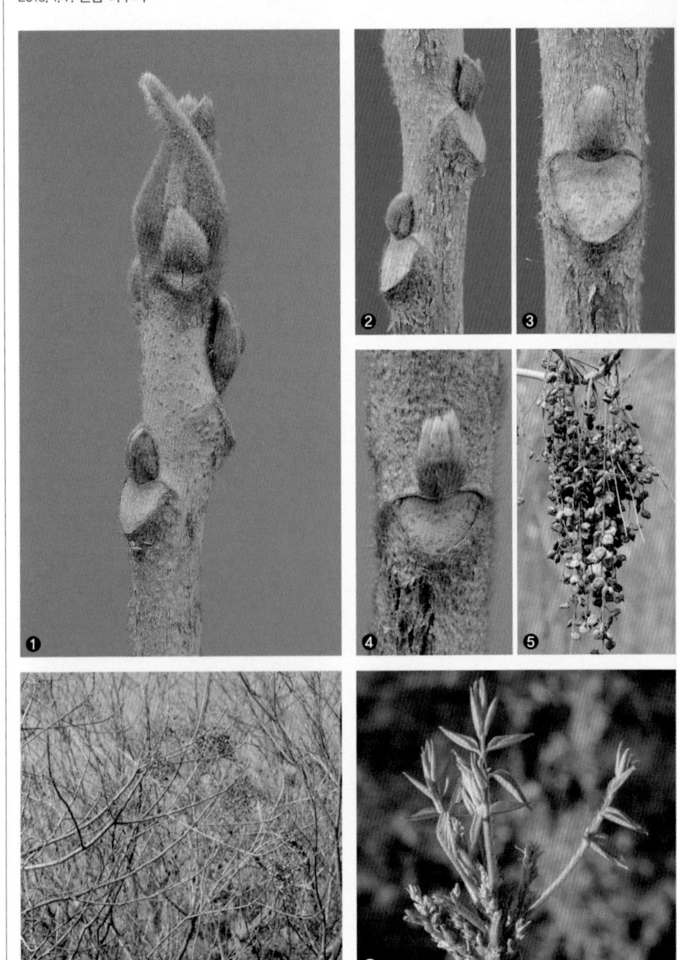

❶소지의 겨울눈 ❷측아 ❸❹엽흔/관속흔 ❺열매(겨울) ❻열매를 단 채 월동하는 모습(암나무) ❼혼합눈의 전개
✲식별 포인트 겨울눈/열매

2020. 3. 12. 제주

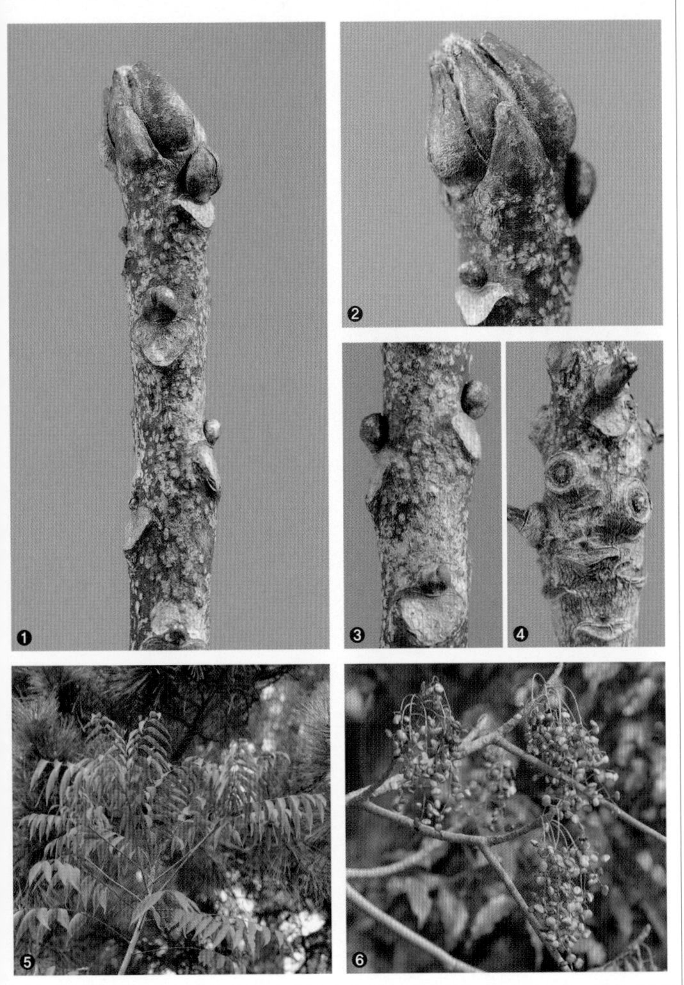

검양옻나무

***Toxicodendron succedaneum* (L.) Kuntze**

옻나무과
ANACARDIACEAE R.Br.

●분포

중국(중남부), 일본(혼슈 이남), 타이완, 라오스, 베트남, 인도, 캄보디아, 한국

❖국내분포 전남(흑산도, 홍도) 및 제주의 저지대 숲 가장자리나 밭둑에 드물게 자람

●형태

수형 낙엽 소교목 또는 교목. 높이 5~12m까지 자란다.

수피/소지 수피는 회색~회갈색이고 어릴 때는 표면이 매끈하며 오래되면 세로로 길게 갈라진다. 소지는 녹갈색~적갈색을 띠고 광택이 나며 피목이 많다.

겨울눈 영양눈과 혼합눈이 있다. 정아는 광난형, 측아는 반구형이고 아린에 싸여있다. 보통 바깥쪽의 아린은 털이 없지만, 안쪽 아린은 가장자리를 따라 황갈색 털이 밀생한다. 흔히 정아는 혼합눈이다.

엽흔/관속흔 엽흔은 어긋나고 찌그러진 역삼각형이며, 관속흔은 10개 이상이다.

●참고

열매는 산검양옻나무와 비슷하지만, 겨울눈에 아린이 있는 점이 다르다. 제주에서는 12월까지 붉은색 단풍을 볼 수 있고 암나무에는 열매가 남는다. 예전에는 산검양옻나무를 검양옻나무로 오동정하는 사례가 잦았다.

❶소지의 겨울눈 ❷정아/측아 ❸측아 ❹과병흔 ❺단풍(12월) ❻열매(겨울)
*식별 포인트 겨울눈(특히 아린)/열매

옻나무

***Toxicodendron vernicifluum* (Stokes) F.A.Barkley**

옻나무과
ANACARDIACEAE R.Br.

2007. 12. 16. 충북 옥천군

●분포

중국, 인도 원산

❖국내분포 전국(강원 원주시, 충북 옥천군, 경남 함양군)에서 재배

●형태

수형 낙엽 교목. 높이 20m, 직경 30㎝까지 자란다.

수피/소지 수피는 어릴 때 회색이고 표면이 매끈하다가 크면 흑갈색을 띠면서 세로로 거칠게 갈라진다. 소지는 표면에 광택이 나는 담갈색 털이 밀생한다.

겨울눈 영양눈과 혼합눈이 있다. 정아는 삼각형이고 길이 1~1.5㎝이며, 측아는 반구형이고 길이 1~2㎜다. 겨울눈은 아린이 없고 겉에 광택이 나는 담갈색 털이 밀생한다. 흔히 정아는 혼합눈이며, 간혹 정아 아래쪽의 측아가 혼합눈일 때도 있다.

엽흔/관속흔 엽흔은 어긋나고 심장형~찌그러진 타원형이며, 관속흔은 10개 이상이다.

●참고

개옻나무와 비교하면 정아의 형태가 삼각형이고 소지가 담갈색 털로 덮여있는 점이 다르다. 암나무에는 겨울철까지 열매가 남는다.

❶소지의 겨울눈 ❷측아 ❸엽흔/관속흔 ❹혼합눈의 전개 ❺겨울 수형 ❻❼덩굴옻나무(*T. orientale* Greene)
✻식별 포인트 겨울눈/소지/열매

2020. 2. 29. 강원 영월군

소태나무

***Picrasma quassioides* (D.Don) Benn.**

소태나무과
SIMAROUBACEAE DC.

●분포

중국, 일본, 타이완, 네팔, 부탄, 스리랑카, 인도, 한국

❖**국내분포** 전국의 산지

●형태

수형 낙엽 교목. 높이 10~15m, 직경 40㎝까지 자란다.

수피/소지 수피는 어릴 땐 매끈하고 피목이 많지만 오래되면 적갈색~회갈색을 띠고 세로로 갈라진다. 소지는 자갈색~갈색을 띠고 피목이 드문드문 생긴다.

겨울눈 영양눈 또는 혼합눈이다. 겨울눈은 난형~찌그러진 구형이고 길이 6~8㎜이며 아린이 없다. 겉에는 황갈색 털이 밀생한다.

엽흔/관속흔 엽흔은 어긋나고 찌그러진 원형~심장형이며, 관속흔은 3개다.

●참고

가지가 곧은 편이고 소지의 길이가 제각각이어서 분지하는 모습이 마치 살을 발라낸 생선 가시를 연상시키기도 한다. 사람이 두 손을 모으고 있는 것처럼 생긴 정아의 생김새도 특징적이다.

❶소지의 겨울눈 ❷측아 ❸엽흔/관속흔 ❹분지 형태 ❺❻혼합눈의 전개 과정 ❼❽수피의 변화
✲**식별 포인트** 겨울눈/수관/열매

가죽나무 (가중나무)

***Ailanthus altissima* (Mill.) Swingle**

소태나무과
SIMAROUBACEAE DC.

2019. 12. 19. 서울특별시

●분포

중국(남부와 북부 일부를 제외한 전 지역) 원산

❖국내분포 전국의 도로변, 철도변 및 민가 인근에 야생화되어 자람

●형태

수형 낙엽 교목. 높이 25m, 직경 1m까지 자란다.

수피/소지 수피는 어릴 때는 회갈색이다가 크면 짙은 회흑색이 되면서 세로로 갈라진다. 소지는 녹갈색~갈색을 띠고 털이 없으며 광택이 나고 피목이 있다.

겨울눈 영양눈 또는 혼합눈이다. 겨울눈은 반구형이고 직경 1~5㎜이며 자갈색~흑갈색 아린에 싸여있다. 겉에는 회백색의 짧은 털이 있다.

엽흔/관속흔 엽흔은 어긋나고 심장형이며, 관속흔은 7~10개 이상이다.

●참고

소지가 굵고 오래된 가지가 검은색에 가까워서 겨울철에 개성적인 모습을 보인다. 수나무의 소지 끝에는 화축이 떨어지지 않은 채 남고, 암나무에는 과축과 함께 열매가 남는다.

❶소지의 겨울눈 ❷❸준정아/엽흔/관속흔 ❹측아 ❺엽흔/관속흔 ❻혼합눈의 전개 ❼열매(겨울) ❽암나무의 겨울 수형 (대표사진은 수나무)

✲식별 포인트 겨울눈/수형/열매

2010. 1. 17. 전남 완도군

멀구슬나무

Melia azedarach **L.**

멀구슬나무과

MELIACEAE Juss.

●분포

중국, 타이완, 네팔, 동남아시아, 오스트레일리아(북부), 인도, 태평양 도서, 파푸아뉴기니, 말레이반도 원산

❖국내분포 전남, 경남 및 제주의 민가 주변에 야생화되어 자람

●형태

수형 낙엽 교목. 높이 10m까지 자란다.

수피/소지 수피는 암녹색~회갈색이고 어릴 때는 매끈하고 피목이 발달하지만 오래되면 세로로 불규칙하게 갈라진다. 소지는 녹색~녹갈색을 띠고 피목이 드문드문 생기며 표면에 회갈색 성상모가 있다.

겨울눈 영양눈 또는 혼합눈이다. 겨울눈은 구형이고 아린에 싸여있다. 아린은 겉에 회갈색 성상모가 밀생한다.

엽흔/관속흔 엽흔은 어긋나고 형태가 각 변이 오목한 역삼각형이다. 관속흔은 10개 이상이지만 몇 개씩 U자형으로 모여서 세 군데 배열되므로 마치 3개처럼 보인다.

●참고

구형의 겨울눈과 겨울철까지 가지에 달린 황갈색 열매가 특징적이다.

❶소지의 겨울눈 ❷준정아/측아 ❸측아/엽흔/관속흔 ❹❺혼합눈의 전개 과정 ❻열매(겨울) ❼분지 형태(초봄)

✻식별 포인트 겨울눈/엽흔/열매

참죽나무 (참중나무)

***Toona sinensis* (Juss.) M.Roem.**

멀구슬나무과
MELIACEAE Juss.

● 분포

중국(산둥반도 이남), 동남아시아, 네팔, 부탄, 인도 원산

❖국내분포 전국의 민가 주변에 식재

● 형태

수형 낙엽 교목. 높이 20m까지 자란다.

수피/소지 수피는 회갈색~암회색이고 세로로 갈라져 껍질이 많이 벗겨진다. 소지는 갈색~회갈색을 띠고 표면에 갈색의 짧은 털이 밀생하며 피목이 드문드문 있다.

겨울눈 영양눈 또는 혼합눈이다. 겨울눈은 광난형이고 아린에 싸여있으며, 정아는 직경 1.5㎝ 정도, 측아는 직경 3~5㎜이다. 아린은 겉에 갈색 털이 있다.

엽흔/관속흔 엽흔은 어긋나고 장타원형~넓은 원형이며, 관속흔은 5개다.

● 참고

세로로 갈라져 거칠게 껍질이 일어나는 수피가 인상적이다. 가지에 열매가 일부 달린 채 월동하기도 한다.

2021. 1. 12. 인천광역시

❶소지의 겨울눈 ❷측아 ❸엽흔/관속흔 ❹열매(겨울) ❺❻수피의 변화 ❼분지 형태(어린나무)

✲식별 포인트 겨울눈/수피/열매

2020. 1. 26. 경기 가평군

산초나무

***Zanthoxylum schinifolium* Siebold & Zucc.**

운향과
RUTACEAE Juss.

●분포

중국(중북부), 일본(남부 일부), 한국
❖**국내분포** 전국의 산지

●형태

수형 낙엽 관목. 높이 1~3m까지 자란다.

수피/소지 수피는 회갈색~갈색이고 세로로 얕게 갈라지며, 밑동에 코르크질의 크고 작은 피침이 드문드문 난다. 소지는 녹갈색~갈색을 띠고 털이 없으며, 광택이 나고 피목이 있다. 곧은 피침이 1개씩 어긋나며 생긴다.

겨울눈 영양눈 또는 혼합눈이다. 겨울눈은 반구형이고 직경 2~3㎜이며 자갈색~갈색 아린에 싸여있다.

엽흔/관속흔 엽흔은 어긋나고 반원형~찌그러진 반원형이며, 관속흔은 3개다.

●참고

피침이 어긋나게 달리는(호생) 점이 비슷한 식물과의 구별 포인트다. 겨울철에는 코르크질의 가시가 발달하는 줄기가 두드러져 보인다.

❶소지의 겨울눈(가시 호생) ❷준정아 ❸측아 ❹❺엽흔/관속흔 ❻겨울눈의 전개 ❼분지 형태
✲**식별 포인트** 겨울눈/가시(피침)/열매

초피나무

***Zanthoxylum piperitum* (L.) DC.**

운향과
RUTACEAE Juss.

2022. 1. 13. 제주

●분포

일본, 한국

❖국내분포 황해도 이남 낮은 산지의 숲 가장자리, 건조한 초지나 너덜지대 주변

●형태

수형 낙엽 관목. 높이 1~5m, 직경 15㎝까지 자란다.

수피/소지 수피는 회갈색이고 피침과 더불어 피목이 드문드문 생기며, 오래되면 피침이 떨어지고 울퉁불퉁한 코르크질의 돌기가 생긴다. 소지는 적갈색~자갈색을 띠고 털이 없으며 피목이 드문드문 있다. 흔히 겨울눈 양쪽에 곧은 피침이 마주난다.

겨울눈 영양눈 또는 혼합눈이다. 겨울눈은 반구형이고 직경 1~2㎜이며 아린이 없다. 겉에는 황갈색 털이 밀생한다.

엽흔/관속흔 엽흔은 어긋나고 반원형이며, 관속흔은 3개다.

●참고

산초나무와 비교하면 피침이 마주나기를 하는 점이 눈에 띄는 특징이다.

❶소지의 겨울눈 ❷소지의 겨울눈(가시가 없는 유형) ❸준정아 ❹엽흔/관속흔 ❺영양눈의 전개 ❻혼합눈의 전개 ❼겨울 수형

✲식별 포인트 겨울눈/가시(피침)/열매

2020. 1. 11. 제주

왕초피나무

***Zanthoxylum simulans* Hance**

운향과

RUTACEAE Juss.

●분포

중국(중남부), 타이완, 한국

❖국내분포 제주 저지대의 숲 가장자리

●형태

수형 낙엽 관목. 높이 2~4m까지 자란다.

수피/소지 수피는 회색~황회색이고 표면에 피침이 많으며 오래되면 울퉁불퉁한 코르크층이 생긴다. 소지는 담갈색~갈색을 띠고 표면에 피목이 드문드문 있다. 흔히 겨울눈 양쪽에 곧고 납작한 피침이 마주난다.

겨울눈 영양눈 또는 혼합눈이다. 겨울눈은 반구형이고 아린에 싸여있다. 아린은 담갈색~갈색을 띤다.

엽흔/관속흔 엽흔은 어긋나고 반원형~심장형이며, 관속흔은 3개다.

●참고

노목의 수피는 가시의 끝부분이 뭉뚝해져서 혹처럼 울퉁불퉁해지므로 마치 도깨비방망이를 연상시킨다.

❶소지의 겨울눈 ❷측아/엽흔/관속흔/피침 ❸준정아 ❹영양눈의 전개 ❺❻수피의 변화 ❼❽개산초(*Z. armatum* DC.)

✲식별 포인트 겨울눈/가시(피침)/열매

머귀나무

***Zanthoxylum ailanthoides* Siebold & Zucc.**

운향과
RUTACEAE Juss.

2020. 3. 12. 제주

●분포

중국(중남부), 일본(혼슈 이남), 타이완, 필리핀, 한국

❖국내분포 경북(울릉도), 경남, 전남, 전북 및 제주의 바다 가까운 산지

●형태

수형 낙엽 교목. 높이 15m까지 자라며, 수관의 윗부분이 판판하다.

수피/소지 수피는 회갈색~회색이고 표면에 큰 가시와 사마귀 같은 돌기가 흩어져 있다. 소지는 녹갈색~자갈색을 띠고 털이 없으며, 피목이 있고 광택이 난다. 곧고 짧은 피침이 많이 생긴다.

겨울눈 영양눈 또는 혼합눈이다. 겨울눈은 반구형~구형이고 길이 4~8㎜이며 아린에 싸여있다. 아린은 녹갈색~자갈색을 띠고 광택이 난다.

엽흔/관속흔 엽흔은 어긋나고 반원형~심장형이며, 관속흔은 3개다.

●참고

수관의 윗부분이 높낮이 없이 판판하게 수평을 이루는 점이 특징적이다.

❶소지의 겨울눈 ❷준정아 ❸측아/엽흔/관속흔 ❹겨울눈의 전개 ❺❻수피의 변화 ❼분지 형태

＊식별 포인트 겨울눈/수형/가시(피침)/열매

2020. 3. 31. 경기 연천군

황벽나무

Phellodendron amurense **Rupr.**

운향과

RUTACEAE Juss.

●분포

중국(동부~북부), 일본, 러시아(동부), 한국

❖**국내분포** 제주와 전남을 제외한 전국의 산지

●형태

수형 낙엽 교목. 높이 10~20(~30)m, 직경 1m까지 자란다.

수피/소지 수피는 회갈색~회색이고 표면에 무른 코르크층이 생긴다. 소지는 황갈색~갈색을 띠고 피목이 드문드문 생기며 광택이 난다.

겨울눈 영양눈 또는 혼합눈이다. 겨울눈은 반구형이고 길이 2~4㎜이며, 적갈색~갈색 아린에 싸여있고 겉은 담갈색의 누운털로 덮여있다. 겨울눈이 잎자루 속에 숨어있다가 잎이 떨어지면서 모습을 드러내는 엽병내아다. 소지 끝에는 준정아가 한 쌍 발달한다.

엽흔/관속흔 엽흔은 마주나고 O자~U자형이며 겨울눈을 에두르듯 감싼다. 관속흔은 여러 개가 세 군데 무리지어 배열되어 전체적으로 3개처럼 보인다.

●참고

수피를 싸고 있는 무른 코르크층은 세로로 비교적 고르게 갈라진다. 한 쌍의 준정아로부터 줄기가 비스듬히 자라서 수관 끝쪽의 소지들이 Y자형을 이루는 경우가 많다.

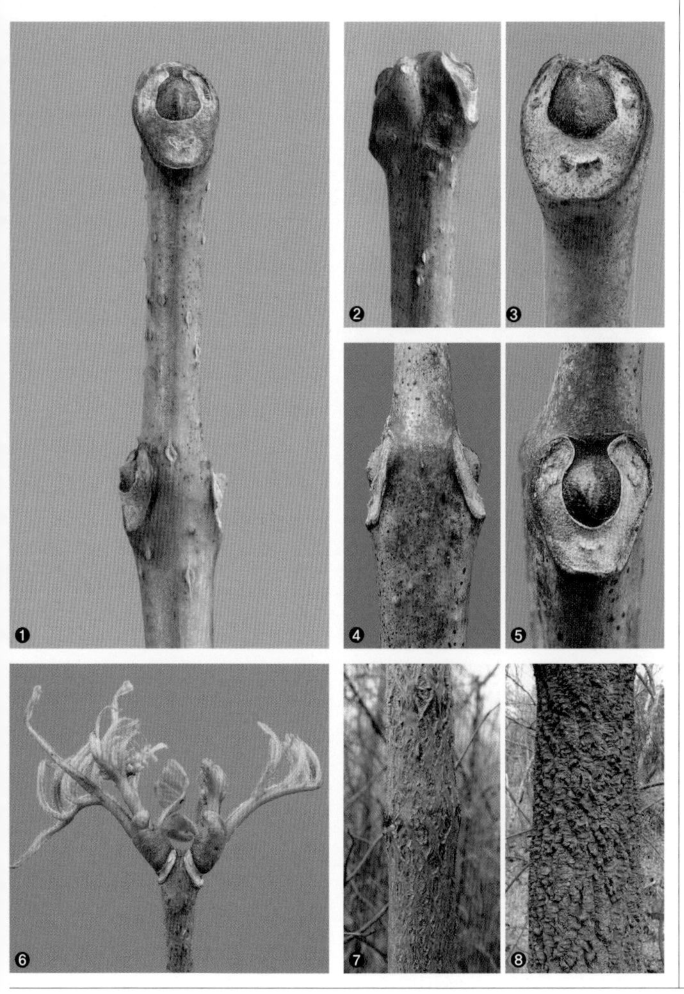

❶소지의 겨울눈 ❷준정아(한 쌍) ❸준정아/엽흔/관속흔 ❹측아 ❺측아/엽흔/관속흔 ❻혼합눈의 전개 ❼❽수피의 변화

*식별 포인트 겨울눈(엽병내아)/수피(코르크)/열매

쉬나무

***Tetradium daniellii* (Benn.) T.G.Hartley**

운향과
RUTACEAE Juss.

2022. 2. 2. 서울특별시

●분포

중국, 한국

❖국내분포 전국의 해발고도가 낮은 건조한 산지 및 인가 주변

●형태

수형 낙엽 소교목 또는 교목. 높이 7(~20)m까지 자란다.

수피/소지 수피는 회색~짙은 회색이고 매끈하며 표면에 작은 피목이 생긴다. 소지는 회갈색~자갈색을 띠고 피목이 드문드문 생기며 회백색 털이 밀생한다.

겨울눈 영양눈 또는 혼합눈이다. 겨울눈은 난형이고 길이 6~8㎜이며, 아린이 없고 겉에 회백색 털이 밀생한다.

엽흔/관속흔 엽흔은 마주나고 반원형~누운 초승달형이며, 관속흔은 여러 개가 세 군데 무리지어 배열되기에 전체적으로 3개처럼 보인다.

●참고

겨울철까지 열매 일부가 가지에 달린 채 남기도 한다. 성별의 특성으로 인해 수나무에도 약간의 열매가 달릴 수 있다. (『한국의 나무』, 돌베개, 2018 참조)

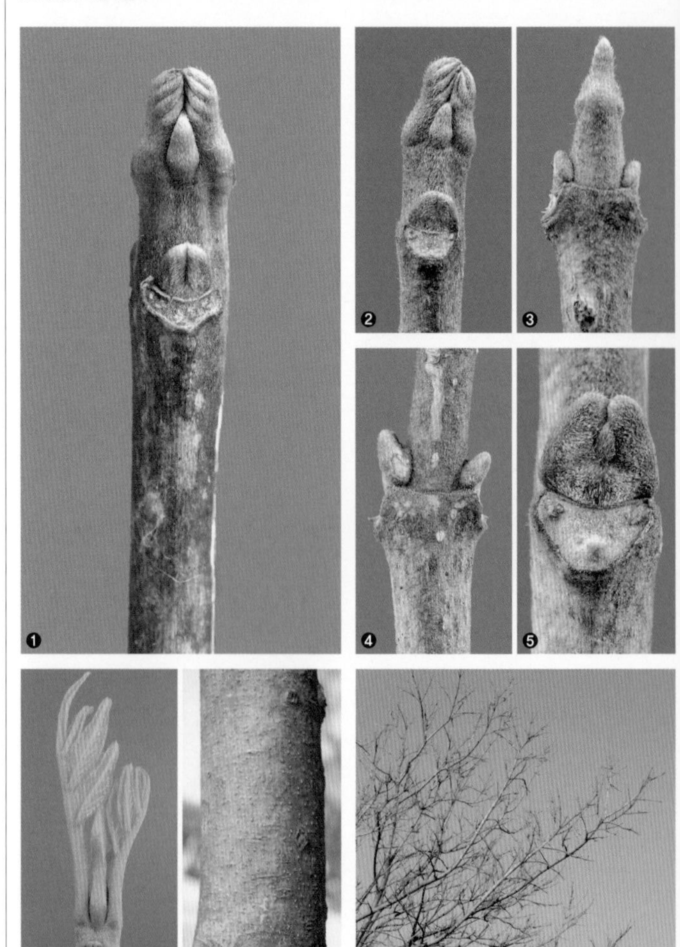
❶소지의 겨울눈 ❷정아 ❸정생측아 ❹측아 ❺측아/엽흔/관속흔 ❻겨울눈의 전개 ❼수피 ❽분지 형태

✲식별 포인트 겨울눈/열매

2021. 1. 10. 경북 문경시

탱자나무

***Citrus trifoliata* L.**

운향과

RUTACEAE Juss.

●분포

중국(중남부) 원산

❖국내분포 민가, 경작지 주변에 울타리용으로 식재

●형태

수형 낙엽 관목 또는 소교목. 높이 1~8m까지 자란다.

수피/소지 노목의 수피는 회록색~회색이고 세로로 깊게 골이 진다. 소지는 녹색을 띠고 털이 없으며 광택이 난다.

겨울눈 영양눈 또는 생식눈이다. 생식눈은 구형~반구형이고 직경 2~5㎜다. 영양눈은 생식눈보다 약간 작으며 모두 녹자색~자갈색 아린에 싸여있다. 흔히 겨울눈 아래쪽에 녹색 경침이 1개씩 생긴다.

엽흔/관속흔 엽흔은 어긋나고 반원형~타원형이며, 관속흔은 1개다.

●참고

겨울철에는 경침이 발달한 무성한 녹색 가지가 두드러지게 보이므로 식별이 그다지 어렵지 않다.

❶소지의 겨울눈 ❷준정아/측아 ❸측아/엽흔/경침 ❹생식눈(上)/영양눈(下)의 전개 ❺영양눈의 전개 ❻분지 형태 ❼수피(노목)

✲식별 포인트 겨울눈/소지(녹색)/가시(경침)/열매

상산
***Orixa japonica* Thunb.**

운향과
RUTACEAE Juss.

2020. 3. 12. 제주

●분포

중국(남부), 일본(혼슈 이남), 한국

❖국내분포 경기(주로 해안), 충남, 경남, 전남, 전북 및 제주의 산지

●형태

수형 낙엽 관목 또는 소교목. 높이 1~5m까지 자란다.

수피/소지 수피는 회색~회갈색이고 표면에 작은 피목이 생긴다. 소지는 담갈색~갈색을 띠고 피목이 드문드문 있다.

겨울눈 영양눈 또는 생식눈이다. 흔히 정아는 영양눈, 측아는 생식눈이거나 영양눈이다. 웅성 생식눈이 자성 생식눈보다 약간 더 크다. 겨울눈은 난형~장난형이고 담갈색~자갈색의 아린에 싸여있다. 아린에는 털이 없다.

엽흔/관속흔 엽흔은 어긋나고 반원형~타원형이며, 관속흔은 1개다.

●참고

암수딴그루이며, 암나무에는 종자가 빠져나간 열매의 껍질이 온전한 열매 모양으로 겨우내 남기도 한다(대표 사진).

❶❷소지의 겨울눈 비교(→): 암나무/수나무 ❸겨울눈의 비교(→): 웅성 생식눈/자성 생식눈/영양눈 ❹생식눈(화살표)의 전개: 암나무 ❺생식눈의 전개: 수나무 ❻영양눈의 전개(암나무) ❼엽흔/관속흔 ❽겨울 수형

*식별 포인트 겨울눈/열매

2020. 3. 12. 제주

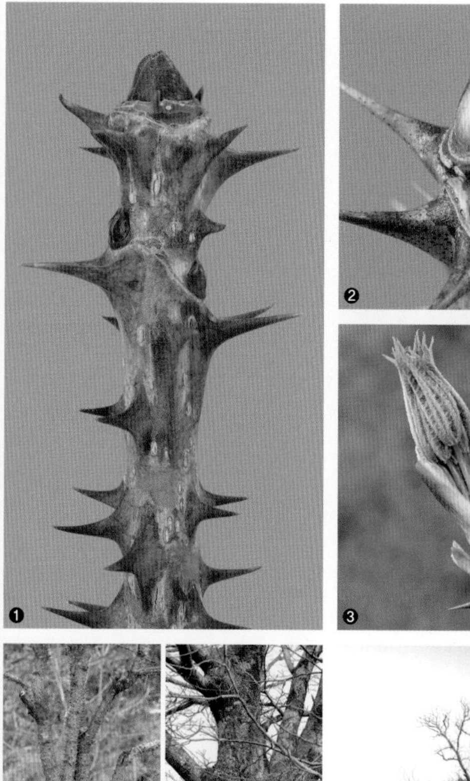

음나무

***Kalopanax septemlobus* (Thunb.) Koidz.**

두릅나무과
ARALIACEAE Juss.

●분포

중국(중북부), 일본, 러시아(동부), 한국

❖국내분포 전국의 산지

●형태

수형 낙엽 교목. 높이 25m, 직경 1m까지 자란다.

수피/소지 수피는 어릴 땐 회백색이다가 자라면서 짙은 회흑색으로 어두워지고 세로로 깊게 갈라진다. 소지는 녹회색~회갈색을 띠고 털이 없으며 피목이 있고 광택이 난다. 소지에는 곧은 피침이 생긴다.

겨울눈 영양눈 또는 혼합눈이다. 겨울눈은 반구형이고 길이 3~6㎜이며 자갈색~갈색 아린에 싸여있다. 정아는 측아보다 크기가 훨씬 크다.

엽흔/관속흔 엽흔은 어긋나고 완만한 U자형~누운 초승달형이며, 관속흔은 7~9(~15)개다.

●참고

어린나무는 밑동까지 날카로운 피침이 많이 생기지만 오래되면 밑동과 묵은 가지의 피침이 떨어지거나 뭉뚝한 돌기처럼 변한다.

❶소지의 겨울눈 ❷정아/측아/엽흔/관속흔 ❸혼합눈의 전개 ❹❺수피의 변화 ❻겨울 수형

*식별 포인트 겨울눈/가시(피침)/열매

오갈피나무

***Eleutherococcus sessiliflorus* (Rupr. & Maxim.) S.Y.Hu**

두릅나무과
ARALIACEAE Juss.

●분포

중국(동북부), 일본, 러시아, 한국
❖국내분포 중부 이남의 산지에 매우 드물게 자라며 농가에서 약용식물로 흔히 재배

●형태

수형 낙엽 관목. 높이 1~3(~5)m로 자란다.

수피/소지 수피는 회갈색~암회색이고 장타원형의 피목이 드문드문 생긴다. 소지는 갈색을 띠고 털이 없으며 피목이 드문드문 생긴다. 간혹 피침이 발달한다.

겨울눈 영양눈 또는 혼합눈이다. 겨울눈은 난형이고 길이 3~5㎜이며 갈색 아린에 싸여있다. 아린은 털이 거의 없다.

엽흔/관속흔 엽흔은 어긋나고 U자형이며, 관속흔은 7개다.

●참고

'소화경이 거의 없다'는 종소명 *sessiliflorus*의 뜻처럼 소화경이 매우 짧아 열매가 과축에 촘촘하게 모여서 나므로 열매차례가 마치 작은 공처럼 보인다.

2020. 3. 1. 경기 연천군

❶소지의 겨울눈 ❷측아 ❸엽흔/관속흔 ❹수피 ❺겨울눈의 전개 ❻-❾가시오갈피나무[*E. senticosus* (Rupr. & Maxim.) Maxim.]

*식별 포인트 겨울눈/수형/가시(피침)/열매

2022. 2. 15. 제주

섬오갈피나무

***Eleutherococcus nodiflorus* (Dunn) S.Y.Hu**

[*Eleutherococcus gracilistylus* (W.W.Sm.) S.Y.Hu]

두릅나무과

ARALIACEAE Juss.

●분포

중국(중남부), 타이완, 한국

❖국내분포 제주 및 인근 도서의 계곡과 숲속에 드물게 자람

●형태

수형 낙엽 관목. 높이 1~3m로 자라고 줄기가 비스듬히 서거나 덩굴처럼 자란다.

수피/소지 수피는 갈색~회갈색이고 크고 납작한 피침이 드문드문 있으며 타원형의 피목이 발달한다. 소지는 (적)갈색~회갈색을 띠고 피목이 드문드문 있으며 광택이 난다. 표면에는 납작한 피침이 있고 단지가 발달한다.

겨울눈 영양눈 또는 혼합눈이 있고, 혼합눈은 흔히 단지에 발달한다. 겨울눈은 반구형~난상 구형이고 갈색 아린에 싸여있다.

엽흔/관속흔 엽흔은 어긋나고 U형이며, 관속흔은 7개다.

●참고

줄기의 피침 형태가 납작하고 기부가 훨씬 넓은 점이 도입식물인 오가나무와의 차이점이다.

❶소지의 겨울눈 ❷정아 ❸측아/엽흔/관속흔 ❹혼합눈의 전개 ❺열매(겨울) ❻피침

*식별 포인트 겨울눈/수형/가시(피침)/열매

오가나무

***Eleutherococcus sieboldianus* (Makino) Koidz.**

두릅나무과
ARALIACEAE Juss.

2019. 12. 29. 서울특별시

●분포

중국 원산

❖**국내분포** 전국의 공원이나 식물원에 간혹 식재

●형태

수형 낙엽 관목. 높이 1~2m 정도까지 자라고 밑동에서부터 가지가 많이 갈라져 무성한 덤불을 이룬다.

수피/소지 수피는 회갈색~회색이고 피목이 생긴다. 소지는 담갈색~회갈색을 띠고 털이 없으며, 피목이 드문드문 있고 표면에 아래로 살짝 굽은 피침이 있다. 흔히 단지가 발달한다.

겨울눈 영양눈 또는 혼합눈이며, 특히 단지에 혼합눈이 발달한다. 겨울눈은 구형~원뿔형이고 직경 1~3㎜이며 황갈색 아린에 싸여있다. 아린은 겉에 갈색 털이 있다.

엽흔/관속흔 엽흔은 어긋나고 U자형이며, 관속흔은 7개다. 흔히 엽흔의 중앙부 아래쪽에 아래로 굽은 피침이 1개씩 생긴다.

●참고

가지를 많이 내는 수형과 엽흔의 테두리 중앙부에 1개씩 생기는 가느다란 피침이 식별 포인트다. 섬오갈피나무로 오인하는 예가 흔하다.

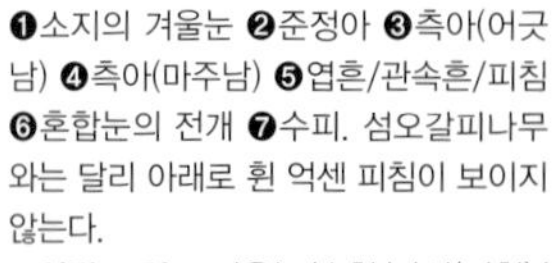
❶소지의 겨울눈 ❷준정아 ❸측아(어긋남) ❹측아(마주남) ❺엽흔/관속흔/피침 ❻혼합눈의 전개 ❼수피. 섬오갈피나무와는 달리 아래로 휜 억센 피침이 보이지 않는다.

✻**식별 포인트** 겨울눈/수형/가시(피침)/열매

2020. 1. 16. 강원 태백시

두릅나무

***Aralia elata* (Miq.) Seem.**

두릅나무과

ARALIACEAE Juss.

●분포

중국, 일본, 러시아(동부), 한국

❖국내분포 전국의 하천변 및 산지 개활지

●형태

수형 낙엽 관목 또는 소교목. 보통 높이 2~5(~10)m, 직경 10㎝까지 자란다.

수피/소지 수피는 회갈색이고 표면에 날카로운 피침이 밀생하며 피목이 생긴다. 소지는 담갈색~갈색을 띠고 곧은 피침이 많이 생기며, 피목이 드문드문 있고 광택이 난다.

겨울눈 영양눈 또는 혼합눈이다. 겨울눈은 삼각상 난형이고 갈색~자갈색 아린에 싸여있으며 털이 없다. 아린의 가장자리에는 곧은 피침이 생기고, 정아는 측아보다 훨씬 크다.

엽흔/관속흔 엽흔은 어긋나고 V자형이며 가장자리에 피침이 생기기도 한다. 관속흔은 10개 이상으로 많이 생긴다.

●참고

나무 전체에 날카롭고 곧은 피침이 많이 발달하므로 식별이 그다지 어렵지 않다.

❶정아 ❷엽흔(가장자리에 가시가 늘어섬)/관속흔 ❸측아 ❹수피 ❺혼합눈의 전개 ❻❼땃두릅나무[*Oplopanax elatus* (Nakai) Nakai]

✲식별 포인트 겨울눈/가시(피침)/열매

피자 식물문

MAGNOLIOPHYTA

목련강

MAGNOLIOPSIDA

국화아강

ASTERIDAE

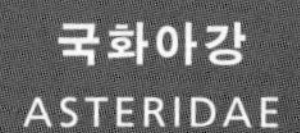

지치과 BORAGINACEAE

마편초과 VERBENACEAE

꿀풀과 LAMIACEAE

물푸레나무과 OLEACEAE

현삼과 SCROPHULARIACEAE

능소화과 BIGNONIACEAE

꼭두서니과 RUBIACEAE

린네풀과 LINNAEACEAE

병꽃나무과 DIERVILLACEAE

인동과 CAPRIFOLIACEAE

산분꽃나무과 VIBURNACEAE

국화과 ASTERACEAE

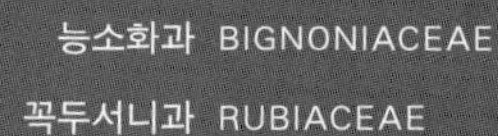

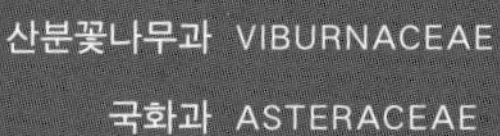

송양나무

***Ehretia acuminata* R.Br.**

지치과

BORAGINACEAE Juss.

2018. 11. 11. 전남 여수시

●**분포**

중국(중남부), 일본(혼슈 이남), 타이완, 베트남, 부탄, 오스트레일리아, 인도, 인도네시아, 한국

❖**국내분포** 전남(연안 도서)의 산지에 매우 드물게 자람.

●**형태**

수형 낙엽 교목(소교목), 높이 10~15m, 직경 20~30㎝까지 자란다.

수피/소지 수피는 황갈색~회갈색이고 세로로 갈라지며, 오래되면 껍질이 작은 조각으로 얇게 벗겨져 떨어진다. 소지는 녹갈색~자갈색을 띠고 피목이 드문드문 생기며, 표면에 회갈색의 누운털이 있다.

겨울눈 영양눈 또는 혼합눈이다. 겨울눈은 반구형이고 갈색~자갈색 아린에 싸여있다. 아린은 겉에 회갈색의 누운털이 있다.

엽흔/관속흔 엽흔은 어긋나고 찌그러진 반원형~광타원형이며, 관속흔은 U자형이다.

●**참고**

국내에는 알려진 자생지 정보가 거의 없다. 겨울철에는 밝은 회색을 띠는 수관이 주변의 상록수 사이에서 두드러지게 보인다.

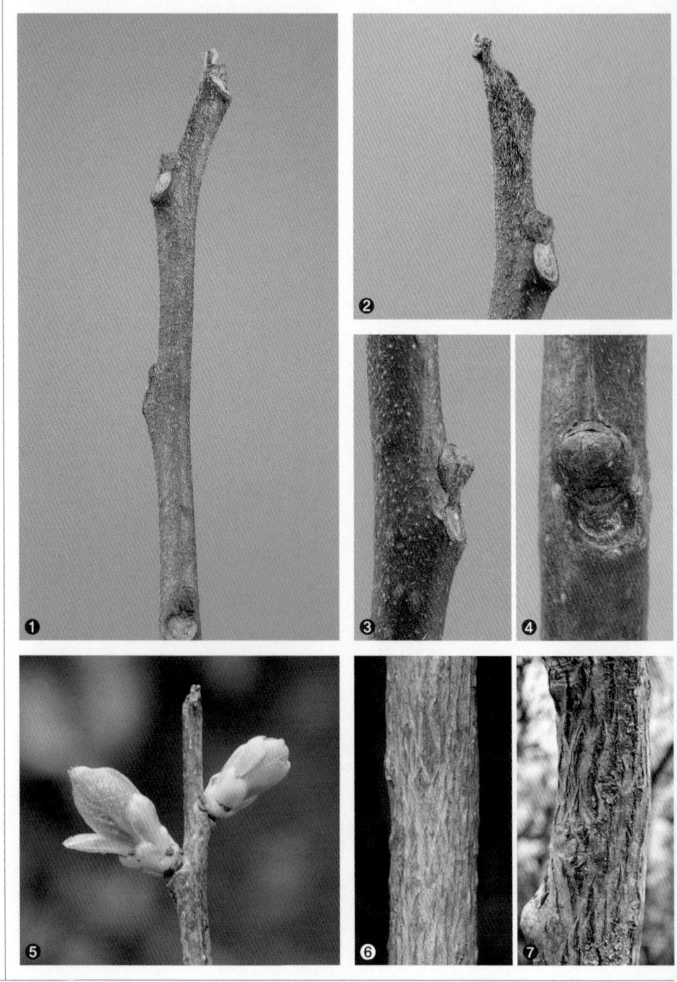

❶소지의 겨울눈 ❷준정아 ❸측아 ❹엽흔/관속흔 ❺겨울눈의 전개 ❻❼수피의 변화

✲식별 포인트 겨울눈/수관/열매

2021. 4. 6. 제주

층꽃나무

Caryopteris incana **(Thunb. ex Houtt.) Miq.**

마편초과
VERBENACEAE J.St.-Hil.

●분포

중국(중남부), 일본(혼슈 이남), 타이완, 한국

❖**국내분포** 주로 경남, 전남의 해안가에 자라는데, 경북에도 간혹 분포

●형태

수형 낙엽 반관목(또는 다년초), 높이 30~60㎝까지 자란다.

수피/소지 수피는 회갈색~회색이고 세로로 불규칙하게 갈라진다. 소지에는 회백색의 누운털이 밀생하며 소지의 횡단면이 뭉뚝한 사각형이다. 흔히 소지의 끝쪽이 말라 죽는다.

겨울눈 영양눈 또는 혼합눈이다. 겨울눈은 난형이고 길이 1~2㎜이며 아린에 싸여있다. 아린은 겉에 회백색 털이 밀생한다.

엽흔/관속흔 엽흔은 마주나고 반원형~타원형이며, 관속흔은 1개다.

●참고

줄기 끝쪽에 지난해 생긴 열매 흔적이 겨우내 남는다. 영양눈은 묵은 줄기의 아래쪽에 생긴다.

❶-❹겨울눈의 발달 과정 ❺❻측아/엽흔/관속흔 ❼마른 열매차례(겨울)
✲**식별 포인트** 겨울눈/열매

작살나무

***Callicarpa japonica* Thunb.**

마편초과

VERBENACEAE J.St.-Hil.

●**분포**

중국(중북부), 일본, 타이완, 한국

❖**국내분포** 전국의 산지

●**형태**

수형 낙엽 관목. 높이 1~2m까지 자란다.

수피/소지 수피는 회갈색이고 피목이 드문드문 있다. 소지는 갈색을 띠고 털이 없으며 피목이 드문드문 있다.

겨울눈 영양눈 또는 혼합눈이다. 겨울눈은 피침형이고 길이 2~10㎜이며 아린이 없다. 겨울눈의 겉에는 갈색 성상모가 밀생하며 눈자루가 있다. 가끔 중생부아가 생긴다.

엽흔/관속흔 엽흔은 마주나고 반원형~타원형이며, 관속흔은 1개다.

●**참고**

마주난 가지가 줄기에서 곧게 뻗고 겨울눈이 나아(裸芽)인 점이 특징이다. 겨울철까지 열매가 떨어지고 난 과축이 남는다.

2022. 2. 13. 제주

❶소지의 겨울눈 ❷측아/중생부아 ❸엽흔/관속흔 ❹❺겨울눈의 전개 과정 ❻과축 ❼분지 형태

✲**식별 포인트** 겨울눈/수형/열매

2020. 3. 18. 서울특별시

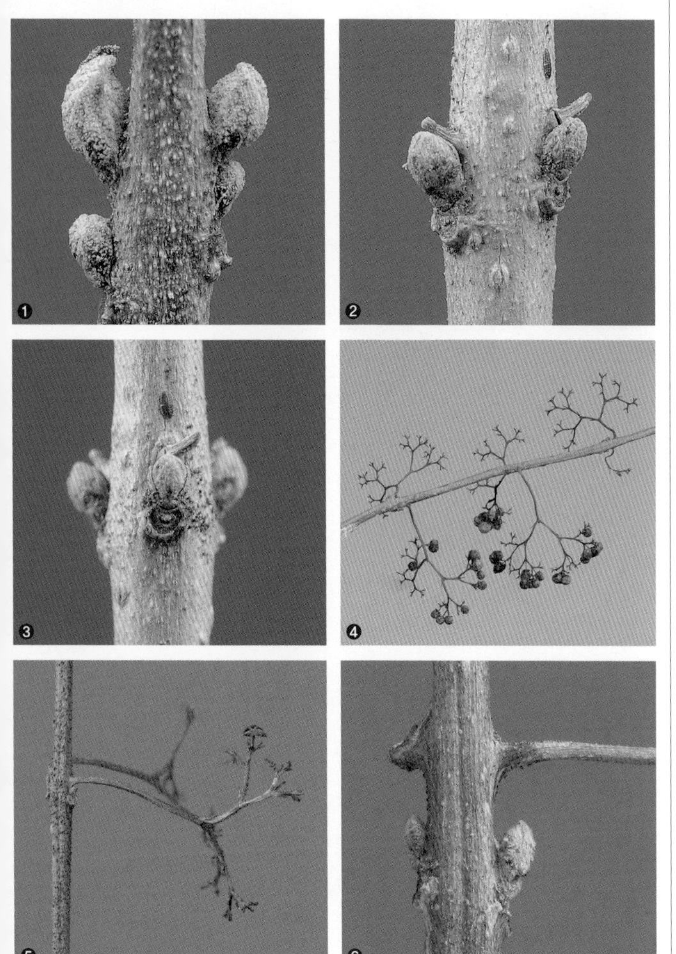

좀작살나무

***Callicarpa dichotoma* (Lour.) K.Koch**

마편초과

VERBENACEAE J.St.-Hil.

●분포

중국(중남부), 일본(혼슈 이남), 타이완, 베트남, 한국(불분명)

❖국내분포 경기, 충남 이남에 자란다는 기록은 있지만 자생 여부가 불분명하다. 흔히 공원이나 고궁 등지에 조경수로 식재하는데, 간혹 야생화된 나무도 보인다.

●형태

수형 낙엽 관목. 높이 1~2m까지 자란다.

수피/소지 수피는 회갈색이고 피목이 드문드문 있다. 소지는 담갈색~갈색을 띠고 피목이 드문드문 있다. 가지는 작살나무보다 길게 뻗어서 활처럼 휘어진다.

겨울눈 영양눈 또는 혼합눈이다. 겨울눈은 구형이고 길이 1~2㎜이며 아린에 싸여있다. 아린은 겉에 갈색의 짧은 털이 밀생하며 가끔 중생부아가 생긴다.

엽흔/관속흔 엽흔은 마주나고 반원형~찌그러진 타원형이며, 관속흔은 1개다.

●참고

작살나무와 비교하면 겨울눈이 구형이고 아린이 있는 점이 다르다. 열매가 떨어지고 난 과축이 겨울철까지 남는다.

❶측아/중생부아 ❷❸측아/엽흔/관속흔 ❹❺과축/마른 열매 ❻과축/측아. 측아는 과축의 아래쪽에 약간 떨어져 발달하는 경향이 있지만, 반드시 그런 것은 아니다.

*식별 포인트 겨울눈/수형/열매

새비나무

***Callicarpa mollis* Siebold & Zucc.**

마편초과
VERBENACEAE J.St.-Hil.

2021. 2. 9. 제주

●분포

일본(혼슈 이남), 한국

❖국내분포 전남, 전북 및 제주의 산지

●형태

수형 낙엽 관목. 높이 1~2m까지 자라고 가지가 많이 갈라진다.

수피/소지 수피는 회갈색이고 오래되면 세로로 갈라진다. 소지는 겉에 담갈색 성상모가 밀생하고 피목이 드문드문 있다.

겨울눈 영양눈 또는 혼합눈이다. 겨울눈은 피침형이고 길이 2~10㎜이며 아린이 없다. 겨울눈의 겉에는 담갈색 성상모가 밀생하며 눈자루가 있다. 간혹 중생부아가 생긴다.

엽흔/관속흔 엽흔은 마주나고 반원형~타원형이며, 관속흔은 1개다.

●참고

소지에 성상모가 밀생하는 점이 작살나무와 다른 점이다. 겨울철 과축에 달린 꽃받침의 바깥쪽에도 성상모가 많다.

❶소지의 겨울눈 ❷정아/정생측아 ❸정아/엽흔/관속흔 ❹측아 ❺과축/꽃받침(성상모 많음) ❻혼합눈의 전개 ❼영양눈의 전개 ❽분지 형태

*식별 포인트 겨울눈/열매(특히 꽃받침)

2021. 3. 19. 전남 보성군

누리장나무

***Clerodendrum trichotomum* Thunb.**

마편초과

VERBENACEAE J.St.-Hil.

● 분포

중국, 일본, 타이완, 인도, 필리핀(북부), 한국

❖국내분포 중부 이남 산지의 숲 가장자리, 계곡부, 길가

● 형태

수형 낙엽 관목 또는 소교목. 높이 2~5(~8)m 정도까지 자란다.

수피/소지 수피는 갈색~회갈색이고 피목이 생긴다. 소지는 갈색을 띠고 처음에는 털이 많으며 피목이 드문드문 생긴다. 흔히 마주난 엽흔 사이의 줄기 단면이 눌린 것처럼 약간 납작하다.

겨울눈 영양눈 또는 혼합눈이다. 겨울눈은 구형~광난형이고 길이 1~2㎜이며 아린에 싸여있다. 아린은 겉에 자갈색 털이 밀생한다. 가끔 겨울눈의 아래쪽에 중생부아가 1개씩 생긴다.

엽흔/관속흔 엽흔은 마주나고 타원형~심장형이며, 관속흔은 7~9개 또는 그 이상이고 U자형을 이룬다.

● 참고

진한 갈색을 띠는 겨울눈과 말발굽을 닮은 엽흔이 특징이다. 겨울철 수관은 흔히 소지들이 Y자 형태로 갈라져 살짝 휘면서 위를 향해 뻗는 모습을 보인다.

❶소지의 겨울눈 ❷측아 ❸엽흔/관속흔 ❹준정아/측아 ❺영양눈의 전개 ❻군락(어린나무) ❼겨울 수형

*식별 포인트 겨울눈/소지/열매

순비기나무

***Vitex rotundifolia* L.f.**

마편초과

VERBENACEAE J.St.-Hil.

● 분포

중국(산둥반도 이남), 일본(혼슈 이남), 타이완, 말레이시아, 오스트레일리아, 인도네시아, 한국

❖국내분포 중부 이남의 해안가

● 형태

수형 낙엽 덩굴성 관목. 줄기가 해안가 모래밭이나 자갈 위로 길게 뻗으며 자란다.

수피/소지 수피는 회갈색이고 표면에 작은 피목이 생긴다. 소지는 갈색을 띠고 겉에 회백색의 짧은 털이 밀생한다. 엽흔을 따라 세로로 미세한 골이 생긴다.

겨울눈 영양눈 또는 혼합눈이다. 겨울눈은 구형~난형이고 갈색 아린에 싸여있다. 아린은 겉에 회백색의 짧은 털이 밀생한다. 흔히 소지 끝에는 한 쌍의 준정아가 마주 달리고, 간혹 과축이 남는다.

엽흔/관속흔 엽흔은 마주나고 찌그러진 반원형~광타원형이며, 관속흔은 3개다.

● 참고

해안가에 줄기와 가지를 지표면에 어지러이 뻗으며 자란다. 겨울철까지 열매 흔적이 남는다.

2016. 3. 30. 제주

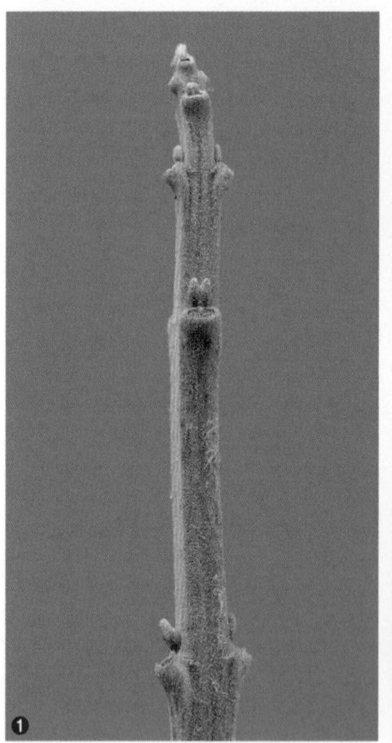

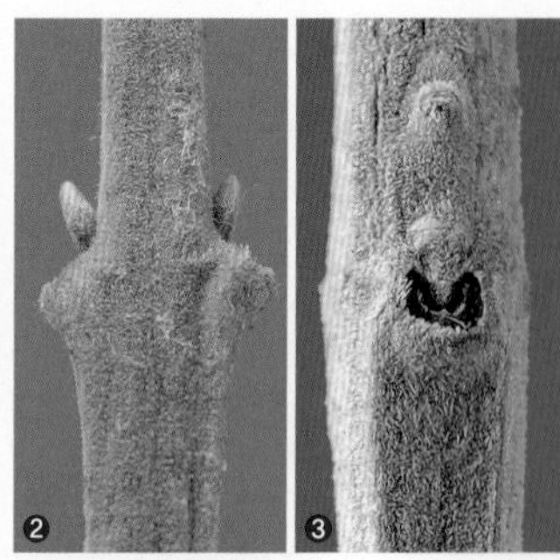

❶소지의 겨울눈 ❷측아 ❸엽흔/관속흔 ❹영양눈의 전개 ❺열매(겨울) ❻겨울 수형

*식별 포인트 겨울눈/수형/열매

2022. 1. 15. 충북 괴산군

좀목형

Vitex negundo **L. var. *heterophylla*** **(Franch.) Rehder**

마편초과

VERBENACEAE J.St.-Hil.

●분포

중국(중북부 이남), 인도, 동남아시아, 한국

❖**국내분포** 경기 및 경남, 경북, 충북의 숲 가장자리, 바위지대, 하천변, 길가, 철도변

●형태

수형 낙엽 관목. 높이 1~3m까지 자란다.

수피/소지 수피는 회갈색~회백색이고 매끈하지만 오래되면 세로로 얕게 갈라진다. 소지는 갈색을 띠고 겉에 회백색의 짧은 털이 밀생하다가 차츰 떨어진다.

겨울눈 영양눈 또는 혼합눈이다. 겨울눈은 구형~반구형이고 갈색 아린에 싸여있다. 아린은 겉에 회갈색의 짧은 털이 밀생한다. 흔히 소지 끝에는 한 쌍의 준정아가 마주 달리고, 간혹 과축이 남는다.

엽흔/관속흔 엽흔은 마주나고 찌그러진 반원형~광타원형이며, 관속흔은 3개다.

●참고

나무의 수관이 왜소하고, 겨울철까지 가지에 열매가 남는 점이 두드러지게 보인다.

❶소지의 겨울눈 ❷준정아 ❸측아 ❹엽흔/관속흔 ❺❻열매(겨울) ❼수피

*식별 포인트 겨울눈/수관/열매

백리향

Thymus quinquecostatus Celak.

꿀풀과
LAMIACEAE Martinov

2020. 12. 5. 제주

●**분포**

중국(중북부), 일본, 러시아(동부), 한국

❖**국내분포** 강원, 경남, 경북 산지의 바위지대에 분포하고, 특히 석회암지대에 비교적 흔하게 자람

●**형태**

수형 낙엽 소관목. 가지가 많이 갈라지고 땅 위를 기며 자란다.

수피/소지 수피는 회갈색~회색이고 세로로 불규칙하게 갈라진다. 소지는 갈색을 띠고 겉에 백색의 누운 털이 밀생한다.

겨울눈 영양눈 또는 혼합눈이다. 겨울눈은 난형~장타원형이고 정아는 길이 1㎜ 내외, 측아는 길이 0.5㎜ 이하이고 아린이 없다. 겨울눈은 자주색~갈색을 띠며, 겉에 선점(腺點)이 밀생한다. 흔히 소지 끝에는 한 쌍의 준정아가 마주 달리고, 간혹 과축이 남는다.

엽흔/관속흔 엽흔은 마주나고 반원형이며, 관속흔은 1개다.

●**참고**

식물체가 소형이고, 갈색의 마른 덤불처럼 바위지대의 표면을 덮으며 월동한다.

❶소지의 겨울눈 ❷-❹혼합눈의 전개 과정 ❺겨울 수형

*식별 포인트 겨울눈/수형

2021. 2. 11. 강원 영월군

개나리

Forsythia viridissima **Lindl. var.** ***koreana*** **Rehder**

물푸레나무과
OLEACEAE Hoffmanns. & Link

●분포

한국(한반도 고유종, 자생지 미상)
❖국내분포 전국의 공원이나 정원에 널리 식재

●형태

수형 낙엽 관목. 높이 2~3m까지 자란다. 가지가 길게 자라서 활처럼 아래쪽으로 굽는다.

수피/소지 수피는 회색~회갈색이고 표면에 둥근 피목이 생긴다. 소지는 담갈색을 띠고 털이 없으며, 피목이 드문드문 생기고 광택이 난다. 엽흔을 따라 세로로 살짝 각지고 줄기 속은 비어있다.

겨울눈 영양눈 또는 생식눈이다. 겨울눈은 장난형이고 길이 3~5㎜이며 아린에 싸여있다. 아린은 담갈색을 띠고 털이 없다.

엽흔/관속흔 엽흔은 마주나고 반원형이며 가지에서 돌출해 있다. 관속흔은 1개다.

●참고

한반도 고유종인 야생식물이지만 자생지가 불분명하다. 줄기 속이 비어있는 점이 만리화와 다르다.

❶소지의 겨울눈 ❷정아/정생측아 ❸생식눈 ❹측아/중생부아 ❺엽흔/관속흔 ❻가지의 종단면. 속이 비어있다. ❼❽열매(겨울) ❾영춘화(*Jasminum nudiflorum* Lindl.)

✻식별 포인트 겨울눈/수형/줄기의 종단면

만리화

***Forsythia ovata* Nakai**

물푸레나무과

OLEACEAE Hoffmanns. & Link

●분포

한국(한반도 고유종)

❖국내분포 강원(설악산, 덕항산, 자병산 등), 경북(봉화군)의 높은 산지 바위지대 및 석회암지대에 드물게 자람

●형태

수형 낙엽 관목. 높이 1.5~2.5m까지 자란다.

수피/소지 수피는 회갈색~갈색이고 표면에 피목이 드문드문 있다. 소지는 황갈색~회갈색을 띠고 털이 없으며 피목이 드문드문 있다. 줄기 속은 격벽 형태로 백색의 수(髓)가 발달한다.

겨울눈 영양눈 또는 생식눈이다. 겨울눈은 장난형이고 길이 3~5㎜이며 아린에 싸여있다. 아린은 담갈색~황갈색을 띠고 털이 없다.

엽흔/관속흔 엽흔은 마주나고 반원형이며 가지에서 돌출해 있다. 관속흔은 1개다.

●참고

외형이 개나리와 닮았지만 줄기 속에 격벽이 중첩된 형태로 수가 발달하는 점이 다르다.

2020. 3. 5. 강원 정선군

❶정아/측아 ❷정아 ❸생식눈 ❹엽흔/관속흔 ❺❻영양눈의 전개 과정 ❼가지의 종단면 ❽열매(겨울) ❾❿수피의 변화

*식별 포인트 겨울눈/줄기의 종단면/열매

2022. 1. 15. 충북 괴산군

미선나무

***Abeliophyllum distichum* Nakai**

물푸레나무과

OLEACEAE Hoffmanns. & Link

●분포

한국(한반도 고유종)

❖국내분포 전북(변산면), 충북(괴산군, 영동군 등), 경기(북한산)의 숲 가장자리 및 바위지대의 개활지에 드물게 자람

●형태

수형 낙엽 관목. 높이 1~2m까지 자란다.

수피/소지 수피는 회백색~회색이고 오래되면 껍질이 일어나 불규칙하게 갈라진다. 소지는 담갈색~흑갈색을 띠고 4개의 세로줄이 있으며 털이 없다. 줄기 속은 비어 있다.

겨울눈 영양눈 또는 생식눈이다. 영양눈은 끝이 뾰족한 피침형~난형이고 길이 1~2㎜이며 갈색 아린에 싸여있다. 생식눈은 흑갈색을 띠는 구형이고 길이 1~2㎜이며 여러 개가 송이를 이루어 달린다. 생식눈에는 1~2㎜의 자루가 있다.

엽흔/관속흔 엽흔은 마주나고 반원형이며, 관속흔은 1개다.

●참고

주로 숲 가장자리의 햇볕이 잘 드는 전석지에 자라며, 기존에 알려진 자생지는 천연기념물로 지정되어 있다. 궁궐이나 사적지, 또는 정원에 조경수로도 흔히 식재하고 있다.

❶소지의 겨울눈(생식눈) ❷소지의 겨울눈(영양눈) ❸생식눈 ❹정아(영양눈) ❺준정아 ❻측아 ❼엽흔/관속흔 ❽열매(겨울)

✲식별 포인트 겨울눈(특히 생식눈)/열매

개회나무

***Syringa reticulata* (Blume) H.Hara**

물푸레나무과
OLEACEAE Hoffmanns. & Link

2021. 2. 25. 강원 양양군

●분포

중국(동북부), 일본, 러시아(동부), 한국

❖국내분포 주로 지리산 이북의 높은 산지(전남 백운산에도 분포)

●형태

수형 낙엽 소교목. 높이 4~10m까지 자란다.

수피/소지 수피는 회갈색~회백색이고 가로로 긴 피목이 발달하며, 특히 어릴 때는 광택이 난다. 오래되면 세로로 얕게 갈라지기도 한다. 소지는 담갈색~회갈색을 띠고 털이 없으며 피목이 드문드문 있다.

겨울눈 영양눈 또는 생식눈이다. 겨울눈은 난형~광난형이고 길이 1~4㎜이며 적갈색~흑갈색 아린에 싸여있다. 아린은 가장자리를 따라 백색 털이 나기도 한다. 흔히 소지 끝에는 한 쌍의 준정아가 마주 달린다.

엽흔/관속흔 엽흔은 마주나고[간혹 거의 마주남(아대생)] 반원형~역삼각형이며, 완만한 U자형의 관속흔이 1개 생긴다.

●참고

분지 형태는 대칭형의 가축분지이다. 마주나기를 하는 가지가 직각에 가깝게 벌어져 독특한 겨울철 수관을 이룬다.(371쪽 참조)

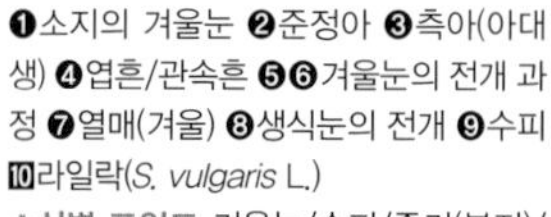

❶소지의 겨울눈 ❷준정아 ❸측아(아대생) ❹엽흔/관속흔 ❺❻겨울눈의 전개 과정 ❼열매(겨울) ❽생식눈의 전개 ❾수피 ❿라일락(*S. vulgaris* L.)

✲식별 포인트 겨울눈/수피/줄기(분지)/열매

2022. 2. 26. 강원 정선군

버들개회나무

***Syringa fauriei* H.Lév.**

물푸레나무과

OLEACEAE Hoffmanns. & Link

●분포

중국(불명확), 한국

❖국내분포 강원(계방산, 정선군)의 계곡 및 숲 가장자리에 드물게 자람

●형태

수형 낙엽 관목 또는 소교목. 높이 2~6m까지 자란다.

수피/소지 수피는 회색~짙은 회색이고, 대개 매끈하지만 오래되면 불규칙하게 갈라진다. 소지는 녹갈색~갈색을 띠고 광택이 나며 겉에 피목이 드문드문 있다. 마주나면서 돌출한 엽흔 사이에 세로로 깊은 골이 생긴다.

겨울눈 영양눈 또는 생식눈이다. 겨울눈은 난형~광난형이고 길이 2~4㎜이며 녹갈색~담갈색 아린에 싸여있다. 아린은 가장자리를 따라 백색 털이 있다. 흔히 소지 끝에는 한 쌍의 준정아가 마주 달린다.

엽흔/관속흔 엽흔은 마주나고[간혹 거의 마주남(아대생)] 반원형이며, 가지에서 많이 돌출한다. 완만한 U자형의 관속흔이 1개 생긴다.

●참고

개회나무와 비교해 소지에 세로로 깊은 골이 생기는 점이 다르다. 겨울철까지 열매 흔적이 남는다.

❶소지의 겨울눈 ❷측아(아대생) ❸측아(마주남, 대생) ❹엽흔/관속흔 ❺겨울눈의 전개 ❻❼수피의 변화 ❽소지/겨울눈의 비교(→): 털개회나무/꽃개회나무/버들개회나무/개회나무/라일락

✽식별 포인트 겨울눈/소지(골)/열매

털개회나무(정향나무)

***Syringa pubescens* Turcz. subsp. *patula* (Palib.) M.C.Chang & X.L.Chen**
(*Syringa patula* (Palib.) Nakai)

물푸레나무과
OLEACEAE Hoffmanns. & Link

2021. 2. 19. 강원 태백시

●분포

중국(동북부), 한국

❖국내분포 전국 산지의 숲 가장자리 및 개활지

●형태

수형 낙엽 관목. 높이 2~4m까지 자란다.

수피/소지 수피는 회색~회백색이고 표면에 둥근 피목이 드문드문 있다. 소지는 담갈색~회갈색을 띠고 대개 털이 없으며(간혹 털이 있음) 피목이 드문드문 있다. 마주나며 돌출한 엽흔 사이에 흔히 세로로 뚜렷한 골이 생긴다.

겨울눈 영양눈 또는 생식눈이다. 겨울눈은 삼각상 난형~난형이고 길이 3~5㎜이며 아린에 싸여있다. 아린은 주로 선명한 자갈색을 띠고 가장자리가 담갈색이며 끝이 뾰족하다. 흔히 소지 끝에는 한 쌍의 준정아가 마주 달린다.

엽흔/관속흔 엽흔은 마주나고 반원형이며, 완만한 U자형의 관속흔이 1개 생긴다.

●참고

소지의 끝에 준정아가 2개씩 생기고 아린이 선명한 자갈색을 띠는 점이 특징이다.(371쪽 참조) 열매의 과피 표면에 뚜렷한 피목이 있다.

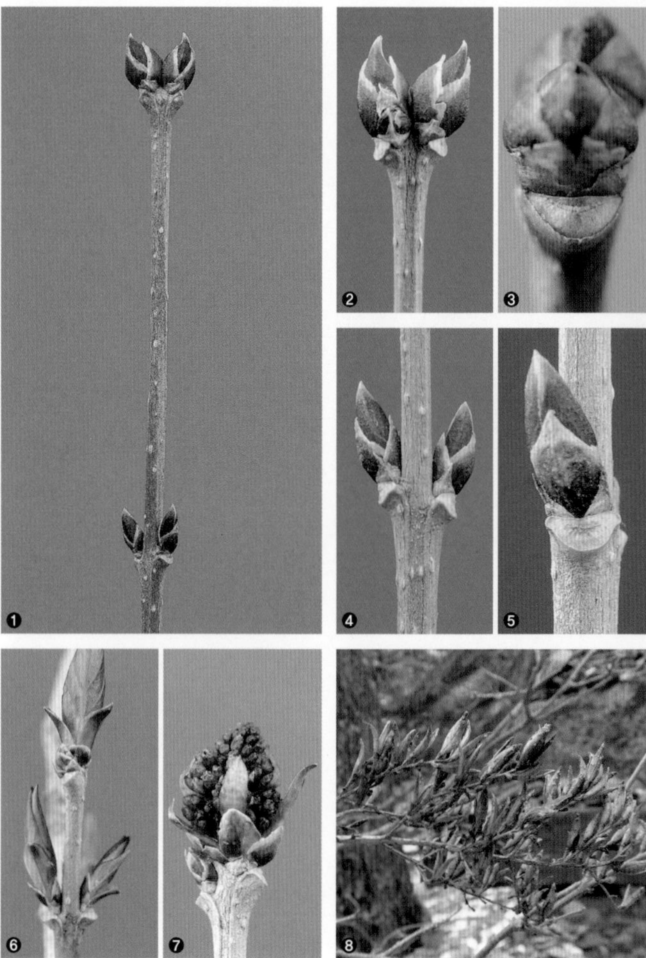

❶소지의 겨울눈 ❷준정아 ❸엽흔/관속흔 ❹측아 ❺측아/엽흔/관속흔 ❻영양눈의 전개 ❼생식눈의 전개 ❽열매(겨울)
*식별 포인트 겨울눈/소지(골)/열매

2021. 2. 13. 강원 평창군

꽃개회나무

***Syringa wolfii* C.K.Schneid.**

물푸레나무과

OLEACEAE Hoffmanns. & Link

●분포

중국(동북부), 러시아(동부), 한국

❖국내분포 지리산 이북 산지의 능선 및 정상부

●형태

수형 낙엽 관목 또는 소교목. 높이 3~5m까지 자란다.

수피/소지 수피는 짙은 회색이고 표면에 사마귀 같은 둥근 피목이 드문드문 있다. 소지는 담갈색~회갈색을 띠고 털이 없으며 피목이 드문드문 있다. 마주나며 돌출한 엽흔 사이에 흔히 세로로 뚜렷한 골이 생긴다.

겨울눈 영양눈 또는 혼합눈이다. 겨울눈은 광난형이고 길이 5~8㎜이며 황갈색~담갈색 아린에 싸여있다. 정아는 측아보다 크기가 크며 흔히 소지 끝에는 정아가 생기지만, 열매가 달렸던 가지에서는 한 쌍의 준정아가 마주 달리며 가끔 과축이 남는다.

엽흔/관속흔 엽흔은 마주나고 반원형이며, 가지에서 많이 돌출되고 완만한 U자형의 관속흔이 1개 생긴다.

●참고

정아가 측아보다 크기가 훨씬 큰 점이 특징이다. 주로 높은 산의 능선과 사면에 자란다.(371쪽 참조)

❶소지의 겨울눈 ❷정아 ❸정아/정생측아 ❹측아 ❺엽흔/관속흔 ❻혼합눈의 전개 ❼겨울 수형

✲식별 포인트 겨울눈/소지(골)/열매

쇠물푸레나무

***Fraxinus sieboldiana* Blume**

물푸레나무과

OLEACEAE Hoffmanns. & Link

●**분포**

중국(중부), 일본, 한국

❖**국내분포** 강원 및 황해도 이남의 산지

●**형태**

수형 낙엽 관목 또는 소교목(교목). 높이 5~15m까지 자란다.

수피/소지 수피는 회갈색~회색이며 어릴 때는 표면이 매끈하지만 오래되면 세로로 불규칙하게 갈라진다. 소지는 갈색을 띠고 털이 없으며 피목이 드문드문 있다.

겨울눈 영양눈 또는 혼합눈이다. 겨울눈은 난형~원뿔형이고 길이 3~7㎜이며 4~6개의 아린에 싸여있다. 아린은 겉에 회색의 짧은 털이 밀생한다. 흔히 정생측아가 발달한다.

엽흔/관속흔 엽흔은 마주나고 반원형이며, 10개 이상의 관속흔이 U자형으로 배열되어 1개처럼 보인다.

●**참고**

정아가 정생측아보다 훨씬 크고, 정아를 싸고 있는 아린의 끝이 벌어지지 않는 점이 물푸레나무와 다르다.

2021. 3. 6. 전북 부안군

❶소지의 겨울눈 ❷정아/측아 ❸정아/정생측아 ❹준정아 ❺측아 ❻측아/중생부아/엽흔/관속흔 ❼❽엽흔/관속흔 ❾혼합눈의 전개 ❿영양눈의 전개 ⓫소지/겨울눈의 비교(→): 쇠물푸레나무/물푸레나무/들메나무/물들메나무

✲식별 포인트 겨울눈/열매

2022. 1. 7. 경기 가평군

물푸레나무

***Fraxinus chinensis* Roxb. var. *rhynchophylla* (Hance) Hemsl.**
(*Fraxinus rhynchophylla* Hance)

물푸레나무과
OLEACEAE Hoffmanns. & Link

●분포

중국(동북부), 일본(혼슈 일부), 한국
❖**국내분포** 전국의 산지

●형태

수형 낙엽 교목. 높이 15m, 직경 60㎝까지 자란다.

수피/소지 수피는 짙은 회색이고 어릴 땐 표면이 매끈하고 백색 얼룩이 있지만 오래되면 차츰 얼룩이 없어지고 세로로 불규칙하게 갈라진다. 소지는 갈색을 띠고 털이 없으며 피목이 드문드문 있다.

겨울눈 영양눈 또는 혼합눈이다. 겨울눈은 광난형이고 길이 5~10㎜이며 아린에 싸여있다. 아린은 겉에 회색의 짧은 털이 밀생한다. 흔히 정아의 바깥쪽 아린 한 쌍은 바깥쪽으로 살짝 젖혀지고 정생측아가 발달한다.

엽흔/관속흔 엽흔은 마주나고 반원형~신장형이며, 10개 이상의 관속흔이 U자형으로 배열되어 1개처럼 보인다.

●참고

아름드리나무로 크게 자라기도 하지만, 관목상 또는 아교목상으로 자라는 나무도 흔하다.(374쪽 참조)

❶❷정아/정생측아 ❸측아 ❹엽흔/관속흔 ❺혼합눈의 전개 ❻영양눈의 전개 ❼분지 형태(암나무; 과축 있음) ❽열매(겨울) ❾❿수피의 변화
✲**식별 포인트** 겨울눈/열매

들메나무

***Fraxinus mandshurica* Rupr.**

물푸레나무과

OLEACEAE Hoffmanns. & Link

2019. 11. 20. 경기 가평군

●분포

중국(동북부), 일본(혼슈 이북), 러시아(동부), 한국

❖국내분포 경북, 전북 이북의 산지 능선 또는 계곡부

●형태

수형 낙엽 교목. 높이 30m, 직경 2m까지 자란다.

수피/소지 수피는 회백색~회색이고 어릴 땐 매끈하고 백색 얼룩이 있지만 오래되면 세로로 깊게 갈라진다. 소지는 담갈색을 띠고 털이 없으며 피목이 드문드문 있다. 마주난 엽흔 사이의 줄기 단면이 약간 납작하다.

겨울눈 영양눈 또는 생식눈이다. 보통 정아는 영양눈, 아래쪽의 측아는 생식눈이 달린다. 겨울눈은 삼각형~삼각상 구형이고 길이 3~7㎜이며 흑갈색 아린에 싸여있다. 아린은 겉에 갈색의 짧은 털이 밀생한다. 흔히 정생측아가 발달한다.

엽흔/관속흔 엽흔은 마주나고 반원형~신장형이며, 10개 이상의 관속흔이 U자형으로 배열되어 1개처럼 보인다.

●참고

밑동부터 줄기가 곧게 자라고 가지도 위쪽으로 비스듬히 직선에 가깝게 뻗으므로 겨울철에 훤칠하고 곧은 수관을 보여준다. 겨울눈의 흑갈색 아린은 요긴한 식별 포인트다. (374쪽 참조)

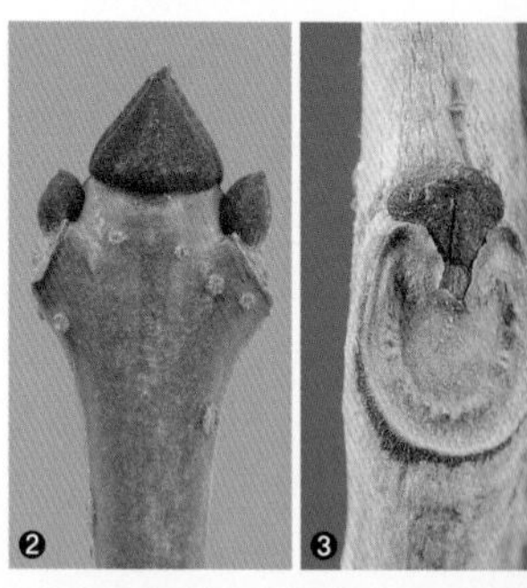

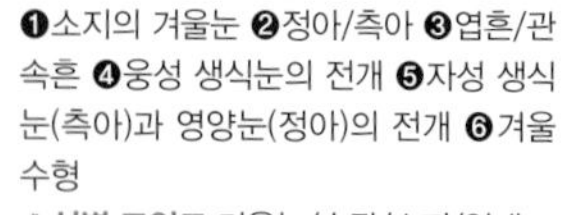

❶소지의 겨울눈 ❷정아/측아 ❸엽흔/관속흔 ❹웅성 생식눈의 전개 ❺자성 생식눈(측아)과 영양눈(정아)의 전개 ❻겨울 수형

✲식별 포인트 겨울눈/수관/소지/열매

2020. 2. 26. 전북 무주군

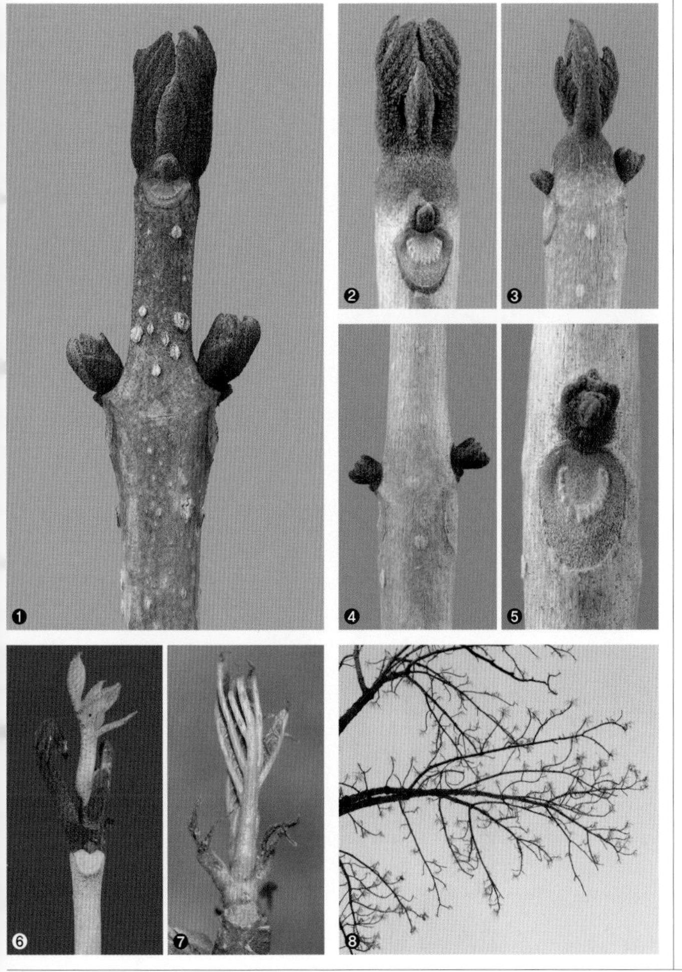

물들메나무

Fraxinus chiisanensis **Nakai**

물푸레나무과
OLEACEAE Hoffmanns. & Link

●분포

한국(한반도 고유종)

❖국내분포 경남(가야산, 천황산), 전북(내장산, 무등산, 덕유산), 전남(백운산, 지리산), 충북(민주지산), 경북(금오산)의 산지

●형태

수형 낙엽 교목. 높이 30m, 직경 1m까지 자란다.

수피/소지 수피는 회백색~회색이고 어릴 때는 매끈하고 백색 얼룩이 있지만 오래되면 세로로 길게 갈라지고 색이 어두워진다. 소지는 담갈색을 띠고 털이 없으며 피목이 드문드문 있다.

겨울눈 영양눈 또는 생식눈이다. 보통 정아는 영양눈, 아래쪽의 측아는 생식눈이다. 겨울눈은 장난형~타원형이며 아린이 없다. 겨울눈 겉에는 갈색의 짧은 털이 밀생한다. 흔히 정생측아가 발달한다.

엽흔/관속흔 엽흔은 마주나고 타원형~찌그러진 반원형이며, 10개 이상의 관속흔이 U자형으로 배열되어 1개처럼 보인다.

●참고

겨울눈에 아린이 없는 점이 여타 국내 자생 물푸레나무속(*Fraxinus*) 식물들과의 차이점이다.(374쪽 참조)

❶소지의 겨울눈 ❷(↓)정아/측아/엽흔/관속흔 ❸정아/측아 ❹측아 ❺엽흔/관속흔 ❻❼영양눈의 전개 과정 ❽분지 형태(암나무)

✲식별 포인트 겨울눈(나아)/열매

이팝나무

Chionanthus retusus **Lindl. & Paxton**

물푸레나무과
OLEACEAE Hoffmanns. & Link

●분포

중국(중남부), 일본(홋카이도와 규슈 일부, 쓰시마섬), 타이완, 한국

❖국내분포 중부 이남의 산야에 드물게 자람

●형태

수형 낙엽 교목. 높이 20m, 직경 70㎝까지 자란다.

수피/소지 수피는 짙은 회색이고 매끈하지만 오래되면 세로로 길게 갈라진다. 소지는 담갈색을 띠고 털이 없으며 피목이 드문드문 있다.

겨울눈 영양눈 또는 혼합눈이다. 겨울눈은 광난형이고 길이 3~5㎜이며 담갈색 아린에 싸여있다. 제일 바깥쪽 아린은 사이가 살짝 벌어진다.

엽흔/관속흔 엽흔은 마주나고 반원형이며 가지에서 사선으로 뚜렷하게 돌출한다. 관속흔은 여러 개가 U자형으로 배열되어 1개처럼 보인다.

●참고

뚜렷하게 돌출하는 엽흔이 소지에 마주나는 모습과 생김새가 특징적인 겨울눈이 식별 포인트다.

2021. 1. 31. 경남 남해군

❶소지의 겨울눈 ❷정아 ❸준정아/과축흔 ❹측아 ❺엽흔/관속흔 ❻과축과 열매(암나무) ❼영양눈의 전개 ❽이팝나무 군락

✲**식별 포인트** 겨울눈/열매

2022. 3. 23. 경기 남양주시

쥐똥나무

***Ligustrum obtusifolium* Siebold & Zucc.**

물푸레나무과

OLEACEAE Hoffmanns. & Link

●분포

중국(동부 및 동북부), 일본, 한국

❖국내분포 전국의 낮은 산지

●형태

수형 낙엽 관목. 높이 1~2(~4)m까지 자란다.

수피/소지 수피는 회색~회갈색이고 피목이 드문드문 있다. 소지에는 회갈색의 짧은 털이 밀생하며 피목이 드문드문 있다. 종종 단지가 발달한다.

겨울눈 영양눈 또는 혼합눈이다. 겨울눈은 난형이고 길이 1~3㎜이며 갈색~자갈색 아린에 싸여있다. 가장 바깥쪽 아린은 사이가 살짝 벌어져 있다.

엽흔/관속흔 엽흔은 마주나고 반원형~광타원형이며, 관속흔은 1개다.

●참고

소지가 가늘고 밝은 회갈색을 띠므로 겨울철에 특색있는 수관을 보여준다. 가지에 열매가 약간 남기도 한다.

❶소지의 겨울눈 ❷정아/정생측아 ❸측아 ❹엽흔/관속흔 ❺단지(短枝) ❻영양눈의 전개 ❼분지 형태 ❽산동쥐똥나무(*L. leucanthum* (S.Moore) P.S.Green)

✲식별 포인트 겨울눈/열매(과축/핵)

왕쥐똥나무

***Ligustrum ovalifolium* Hassk.**

물푸레나무과

OLEACEAE Hoffmanns. & Link

●분포

일본(혼슈 이남), 한국

❖국내분포 전남, 제주의 산지에 비교적 드물게 자람

●형태

수형 반상록 관목 또는 소교목. 높이 2~6m까지 자란다.

수피/소지 수피는 회갈색이고 표면에 사마귀 같은 작은 피목이 생긴다. 소지에는 회갈색의 짧은 털이 밀생하며 피목이 드문드문 있다. 흔히 단지가 많이 발달한다.

겨울눈 영양눈 또는 혼합눈이다. 겨울눈은 난형이고 길이 3~7㎜이며 갈색~적갈색 아린에 싸여있다.

엽흔/관속흔 엽흔은 마주나고 반원형~광타원형이며, 관속흔은 1개다.

●참고

겨울철까지 넓은 원추상의 과축과 열매 흔적이 남는다.

2020. 12. 16. 제주

❶소지의 겨울눈 ❷정아/정생측아 ❸준정아 ❹측아 ❺엽흔/관속흔 ❻단지의 겨울눈 ❼분지 형태(겨울). 가지 끝에 넓은 원추상의 과축이 남는다. ❽❾혼합눈의 전개 과정 ❿겨울 수형

✲식별 포인트 겨울눈/열매(과축/핵)

2021. 1. 19. 전남 완도군

상동잎쥐똥나무

***Ligustrum quihoui* Carrière**

물푸레나무과

OLEACEAE Hoffmanns. & Link

● 분포

중국(산둥반도 이남), 한국

❖**국내분포** 전남(완도, 진도)의 해안 및 인근 산야에 드물게 자람

● 형태

수형 반상록 관목. 높이 1~3m까지 자라고 가지가 많이 갈라진다.

수피/소지 수피는 회갈색이고 표면에 사마귀 같은 작은 피목이 생긴다. 소지에는 회갈색의 짧은 털이 밀생하며 피목이 드문드문 있다.

겨울눈 영양눈 또는 혼합눈이다. 겨울눈은 약간 납작한 난형이고 길이 2~3㎜이며 갈색 아린에 싸여있다. 소지 끝에는 정아가 생기기도 하지만, 흔히 열매가 달렸던 가지에서는 준정아가 생기고 과축이 남는다.

엽흔/관속흔 엽흔은 마주나고 반원형~광타원형이며 가지에서 많이 돌출한다. 관속흔은 1개다.

● 참고

반상록 상태로 월동할 때도 있고, 소지 끝에 겨울철까지 길쭉한 원추상의 과축과 열매가 남는 예가 흔하다.

❶정아/정생측아 ❷준정아 ❸❹측아 ❺❻엽흔/관속흔 ❼분지 형태(과축 남음) ❽열매차례(원추상) ❾겨울 수형

✲**식별 포인트** 겨울눈/열매(과축/핵)

참오동나무 (오동나무)

***Paulownia tomentosa* (Thunb.) Steud.**

현삼과
SCROPHULARIACEAE Juss.

● **분포**

중국(중북부) 원산

❖**국내분포** 전국의 산야나 개활지에 야생화되어 자람. 국내 자생 여부는 명확하지 않음.

● **형태**

수형 낙엽 교목. 높이 20m까지 자란다.

수피/소지 수피는 회갈색이고 표면에 피목이 생긴다. 소지는 갈색을 띠고 털이 없이 광택이 나며 피목이 드문드문 생긴다. 줄기 속에는 격벽 형태의 수가 발달한다.

겨울눈 영양눈 또는 생식눈이다. 영양눈은 반구형이고 직경 3~7㎜이며 겉에 갈색 털이 밀생한다. 생식눈은 구형이고 겉에 갈색 털이 밀생하며, 여러 개가 원추상으로 모여 달린다.

엽흔/관속흔 엽흔은 마주나고 찌그러진 원형이며, 관속흔은 여러 개가 V자형으로 배열되어 1개처럼 보인다.

● **참고**

겨울철에는 갈색의 생식눈이 두드러져 보이고, 열매 일부가 가지에 달린 채 월동하는 예가 흔하다.

2020. 3. 14. 경기 남양주시

❶소지의 겨울눈 ❷생식눈 ❸측아 ❹엽흔/관속흔 ❺분지 형태(과축 남음) ❻열매(겨울) ❼겨울 수형

✲**식별 포인트** 겨울눈/열매/줄기의 종단면

2022. 2. 26. 강원 정선군

개오동

Catalpa ovata G.Don

능소화과
BIGNONIACEAE Juss.

●분포

중국(중북부) 원산

❖국내분포 전국의 공원이나 정원에 간혹 식재

●형태

수형 낙엽 교목. 높이 15m까지 자란다.

수피/소지 수피는 회색~회갈색이고 세로로 갈라진다. 소지는 갈색~자갈색을 띠고 광택이 나며 돌기 모양의 피목이 드문드문 있다.

겨울눈 영양눈 또는 혼합눈이다. 겨울눈은 반구형이고 직경 2~3㎜이며 황갈색~갈색 아린에 싸여있다. 아린은 회백색 털이 있고 윗부분이 바깥쪽으로 살짝 젖혀져 있다. 흔히 소지 끝에는 2~3개의 준정아가 발달한다.

엽흔/관속흔 엽흔은 마주나거나 돌려나고 반원형~찌그러진 원형이며, 관속흔은 10개 이상이 원형으로 배열되어 1개처럼 보인다.

●참고

겨울철까지 선형의 열매나 과피가 가지에 남으므로 식별이 어렵지 않다.(382쪽 참조)

❶소지의 겨울눈 ❷준정아(겨울눈의 크기는 엽흔의 크기와 비례) ❸측아 ❹엽흔/관속흔 ❺겨울눈의 전개 ❻열매차례(겨울)

✲식별 포인트 겨울눈/열매

꽃개오동
Catalpa bignonioides Walter

능소화과
BIGNONIACEAE Juss.

2016. 12. 7. 서울특별시

●분포
미국(중부~남부) 원산
❖국내분포 전국의 공원 또는 고궁에 간혹 식재

●형태
수형 낙엽 교목. 높이 15~18m까지 자란다.
수피/소지 수피는 갈색~암갈색이고 세로로 갈라진다. 소지는 갈색~담갈색을 띠고 광택이 나며 돌기 모양의 피목이 드문드문 있다.
겨울눈 영양눈 또는 혼합눈이다. 겨울눈은 반구형이고 황갈색~갈색 아린에 싸여있다. 아린은 겉에 회백색 털이 있고 윗부분이 바깥쪽으로 살짝 젖혀져 있다. 흔히 소지 끝에는 2~3개의 준정아가 발달한다.
엽흔/관속흔 엽흔은 마주나거나 돌려나고 반원형~찌그러진 원형이며, 관속흔은 10개 이상이 원형으로 배열되어 1개처럼 보인다.

●참고
개오동나무와 외형이 매우 유사해 개화기가 아니면 구별하기가 쉽지 않지만 소지의 색에서 차이를 보인다. 꽃개오동나무의 열매와 종자는 개오동나무보다 좀 더 크고 긴 편이다.

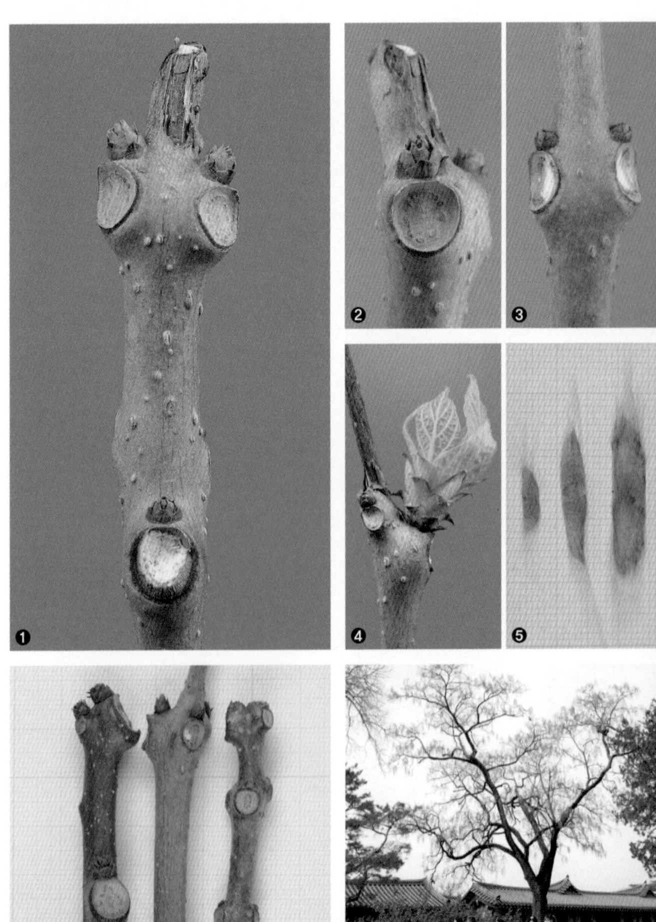

❶소지의 겨울눈 ❷준정아/엽흔/관속흔 ❸측아 ❹겨울눈의 전개 ❺❻종자와 소지의 비교(→): 개오동/꽃개오동/미국개오동[*C. speciosa* (Warder ex Barney) Warder ex Engelm.] ❼겨울 수형
✲식별 포인트 겨울눈/열매

2019. 12. 29. 서울특별시

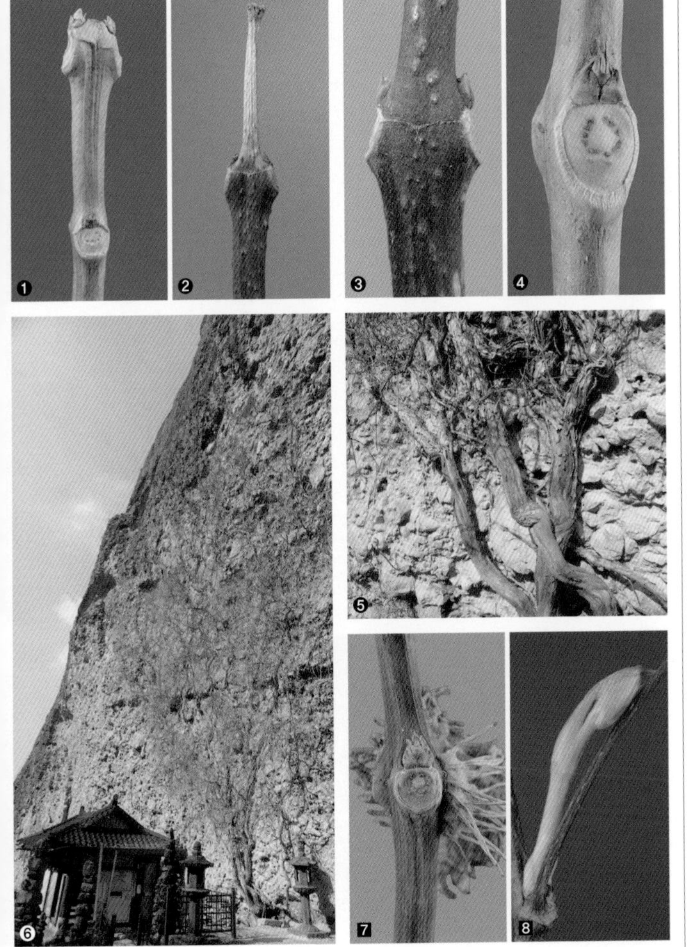

능소화

***Campsis grandiflora* (Thunb.) K.Schum.**

능소화과
BIGNONIACEAE Juss.

●분포

중국(중부) 원산

❖국내분포 전국에 널리 식재

●형태

수형 낙엽 덩굴성 목본

수피/소지 수피는 갈색~회갈색이고 오래되면 세로로 갈라지며 가장자리가 종잇장처럼 일어난다. 소지는 적갈색~갈색을 띠고 표면에 피목이 드문드문 생기며 광택이 난다. 흔히 줄기에는 기근이 발달해 지지대 역할을 한다.

겨울눈 영양눈 또는 혼합눈이다. 겨울눈은 난상 반구형이고 황갈색~갈색 아린에 싸여있다.

엽흔/관속흔 엽흔은 마주나고 원형이며, 관속흔은 10개 이상이 원형으로 배열되어 1개처럼 보인다.

●참고

근연종인 미국능소화(*C. radicans* Seem.)와 마찬가지로 고사목을 지지대로 사용해 관상수로 식재하거나, 건물 외벽이나 옹벽을 덮는 벽면 녹화에 활용한다.

❶소지의 겨울눈 ❷준정아 ❸측아 ❹측아/엽흔/관속흔 ❺수피 ❻겨울 수형 ❼❽ 미국능소화

✲식별 포인트 겨울눈/수형

구슬꽃나무

***Adina rubella* Hance**

꼭두서니과

RUBIACEAE Juss.

● **분포**

중국(중남부), 한국

❖**국내분포** 제주(남제주)의 해발고도 400m 이하의 양지바른 계곡

● **형태**

수형 낙엽 관목. 높이 1~3m까지 자라고 가지가 많이 갈라진다.

수피/소지 수피는 황갈색~짙은 회색이고 오래되면 세로로 얕게 갈라진다. 소지는 적갈색~갈색을 띠고 표면에 피목이 드문드문 생기며 갈색의 짧은 털이 밀생한다.

겨울눈 영양눈 또는 혼합눈이다. 겨울눈은 반구형이고 길이 2㎜ 내외이며 적갈색~갈색 아린에 싸여있다. 아린은 겉에 갈색의 짧은 털이 있다. 흔히 소지 끝에는 한 쌍의 준정아가 마주 달리며 과축이 남는다.

엽흔/관속흔 엽흔은 마주나고 반원형~광타원형이며, 관속흔은 1개다. 마주난 엽흔 사이에는 긴 삼각형의 엽병간탁엽(interpetiolar stipules)이 겨울철까지 남는다.

● **참고**

계곡의 물길을 따라 종자가 전파되므로 자생지가 계곡지대인 점이 특징이다. 겨울철까지 가지에 열매가 일부 남는다.

2020. 12. 14. 제주

❶소지의 겨울눈 ❷소지의 말단부 ❸엽병간탁엽 ❹측아 ❺엽흔/관속흔 ❻열매차례(겨울) ❼겨울 수형

✲**식별 포인트** 겨울눈/엽병간탁엽/열매

2007. 1. 25. 제주

계요등

Paederia foetida **L.**

꼭두서니과
RUBIACEAE Juss.

●분포

아시아에 넓게 분포

❖국내분포 경기 및 충북 지역에도 자라지만 주로 남부지방에 흔하게 자람

●형태

수형 낙엽 덩굴성 목본. 길이 5~7m까지 자란다.

수피/소지 수피는 회갈색이고 세로로 얕게 갈라진다. 소지는 갈색을 띠고 털이 없으며 광택이 난다.

겨울눈 영양눈 또는 혼합눈이다. 겨울눈은 반구형~난형이고 직경 1㎜ 내외이며 갈색 아린에 싸여있다.

엽흔/관속흔 엽흔은 마주나고 반원형~광타원형이며, 관속흔은 1개다. 마주난 엽흔 사이에는 삼각형의 엽병간탁엽이 겨울철까지 남는다.

●참고

겨울철에도 열매가 남아있고, 엽병간탁엽이 줄기를 감싼 모습이 두드러지게 보이는 점이 특징이다.

❶겨울눈 ❷❸엽병간탁엽/엽흔/관속흔 ❹과축 ❺영양눈의 전개 ❻혼합눈의 전개

✲식별 포인트 겨울눈/엽병간탁엽/열매

댕강나무

***Zabelia tyaihyonii* (Nakai) Hisauti & H.Hara**
(*Abelia tyaihyonii* Nakai)

린네풀과
LINNAEACEAE Backlund

●분포

한국(한반도 고유종)

❖국내분포 강원(영월군), 충북(단양군, 제천시), 평북의 석회암지대에 드물게 자람

●형태

수형 낙엽 관목. 높이 1~2m까지 자란다.

수피/소지 수피는 황갈색~회갈색이고 세로로 여러 줄의 뚜렷한 골이 생긴다. 소지는 담갈색을 띠고 털이 없으며 광택이 난다.

겨울눈 영양눈 또는 혼합눈이다. 겨울눈은 엽흔 속에 숨어있고(은아) 삼각상 난형이며 봄이 완연해져서야 모습이 드러난다.

엽흔/관속흔 마주난 엽흔은 서로 붙거나 떨어져 있으며 마디처럼 둥글게 부풀어 있다. 엽흔의 안쪽에는 회갈색 털이 있고, 관속흔은 뚜렷하지 않다.

●참고

털댕강나무와 비교하면 열매가 가지 끝에 여러 개씩 모여 달리고 열매에 붙어있는 꽃받침이 주로 다섯 갈래로 갈라지는 점이 다르다.

2021. 2. 11. 강원 영월군

❶분지 형태 ❷소지의 겨울눈 ❸준정아의 발달 ❹측아의 발달 ❺엽흔/관속흔 ❻혼합눈의 전개 ❼❽열매(겨울). 5갈래로 갈라진 꽃받침의 아래쪽에 생긴다. ❾수피

✲식별 포인트 겨울눈(은아)/수피/꽃받침(5수성)

2021. 2. 11. 강원 영월군

털댕강나무

***Zabelia dielsii* (Graebn.) Makino**
(*Abelia biflora* Turcz.)

린네풀과
LINNAEACEAE Backlund

● 분포

중국(황허강 북부), 러시아(동부), 한국

❖**국내분포** 강원, 경기, 경북, 충북 높은 산지의 능선부 및 석회암지대

● 형태

수형 낙엽 관목. 높이 2~3m까지 자라며 가지가 많이 갈라진다.

수피/소지 수피는 회색이고 세로로 길게 뚜렷한 골이 있다. 소지는 적갈색을 띠고 털이 없으며 광택이 난다.

겨울눈 영양눈 또는 혼합눈이다. 겨울눈은 엽흔 속에 숨어있고(은아) 삼각상 난형이며 봄이 완연해져서야 모습이 드러난다.

엽흔/관속흔 마주난 엽흔은 서로 붙거나 떨어져 있으며 마디처럼 둥글게 부풀어 있다. 엽흔의 안쪽에는 회갈색 털이 있고, 관속흔은 뚜렷하지 않다.

● 참고

열매가 주로 1~2개씩 모여 달리고 열매에 붙어있는 꽃받침이 댕강나무와는 달리 네 갈래로 갈라지는 점이 특징이다. 분지 형태는 대칭형의 가축분지이고, 가지가 90° 이상으로 벌어져 육각형인 벌집 형상을 이루기도 한다.

❶소지의 겨울눈 ❷준정아의 위치(화살표). 잎자루의 끝이 탈락하지 않는 예도 있다. ❸측아의 위치(화살표) ❹엽흔/관속흔 ❺영양눈의 전개 ❻분지 형태 ❼열매(겨울) ❽겨울 수형

*식별 포인트 겨울눈(은아)/수피/꽃받침(4수성)

주걱댕강나무

***Diabelia spathulata* (Siebold & Zucc.) Landrein**
(*Abelia spathulata* Siebold & Zucc.)

린네풀과
LINNAEACEAE Backlund

●분포

중국 남부(저장성 원저우), 일본(혼슈 이남), 한국

❖국내분포 경남 양산시(천성산)의 산지 사면, 능선 및 바위지대

●형태

수형 낙엽 관목. 높이 2~3m까지 자란다.

수피/소지 수피는 회갈색~회색이고 오래되면 세로로 갈라진다. 소지는 (적)갈색을 띠고 털이 없으며 광택이 난다. 간혹 껍질이 불규칙하게 갈라져서 살짝 벗겨지기도 한다.

겨울눈 영양눈 또는 혼합눈이다. 겨울눈은 폭이 좁은 난형~난형이고 길이 3~5㎜이며 담갈색 아린에 싸여있다. 아린은 겉에 백색 털이 밀생한다.

엽흔/관속흔 엽흔은 마주나고 V자형~누운 초승달형이며, 관속흔은 3개다.

●참고

겨울철까지 열매 흔적이 남기도 하고, 열매에 붙은 꽃받침은 다섯 갈래다. 적갈색 소지와 백색을 띠는 겨울눈은 색조가 뚜렷하게 대비된다.

2021. 3. 6. 경남 양산시

❶소지의 겨울눈/준정아/측아 ❷정아 ❸측아 ❹엽흔/관속흔 ❺열매(겨울) ❻겨울눈의 전개 ❼혼합눈의 전개 ❽분지 형태(어린나무) ❾겨울 수형

✲식별 포인트 겨울눈/소지/꽃받침(5수성)

2022. 1. 3. 경기 가평군

병꽃나무

Weigela subsessilis **(Nakai) L.H.Bailey**

병꽃나무과

DIERVILLACEAE Pyck

●분포

한국(한반도 고유종)

❖**국내분포** 전국의 산지

●형태

수형 낙엽 관목. 높이 2~3m까지 자라고 밑동에서 가지가 많이 갈라진다.

수피/소지 수피는 회백색~회갈색이고 피목이 발달하며 오래되면 껍질이 조각조각 갈라진다. 소지는 갈색을 띠고 한 쌍의 세로줄을 따라 회색 털이 밀생하며 표면에 선형 피목이 드문드문 생긴다.

겨울눈 영양눈 또는 혼합눈이다. 겨울눈은 폭이 좁은 난형이고 길이 3~5㎜이며 갈색 아린에 싸여있다. 아린은 주로 가장자리를 따라 백색 털이 있다.

엽흔/관속흔 엽흔은 마주나고 역삼각형~반원형이며, 관속흔은 3개다.

●참고

겨울철에 가지에 남는 열매의 과피가 갈색을 띠고 겉에 털이 많은 점이 붉은병꽃나무와 다르다.

❶정아 ❷엽흔/관속흔 ❸측아 ❹❺혼합눈의 전개 과정 ❻열매(겨울) ❼분지 형태

✲식별 포인트 겨울눈/열매/종자

붉은병꽃나무
***Weigela florida* (Bunge) A.DC.**

병꽃나무과
DIERVILLACEAE Pyck

●분포
중국(산둥반도 이북), 일본, 러시아(동부), 한국
❖국내분포 전국의 산지

●형태
수형 낙엽 관목. 높이 2~3m까지 자란다.
수피/소지 수피는 담갈색~회갈색이고 세로로 갈라진다. 소지는 적갈색~갈색을 띠고 털이 없으며 표면에 선형의 피목이 드문드문 있다.
겨울눈 영양눈 또는 혼합눈이다. 겨울눈은 폭이 좁은 난형이고 길이 4~7㎜이며 갈색 아린에 싸여있다. 아린은 겉에 담갈색 털이 드문드문 있다. 흔히 측아의 끝이 줄기 쪽으로 살짝 휜다.
엽흔/관속흔 엽흔은 마주나고 역삼각형~반원형이며, 관속흔은 3개다.

●참고
겨울철 가지에 남는 열매의 과피가 적갈색을 띠고 털이 거의 없는 점이 병꽃나무와 다르다.

2017. 1. 17. 강원 평창군

❶소지의 겨울눈 ❷정아/정생측아 ❸측아 ❹엽흔/관속흔 ❺겨울눈의 전개 ❻혼합눈의 전개 ❼종자가 빠져나간 과피
✲식별 포인트 겨울눈/열매/종자

2021. 2. 25. 강원 양양군

일본병꽃나무

Weigela coraeensis Thunb.

병꽃나무과

DIERVILLACEAE Pyck

●분포

일본(홋카이도 남부 이남) 원산

❖**국내분포** 전국 각지의 공원이나 식물원에 간혹 식재

●형태

수형 낙엽 관목. 높이 2~4m까지 자란다.

수피/소지 수피는 회색~회갈색이고 오래되면 세로로 갈라진다. 소지는 갈색을 띠고 한 쌍의 세로줄을 따라 갈색~회갈색 털이 밀생하며 표면에 선형 피목이 드문드문 있다.

겨울눈 영양눈 또는 혼합눈이다. 겨울눈은 폭이 좁은 난형이고 길이 3~5㎜이며 갈색 아린에 싸여있다. 아린은 가장자리를 따라 갈색 털이 드문드문 있다. 흔히 측아의 끝이 줄기 쪽으로 살짝 휜다.

엽흔/관속흔 엽흔은 마주나고 역삼각형~신장형이며, 관속흔은 3~5개다.

●참고

겨울철까지 열매 흔적이 남는다. 국내 자생식물인 병꽃나무나 붉은병꽃나무와 비교해 열매의 자루가 훨씬 길다.

❶분지 형태/열매(겨울) ❷소지의 겨울눈 ❸정아 ❹측아 ❺엽흔/관속흔 ❻-❿골병꽃나무(*W. hortensis* C.A.Mey.)

✲식별 포인트 겨울눈/열매/종자

인동덩굴

Lonicera japonica **Thunb.**

인동과
CAPRIFOLIACEAE Juss.

●분포

중국, 일본(홋카이도 남부 이남), 타이완, 한국

❖국내분포 전국의 숲 가장자리, 초지 및 길가

●형태

수형 낙엽 덩굴성 목본. 가지가 많이 갈라져 무성하게 자란다.

수피/소지 수피는 회갈색이고 오래되면 세로로 불규칙하게 갈라져 껍질이 벗겨진다. 소지는 표면에 회갈색 털이 밀생하고 줄기 속은 비어있다.

겨울눈 영양눈 또는 혼합눈이다. 겨울눈은 난형이고 길이 1~3㎜이며 적갈색 아린에 싸여있다.

엽흔/관속흔 엽흔은 마주나고 V자형~역삼각형이며, 관속흔은 3개이지만 흔히 잎자루가 떨어지지 않고 붙어있는 예가 많다.

●참고

겨울철까지 줄기에 잎과 마른 열매를 달고 있는 모습이 흔하다.

2021. 2. 5. 서울특별시

❶-❹겨울눈의 발달 과정 ❺열매(겨울) ❻붉은인동(*L.* ×*heckrottii* Rehder)
✲식별 포인트 겨울눈/열매/줄기의 종단면

2020. 12. 28. 강원 영월군

괴불나무

***Lonicera maackii* (Rupr.) Maxim.**

인동과
CAPRIFOLIACEAE Juss.

●분포

중국(중북부), 일본(혼슈 일부), 러시아(동부), 한국

❖국내분포 전국의 숲 가장자리 및 계곡 인근

●형태

수형 낙엽 관목. 높이 2~6m까지 자란다.

수피/소지 수피는 회갈색~회색이고 오래되면 껍질이 세로로 벗겨진다. 소지는 회갈색~담갈색을 띠고 털이 없으며 광택이 난다. 줄기 속은 비어 있다.

겨울눈 영양눈 또는 혼합눈이다. 겨울눈은 난형이고 길이 3~6㎜이며 담갈색 아린에 싸여있다. 아린 가장자리를 따라 백색 털이 있다. 종종 측아에는 중생부아와 병생부아가 발달하기도 하고, 소지 끝에는 흔히 한 쌍의 준정아가 마주 달린다.

엽흔/관속흔 엽흔은 마주나고 역삼각형~선형이며, 관속흔은 3개다.

●참고

밑동부터 줄기가 곧게 자라지 않고, 겨울눈의 끝이 그다지 뾰족하지 않은 점이 눈에 띄는 특징이다.

❶소지의 겨울눈 ❷준정아 ❸측아/중생부아 ❹엽흔/관속흔 ❺혼합눈의 전개 ❻수피

✲식별 포인트 겨울눈/줄기의 종단면

올괴불나무

Lonicera praeflorens **Batalin**

인동과

CAPRIFOLIACEAE Juss.

2021. 2. 25. 강원 양양군

●분포

중국(동북부), 일본(혼슈), 러시아(동부), 한국

❖국내분포 제주를 제외한 전국의 산지

●형태

수형 낙엽 관목. 높이 2m까지 자란다.

수피/소지 수피는 회갈색~회색이고 오래되면 세로로 불규칙하게 갈라져 껍질이 조각조각 벗겨진다. 소지는 갈색을 띠고 표면에 갈색 짧은 털이 밀생하거나 차츰 탈락하여 없어지기도 한다.

겨울눈 영양눈 또는 혼합눈이다. 흔히 소지 끝의 겨울눈은 혼합눈이고 타원형이며 끝이 둔하다. 영양눈은 난형이고 길이 1~3㎜이며 끝이 뾰족하다. 겨울눈은 모두 갈색 아린에 싸여있다.

엽흔/관속흔 엽흔은 마주나고 V자형~반원형이며, 관속흔은 3개다.

●참고

국내에 자생하는 괴불나무류(*Lonicera*) 중에서는 겨울눈이 제일 왜소한 편이다. 끝이 뾰족하지 않은 타원형의 혼합눈이 식별 포인트다.

❶소지의 겨울눈 ❷준정아(혼합눈) ❸준정아(영양눈) ❹측아(영양눈) ❺엽흔/관속흔 ❻혼합눈의 전개 ❼영양눈의 전개

*식별 포인트 겨울눈/소지(털)

2021. 1. 21. 전북 정읍시

길마가지나무 (숫명다래나무)

***Lonicera harae* Makino**

인동과
CAPRIFOLIACEAE Juss.

●분포

중국(동북부), 일본(쓰시마섬), 한국

❖**국내분포** 함남, 황해도 이남의 산지에 분포하며 남부지방에 더 흔하게 자람

●형태

수형 낙엽 관목. 높이 1~2m로 자란다.

수피/소지 수피는 회색이고 오래되면 세로로 불규칙하게 갈라져 껍질이 종잇장처럼 벗겨진다. 소지는 갈색을 띠고 표면에는 보통 갈색의 강모(剛毛)가 있지만 차츰 떨어지며 없어진다.

겨울눈 영양눈 또는 혼합눈이다. 겨울눈은 난형이고 끝이 둔하며 길이 5~8㎜이고 아린에 싸여있다. 제일 바깥쪽 아린은 밝은 갈색을 띠지만 점차 자색~흑자색을 띠는 아린이 겉에 드러난다. 소지 끝에는 흔히 한 쌍의 준정아가 마주 달린다.

엽흔/관속흔 엽흔은 마주나고 V자형~반원형이며, 관속흔은 3개다.

●참고

흔히 소지의 표면에 강모가 나지만 간혹 털이 없는 예도 있다. 겨울철에 가지에 잎이 달린 채 반상록 상태로 월동하기도 한다.

❶소지의 겨울눈 ❷❸준정아 ❹❺측아 ❻엽흔/관속흔 ❼영양눈의 전개 ❽혼합눈의 전개 ❾겨울 수형(반상록)
✽**식별 포인트** 겨울눈/소지(강모)

구슬댕댕이
***Lonicera vesicaria* Kom.**

인동과
CAPRIFOLIACEAE Juss.

2003. 10. 23. 강원 태백시

●분포

중국(동북부), 한국

❖국내분포 강원, 경기, 경북의 높은 산지 능선부 및 석회암지대

●형태

수형 낙엽 관목. 높이 3m까지 자란다.

수피/소지 수피는 회갈색~회백색이고 광택이 있으며 오래되면 껍질이 긴 조각으로 갈라져서 세로로 벗겨진다. 소지는 갈색을 띠고 광택이 나며 표면에 회갈색의 강모와 선모가 밀생한다. 선모의 기부는 돌기처럼 표면에서 도드라진다. 맹아지에는 종종 원반 모양의 엽병간탁엽 한 쌍이 생겨서 겨우내 남는다.

겨울눈 영양눈 또는 혼합눈이다. 겨울눈은 난형~피침형이고 담갈색~갈색 아린에 싸여있으며 끝이 살짝 휜다. 흔히 소지 끝에는 한 쌍의 준정아가 마주 달린다.

엽흔/관속흔 엽흔은 마주나고 역삼각형~누운 초승달형이며 가지에서 약간 돌출되어 있다. 관속흔은 3개다.

●참고

소지의 표면에 강모가 많이 나고 겨울눈의 끝이 뾰족한 것이 특징이다.

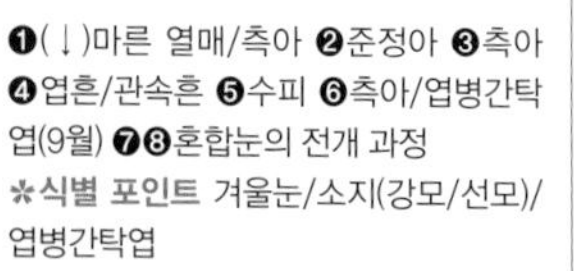

❶(↓)마른 열매/측아 ❷준정아 ❸측아 ❹엽흔/관속흔 ❺수피 ❻측아/엽병간탁엽(9월) ❼❽혼합눈의 전개 과정

✻식별 포인트 겨울눈/소지(강모/선모)/엽병간탁엽

2021. 2. 13. 강원 평창군

댕댕이나무

***Lonicera caerulea* L. var. *edulis* Turcz. ex Herder**

인동과
CAPRIFOLIACEAE Juss.

●분포

중국(서남부 높은 산 및 동북부), 일본(혼슈 중부 이북), 러시아(동부), 몽골, 유럽, 북아메리카, 한국

❖국내분포 제주(한라산) 및 강원(계방산, 설악산, 점봉산, 대암산 등) 이북의 산지 능선 및 정상부

●형태

수형 낙엽 관목. 높이 1m 전후로 자란다.

수피/소지 수피는 회갈색~회색이고 오래되면 세로로 갈라져 껍질이 벗겨진다. 소지는 갈색~흑갈색을 띠고 털이 없으며 광택이 난다. 맹아지의 잎자루 기부에는 방패 모양의 엽병간탁엽 한 쌍이 합생해 줄기를 감싼 형태로 겨우내 남는다.

겨울눈 영양눈 또는 혼합눈이다. 겨울눈은 난형~삼각상 난형이고 길이 3~5㎜이며 적갈색~갈색 아린에 싸여있다. 흔히 측아의 위쪽에 중생부아가 1~3개씩 발달하기도 한다.

엽흔/관속흔 엽흔은 마주나고 역삼각형이며 가지에서 약간 돌출되어 있다. 관속흔은 3개다.

●참고

줄기를 감싼 엽병간탁엽의 형태가 특징적이다. 국내에서는 높은 산의 능선 주변에 드물게 분포한다.

❶준정아/엽병간탁엽 ❷측아/중생부아/엽병간탁엽 ❸맹아지의 겨울눈 ❹섬괴불나무(*L. morrowii* A.Gray)

✲식별 포인트 겨울눈/엽병간탁엽/열매

왕괴불나무

Lonicera vidalii **Franch. & Sav.**

인동과

CAPRIFOLIACEAE Juss.

●분포

일본(혼슈 일부), 한국

❖국내분포 강원(계방산, 오대산, 청태산, 치악산), 전북(덕유산, 지리산)의 산지에 드물게 자람

●형태

수형 낙엽 관목. 높이 3~5m까지 자란다.

수피/소지 수피는 밝은 회갈색~회색이고 오래되면 껍질이 긴 조각으로 갈라져서 세로로 벗겨져 매끈해지며 광택이 난다. 소지는 회갈색~담갈색을 띠고 광택이 나며 털이 없다.

겨울눈 영양눈 또는 혼합눈이다. 겨울눈은 장난형~피침형이고 길이 3~6㎜이며 담갈색~갈색 아린에 싸여있다. 간혹 측아의 위쪽에 중생부아가 1~2개씩 생기기도 한다.

엽흔/관속흔 엽흔은 마주나고 역삼각형~누운 초승달형이며, 관속흔은 3개다.

●참고

매끈하고 광택이 나는 밝은 갈색의 소지가 특징적이다. 수피도 밝은 회갈색을 띠고 오래되면 세로로 껍질이 벗겨진다.

2022. 3. 27. 전북 무주군

❶소지의 겨울눈 ❷준정아/정생측아 ❸측아 ❹엽흔/관속흔 ❺수피 ❻영양눈의 전개 ❼혼합눈의 전개 ❽겨울 수형

✲**식별 포인트** 겨울눈/수피와 소지(광택)

2022. 2. 27. 강원 정선군

청괴불나무

Lonicera subsessilis Rehder

인동과

CAPRIFOLIACEAE Juss.

●분포

한국(한반도 고유종)

❖**국내분포** 평남, 황해도 이남의 산지

●형태

수형 낙엽 관목. 높이 1~2m까지 자란다.

수피/소지 수피는 회갈색~암갈색을 띠고 오래되면 세로로 갈라진다. 소지는 적갈색~회갈색을 띠고 털이 없으며 광택이 난다.

겨울눈 영양눈 또는 혼합눈이다. 겨울눈은 각진 피침형으로 끝이 뾰족하며 길이 3~8㎜이고 담갈색~회갈색 아린에 싸여있다. 간혹 측아의 위쪽에 중생부아가 1~2개씩 생기기도 한다.

엽흔/관속흔 엽흔은 마주나고 역삼각형~선형이며, 관속흔은 3개다. 간혹 잎자루의 기부 일부가 엽흔을 덮은 채 월동하기도 한다.

●참고

겨울 수관의 외형은 홍괴불나무와 닮았지만, 소지가 좀 더 가늘고 여린 편이다. 홍괴불나무보다 국내 분포역이 더 넓다.

❶소지의 겨울눈 ❷준정아 ❸측아 ❹엽흔/관속흔 ❺혼합눈의 전개 ❻국내 자생 인동속(*Lonicera*) 식물의 소지/겨울눈 비교(→): 괴불나무/각시괴불나무/홍괴불나무/흰괴불나무/청괴불나무/길마가지나무/올괴불나무/구슬댕댕이/왕괴불나무/댕댕이나무/섬괴불나무/인동덩굴

✲**식별 포인트** 겨울눈/소지

각시괴불나무

Lonicera chrysantha **Turcz. ex Ledeb.**

인동과
CAPRIFOLIACEAE Juss.

2022. 1. 9. 강원 평창군

●분포

중국(동북부), 일본(홋카이도 동부), 러시아(동부), 한국

❖**국내분포** 중부 이북의 산지

●형태

수형 낙엽 관목. 높이 1~4m까지 자란다.

수피/소지 수피는 회갈색~회흑색이고 오래되면 세로로 갈라져 껍질이 벗겨진다. 소지는 갈색을 띠고 광택이 나며 표면에 회갈색의 강모(剛毛)가 있으나 차츰 떨어진다. 줄기 속은 비어 있다.

겨울눈 영양눈 또는 혼합눈이다. 겨울눈은 각진 피침형이고 끝이 뾰족하며 담갈색~갈색 아린에 싸여있다. 아린은 겉에 백색의 긴 털이 있다. 간혹 측아의 위쪽에 중생부아가 1~2개씩 생기기도 한다.

엽흔/관속흔 엽흔은 마주나고 역삼각형~V자형이며, 관속흔은 3개다.

●참고

겨울눈의 아린에 백색의 긴 털이 있고 겨울눈의 끝이 길게 뾰족해지는 것이 특징이다. 소지에도 긴 털이 드문드문 있다.

❶소지의 겨울눈 ❷측아 ❸준정아 ❹엽흔/관속흔 ❺❻겨울눈의 전개 과정 ❼수피

✲**식별 포인트** 겨울눈/열매/줄기의 종단면

2021. 2. 22. 강원 인제군

홍괴불나무

Lonicera maximowiczii **(Rupr. ex Maxim.) Rupr. ex Maxim.**
[*Lonicera maximowiczii* (Rupr.) Regel]

인동과
CAPRIFOLIACEAE Juss.

●분포

중국(동북부), 일본(홋카이도), 러시아(동부), 한국

❖국내분포 지리산 이북의 높은 산지 능선 및 정상부. 해발고도가 낮은 곳에서는 흔치 않음.

●형태

수형 낙엽 관목. 높이 1~2m까지 자란다.

수피/소지 수피는 회갈색~회색이고 오래되면 세로로 갈라진다. 소지는 적갈색~갈색을 띠고 털이 없다.

겨울눈 영양눈 또는 혼합눈이다. 겨울눈은 각진 피침형이고 길이 5~11㎜이며 담갈색 아린에 싸여있다. 간혹 측아의 위쪽에 중생부아가 1~2개씩 생기기도 한다.

엽흔/관속흔 엽흔은 마주나고 반원형~선형이며, 관속흔은 3개다.

●참고

청괴불나무와 생김새가 닮았지만 주로 해발고도가 높은 지대에서 자란다.

❶소지의 겨울눈 ❷준정아 ❸엽흔/관속흔 ❹측아/중생부아 ❺혼합눈의 전개 ❻겨울 수형
✻식별 포인트 겨울눈/소지

흰괴불나무
***Lonicera tatarinowii* Maxim.**

인동과
CAPRIFOLIACEAE Juss.

●분포

중국(동북부), 한국

❖국내분포 제주(한라산) 및 강원(오대산, 태백산 등) 이북에 드물게 자람

●형태

수형 낙엽 관목. 높이 1~2m까지 자란다.

수피/소지 수피는 담갈색~회갈색이고 세로로 갈라진다. 소지는 담갈색을 띠고 털이 없다.

겨울눈 영양눈 또는 혼합눈이다. 겨울눈은 각진 긴 피침형이고 길이 5~8㎜이며 담갈색 아린에 싸여있다. 간혹 측아의 위쪽에 중생부아가 1~2개씩 생기기도 한다.

엽흔/관속흔 엽흔은 마주나고 역삼각형~반원형이며, 관속흔은 3개다.

●참고

겨울눈과 수관이 외형상으로는 홍괴불나무와 닮았지만, 소지가 좀 더 가늘고 여리며 색상도 좀 더 밝다.

2021. 12. 12. 강원 평창군

❶소지의 겨울눈 ❷준정아 ❸엽흔/관속흔 ❹측아/중생부아 ❺영양눈의 전개 ❻혼합눈의 전개

✲식별 포인트 겨울눈/소지

2021. 1. 4. 인천광역시

덜꿩나무

***Viburnum erosum* Thunb.**

산분꽃나무과

VIBURNACEAE Raf.

●분포

중국(산둥반도 이남), 일본(혼슈 이남), 타이완, 한국

❖국내분포 경기 이남의 낮은 산지

●형태

수형 낙엽 관목. 높이 2~3m까지 자란다.

수피/소지 수피는 회갈색이고 표면에 피목이 드문드문 있다. 소지에는 갈색 성상모가 밀생한다.

겨울눈 영양눈 또는 혼합눈이다. 겨울눈은 난형이고 길이 2~8㎜이며 아린에 싸여있다. 아린은 겉에 갈색 털이 밀생한다. 과축이 남은 소지 끝에는 한 쌍의 준정아가 마주 달린다.

엽흔/관속흔 엽흔은 마주나고 V자형~역삼각형이며, 관속흔은 3개다.

●참고

전국의 낮은 산지에서 비교적 흔하게 볼 수 있는 관목이다. 소지와 아린을 덮고 있는 갈색의 성상모가 특징적이다.

❶소지의 겨울눈 ❷정아/정생측아 ❸정아 ❹측아 ❺엽흔/관속흔 ❻열매(겨울) ❼측아의 종단면(혼합눈) ❽혼합눈(左)/영양눈(右)의 전개

*식별 포인트 겨울눈/열매(핵)

가막살나무

***Viburnum dilatatum* Thunb.**

산분꽃나무과
VIBURNACEAE Raf.

●분포

중국(중남부), 일본(홋카이도 남부 이남), 타이완, 한국

❖**국내분포** 주로 남부지방의 산지

●형태

수형 낙엽 관목. 높이 2~3m까지 자란다.

수피/소지 수피는 회갈색~갈색이고 표면에 피목이 드문드문 있다. 회갈색을 띠는 소지에는 담갈색 성상모가 밀생한다.

겨울눈 영양눈 또는 혼합눈이다. 겨울눈은 난형이고 길이 2~8㎜이며 아린에 싸여있다. 아린은 겉에 갈색의 긴 털이 밀생한다. 과축이 남은 소지 끝에는 한 쌍의 준정아가 마주 달린다.

엽흔/관속흔 엽흔은 마주나고 V자형~역삼각형이며, 관속흔은 3개다.

●참고

국내에서는 주로 남부지방에서 볼 수 있는 관목이다. 아린의 겉에 난 털이 덜꿩나무의 겨울눈보다 훨씬 길어서 단정하지 못한 느낌을 주는 예가 흔하다.

2022. 2. 14. 제주

❶소지의 겨울눈 ❷❸정아/정생측아 ❹❺측아 ❻엽흔/관속흔 ❼혼합눈의 전개 ❽겨울 수형

✲**식별 포인트** 겨울눈/열매(핵)

2021. 2. 25. 강원 양양군

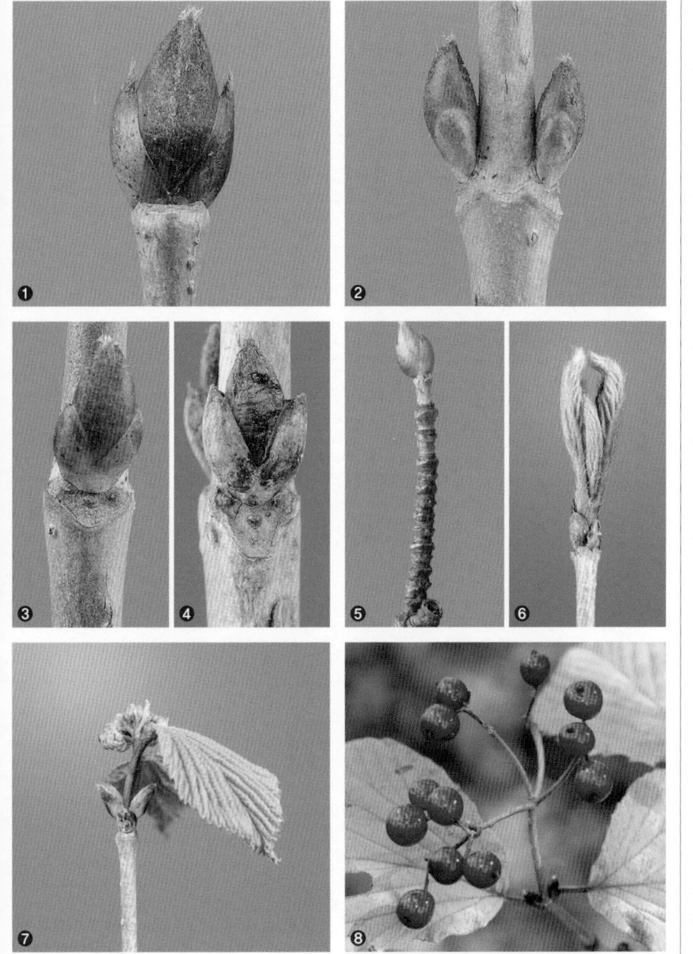

산가막살나무

Viburnum wrightii **Miq.**

산분꽃나무과
VIBURNACEAE Raf.

●분포

일본, 러시아(사할린), 한국

❖**국내분포** 전국의 높은 산지에 드물게 자람

●형태

수형 낙엽 관목. 높이 2~3(~5)m까지 자란다.

수피/소지 수피는 회색~회갈색이고 피목이 드문드문 있다. 소지는 담갈색~회갈색을 띠고 털이 없으며 광택이 나고 피목이 드문드문 있다. 간혹 단지가 발달한다.

겨울눈 영양눈 또는 혼합눈이다. 겨울눈은 난형이고 아린에 싸여있으며 정아는 길이 8㎜ 내외, 측아는 길이 4㎜ 내외다. 아린은 자갈색~갈색을 띠고 광택이 나며 끝부분에 갈색 털이 밀생한다. 과축이 남은 소지 끝에는 한 쌍의 준정아가 마주 달린다.

엽흔/관속흔 엽흔은 마주나고 완만한 V자형~찌그러진 역삼각형이며, 관속흔은 3개다.

●참고

가막살나무와 형태가 닮았지만, 겨울눈과 소지에 털이 거의 없고 광택이 나며 아린의 색이 더 선명한 것이 차이점이다. 식물의 분포역도 다르다.

❶정아 ❷측아 ❸❹엽흔/관속흔 ❺단지 ❻❼혼합눈의 전개 과정 ❽열매(11월)
✲식별 포인트 겨울눈/열매(핵)

배암나무

Viburnum koreanum **Nakai**

산분꽃나무과
VIBURNACEAE Raf.

2021. 2. 22. 강원 인제군

●분포

중국(지린성), 일본(홋카이도), 한국

❖국내분포 강원(설악산) 이북의 높은 산지에 매우 드물게 자람

●형태

수형 낙엽 관목. 높이 1~2m까지 자란다.

수피/소지 수피는 회색~짙은 회색이고 사마귀 같은 피목이 생긴다. 소지는 담갈색을 띠고 털이 없으며 피목이 드문드문 있다.

겨울눈 영양눈 또는 혼합눈이다. 정아는 장타원형~장타원상 난형이고 길이 5~7㎜, 측아는 구형~난상 구형이고 길이 2~3㎜다. 모두 한 쌍의 적갈색 아린에 싸여있다. 과축이 남은 소지 끝에는 한 쌍의 준정아가 마주 달린다.

엽흔/관속흔 엽흔은 마주나고 완만한 V자형이며, 관속흔은 3개다.

●참고

국내에서는 일부 높은 산의 능선부에 소수의 개체만 자라므로 매우 보기 힘든 식물이다.

❶소지의 겨울눈 ❷❸준정아 ❹측아 ❺엽흔/관속흔 ❻열매(겨울) ❼❽영양눈의 전개 과정

✽식별 포인트 겨울눈/열매(핵)

2022. 2. 2. 서울특별시

백당나무

Viburnum opulus **L. var.** ***calvescens*** **(Rehder) H.Hara**

산분꽃나무과
VIBURNACEAE Raf.

●분포

중국(중북부), 일본(혼슈 이북), 러시아, 몽골, 한국

❖국내분포 전국의 산지

●형태

수형 낙엽 관목. 높이 2~4m까지 자란다.

수피/소지 수피는 회색~짙은 회갈색이고 표면에 사마귀 같은 피목이 발달하며 오래되면 불규칙하게 갈라지면서 코르크층이 생긴다. 소지는 적갈색~갈색을 띠고 털이 없으며 피목이 드문드문 있다.

겨울눈 영양눈 또는 혼합눈이다. 겨울눈은 타원형~장난형이고 길이 4~8㎜이며 한 쌍의 아린에 싸여있다. 아린은 적갈색~갈색을 띤다. 소지 끝에 정아와 정생측아가 발달하는 경우도 있고, 과축이 남은 소지 끝에는 한 쌍의 준정아가 마주 달린다.

엽흔/관속흔 엽흔은 마주나고 V자형~누운 초승달형이며, 관속흔은 3개다.

●참고

겨울철까지 붉은 열매를 단 채 월동하는 모습이 흔하다. 조경수로도 많이 이용하는 식물이다.

❶소지의 겨울눈 ❷준정아 ❸정아/정생측아 ❹측아 ❺엽흔/관속흔 ❻영양눈의 전개 ❼혼합눈의 전개 ❽열매차례(겨울)
✲식별 포인트 겨울눈/열매(핵)

분단나무

Viburnum furcatum **Blume ex Maxim.**

산분꽃나무과
VIBURNACEAE Raf.

● **분포**

일본, 한국

❖**국내분포** 경북(울릉도), 제주(한라산), 강원(자병산)의 산지

● **형태**

수형 낙엽 관목 또는 소교목. 높이 3~6m까지 자란다.

수피/소지 수피는 짙은 회갈색이고 오래되면 조각조각 갈라진다. 소지는 (녹)갈색을 띠고 표면에 담갈색 성상모가 밀생하다가 차츰 없어진다. 종종 단지가 많이 발달한다.

겨울눈 영양눈 또는 혼합눈이다. 겨울눈은 아린이 없고 담갈색을 띠며 눈자루가 생긴다. 혼합눈은 구형의 미성숙한 꽃차례 양쪽에 미성숙한 잎이 1장씩 달린 형태이고, 영양눈은 난상 피침형~장타원형이다. 겨울눈은 성상모로 덮여있다.

엽흔/관속흔 엽흔은 마주나고 역삼각형~심장형이며, 관속흔은 3개다.

● **참고**

겨울눈의 생김새가 특이하므로 식별이 어렵지 않다. 특히 겨울눈에서 나온 새잎의 모습이 매우 특색있다.

2016. 3. 11. 제주

❶혼합눈 ❷영양눈 ❸단지의 겨울눈(영양눈) ❹측아 ❺엽흔/관속흔 ❻혼합눈의 전개 ❼영양눈의 전개 ❽분지 형태
*식별 포인트 겨울눈/열매(핵)

분꽃나무

Viburnum carlesii **Hemsl.**

산분꽃나무과
VIBURNACEAE Raf.

2021. 2. 11. 강원 영월군

●분포

중국 중부(안후이성), 일본(혼슈 이남), 한국

❖국내분포 전국의 양지바른 낮은 산지나 해안지대에 드물게 자람

●형태

수형 낙엽 관목. 높이 2~3m까지 자란다.

수피/소지 수피는 회갈색~회색이고 세로로 갈라진다. 소지는 갈색을 띠고 표면에 담갈색 성상모가 밀생한다.

겨울눈 영양눈 또는 혼합눈이다. 겨울눈은 아린이 없고 담갈색을 띠며 눈자루가 생긴다. 혼합눈은 구형의 미성숙한 꽃차례 양쪽에 미성숙한 잎이 1장씩 달린 형태이고, 영양눈은 난상 피침형~장타원형이다. 겨울눈은 성상모로 덮여있다.

엽흔/관속흔 엽흔은 마주나고 V자~U자형이며, 관속흔은 3개다.

●참고

지면에서 가지가 많이 갈라져 덤불 같은 수관을 이루는 것이 특징이다. 겨울눈의 모양도 특징적이다.

❶소지의 겨울눈 ❷❸(↓)혼합눈/영양눈 ❹준정아(영양눈) ❺측아 ❻엽흔/관속흔 ❼❽수피의 변화
*식별 포인트 겨울눈/열매(핵)

산분꽃나무

***Viburnum burejaeticum* Regel & Herd.**

산분꽃나무과
VIBURNACEAE Raf.

●분포

중국(동북부), 러시아(동부), 몽골, 한국

❖국내분포 경기(연천군), 강원(설악산, 평창군) 이북의 산지

●형태

수형 낙엽 관목. 높이 2~4m 정도로 자란다.

수피/소지 수피는 회갈색이고 오래되면 세로로 얕게 갈라진다. 소지는 담갈색~갈색을 띠고 담갈색 성상모가 밀생하다가 차츰 없어지며 피목이 드문드문 있다.

겨울눈 영양눈 또는 혼합눈이다. 겨울눈은 아린이 없고 담갈색을 띠며 눈자루가 생긴다. 혼합눈은 구형의 미성숙한 꽃차례 양쪽에 미성숙한 잎이 1장씩 달린 형태이고, 영양눈은 난상 피침형~장타원형이다. 겨울눈은 성상모로 덮여있다.

엽흔/관속흔 엽흔은 마주나고 V자~U자형이며, 관속흔은 3개다.

●참고

중국 동북부, 러시아 동부 등 북부지방에 널리 분포하는 북방계 식물이지만, 국내에서는 경기 및 강원 일부 지역에서만 분포가 확인되는 보기 드문 식물이다.

2020. 3. 5. 강원 평창군

❶혼합눈 ❷영양눈 ❸측아(영양눈) ❹❺엽흔/관속흔 ❻❼혼합눈의 전개 과정 ❽겨울수형

2021. 2. 19. 강원 태백시

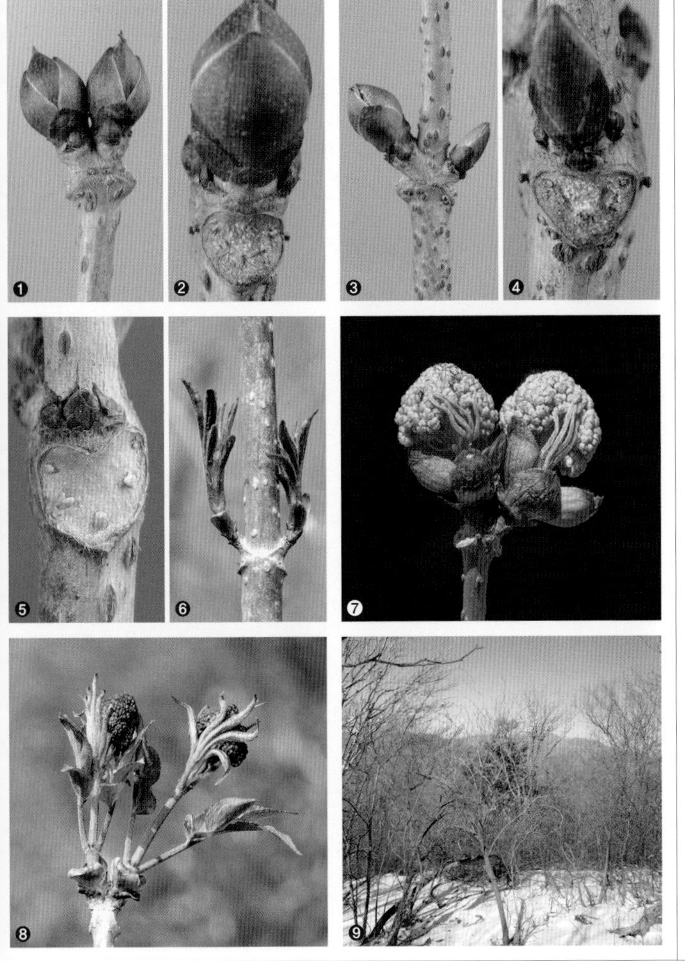

딱총나무 (넓은잎딱총나무)

Sambucus williamsii **Hance**

산분꽃나무과
VIBURNACEAE Raf.

●분포

중국(동북부), 일본(혼슈 이북), 러시아(동부), 몽골, 한국

❖**국내분포** 전국의 산지

●형태

수형 낙엽 관목 또는 소교목. 높이 2~6m까지 자란다.

수피/소지 수피는 적갈색~회갈색이고 타원형의 피목이 있으며 오래되면 표면에 코르크층이 생긴다. 소지는 담갈색을 띠고 털이 없으며 피목이 있고 광택이 난다.

겨울눈 영양눈 또는 혼합눈이다. 겨울눈은 난형~구형이고 자갈색~갈색 아린에 싸여있다. 아린은 가장자리를 따라 백색의 짧은 털이 약간 있다. 종종 병생부아와 중생부아가 생기고, 과축이 남은 소지 끝에는 한 쌍의 준정아가 마주 달린다.

엽흔/관속흔 엽흔은 마주나고 심장형이며, 관속흔은 3~5개다.

●참고

마주나는 한 쌍의 큼직한 겨울눈이 특징적이다. 근연종으로 알려진 말오줌나무나 덧나무는 종의 실체에 대해 좀 더 연구가 필요할 것 같다.

❶준정아(혼합눈) ❷엽흔/관속흔 ❸(→)혼합눈/영양눈 ❹❺엽흔/관속흔 ❻영양눈의 전개 ❼❽혼합눈의 전개 과정 ❾겨울 수형

✻**식별 포인트** 겨울눈/열매

더위지기

***Artemisia gmelinii* Weber ex Stechm.**

국화과

ASTERACEAE Giseke

2021. 2. 11. 강원 영월군

●분포

중앙아시아~동북아시아에 걸쳐 넓게 분포

❖국내분포 제주를 제외한 전국의 산야

●형태

수형 낙엽 반관목. 높이 0.5~1.5m까지 자란다. 밑동과 뿌리줄기가 목질화된다.

수피/소지 수피는 회갈색~회색이고 세로로 갈라진다. 소지는 갈색을 띠고 잎자루의 흔적을 따라 세로줄이 생긴다.

겨울눈 영양눈 또는 혼합눈이다. 겨울눈은 구형~난형이고 갈색 아린에 싸여있다. 아린은 겉에 백색 털이 밀생한다. 간혹 중생부아가 1개씩 생기고, 줄기 끝에는 과축과 열매가 남는다.

엽흔/관속흔 엽흔이 어긋나고 잎자루 일부가 떨어지지 않고 남으므로 엽흔과 관속흔의 형태가 불분명하다.

●참고

줄기가 가늘고 지면에서부터 많이 갈라져 자란다. 겨울철에도 열매의 흔적이 남는다. 열매가 달린 줄기의 겨울눈에서 이듬해 가지가 자라기도 하고, 근맹아에서 새로 줄기를 내기도 한다.

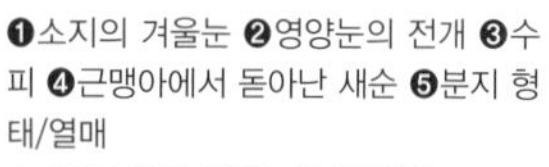

❶소지의 겨울눈 ❷영양눈의 전개 ❸수피 ❹근맹아에서 돋아난 새순 ❺분지 형태/열매

✲식별 포인트 겨울눈/수형/열매

피자 식물문

MAGNOLIOPHYTA

백합강

LILIOPSIDA

백합아강

LILIIDAE

청미래덩굴과 SMILACACEAE

청미래덩굴 (맹감나무)

***Smilax china* L.**

청미래덩굴과
SMILACACEAE Vent.

2021. 1. 31. 경남 남해군

●분포

중국(산둥반도 이남), 일본, 타이완, 베트남, 타이, 필리핀, 한국

❖**국내분포** 함남, 평남 이남에 분포하지만 주로 남부지방에 흔하게 자람

●형태

수형 낙엽 덩굴성 목본. 길이 1~5m까지 자란다.

수피/소지 수피는 암갈색이고 세로로 불규칙하게 갈라진다. 소지는 자갈색을 띠고 털이 없다. 표면에 아래쪽으로 굽은 피침이 생긴다.

겨울눈 영양눈 또는 혼합눈이다. 겨울눈은 긴 삼각형이고 길이 7~10㎜이며 떨어지지 않는 잎자루 속에 싸여있다. 잎자루 속의 아린은 자갈색~연두색을 띤다.

엽흔/관속흔 엽흔이 어긋나고 잎자루의 일부가 떨어지지 않고 남으므로 엽흔과 관속흔의 형태가 불분명하다.

●참고

줄기가 지그재그형으로 뻗는다. 겨울철에도 종종 붉은색이거나 마른 열매를 단 모습을 볼 수 있다.

❶분지 형태 ❷❸잎자루 속에 숨은 겨울눈 ❹겨울눈(잎자루 제거) ❺❻혼합눈의 전개 과정 ❼겨울 수형

*식별 포인트 겨울눈/가시(피침)/열매

2021. 3. 12. 인천광역시

청가시덩굴

***Smilax sieboldii* Miq.**

청미래덩굴과
SMILACACEAE Vent.

●분포

중국, 일본, 타이완, 한국

❖국내분포 전국의 산야

●형태

수형 낙엽 덩굴성 목본. 길이 1~3m 정도까지 자란다.

수피/소지 수피는 암갈색이고 세로로 불규칙하게 갈라진다. 어린나무의 수피는 녹색~암녹색을 띤다. 소지는 녹색을 띠고 털이 없으며 가늘고 곧은 피침이 생긴다.

겨울눈 영양눈 또는 혼합눈이다. 겨울눈은 긴 삼각형이고 길이 3~5㎜이며 떨어지지 않는 잎자루 속에 싸여있다. 잎자루 속의 아린은 연두색을 띤다.

엽흔/관속흔 엽흔이 어긋나고 잎자루 일부가 떨어지지 않고 남으므로 엽흔과 관속흔의 형태가 불분명하다.

●참고

청미래덩굴과 비교하면 줄기가 녹색이고 피침이 더 가늘다는 점이 다르다. 식물체도 더 왜소하다.

❶❷소지 ❸겨울눈(잎자루 제거) ❹❺혼합눈의 전개 과정 ❻수피

✲식별 포인트 겨울눈/가시(피침)/열매

부록

APPENDIX

상록수의 겨울눈

전나무
Abies holophylla

구상나무
Abies koreana

분비나무
Abies nephrolepis

개잎갈나무
Cedrus deodara

솔송나무
Tsuga sieboldii

가문비나무
Picea jezoensis

독일가문비나무
Picea abies

종비나무
Picea koraiensis

소나무
Pinus densiflora

곰솔
Pinus thunbergii

백송
Pinus bungeana

리기다소나무
Pinus rigida

방크스소나무 *Pinus banksiana*

잣나무 *Pinus koraiensis*

스트로브잣나무 *Pinus strobus*

섬잣나무 *Pinus parviflora*

눈잣나무 *Pinus pumila*

금송 *Sciadopitys verticillata*

삼나무 *Cryptomeria japonica*

노간주나무 *Juniperus rigida*

곱향나무 *Juniperus communis* subsp. *alpina*

향나무 *Juniperus chinensis*

눈향나무 *Juniperus chinensis* var. *sargentii*

측백나무 *Platycladus orientalis*

눈측백나무
Thuja koraiensis

서양측백나무
Thuja occidentalis

나한송
Podocarpus macrophyllus

개비자나무
Cephalotaxus harringtonia

주목
Taxus cuspidata

태산목
Magnolia grandiflora

초령목
Magnolia compressa

촛대초령목
Magnolia figo

참식나무
Neolitsea sericea

새덕이
Neolitsea aciculata

육박나무
Litsea coreana

까마귀쪽나무
Litsea japonica

녹나무
Cinnamomum camphora

생달나무
Cinnamomum yabunikkei

사이공계피나무
Cinnamomum sieboldii

센달나무
Machilus japonica

후추등
Piper kadsura

붓순나무
Illicium anisatum

멀꿀
Stauntonia hexaphylla

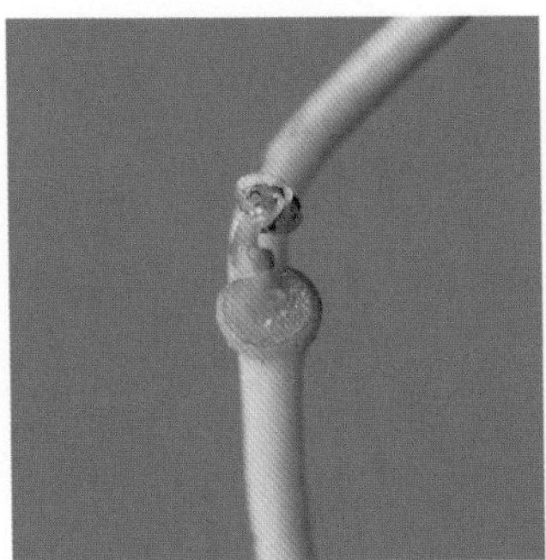
함박이
Stephania japonica

조록나무
Distylium racemosum

굴거리나무
Daphniphyllum macropodum

모람
Ficus sarmentosa var. nipponica

왕모람(애기모람)
Ficus sarmentosa var. thunbergii

푸밀라모람
Ficus pumila

소귀나무
Myrica rubra

구실잣밤나무
Castanopsis sieboldii

가시나무
Quercus myrsinifolia

참가시나무
Quercus salicina

개가시나무
Quercus gilva

종가시나무
Quercus glauca

붉가시나무
Quercus acuta

사스레피나무
Eurya japonica

우묵사스레피나무
Eurya emarginata

비쭈기나무
Cleyera japonica

후피향나무
Ternstroemia gymnanthera

차나무
Camellia sinensis

동백나무
Camellia japonica

애기동백
Camellia sasanqua

담팔수
Elaeocarpus sylvestris

산유자나무
Xylosma congesta

시로미
Empetrum nigrum

만병초
Rhododendron brachycarpum

섬진달래
Rhododendron keiskei var. hypoglaucum

꼬리진달래
Rhododendron micranthum

모새나무
Vaccinium bracteatum

암매(돌매화나무)
Diapensia lapponica var. obovata

검은재나무
Symplocos prunifolia

빌레나무
Maesa japonica

돈나무
Pittosporum tobira

홍가시나무
Photinia glabra

비파나무
Eriobotrya japonica

다정큼나무
Rhaphiolepis indica var. umbellata

보리장나무
Elaeagnus glabra

보리밥나무
Elaeagnus macrophylla

식나무
Aucuba japonica

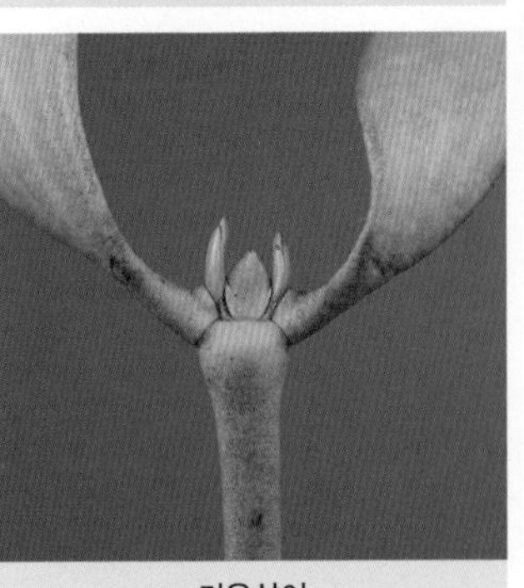

겨우살이
Viscum coloratum

동백나무겨우살이
Korthalsella japonica

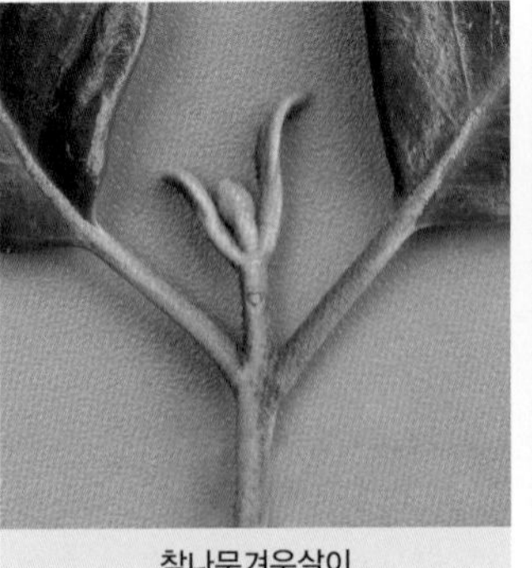

참나무겨우살이
Taxillus yadoriki

사철나무
Euonymus japonicus

줄사철나무(좀사철나무)
Euonymus fortunei

섬회나무
Euonymus nitidus

꽝꽝나무
Ilex crenata

호랑가시나무
Ilex cornuta

완도호랑가시
Ilex × wandoensis

감탕나무
Ilex integra

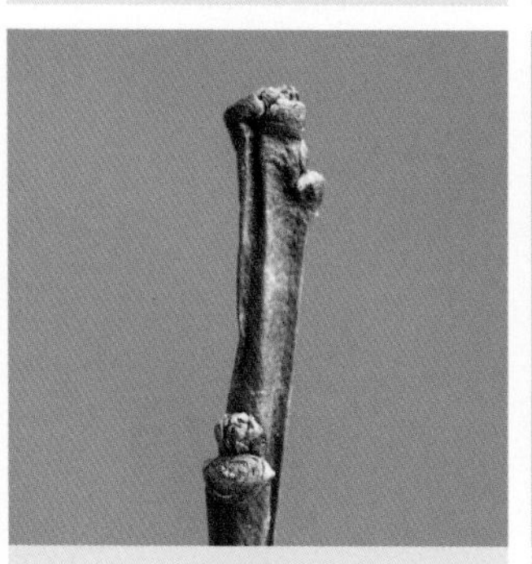

먼나무
Ilex rotunda

회양목
Buxus microphylla

송악
Hedera rhombea

황칠나무
Dendropanax trifidus

팔손이
Fatsia japonica

통탈목
Tetrapanax papyrifer

영주치자
Gardneria nutans

나도은조롱
Marsdenia tomentosa

마삭줄
Trachelospermum asiaticum

털마삭줄
Trachelospermum jasminoides

목서
Osmanthus fragrans

박달목서
Osmanthus insularis

구골나무
Osmanthus heterophyllus

호자나무
Damnacanthus indicus

수정목
Damnacanthus indicus subsp. major

무주나무
Lasianthus japonicus

아왜나무
Viburnum odoratissimum var. awabuki

푸른가막살
Viburnum japonicum

참고문헌

국립수목원(2011), 『알기 쉽게 정리한 식물용어』, 국립수목원.

_________(2014), 『어린가지로 찾아보는 겨울나무』, 국립수목원.

김태영·김진석(2018), 『한국의 나무』(개정신판), 돌베개.

농림축산검역본부(2015), 『수입 묘목류 검색 도감』, 농림축산검역본부.

성은숙(2019), 『한국 수목의 이해』, 전북대학교출판문화원.

윤주복(2007), 『겨울나무 쉽게 찾기』, 진선출판사.

이창복(1986), 『신고 수목학』, 향문사.

______(1996), 『겨울철 낙엽수의 식별』, 임업연구원.

장진성·김휘·길희영·이주영(2012), 『한반도수목 필드가이드』, 디자인포스트.

장진성·김휘·전정일·이주영(2019), 『현대 수목학』, 향문사.

장진성·홍석표(2016), 『조류, 균류와 식물에 대한 국제명명규약(멜버른 규약)』, 국립수목원.

Allaby, Michael(2019), *A Dictionary of Plant Sciences*, 4th ed., Oxford University Press.

Beentje, Henk(2016), *The Kew Plant Glossary: An Illustrated Dictionary of Plant Terms*, 2nd ed., Royal Botanic Gardens Kew.

Castner, James L. (2004), *Photographic Atlas of Botany and Guide To Plant Identification*, Feline Press.

de Jong, P.C., Oterdoom, H.J. van Gelderen, D.M.(2010). *Maples of the World*, Timber Press.

Flora of Korea Editorial Committee(2017), *Flora of Korea. Vol.2a, Magnoliidae*, National Institute of Biological Resources Ministry of Environment.

Hardin, J.W., Leopold, D.J. and White, F.M.(2001), *Harlow & Harrar's Textbook of Dendrology*, 9th ed., McGraw Hill.

Judd, W., Campbell, C., Kellogg, E., Stevens, P. and Donoghue, M.(2015), *Plant Systematics: A Phylogenetic Approach*, 4th ed., Sinauer.

National Institute of Biological Resources(2019), *National Species List of Korea. I. Plants, Fungi, Algae, Prokaryotes*, Designzip.

Trelease, William(1931). *Winter Botany*, 3rd ed., Dover Publications.

広沢毅·林将之(2010), 『冬芽ハンドブック』, 文一総合出版.

鈴木庸夫·高橋冬·安延尚文(2014), 『樹皮と冬芽』, 誠文堂新光社.

馬場多久男·亀山章 監修(2013), 『冬芽でわかる落葉樹』(改訂版), 信濃毎日新聞社.

村田源·平野弘二(2004), 『冬の樹木』, 保育社.

김진석·정재민·김중현·이웅·이병윤·박재홍(2016), 「한반도 풍혈지의 관속식물상과 보전관리 방안」, 『한국식물분류학회지』 46(2): 213~246.

류차현·최경·장계선·손동찬·김정성(2019), '닥나무(*Broussonetia*×*hanjiana* M. Kim)의 실체와 학명 재고', 제50회 한국식물분류학회 정기총회 및 학술발표회 포스터 발표, 2019년 2월 8일.

성은숙(2018), 「나자식물의 바른 한국어(韓國語) 용어 사용에 대한 제언」, 『한국산림과학회지』 107(2): 126~139.

Chang C.S., Kim H., and Chang K.S.(2014), *Provisional Checklist of Vascular Plants for the Korea Peninsula Flora (KPF)*, designpost.

Hantemirova, E.V., Pimenova, E.A. and Korchagina, O.S.(2018), Polymorphism of Chloroplast DNA and Phylogeography of Green Alder (*Alnus alnobetula* (Ehrh.) K. Koch s. l.) in Asiatic Russia. *Russian Journal of*

Genetics 54 (1): 64~74.

Kim, Jung-Hyun·Kim, Sun-Yu·Hyun, Chang Woo·Park, Jeong-Mi and Kim, Jin-Seok(2020), *Prunus glandulosa* Thunb.(Rosaceae) and its distribution on the Korean Peninsula. *Journal of Species Research* 9(2): 117~121.

Landrein, Sven, Prenner, Gerhard, Chase, Mark W. and Clarkson, James J.(2012), *Abelia* and relatives: phylogenetics of Linnaeeae (Dipsacales – Caprifoliaceae *s.l.*) and a new interpretation of their inflorescence morphology. *Botanical Journal of the Linnean Society* 169: 692~713.

국가표준식물목록 http://nature.go.kr/kpni/index.do

국립생물자원관 한반도 생물다양성 https://species.nibr.go.kr/index.do

한반도 분류학 자료 http://hosting03.snu.ac.kr/~quercus1/sub0101.html

Flora of China http://efloras.org/flora_page.aspx?flora_id=2

Flora of North America http://efloras.org/flora_page.aspx?flora_id=1

International Plant Name Index https://www.ipni.org/

Tropicos https://www.tropicos.org/home

World Flora Online http://worldfloraonline.org/

찾아보기 | 학명

학명 중 정명이 아닌 이명은 흰색으로 표기했다.

A

Abelia biflora 388 **389**
Abelia spathulata **390**
Abelia tyaihyonii **388** 389
Abeliophyllum distichum **369**
Abies holophylla 420
Abies koreana 420
Abies nephrolepis 420
Acer barbinerve **327**
Acer buergerianum **332**
Acer komarovii **326**
Acer mandshuricum **329**
Acer negundo **330**
Acer palmatum **321** 322
Acer pictum var. *mono* **323**
Acer pseudosieboldianum 321 **322**
Acer saccharinum **333**
Acer saccharum 330
Acer tataricum subsp. *ginnala* **331**
Acer tegmentosum **325**
Acer triflorum 324 **328** 329
Acer ukurunduense **324**
ACERACEAE 321~333
Actinidia arguta **117** 120
Actinidia deliciosa 119
Actinidia kolomikta **118**
Actinidia polygama 118 **119**
Actinidia rufa **120**
ACTINIDIACEAE 117~120
Adina rubella **386**
Aesculus hippocastanum 319 **320**
Aesculus turbinata **319** 320
Ailanthus altissima **340**
Akebia quinata **53**
ALANGIACEAE 272
Alangium platanifolium **272**
Albizia julibrissin **240**
Albizia kalkora 240
Alnus alnobetula subsp. *fruticosa* **100**
Alnus alnobetula subsp. *mandschurica* **100**
Alnus alnobetula subsp. *maximowiczii* 100
Alnus firma **101**
Alnus hirsuta 98 **99**
Alnus hirsuta 98 **99**
Alnus japonica **98**
Alnus pendula 101
Amelanchier asiatica **239**
Amelanchier canadensis 239
Amorpha fruticosa **251**
Ampelopsis glandulosa var. *heterophylla* 313
ANACARDIACEAE 334~338
Aphananthe aspera **76**
AQUIFOLIACEAE 292~294
Aralia elata **355**
ARALIACEAE 351~355
Aristolochia manshuriensis **44**
ARISTOLOCHIACEAE 44
Artemisia gmelinii **414**
ASTERACEAE 414
Aucuba japonica 426

B

BERBERIDACEAE 50~52
Berberis amurensis **51**
Berberis chinensis 52
Berberis koreana **50**
Berberis thunbergii **52**
Berchemia berchemiifolia **305**
Berchemia floribunda **306**
Betula chinensis 105 **106**
Betula costata **103** 104
Betula dahurica **107**
Betula ermanii 103 **104**
Betula pendula **102**
Betula schmidtii **105** 106
BETULACEAE 98~114
BIGNONIACEAE 383~385
Boehmeria spicata **84**
BORAGINACEAE 358
Broussonetia monoica 82
Broussonetia papyrifera **82**
Broussonetia × kazinoki 82
Buxus microphylla 427

C

Caesalpinia decapetala **242**
Callicarpa dichotoma **361**
Callicarpa japonica **360** 361
Callicarpa mollis **362**
Camellia japonica 425
Camellia sasanqua 425
Camellia sinensis 425
Campsis grandiflora **385**
Campsis radicans 385
CAPRIFOLIACEAE 394~404
Caragana fruticosa **250**
Caragana sinica **249**
Carpinus cordata **110**
Carpinus laxiflora **111** 112
Carpinus tschonoskii 111 **112**
Carpinus turczaninowii **113**
Caryopteris incana **359**
Castanea crenata **90**
Castanopsis sieboldii 424
Catalpa bignonioides **384**
Catalpa ovata **383** 384
Catalpa speciosa 384

Cedrus deodara 420
CELASTRACEAE 281~291
Celastrus flagellaris **288**
Celastrus orbiculatus 288 **289** 290
Celastrus stephanotifolius 288 289 **290**
CELTIDACEAE 72~76
Celtis biondii **75**
Celtis jessoensis **73**
Celtis koraiensis **74**
Celtis sinensis **72** 73 75
Cephalotaxus harringtonia 422
CERCIDIPHYLLACEAE 60
Cercidiphyllum japonicum **60**
Cercidiphyllum japonicum **60**
Cercis chinensis **241**
Chaenomeles sinensis **232**
Chaenomeles speciosa **231**
Chionanthus retusus **378**
Cinnamomum camphora 423
Cinnamomum sieboldii 423
Cinnamomum yabunikkei 423
Citrus trifoliata **349**
Clematis alpina subsp. *ochotensis* 49
Clematis apiifolia **48** 49
Clematis fusca var. *violacea* 49
Clematis heracleifolia var. *heracleifolia* **47**
Clematis heracleifolia var. *urticifolia* 47
Clematis koreana 49
Clematis patens 48
Clematis serratifolia 49
Clematis terniflora var. *mandshurica* 49
Clematis trichotoma 48 **49**
Clerodendrum trichotomum **363**
Cleyera japonica 424
Cocculus orbiculatus **54**
Cocculus trilobus **54**
CORNACEAE 273~279
Cornus alba **274**
Cornus controversa **273** 274
Cornus florida **279**
Cornus kousa **278**
Cornus macrophylla 274 **275**
Cornus officinalis 39 **277**
Cornus walteri 274 275 **276**
Corylopsis coreana **62**
Corylus heterophylla **108** 109
Corylus sieboldiana 108 **109**
Cotoneaster integerrimus **226**
Cotoneaster multiflorus 226
Crataegus pinnatifida **227**
Cryptomeria japonica 421
CUPRESSACEAE 30~31

D

Damnacanthus indicus 427
Damnacanthus indicus subsp. *major* 427
Daphne genkwa **268**
Daphne pseudomezereum **267**
Daphne pseudomezereum var. *koreana* **267**
Daphniphyllum macropodum 423
Dendropanax trifidus 427
Deutzia crenata 166
Deutzia glabrata **167** 168
Deutzia grandiflora **164** 165
Deutzia paniculata **166**
Deutzia parviflora **168**
Deutzia uniflora 164 **165**
Diabelia spathulata **390**
Diapensia lapponica var. *obovata* 425
DIERVILLACEAE 391~393
Diospyros kaki **156**
Diospyros lotus **155** 156
Distylium racemosum 423

E

EBENACEAE 155~156
Edgeworthia chrysantha **271**
Ehretia acuminata **358**
ELAEAGNACEAE 264~265
Elaeagnus glabra 426
Elaeagnus macrophylla 426
Elaeagnus multiflora 264 **265**
Elaeagnus umbellata **264** 265
Elaeocarpus sylvestris 425
Eleutherococcus gracilistylus **353** 354
Eleutherococcus nodiflorus **353** 354
Eleutherococcus senticosus 352
Eleutherococcus sessiliflorus **352**
Eleutherococcus sieboldianus 353 **354**
Empetrum nigrum 425
ERICACEAE 146~154
Eriobotrya japonica 426
Eucommia ulmoides **63**
EUCOMMIACEAE 63
Euonymus alatus **281**
Euonymus alatus f. *ciliatodentatus* 281
Euonymus fortunei 427

Euonymus hamiltonianus **282** 283
Euonymus japonicus 426
Euonymus maackii **283**
Euonymus macropterus 284 **286**
Euonymus nitidus 427
Euonymus oxyphyllus **284** 285 286
Euonymus sachalinensis 284 **285** 286
Euonymus verrucosus **287**
Euonymus verrucosus var. *pauciflorus* **287**
EUPHORBIACEAE 295~299
Eurya emarginata 424
Eurya japonica 424
Euscaphis japonica **315** 316
Exochorda serratifolia **192**

F

FABACEAE 240~263
FAGACEAE 89~97
Fagus engleriana **89**
Fagus engleriana **89**
Fatsia japonica 427
Ficus erecta **83**
Ficus pumila 424
Ficus sarmentosa var. *nipponica* 423
Ficus sarmentosa var. *thunbergii* 423
Firmiana simplex **125**
FLACOURTIACEAE 128
Flueggea suffruticosa **296**
Forsythia ovata 367 **368**
Forsythia viridissima var. *koreana* **367** 368
Fraxinus chiisanensis 374 **377**
Fraxinus chinensis var. *rhynchophylla* 374 **375**
Fraxinus mandshurica 374 **376**
Fraxinus rhynchophylla 374 **375**
Fraxinus sieboldiana **374**

G

Gardneria nutans 427
Ginkgo biloba **28**
GINKGOACEAE 28
Gleditsia japonica **243** 244
Gleditsia sinensis **244**
Glochidion chodoense **299**
Grewia biloba **124**
GROSSULARIACEAE 174~178

H

HAMAMELIDACEAE 62
Hedera rhombea 427
Hemiptelea davidii **70**
Hibiscus hamabo **126**
Hibiscus mutabilis 127
Hibiscus syriacus **127**
HIPPOCASTANACEAE 319~320
Hovenia dulcis **302**
Hydrangea luteovenosa **170**
Hydrangea macrophylla subsp. *serrata* **169** 170
Hydrangea paniculata 169
Hydrangea petiolaris **171** 172
Hydrangea scandens subsp. *liukiuensis* **170**
HYDRANGEACEAE 164~173

I

Idesia polycarpa **128**
Ilex cornuta 427
Ilex crenata 427
Ilex integra 427
Ilex macropoda **292**
Ilex rotunda 427
Ilex serrata **293** 294
Ilex verticillata 293 **294**
Ilex × *wandoensis* 427
Illicium anisatum 423
Indigofera bungeana 253
Indigofera kirilowii **254**
Indigofera koreana 254
Indigofera pseudotinctoria **253**

J

Jasminum nudiflorum 367
JUGLANDACEAE 85~88
Juglans mandshurica **85** 86
Juglans regia **86**
Juniperus chinensis 421
Juniperus chinensis var. *sargentii* 421
Juniperus communis subsp. *alpina* 421
Juniperus rigida 421

K

Kadsura japonica **46**
Kalopanax septemlobus **351**
Kerria japonica **194**
Kerria japonica 'Pleniflora' 194
Koelreuteria paniculata **318**
Korthalsella japonica 426

L

Lagerstroemia indica **266**
LAMIACEAE 366
LARDIZABALACEAE 53

Larix gmelinii 29
Larix kaempferi **29**
Lasianthus japonicus 427
LAURACEAE 39~43
Lespedeza bicolor **256** 257 258
Lespedeza buergeri **260**
Lespedeza cyrtobotrya 256 **257** 258
Lespedeza maritima **259**
Lespedeza maximowiczii **258** 260
Ligustrum leucanthum 379
Ligustrum obtusifolium **379**
Ligustrum ovalifolium **380**
Ligustrum quihoui **381**
Lindera angustifolia 42 **43**
Lindera erythrocarpa **40**
Lindera glauca **42** 43
Lindera obtusiloba **39** 40 41
Lindera sericea **41**
LINNAEACEAE 388~390
Liriodendron chinense 38
Liriodendron tulipifera **38**
Litsea coreana 422
Litsea japonica 422
Lonicera caerulea var. *edulis* **399** 401
Lonicera chrysantha 401 **402**
Lonicera harae **397** 401
Lonicera japonica **394** 401
Lonicera maackii **395** 401
Lonicera maximowiczii 401 **403** 404
Lonicera maximowiczii 401 **403** 404
Lonicera morrowii 399 401
Lonicera praeflorens **396** 401
Lonicera subsessilis **401** 403
Lonicera tatarinowii 401 **404**
Lonicera vesicaria **398** 401
Lonicera vidalii **400** 401
Lonicera × heckrottii 394
LORANTHACEAE 280
Loranthus tanakae **280**
LYTHRACEAE 266

M

Maackia amurensis **245** 246
Maackia floribunda **246**
Machilus japonica 423
Maclura tricuspidata **77**
Maesa japonica 426
Magnolia compressa 422
Magnolia denudata 34 **35**
Magnolia figo 422
Magnolia grandiflora 422
Magnolia kobus **34**
Magnolia obovata **37**
Magnolia sieboldii **36**
MAGNOLIACEAE 34~38
Mallotus japonicus **295**
Malus baccata **236**
Malus komarovii **238**
Malus pumila 237
Malus sieboldii **237**
Malus toringo **237**
MALVACEAE 126~127
Marsdenia tomentosa 427
Melia azedarach **341**
MELIACEAE 341~342
Meliosma myriantha **58**
Meliosma oldhamii **59**
MENISPERMACEAE 54~55
Menispermum dauricum **55**
Metasequoia glyptostroboides **30**
Millettia japonica **263**
MORACEAE 77~83
Morus alba **78** 79
Morus australis 78 **79** 80 81
Morus cathayana 79 **80**
Morus mongolica 79 **81**
Myrica rubra 424

N

Neillia uekii **188**
Neolitsea aciculata 422
Neolitsea sericea 422
Neoshirakia japonica **298**

O

Ohwia caudata **255**
OLEACEAE 367~381
Oplopanax elatus 355
Oreocnide frutescens 84
Orixa japonica **350**
Osmanthus fragrans 427
Osmanthus heterophyllus 427
Osmanthus insularis 427
Ostrya japonica **114**

P

Paederia foetida **387**
Paliurus ramosissimus **301**
Parthenocissus quinquefolia 314
Parthenocissus tricuspidata 295 **314**
Paulownia tomentosa **382**
Phellodendron amurense **347**
Philadelphus tenuifolius **173**
Photinia glabra 426
Photinia villosa **228**

Physocarpus amurensis **187**
Picea abies 420
Picea jezoensis 420
Picea koraiensis 420
Picrasma quassioides **339**
PINACEAE 29
Pinus banksiana 421
Pinus bungeana 420
Pinus densiflora 420
Pinus koraiensis 421
Pinus parviflora 421
Pinus pumila 421
Pinus rigida 420
Pinus strobus 421
Pinus thunbergii 420
Piper kadsura 423
Pittosporum tobira 426
PLATANACEAE 61
Platanus occidentalis **61**
Platycarya strobilacea **87**
Platycladus orientalis 421
Podocarpus macrophyllus 422
Populus alba 143
Populus davidiana 141 **142** 143
Populus deltoides 145
Populus maximowiczii **141**
Populus nigra 'Italica' **144** 145
Populus suaveolens **141**
Populus tremula var. *davidiana* 141 **142** 143
Populus × canadensis **145**
Populus × tomentiglandulosa 142 **143**
Potentilla fruticosa **195**
Prunus armeniaca **223** 225
Prunus armeniaca var. *ansu* **223** 225
Prunus buergeriana **210**
Prunus choreiana **217**
Prunus glandulosa **219**
Prunus japonica var. *nakaii* **218**
Prunus maackii **211**
Prunus mandshurica 223 **224**
Prunus maximowiczii **212**
Prunus mume **222**
Prunus padus **209**
Prunus persica **221**
Prunus persica **221**
Prunus persica 'Alba' 221
Prunus salicina **220**
Prunus sargentii 213
Prunus serotina 209
Prunus serrulata **213** 215
Prunus serrulata f. *spontanea* **213** 215
Prunus serrulata var. *pubescens* 213
Prunus sibirica 223 **225**
Prunus spachiana f. *ascendens* **214**
Prunus spachiana f. *spachiana* 214
Prunus tomentosa **216**
Prunus triloba 221
Prunus × yedoensis 214 **215**
Pterocarya stenoptera **88**
Pueraria lobata **252**
Pueraria montana var. *lobata* **252**
Pyrus calleryana **235**
Pyrus calleryana var. *fauriei* **235**
Pyrus pyrifolia **233**
Pyrus pyrifolia var. *culta* 233
Pyrus ussuriensis **234** 236

Q

Quercus acuta 424
Quercus acutissima **91** 96
Quercus aliena **93** 96
Quercus dentata **96**
Quercus gilva 424
Quercus glauca 424
Quercus mongolica 94 **95** 96 280
Quercus myrsinifolia 424
Quercus palustris **97**
Quercus rubra 97
Quercus salicina 424
Quercus serrata **97** 95 96
Quercus variabilis **92** 96 224

R

RANUNCULACEAE 47~49
RHAMNACEAE 300~312
Rhamnella franguloides **304** 305
Rhamnus crenata **307**
Rhamnus davurica **308**
Rhamnus davurica var. *nipponica* **308**
Rhamnus parvifolia **311**
Rhamnus taquetii **312**
Rhamnus ussuriensis 308 **309** 310
Rhamnus utilis 308 **309** 310
Rhamnus yoshinoi 309 **310** 311
Rhaphiolepis indica var. *umbellata* 426
Rhododendron brachycarpum 425
Rhododendron keiskei var. *hypoglaucum* 425

Rhododendron micranthum 425
Rhododendron mucronulatum **146**
Rhododendron schlippenbachii **147**
Rhododendron tschonoskii **150**
Rhododendron weyrichii **148**
Rhododendron yedoense f. *poukhanense* 148 **149**
Rhododendron yedoense f. *poukhanense* 148 **149**
Rhodotypos scandens **193**
Rhus chinensis **334**
Rhus javanica **334**
Ribes burejense **178**
Ribes fasciculatum **174**
Ribes komarovii **176** 177
Ribes mandshuricum **175** 176
Ribes maximowiczianum 176 **177**
Robinia pseudoacacia **261**
Rosa acicularis **206**
Rosa davurica **205**
Rosa koreana **207** 208
Rosa lucieae **203**
Rosa maximowicziana **202**
Rosa multiflora **201**
Rosa rugosa **204**
Rosa spinosissima 207 **208**
ROSACEAE 179~239
RUBIACEAE 386~387
Rubus corchorifolius 198
Rubus coreanus **199**
Rubus crataegifolius **196**
Rubus fruticosus **198**
Rubus idaeus 198
Rubus phoenicolasius 198
Rubus pungens **200**
Rubus pungens var. *oldhamii* **200**
Rubus trifidus **197**
RUTACEAE 343~350

S

SABIACEAE 58~59
Sageretia thea **303**
SALICACEAE 130~145
Salix babylonica 130 **131**
Salix babylonica var. *pekinensis* 'Tortuosa' 131
Salix bebbiana **139**
Salix blinii **140**
Salix caprea **138** 139
Salix cardiophylla **137**
Salix chaenomeloides **135**
Salix gracilistyla **133**
Salix koriyanagi 133 **134**
Salix maximowiczii **137**
Salix pierotii **130**
Salix rorida **136**
Salix siuzevii 136
Salix triandra subsp. *nipponica* 130 **132**
Sambucus williamsii **413**
SAPINDACEAE 317~318
Sapindus mukorossi **317**
Sapindus saponaria **317**
Schisandra chinensis **45** 46
Schisandra repanda 46
SCHISANDRACEAE 45~46
Schizophragma hydrangeoides 171 **172**
Sciadopitys verticillata 421
SCROPHULARIACEAE 382
SIMAROUBACEAE 339~340
Sinomenium acutum **55**
SMILACACEAE 416~417
Smilax china **416** 417
Smilax sieboldii **417**
Sophora japonica **247**
Sophora koreensis **248**
Sorbaria kirilowii **191**
Sorbaria sorbifolia **190** 191
Sorbus alnifolia **230**
Sorbus commixta **229**
Sorbus pohuashanensis 229
Spiraea blumei **186**
Spiraea cantoniensis 182
Spiraea chamaedryfolia **180**
Spiraea chinensis 184 **185**
Spiraea fritschiana **183**
Spiraea japonica 183
Spiraea prunifolia f. *simpliciflora* **179**
Spiraea prunifolia var. *simpliciflora* **179**
Spiraea pubescens **184** 185
Spiraea salicifolia **182**
Spiraea trichocarpa **181**
Staphylea bumalda **316**
STAPHYLEACEAE 315~316
Stauntonia hexaphylla 423
Stephanandra incisa **189**
Stephania japonica 423
STERCULIACEAE 125
Stewartia pseudocamellia **116**
Styphnolobium japonicum **247**
STYRACACEAE 157~158
Styrax japonicus **157**
Styrax obassia **158**
SYMPLOCACEAE 159~161
Symplocos coreana **160**

Symplocos prunifolia 425
Symplocos sawafutagi **159** 160 161
Symplocos tanakana **161**
Syringa fauriei **371**
Syringa patula 371 **372**
Syringa pubescens subsp. *patula* 371 **372**
Syringa reticulata **370** 371
Syringa vulgaris 370 371
Syringa wolfii 371 **373**

T

TAMARICACEAE 129
Tamarix chinensis **129**
Taxillus yadoriki 426
Taxodium distichum 30 **31**
Taxus cuspidata 422
Ternstroemia gymnanthera 424
Tetradium daniellii **348**
Tetrapanax papyrifer 427
THEACEAE 116
Thuja koraiensis 422
Thuja occidentalis 422
THYMELAEACEAE 267~271
Thymus quinquecostatus **366**
Tilia amurensis 122 **123**
Tilia kiusiana 123
Tilia mandshurica 121 **122**
Tilia miqueliana **121**
TILIACEAE 121~124
Toona sinensis **342**
Toxicodendron orientale 338
Toxicodendron succedaneum **337**
Toxicodendron sylvestre **336** 337
Toxicodendron trichocarpum **335** 338
Toxicodendron vernicifluum **338**
Trachelospermum asiaticum 427
Trachelospermum jasminoides 427
Triadica sebifera **297**
Tripterygium regelii **291**
Tsuga sieboldii 420

U

ULMACEAE 64~71
Ulmus americana **65**
Ulmus davidiana var. *japonica* **64** 67 68
Ulmus laciniata **68**
Ulmus macrocarpa **66**
Ulmus parvifolia **69**
Ulmus pumila **67** 68
URTICACEAE 84

V

Vaccinium bracteatum 425
Vaccinium hirtum var. *koreanum* **152**
Vaccinium japonicum **151**
Vaccinium oldhamii **153**
Vaccinium uliginosum **154**
VERBENACEAE 359~365
Vernicia fordii 297
VIBURNACEAE 405~413
Viburnum burejaeticum **412**
Viburnum carlesii **411**
Viburnum dilatatum **406** 407
Viburnum erosum **405** 406
Viburnum furcatum **410**
Viburnum japonicum 427
Viburnum koreanum **408**
Viburnum odoratissimum var. *awabuki* 427
Viburnum opulus var. *calvescens* **409**
Viburnum wrightii **407**
Viscum coloratum 426
VITACEAE 313~314
Vitex negundo var. *heterophylla* **365**
Vitex rotundifolia **364**
Vitis amurensis **313**
Vitis flexuosa 313

W

Weigela coraeensis **393**
Weigela florida 391 **392** 393
Weigela hortensis 393
Weigela subsessilis **391** 392 393
Wikstroemia ganpi **270**
Wikstroemia trichotoma **269**
Wisteria floribunda **262**
Wisteria japonica **263**

X

Xylosma congesta 425

Z

Zabelia dielsii 388 **389**
Zabelia tyaihyonii **388** 389
Zanthoxylum ailanthoides **346**
Zanthoxylum armatum 345
Zanthoxylum piperitum **344**
Zanthoxylum schinifolium **343** 344
Zanthoxylum simulans **345**

Zelkova serrata **71**
Ziziphus jujuba var. *spinosa*
300

찾아보기 | 국명

많이 쓰는 이름이 아니거나 종의 실체가 불분명한 경우, 해당 수종의 이름을 흰색으로 표기했다.

ㄱ

가래나무 **85** 86
가래나무과 85~88
가막살나무 **406** 407
가문비나무 420
가시나무 424
가시오갈피나무 352
가시칠엽수 319 **320**
가죽나무 3**40**
가중나무 **340**
가침박달 **192**
각시괴불나무 401 **402**
갈기조팝나무 **181**
갈매나무 **308**
갈매나무과 300~312
갈참나무 **93** 96
감나무 **156**
감나무과 155~156
감탕나무 427
감탕나무과 292~294
감태나무 **42** 43
개가시나무 424
개나리 **367** 368
개느삼 **248**
개다래 118 **119**
개머루 313
개박달나무 105 **106**
개버무리 49
개벚지나무 **211**
개복숭아나무 221
개비자나무 422
개산초 345
개살구나무 223 **224**
개서어나무 111 **112**
개쉬땅나무 **190** 191
개암나무 **108** 109
개야광나무 **226**
개오동 **383** 384
개옻나무 **335** 338
개잎갈나무 420
개회나무 **370** 371
갯대추나무 **301**
갯버들 **133**
거문도닥나무 **270**
거문딸기 **197**
거제수나무 **103** 104
검노린재 **161**
검노린재나무 **161**
검양옻나무 **337**
검은재나무 425
겨우살이 426
계수나무 **60**
계수나무과 60
계요등 **387**
고로쇠나무 **323**
고야 220
고욤나무 **155** 156
고추나무 **316**
고추나무과 315~316
골담초 **249**
골병꽃나무 393
곰딸기 198
곰솔 420
곰의말채나무 274 **275**
곱향나무 421
공조팝나무 182
광대싸리 **296**
괴불나무 **395** 401
구골나무 427
구상나무 420
구슬꽃나무 **386**
구슬댕댕이 **398** 401
구실잣밤나무 424
구주피나무 123
국수나무 **189**
국화과 414
굴거리나무 423
굴참나무 **92** 96 224
굴피나무 **87**
귀룽나무 **209**
금송 421
길마가지나무 **397** 401
까마귀밥나무 **174**
까마귀베개 **304** 305
까마귀쪽나무 422
까치박달 **110**
까치밥나무 **175** 176
까치밥나무과 174~178
꼬리겨우살이 **280**
꼬리겨우살이과 280
꼬리까치밥나무 **176** 177
꼬리말발도리 **166**
꼬리조팝나무 **182**
꼬리진달래 425
꼭두서니과 386~387
꽃개오동 **384**
꽃개회나무 371 **373**
꽃산딸나무 **279**
꽝꽝나무 427
꾸지나무 **82**
꾸지뽕나무 **77**
꿀풀과 366

ㄴ

나도국수나무 **188**
나도밤나무 **58**
나도밤나무과 58~59
나도은조롱 427
나래회나무 284 **286**
나무수국 169
나한송 422
낙상홍 **293** 294
낙엽송 **29**
낙우송 30 **31**
난티나무 **68**
난티잎개암나무 **108** 109
남오미자 **46**
낭아초 **253**
너도밤나무 **89**
넓은잎딱총나무 **413**
네군도단풍 **330**
노각나무 **116**
노간주나무 421
노린재나무 **159** 160 161
노린재나무과 159~161
노박덩굴 288 **289** 290
노박덩굴과 281~291
녹나무 423
녹나무과 39~43
뇌성목 42 **43**
누리장나무 **363**
눈잣나무 421
눈측백나무 422
눈향나무 421
느릅나무 **64** 67 68
느릅나무과 64~71
느티나무 **71**
능소화 **385**
능소화과 383~385
능수버들 131

ㄷ

다래 **117** 120
다래과 117~120
다릅나무 **245** 246
다정큼나무 426
닥나무 82
단풍나무 **321** 322
단풍나무과 321~333
담쟁이덩굴 295 **314**
담팔수 425
당단풍나무 321 **322**
당마가목 229
당매자나무 52
당조팝나무 184 **185**
대극과 295~299
대왕참나무 **97**
대추나무 300
대팻집나무 **292**
댕강나무 **388** 389
댕댕이나무 **399** 401
댕댕이덩굴 **54**
더위지기 **414**
덜꿩나무 **405** 406
덤불오리나무 **100**
덧나무 411
덩굴옻나무 338
독일가문비나무 420
돈나무 426
돌가시나무 **203**
돌갈매나무 **311**
돌매화나무 425
돌배나무 **233**
돌뽕나무 79 **80**
동백나무 425
동백나무겨우살이 426
된장풀 **255**
두릅나무 **355**
두릅나무과 351~355
두메닥나무 **267**
두메오리나무 100
두충 **63**
두충과 63
둥근인가목 207 **208**
들메나무 374 **376**
들쭉나무 **154**
등 **262**
등나무 **262**
등수국 **171** 172
등칡 **44**
딱총나무 **413**
땃두릅나무 355
땅비싸리 **254**
때죽나무 **157**
때죽나무과 157~158
떡갈나무 **96**
뜰보리수 264 **265**

ㄹ

라일락 370 371
루브라참나무 97
리기다소나무 420
린네풀과 388~390

ㅁ

마가목 **229**
마로니에 319 **320**
마삭줄 427
마편초과 359~365
만리화 367 **368**
만병초 425
만주자작나무 **102**
말발도리 **168**
말오줌나무 411
말오줌때 **315** 316
말채나무 274 275 **276**
망개나무 **305**
매발톱나무 **51**
매실나무 **222**
매자나무 **50**
매자나무과 50~52
매화말발도리 164 **165**
맹감나무 **416** 417
머귀나무 **346**
먹넌출 **306**
먼나무 427
멀구슬나무 **341**
멀구슬나무과 341~342
멀꿀 423
멍덕딸기 198
메타세쿼이아 **30**
명자나무 **231**
명자순 176 **177**
모감주나무 **318**
모과나무 **232**
모람 423
모새나무 425
목련 **34**
목련과 34~38
목서 427
몽고뽕나무 79 **81**
묏대추나무 **300**
무궁화 **127**
무주나무 427
무환자나무 **317**
무환자나무과 317~318
물갬나무 98 **99**
물들메나무 374 **377**
물박달나무 **107**
물싸리 **195**
물오리나무 98 **99**
물참대 **167** 168
물푸레나무 374 **375**
물푸레나무과 367~381
미국개오동 384
미국낙상홍 293 **294**
미국느릅나무 **65**
미국능소화 385
미국담쟁이 314
미나리아재비과 47~49
미루나무 145
미선나무 **369**
미역줄나무 **291**
민둥인가목 **206**

ㅂ

바늘까치밥나무 **178**
바위말발도리 **164** 165
바위수국 171 **172**
박달나무 **105** 106
박달목서 427
박쥐나무 **272**
박쥐나무과 272
박태기나무 **241**
밤나무 **90**
방기 **55**
방크스소나무 421
배나무 233
배롱나무 **266**
배암나무 **408**
백당나무 **409**
백도 221
백리향 **366**
백목련 34 **35**
백송 420
백합나무 **38**
버드나무 **130**
버드나무과 130~145
버들개회나무 **371**
버즘나무과 61
벚나무 **213** 215
벽오동 **125**
벽오동과 125
병개암나무 108 **109**
병꽃나무 **391** 392 393
병꽃나무과 391~393
병아리꽃나무 **193**
병조희풀 47
보리밥나무 426
보리수나무 **264** 265
보리수나무과 264~265
보리자나무 **121**
보리장나무 426
복분자딸기 **199**
복사나무 **221**
복사앵도 **217**
복숭아나무 **221**
복자기 324 **328** 329
복장나무 **329**
부게꽃나무 **324**
부용 127
부처꽃과 266
분꽃나무 **411**
분단나무 **410**
분버들 **136**
분비나무 420
붉가시나무 424
붉나무 **334**
붉은병꽃나무 391 **392** 393
붉은인동 394
붓순나무 423
블랙베리 **198**
비목나무 **40**
비술나무 **67** 68
비양나무 84
비쭈기나무 424
비파나무 426
빈도리 166
빌레나무 426
뽕나무 **78** 79
뽕나무과 77~83

ㅅ

사과나무 237
사람주나무 **298**
사방오리 **101**
사스래나무 103 **104**
사스레피나무 424
사시나무 141 **142** 143
사위질빵 **48** 49
사이공계피나무 423
사철나무 426
산가막살나무 **407**
산개벚지나무 **212**
산검양옻나무 **336** 337
산겨릅나무 **325**
산국수나무 **187**
산닥나무 **269**
산당화 **231**
산돌배나무 **234** 236
산동쥐똥나무 379
산딸기 **196**
산딸나무 **278**
산매자나무 **151**
산벚나무 213
산분꽃나무 **412**
산분꽃나무과 405~413
산뽕나무 78 **79** 80 81
산사나무 **227**
산서어나무 **113**
산수국 **169** 170
산수유 39 **277**
산수유나무 39 **277**
산앵도나무 **152**
산오리나무 98 **99**
산옥매 **219**
산유자나무 425
산유자나무과 128
산조팝나무 **186**
산철쭉 148 **149**
산초나무 **343** 344

산팽나무 **74**
산황나무 **307**
살구나무 **223** 225
삼나무 421
삼색싸리 **260**
삼지닥나무 **271**
상동나무 **303**
상동잎쥐똥나무 **381**
상산 **350**
상수리나무 **91** 96
새덕이 422
새머루 313
새모래덩굴 **55**
새모래덩굴과 54~55
새비나무 **362**
새우나무 **114**
생강나무 **39** 40 41
생달나무 423
생열귀나무 **205**
서양산딸기 **198**
서양산딸나무 **279**
서양측백나무 422
서어나무 **111** 112
선버들 130 **132**
설탕단풍 330
섬개벚나무 **210**
섬개야광나무 226
섬괴불나무 399 401
섬노린재 **160**
섬노린재나무 **160**
섬다래 **120**
섬오갈피나무 **353** 354
섬잣나무 421
섬진달래 425
섬회나무 427
성널수국 **170**
세로티나벚나무 209
세잎종덩굴 49
센달나무 423
소귀나무 424
소나무 420
소나무과 29
소사나무 **113**
소태나무 **339**
소태나무과 339~340
솔비나무 **246**
솔송나무 420
송악 427
송양나무 **358**
쇠물푸레나무 **374**
수국과 164~173
수리딸기 198
수양버들 130 **131**
수정목 427
순비기나무 **364**
솟명다래나무 **397** 401
쉬나무 **348**
쉬땅나무 **190** 191
스트로브잣나무 421
시닥나무 **326**
시로미 425
시무나무 **70**
시베리아살구나무 223 **225**
식나무 426
신갈나무 94 **95** 96 280
신나무 **331**
실거리나무 **242**
싸리 **256** 257 258
쐐기풀과 84

ㅇ

아구장나무 **184** 185
아그배나무 **237**
아까시나무 **261**
아왜나무 427
아욱과 126~127
암매 425
애기닥나무 82
애기동백 425
애기등 **263**
애기모람 423
앵도나무 **216**
야광나무 **236**
얇은잎고광나무 **173**
양다래 119
양버들 **144** 145
양버즘나무 **61**
여우버들 **139**
영주치자 427
영춘화 367
예덕나무 **295**
오가나무 353 **354**
오갈피나무 **352**
오구나무 **297**
오동나무 **382**
오리나무 **98**
오미자 **45** 46
오미자과 45~46
올괴불나무 **396** 401
올벚나무 **214**
옻나무 **338**
옻나무과 334~338
완도호랑가시 427
왕괴불나무 **400** 401
왕느릅나무 **66**
왕머루 **313**
왕모람 423
왕버들 **135**
왕벚나무 214 **215**

왕자귀나무 240
왕쥐똥나무 **380**
왕초피나무 **345**
왕팽나무 **74**
용가시나무 **202**
용버들 131
우묵사스레피나무 424
운향과 343~350
위성류 **129**
위성류과 129
유동 297
육박나무 422
윤노리나무 **228**
으름덩굴 **53**
으름덩굴과 53
으아리 49
은단풍나무 **333**
은백양 143
은사시나무 142 **143**
은행나무 **28**
은행나무과 28
음나무 **351**
이나무 **128**
이노리나무 **238**
이스라지 **218**
이태리포플라 **145**
이태리포플러 **145**
이팝나무 **378**
인가목 **206**
인가목조팝나무 **180**
인동과 394~404
인동덩굴 **394** 401
일본매자나무 **52**
일본목련 **37**
일본배나무 233
일본병꽃나무 **393**
일본잎갈나무 **29**
일본조팝나무 183
잎갈나무 29

ㅈ

자귀나무 **240**
자도나무 **220**
자작나무 **102**
자작나무과 98~114
자주조희풀 **47**
자주종덩굴 49
작살나무 **360** 361
잔털벚나무 213
잣나무 421
장구밤나무 **124**
장구밥나무 **124**
장미과 179~239
전나무 420
정금나무 **153**
정향나무 371 **372**
제주산버들 **140**
제주찔레 **203**
조각자나무 **244**
조구나무 **297**
조도만두나무 **299**
조록나무 423
조록나무과 62
조록싸리 **258** 260
조팝나무 **179**
족제비싸리 **251**
졸참나무 **97** 95 96
좀갈매나무 **312**
좀깨잎나무 **84**
좀땅비싸리 254
좀목형 **365**
좀사방오리 101
좀사철나무 427
좀쉬땅나무 **191**
좀작살나무 **361**
좀참빗살나무 **283**
좁은잎참빗살나무 **283**
종가시나무 424
종덩굴 49

종비나무 420
주걱댕강나무 **390**
주목 422
주엽나무 **243** 244
죽단화 194
줄딸기 **200**
줄사철나무 427
중국굴피나무 **88**
중국단풍 **332**
중국튤립나무 38
쥐다래 **118**
쥐똥나무 **379**
쥐방울덩굴과 44
지치과 358
진달래 **146**
진달래과 146~154
짝자래나무 309 **310** 311
쪽동백나무 **158**
쪽버들 **137**
찔레꽃 **201**
찔레나무 **201**

ㅊ

차나무 425
차나무과 116
찰피나무 121 **122**
참가시나무 424
참갈매나무 308 **309** 310
참개암나무 108 **109**
참골담초 **250**
참꽃나무 **148**
참나무겨우살이 426
참나무과 89~97
참느릅나무 **69**
참빗살나무 **282** 283
참식나무 422
참싸리 256 **257** 258
참오글잎버들 136
참오동나무 **382**
참조팝나무 **183**
참죽나무 **342**
참중나무 **342**
참회나무 **284** 285 286
채진목 **239**
처진올벚나무 214
천선과나무 **83**
철쭉 **147**
청가시덩굴 **417**
청괴불나무 **401** 403
청미래덩굴 **416** 417
청미래덩굴과 416~417
청시닥나무 **327**
초령목 422
초피나무 **344**
촛대초령목 422
측백나무 421
측백나무과 30~31
층꽃나무 **359**
층층나무 **273** 274
층층나무과 273~279
칠엽수 **319** 320
칠엽수과 319~320
칡 **252**

ㅋ

캐나다채진목 239
콩과 240~263
콩배나무 **235**
큰꽃으아리 48
큰낭아초 253
키버들 133 **134**

ㅌ

태산목 422
탱자나무 **349**
털개회나무 371 **372**
털노박덩굴 288 289 **290**
털댕강나무 388 **389**
털마삭줄 427
털조장나무 4**1**
통탈목 427
튤립나무 **38**

ㅍ

팔손이 427
팥꽃나무 **268**
팥꽃나무과 267~271
팥배나무 **230**
팽나무 **72** 73 75
팽나무과 72~76
포도과 313~314
폭나무 **75**
푸른가막살 427
푸밀라모람 424
푸조나무 **76**
푼지나무 **288**
풀또기 221
풍게나무 **73**
플라타너스 **61**
피나무 122 **123**
피나무과 121~124
핀참나무 **97**

ㅎ

할미밀망 48 **49**

함박꽃나무 **36**

함박이 423

합다리나무 **59**

해당화 **204**

해변싸리 **259**

향나무 421

헛개나무 **302**

현사시나무 142 **143**

현삼과 382

호두나무 **86**

호랑가시나무 427

호랑버들 **138** 139

호자나무 427

홍가시나무 426

홍괴불나무 401 **403** 404

화살나무 **281**

황근 **126**

황매화 **194**

황벽나무 **347**

황철나무 **141**

황칠나무 427

회나무 284 **285** 286

회목나무 **287**

회양목 427

회잎나무 281

회화나무 **247**

후추등 423

후피향나무 424

흑오미자 46

흰괴불나무 401 **404**

흰말채나무 **274**

흰인가목 **207** 208

흰참꽃 **150**

흰참꽃나무 **150**

히어리 **62**